"十四五"国家重点出版物出版规划项目

基础科学基本理论及其热点问题研究

基础科学
Basic Science

程扬帆 刘 蓉 张蓓蓓◎编著

储氢合金
爆炸反应动力学研究

Study on the Explosion Reaction Kinetics of Hydrogen Storage Alloys

中国科学技术大学出版社

内 容 简 介

本书重点介绍储氢合金在爆炸反应中的动力学特性,并探讨其在炸药和推进剂中的应用。主要内容涵盖氢气的制备方法与储存技术,储氢合金的作用机理、种类、特征、热分解性能、爆炸特性以及抑爆机理等方面的基础知识和研究进展。同时,还针对储氢合金在乳化炸药、军用炸药以及推进剂中的应用进行了深入的探讨,揭示了其对体系燃烧性能和反应速率的影响规律。

本书适合爆破科学与工程等相关从业人员使用,也可供高等院校爆破专业相关师生参考。

图书在版编目(CIP)数据

储氢合金爆炸反应动力学研究 / 程扬帆,刘蓉,张蓓蓓编著. -- 合肥 : 中国科学技术大学出版社,2024.10. -- ISBN 978-7-312-06079-3

Ⅰ. TG139

中国国家版本馆 CIP 数据核字第 20240C0E97 号

储氢合金爆炸反应动力学研究
CHU QING HEJIN BAOZHA FANYING DONGLIXUE YANJIU

出版	中国科学技术大学出版社
	安徽省合肥市金寨路 96 号,230026
	http://press.ustc.edu.cn
	https://zgkxjsdxcbs.tmall.com
印刷	合肥市宏基印刷有限公司
发行	中国科学技术大学出版社
开本	787 mm×1092 mm 1/16
印张	18.5
插页	8
字数	474 千
版次	2024 年 10 月第 1 版
印次	2024 年 10 月第 1 次印刷
定价	88.00 元

前　言

　　氢能因资源丰富、零污染、可再生和热效率高等优点,被誉为 21 世纪的绿色能源,但高效、经济、安全的储氢技术仍是现阶段氢能应用的瓶颈。然而,近年来迅速发展起来的合金储氢技术,为这一难题的突破带来了希望。储氢合金被誉为"会呼吸的金属",泛指在一定温度和压力条件下,能大量可逆吸收、储存和释放氢气的金属间化合物,具有储氢密度高、储运便利和可循环利用等特点,在能源电力、燃料电池、航空航天和含能材料等领域具有广阔的应用前景。储氢合金的优异性能引起了世界各国学者的极大关注,我国也将其列入"十四五"首批启动的国家重点研究计划"氢能技术"重点专项。

　　本书共分 9 章。第 1、2 章分别介绍氢气的制备方法和储存技术,第 3 章详细介绍储氢合金的种类和特征,第 4 章概述典型储氢合金的热分解反应动力学特性,第 5 章详细介绍典型储氢合金及其基体金属的粉尘爆炸特性,第 6~8 章分别介绍典型储氢合金粉体在工业炸药、军用炸药以及推进剂中的应用,第 9 章介绍了储氢合金未来的应用前景。本书第 1、2 章由张蓓蓓编写,第 3、4、5、9 章由刘蓉编写,第 6、7、8 章由程扬帆编写。

　　衷心感谢我的导师沈兆武教授带领我进入储氢合金这个研究领域。感谢我的学生朱守军、张启威、王浩、王瑞、李世周、李丹一、蒋八运、李子涵、许建伟、马晓文、朱容康、陈子涵在资料收集和专著编写过程中给予的支持。

衷心感谢中国博士后基金一等资助项目(2017M610381)和特别资助项目(2019T120542)、国家自然科学基金青年基金项目(11602001)和面上项目(12272001)对本书的资助。

由于作者水平有限,书中疏漏及不足之处在所难免,敬请各位专家和读者提出宝贵意见。

程扬帆

2024 年 8 月于合肥

目　　录

前言 ……………………………………………………………………… （ⅰ）

第1章　氢气的制备方法 …………………………………………… （1）

  1.1　化石燃料制备氢气 ………………………………………… （1）

    1.1.1　碳氢重整制氢 …………………………………………… （1）

    1.1.2　煤气化制氢 ……………………………………………… （2）

    1.1.3　碳氢热解制氢 …………………………………………… （3）

  1.2　可再生能源制备氢气 ……………………………………… （3）

    1.2.1　电解水制氢 ……………………………………………… （3）

    1.2.2　核能制氢 ………………………………………………… （5）

    1.2.3　生物质制氢 ……………………………………………… （5）

第2章　氢气的储存技术 …………………………………………… （6）

  2.1　高压气态储氢 ……………………………………………… （6）

    2.1.1　全金属气瓶储氢 ………………………………………… （7）

    2.1.2　纤维复合材料缠绕气瓶储氢 …………………………… （7）

  2.2　低温液态储氢 ……………………………………………… （8）

  2.3　液体有机化合物储氢 ……………………………………… （8）

  2.4　传统固体材料储氢 ………………………………………… （9）

    2.4.1　碳纳米管储氢 …………………………………………… （9）

    2.4.2　沸石储氢 ………………………………………………… （9）

    2.4.3　硼氢化物储氢 …………………………………………… （10）

    2.4.4　金属有机框架 …………………………………………… （10）

第3章　储氢合金的种类和特征 …………………………………… （11）

  3.1　储氢合金的储氢机理 ……………………………………… （11）

3.2　储氢合金的制备方法 ……………………………………………… (13)

　3.2.1　机械球磨法 ………………………………………………… (13)

　3.2.2　熔融浸渍法 ………………………………………………… (14)

　3.2.3　电化学沉积法 ……………………………………………… (14)

　3.2.4　吸氢合成法 ………………………………………………… (14)

　3.2.5　高温熔炼法 ………………………………………………… (14)

　3.2.6　烧结法 ……………………………………………………… (14)

　3.2.7　燃烧合成法 ………………………………………………… (15)

　3.2.8　还原扩散法 ………………………………………………… (15)

　3.2.9　熔盐电脱氧法 ……………………………………………… (15)

　3.2.10　气体雾化法 ……………………………………………… (16)

　3.2.11　直流电弧等离子体法 …………………………………… (16)

3.3　储氢合金的改性方法 ……………………………………………… (16)

　3.3.1　表面处理 …………………………………………………… (16)

　3.3.2　元素取代 …………………………………………………… (17)

　3.3.3　添加催化剂 ………………………………………………… (18)

　3.3.4　纳米化处理 ………………………………………………… (18)

　3.3.5　合金化 ……………………………………………………… (18)

　3.3.6　非晶化 ……………………………………………………… (19)

　3.3.7　热处理 ……………………………………………………… (19)

　3.3.8　多层膜处理 ………………………………………………… (19)

　3.3.9　反应物失稳法 ……………………………………………… (19)

3.4　单质金属储氢合金 ………………………………………………… (20)

　3.4.1　钛基储氢合金 ……………………………………………… (20)

　3.4.2　镁基储氢合金 ……………………………………………… (20)

　3.4.3　铝基储氢合金 ……………………………………………… (21)

　3.4.4　锆基储氢合金 ……………………………………………… (21)

　3.4.5　锂基储氢合金 ……………………………………………… (22)

　3.4.6　钙基储氢合金 ……………………………………………… (22)

　3.4.7　钒基固溶体储氢合金 ……………………………………… (23)

3.5　金属间化合物储氢合金 ……………………………………………… (23)

　　3.5.1　A_2B 型储氢合金 …………………………………………… (23)

　　3.5.2　AB 型储氢合金 ……………………………………………… (24)

　　3.5.3　AB_2 型 Laves 相储氢合金 ……………………………… (24)

　　3.5.4　AB_3 型储氢合金 …………………………………………… (25)

　　3.5.5　AB_5 型储氢合金 …………………………………………… (25)

　　3.5.6　A_2B_7 型储氢合金 ………………………………………… (26)

　　3.5.7　新型 La-Mg-Ni 系储氢合金 ……………………………… (27)

3.6　金属配合物储氢合金 ………………………………………………… (28)

　　3.6.1　金属有机框架储氢材料 ……………………………………… (28)

　　3.6.2　转移金属配合物 ……………………………………………… (29)

　　3.6.3　多核铰链配合物 ……………………………………………… (30)

　　3.6.4　氢键配合物 …………………………………………………… (31)

第 4 章　储氢合金热分解反应动力学 …………………………………… (32)

4.1　镁基储氢合金热分解动力学 ………………………………………… (32)

　　4.1.1　MgH_2 热分解动力学 ……………………………………… (32)

　　4.1.2　镁基储氢合金热分解动力学改善方法 ……………………… (34)

4.2　钛基储氢合金热分解动力学 ………………………………………… (42)

4.3　铝基储氢合金热分解动力学 ………………………………………… (47)

4.4　配位储氢合金热分解动力学 ………………………………………… (48)

第 5 章　储氢合金粉尘爆炸与抑爆机理 ………………………………… (51)

5.1　概述 …………………………………………………………………… (51)

　　5.1.1　研究背景 ……………………………………………………… (51)

　　5.1.2　国内外研究现状 ……………………………………………… (52)

　　5.1.3　粉尘微观燃烧机理 …………………………………………… (53)

　　5.1.4　粉尘抑爆技术和机理 ………………………………………… (54)

5.2　粉尘火焰传播速度及其瞬态温度场测量方法 ……………………… (55)

　　5.2.1　粉尘火焰传播速度测量方法 ………………………………… (55)

　　5.2.2　粉尘火焰瞬态温度场测量方法 ……………………………… (58)

5.3　基体金属粉尘爆炸特性 ……………………………………………… (62)

5.3.1　钛粉 ……………………………………………………（62）

5.3.2　镁粉 ……………………………………………………（75）

5.4　储氢合金的燃烧特性 …………………………………………（87）

5.4.1　氢化钛粉尘 ……………………………………………（87）

5.4.2　氢化镁粉尘 ……………………………………………（100）

5.5　氢气/金属粉尘爆炸特性 ……………………………………（107）

5.5.1　氢氧爆轰诱导的镁粉粉尘爆燃特性研究 …………………（108）

5.5.2　氢气/钛粉混合物爆炸压力特性 ………………………（112）

5.6　储氢合金粉尘的抑爆机理 ……………………………………（118）

5.6.1　固体抑爆剂 ……………………………………………（118）

5.6.2　惰性气体抑爆 …………………………………………（127）

第6章　储氢合金在乳化炸药中的应用 ………………………………（136）

6.1　乳化炸药爆轰反应模型 ………………………………………（136）

6.1.1　炸药热点起爆机理 ……………………………………（137）

6.1.2　玻璃微球型乳化炸药爆轰反应数学模型 ………………（141）

6.1.3　储氢型乳化炸药敏化反应物理模型 ……………………（145）

6.2　储氢型乳化炸药的爆轰特性 …………………………………（147）

6.2.1　储氢材料选择 …………………………………………（147）

6.2.2　不同 TiH_2 含量的乳化炸药爆轰性能测试 ……………（148）

6.2.3　不同 MgH_2 含量的乳化炸药的爆轰性能测试 ………（150）

6.2.4　含能微囊敏化的乳化炸药爆轰性能测试 ………………（152）

6.3　储氢型乳化炸药的不同敏化方式介绍 ………………………（155）

6.3.1　储氢合金水解敏化乳化炸药 …………………………（155）

6.3.2　储氢合金复合敏化乳化炸药 …………………………（156）

6.3.3　储氢合金含能微囊敏化乳化炸药 ……………………（159）

6.4　储氢乳化炸药的抗动压减敏机理 ……………………………（163）

6.4.1　储氢乳化炸药抗动压减敏性能 ………………………（164）

6.4.2　储氢乳化炸药"压力减敏"影响因素 …………………（169）

6.4.3　储氢乳化炸药抗动压减敏机理 ………………………（173）

6.5　储氢乳化炸药的安全性和稳定性 ……………………………（174）

6.5.1　MgH_2的储存稳定性 ······················· (174)

6.5.2　MgH_2型储氢乳化炸药储存稳定性 ················ (177)

第7章　储氢合金在军用炸药中的应用 ················ (180)

7.1　储氢型军用炸药的爆轰性能 ···················· (180)

7.1.1　单质金属储氢合金的影响 ·················· (180)

7.1.2　配位储氢合金的影响 ···················· (181)

7.1.3　复合含能添加剂的影响 ···················· (182)

7.1.4　理论计算 ························· (183)

7.1.5　TiH_2含量和粒径对 RDX 爆轰性能的影响 ········· (185)

7.2　储氢军用炸药的安全性和稳定性 ················· (193)

7.2.1　炸药的机械感度 ······················ (193)

7.2.2　热稳定性 ························· (197)

7.2.3　储氢军用炸药的储存稳定性 ················· (203)

第8章　储氢合金在推进剂中的应用 ················ (207)

8.1　氢化铝在推进剂中的应用 ···················· (207)

8.1.1　含 Al/AlH_3 固体推进剂的能量性能分析 ········· (207)

8.1.2　Al/AlH_3 固体推进剂的燃烧与团聚特性 ········· (211)

8.2　氢化镁在推进剂中的应用 ···················· (214)

8.2.1　含镁基储氢合金的复合固体推进剂燃烧性能 ········ (214)

8.2.2　含不同储氢合金的固体推进剂的燃烧性能比较 ······· (220)

8.3　氢化锆在推进剂中的应用 ···················· (225)

8.4　氢化锂在推进剂中的应用 ···················· (228)

8.5　配位金属氢化物在推进剂中的应用 ················ (235)

8.6　纳米金属氢化物在推进剂中的应用 ················ (237)

8.7　含储氢合金推进剂的安全性和稳定性 ··············· (238)

8.7.1　储氢合金对推进剂安全性的影响 ··············· (238)

8.7.2　含储氢合金推进剂的储存稳定性 ··············· (240)

第9章　储氢合金未来应用前景 ·················· (247)

9.1　氢动力致动器 ························· (247)

9.2 智能窗 ·· (247)

9.3 半导体 ·· (247)

9.4 核反应堆 ·· (248)

9.5 太空服生命维护系统 ·· (248)

参考文献 ·· (249)

彩图 ·· (287)

第1章 氢气的制备方法

随着人口的不断增长和工业的迅速发展，人类对能源的需求与日俱增。目前，人类所使用的能源主要以煤、石油、天然气等化石燃料为主，约占世界能源供应的90%。然而，化石燃料是不可再生资源，储量有限，并且在使用的过程中会造成环境污染，导致温室效应，给人类的生存和生活带来严重影响。氢具有优良的燃烧性能，燃烧热值高达142.9 MJ/kg，燃烧产物是水，是理想的高能量、零污染、含量丰富的清洁能源。氢被认为是充分利用可再生能源和可持续能源的重要能量储存载体，能够以可用的形式储存和传递能量，引起世界各地学者的极大兴趣和广泛关注。氢在工业中发挥着重要的作用，但在每年生产的6000万吨氢气中，约96%来自化石燃料原料（49%的天然气、29%的液态碳氢化合物和18%的煤炭）的转化，剩下的4%是通过电解水产生的。化石燃料储量巨大、加工技术成熟、用户效应显著，在短期内使用化石燃料制氢仍占主导地位，但由于对环境造成污染和不可持续性等因素，使用可再生能源制氢将是未来发展趋势。

1.1 化石燃料制备氢气

尽管氢含量丰富，但获得单质形式存在的氢却是难点问题。目前，氢主要通过化石燃料的热化学过程产生，即碳氢重整、煤气化和碳氢热解。

1.1.1 碳氢重整制氢

碳氢重整是利用碳氢化合物（如天然气、石油、煤等）在高温高压下与水蒸气反应，生成氢气、一氧化碳、二氧化碳等气体的过程。这种反应通常需要在催化剂的作用下进行，以加快反应速度并降低反应温度。该技术在工业上被广泛用于生产燃料氢气，以及为石油化工和天然气加工提供合成气。碳氢重整反应的主要化学方程式为

$$C_nH_m + \left(n + \frac{1}{2}m\right)H_2O \longrightarrow nCO + \left(\frac{m}{2} + 1\right)H_2 \tag{1-1}$$

碳氢重整的主要原料为甲烷，其工艺过程包括蒸汽甲烷重整、部分氧化和干式甲烷重整，大多数工业氢通过蒸汽甲烷重整工艺，由以下吸热反应制成：

$$CH_4 + H_2O \longrightarrow 3H_2 + CO \qquad \Delta H = 206 \text{ kJ/mol} \tag{1-2}$$

$$CO + H_2O \longrightarrow H_2 + CO_2 \qquad \Delta H = -41 \text{ kJ/mol} \tag{1-3}$$

$$CH_4 + 2H_2O \longrightarrow 4H_2 + CO_2 \qquad \Delta H = 165 \text{ kJ/mol} \tag{1-4}$$

1

蒸汽甲烷重整工艺是在多步骤操作条件下产生氢气,该工艺的关键是在催化剂的作用下,使反应在较低的温度下进行,同时实现高效能量转化和产物分离。蒸汽甲烷重整工艺常用的催化剂包括铜基催化剂、镍基催化剂和铁基催化剂等,这些催化剂在特定的温度和压力条件下,能够有效地促进甲烷和水蒸气的反应,同时抑制副反应的发生,如:碳黑和炭黑的生成。此外,研究人员通过使用膜反应器技术来克服热力学约束,实现低温高速率制氢。蒸汽甲烷重整技术的应用领域非常广泛,不仅可以用于生产燃料氢气,还可以用于生产氨和尿素等化工品、生产甲醛和醋酸等有机化工原料以及合成气生产、钢铁冶炼和燃料电池等领域。

甲烷部分氧化工艺主要是将蒸汽、氧气和碳氢化合物转化为氢和碳氧化物。采用石油作为原料,在大约 950 ℃下发生催化脱硫反应,脱硫后,用纯 O_2 部分氧化烃类原料,生成的合成气进一步处理。与蒸汽甲烷重整技术相比,甲烷部分氧化工艺具有响应时间快、结构紧凑和对燃料变化不敏感等优点,并且具有能够减少涉及与煤有关的细颗粒物等污染问题。

干式甲烷重整工艺是利用甲烷和二氧化碳制备氢气,这两种原料都是造成温室效应的主要成分,故干式甲烷重整工艺具有良好的环境效益和能源利用率。干式甲烷重整反应过程如下:

$$CH_4 + CO_2 \longrightarrow 2CO + 2H_2 \quad \Delta H = 248 \text{ kJ/mol} \tag{1-5}$$

然而,由于碳的形成和烧结会导致催化剂失活,因此,为了提高合成气的产率和质量,开发高活性且稳定的催化剂对干式甲烷重整在工业实际应用中至关重要。

1.1.2 煤气化制氢

煤气化是将物质转化为 CO 和 H_2 为主的合成气过程,其制氢效率约为 69%。煤气化的四个阶段依次为干燥、热解、氧化和气化。首先将煤炭加热到 300~400 ℃干燥和热解,随后煤炭在气化炉与氧气和蒸汽反应,生成的合成气经过水煤气变换反应以增加产氢量,反应如下:

$$2C + O_2 \longrightarrow 2CO \tag{1-6}$$

$$C + H_2O \longrightarrow H_2 + CO \tag{1-7}$$

随着技术的不断进步和应用领域的不断拓展,煤气化制氢技术将会得到更加广泛的应用和推广。然而,煤气化制氢也存在一些挑战和问题。首先,该技术在制氢过程中需要使用大量的水蒸气,对于水资源匮乏的地区来说可能存在一定的困难;其次,由于煤气化制氢的反应温度较高,需要消耗大量的能量来维持温度,这也会增加制造成本;再次,由于煤气化制氢需要使用催化剂,对于催化剂的选取和制备也是一项关键任务;最后,煤气化制氢过程中温室气体排放量较大,并会释放其他有毒物质,如重金属、汞以及飞灰等。

为了提高煤气化制氢的效率和降低成本,研究人员正在不断探索新的工艺和技术。例如,有研究在尝试减少水蒸气的使用量,采用更为高效的能量回收方式,以及使用更高效的催化剂等。另外,也有学者在探索将煤气化制氢与碳捕获和储存技术相结合,以实现二氧化碳的减排和资源化利用。总的来说,煤气化制氢是一种具有重要应用价值的制氢工艺,随着科技的不断进步和创新,我们有理由相信煤气化制氢技术将会在未来的能源领域中发挥更加重要的作用。

1.1.3　碳氢热解制氢

碳氢热解制氢技术是一种新兴的制氢工艺,其主要原料为甲烷,甲烷热解工艺是将甲烷在高温下分解为氢和碳两种组分,化学反应如下:

$$CH_4 \longrightarrow C + 2H_2 \tag{1-8}$$

与上述以化石燃料为基础的制氢技术不同的是,甲烷热解工艺是向可持续氢经济转型的一项桥梁技术,固体碳是其唯一的副产品,并且生成不含二氧化碳的氢是甲烷热解相对于传统蒸汽甲烷重整和煤气化工艺的独特优势。

甲烷热解工艺需要在高温下才能达到相应的反应速率和甲烷转化率,因此,甲烷热解的工业化还需要克服许多挑战,但这种无二氧化碳产生的技术是非常有前景的,可以作为向可再生能源制氢过渡的一个桥梁。

1.2　可再生能源制备氢气

化石燃料制氢具有技术成熟、生产效率较高和成本较低等优点。然而,其生产过程中会释放大量的温室气体,对环境影响较大。另外,化石燃料资源有限,其开采和使用会导致资源枯竭问题。因此,利用可再生能源制氢是新能源应用领域的一个新发展趋势,其优点在于可持续性和低污染性。目前,可再生能源制氢主要包括:电解水制氢、核能制氢和生物质制氢等。

1.2.1　电解水制氢

水在自然界中非常丰富,在直流电的作用下水可以分解成氢气和氧气,电解水制氢因其零碳排放和高效率而备受关注。目前,已有多种技术可以将液态水或气态水分解成氢和氧,包括碱性水电解法、质子交换膜法和碱性阴离子交换膜法等,这些制氢法采用不同的材料和操作条件,但具有相同的原理,其中碱性水电解因其技术水平高和投资成本低而成为绿色制氢的热点。

碱性水电解法制氢是一种利用水在碱性条件下的电化学反应来制备氢气的方法,其原理是将一对电极浸入含水的氢氧化钾(KOH)或氢氧化钠(NaOH)电解质中,两个电极由能渗透氢氧根离子(OH^-)和水分子的膜片隔开,向其中引入直流电,在阳极和阴极分别生成氧气和氢气。其阳极和阴极反应如下:

$$阳极反应:\ 2H_2O - 4e^- \longrightarrow 4OH^- + O_2 \tag{1-9}$$

$$阴极反应:\ 2H_2O + 4e^- + 4OH^- \longrightarrow 4H_2 + O_2 \tag{1-10}$$

然而,由于碱性电解槽液体电解质中的离子传导缓慢,隔膜的存在也会进一步阻碍OH^-输运气体,并且在高压下气体和电解质通过隔膜渗透会引起爆炸,导致其被低负荷范围、有限的电流密度和低操作压力所制约。

质子交换膜法水电解系统使用薄的固体聚合物电解质（膜）来替代液体电解质，通过电解水来制取氢气和氧气。在质子交换膜法制氢过程中，质子交换膜是一种关键组件，它由固体材料制成，具有良好的离子传导性和化学稳定性。在膜的两侧分别放置阴极和阳极，通电后水分子在阳极被氧化成氧气，而在阴极被还原成氢气。具体来说，阳极和阴极反应如下：

$$\text{阳极反应：} \quad 2H_2O \longrightarrow O_2 + 4H^+ + 4e^- \tag{1-11}$$

$$\text{阴极反应：} \quad 2H_2O + 4e^- \longrightarrow H_2 + 4OH^- \tag{1-12}$$

质子交换膜具有高透水性，可以减少水的消耗，同时提高制氢效率，故质子交换膜法制氢因其快速响应、高效率、高输出压力和电解槽环保，被看作是替代传统碱性水电解的技术。然而，质子交换膜法电解槽内的酸性环境阻碍了氧化还原反应的动力学，需要使用昂贵的贵金属催化剂和材料作为双极板，再加上聚合物膜的高成本，是质子交换膜法电解商业化的主要限制因素。Kraglund 等通过离子溶剂化膜使得 AWE 电解槽与 PEM 电解槽工作性质相同，可将 PEM 电解槽的极化性能与碱性电解槽的廉价材料相结合，摆脱贵金属铱的限制，这可能是未来新的发展方向，但商业化的碱性水电解仍具有挑战性。

碱性阴离子交换膜法结合了传统碱性电解的低成本催化材料和质子交换膜的固体聚合物电解质结构的优点，实现了低成本非贵金属催化剂生产高压氢气。离子交换膜是一种特殊的膜，其内部具有活性离子基团，可以与溶液中的离子发生交换反应。在碱性阴离子交换膜法制氢工艺中，使用阴离子交换膜，其作用是阻止溶液中的阴离子通过膜，而允许氢氧根离子通过。在电解过程中，电流通过电极和水，产生氢氧根离子和氢离子，其阳极和阴极反应如下：

$$\text{阳极反应：} \quad 2H_2O - 4e^- \longrightarrow O_2 + 4H^+ \tag{1-13}$$

$$\text{阴极反应：} \quad 2H_2O + 4e^- \longrightarrow H_2 + 4OH^- \tag{1-14}$$

在电极反应中，电流使水分子分解为氢氧根离子和氢离子。由于阴离子交换膜只允许氢氧根离子通过，因此氢氧根离子将穿过膜进入溶液，而氢离子则被阻止在膜的一侧。

综上，碱性阴离子交换膜法是一种高效率且环保的制氢方法，该方法实现了阴离子交换膜对阴离子的选择透过性。但碱性阴离子交换膜法制氢性能受到膜和电极的整体组成以及反应动力学的限制，若开发出关键材料，即碱性膜和电催化剂，则碱性阴离子交换膜法作为一种水电解技术将具有巨大的前景。

析氧反应制氢是一种利用氧离子交换反应来制备氢气的方法，其原理是利用氢离子和氧离子在离子交换剂的作用下进行交换反应，从而将水分解为氢气和氧气。在析氧反应制氢中，阳离子交换剂的作用是使水中的氢离子与离子交换剂上的活性基团进行交换反应，生成氢离子和氢氧根离子；而阴离子交换剂则是使水中的氧离子与离子交换剂上的活性基团进行交换反应，生成氢离子和氢氧根离子。这些氢离子和氢氧根离子在混合溶液中会发生反应，并释放出氢气，其反应如下：

$$\text{阳极反应：} \quad 2H^+ + 2e^- \longrightarrow H_2 \tag{1-15}$$

$$\text{阴极反应：} \quad 2H_2O - 4e^- \longrightarrow O_2 + 4H^+ \tag{1-16}$$

需要注意的是，实际操作中，析氧反应制氢的效率受多种因素影响，如电流密度、电解质种类和浓度，以及温度等。同时，该过程会产生氢气和氧气两种气体，需要进行有效的气体分离和收集。然而，析氧反应制氢过程的能源消耗较高，为了减少电解水制氢的能量输入，研究人员开发了许多催化剂，如 Pt 基、Ir 基、Ru 基及其氧化物，但由于价格昂贵且稀缺，难以满足大规模生产需求。因此,设计和开发双功能催化剂催化的高效节能电解制氢系统(驱动大电流和低电压)具有很大的发展潜力。

1.2.2　核能制氢

核能制氢是一种是利用核反应产生的高温高压水蒸气来驱动蒸汽轮机,从而带动发电机发电,同时将水蒸气冷凝为水,再通过氢气分离装置制取氢气的方法。核制氢是目前大规模高效生产无二氧化碳氢最有前景的方法之一,在轻水反应堆中,将核热转化为氢的总效率约为 25%,而用于水电解法的反应堆总发电效率约为 33%。高温反应器可以使用蒸汽电解和热化学或混合过程的组合,以高达 50% 的效率生产氢。碘－硫(I-S)热化学循环裂解水和高温蒸汽电解是核制氢的主要工艺,一个典型的碘－硫过程包括本生反应和产物分离、HI_x(指 HI、I_2 和 H_2O 的混合物)和 H_2SO_4 的纯化、HI_x 的预浓缩以及用于 HI 和 SO_3 分解的催化剂等。目前运行的轻水或重水反应堆和气冷反应堆的最高温度为 350 ℃,因此,这些反应器可以用于低温电解。

1.2.3　生物质制氢

生物质制氢是一种利用生物质资源通过化学反应或生物发酵途径制备氢气的方法,与传统的水电解制氢和天然气重整制氢相比,生物质制氢因具有可再生、低能耗和环境友好等优点而备受关注。目前,生物氢可以通过光解、光发酵和暗发酵等不同工艺生产。

在生物光解中,绿藻和蓝藻等单细胞生物利用氢化酶产生氢,氢化酶从铁氧还蛋白获得电子,而铁氧还蛋白作为电子供体将水转化为氢气。间接生物光解包括两个步骤:利用光能合成碳水化合物和细胞在黑暗条件下的新陈代谢从合成的碳水化合物中产生氢,但由于光子转换有限,间接光解不适合批量制氢。

光发酵是一种由光合细菌利用太阳光为能量从而将有机化合物转化为氢气和二氧化碳的发酵技术,理论上,光发酵可以实现几乎完全的底物转化。然而,尽管经过多年的研究,在光发酵过程中产生 H_2 的生产速率仍然很低,这是由于光合细菌的生长率低。此外,氨含量高的废水也可能抑制氮降解酶,深色的废水会减少光线的透射,因而在利用其作为底物之前需对其进行预处理或稀释。

暗发酵由厌氧细菌进行,可以利用复杂的基质(如有机废物和废水),且不受天气影响,相比光发酵的 H_2 产率要高。然而,暗发酵会产生有毒物质,并且产氢率仍然较低,为了克服这一局限性,研究人员在暗发酵前后结合其他技术提高能量转换效率;另一方面,将暗发酵与光发酵或生物电化学系统相结合来提高产氢率。近年来,利用稳定的混合菌室,氢气产量逐渐提高,但是暗发酵技术的商业化还需要进一步发展才能实现可持续的操作和控制。

第 2 章　氢气的储存技术

随着能源需求的不断增加和人们环保意识的日益增强,氢能源逐渐成为替代传统化石燃料的重要选择。一些发达国家已经将氢能上升为国家能源发展战略高度,美国早在 1970 年就提出了"氢经济"概念,形成以美国能源部为主导,大学、研究所以及企业为辅的研究体系,并预计在 2050 年加氢站数量达到 200 座。目前我国氢气产能约 4100 万吨/年,产量约为 3342 万吨,为实现 2060 年碳中和目标,我国氢气的年需求量将从目前的 3342 万吨增至1.2 万亿吨左右,在终端能源体系中占比达到 20%。随着氢气需求量大幅度增长,氢气的储存也成为当前的研究热点。储氢技术作为氢气从生产到利用过程中的桥梁,是指将氢气以稳定形式的能量储存起来,以方便使用的技术。然而,由于氢气在常温常压下具有所有能源中最低的密度,且易燃、易爆、易扩散,其储存和运输已成为制约氢能规模化应用的瓶颈。因此,在对氢气进行储存时,不仅需要考虑高效性、经济性,还需要注意其安全性能。目前,储氢技术按照氢气的储存介质分为高压气态储氢、低温液态储氢、液体有机化合物储氢和传统固体材料储氢四种储氢方式,下面将对这四种储氢方式分别进行介绍。

2.1　高压气态储氢

高压气态储氢是一种将氢气在高压下以气态形式储存在容器中的技术,因其具有较高的能量密度和较快的充氢速率,被广泛应用于能源、航空航天和交通运输等领域。高压气态储氢的原理是将氢气压缩到高压状态,然后将其储存在特制的容器中。在给定温度下,氢气的密度随着储存压力的增加而增加,高压气态储氢就是通过高压将氢气压缩,以高密度气态形式存储,这种方式的储氢密度在很大程度上取决于储存压力。通常在 10 MPa 的压力下,储氢的体积密度为 7.8 kg/m³(温度为 20 ℃)。高压气态储氢是目前发展最成熟、最常用的储氢技术,具有设备结构简单、氢气压缩能耗低、充放氢速度快和适应温度范围广等优点,可以保证储氢的稳定性和储氢的纯度,并且可以在现场独立实施,已被广泛应用于车载储氢、加氢站等领域。

高压气态储氢需要高压容器存储氢气,是决定压缩氢气能否被广泛应用的关键技术。由于氢气的分子非常小,可以轻易地通过容器表面的微小缝隙逸出,因此高压气态储氢需要使用特殊的材料和结构来保证容器的密封性和耐压性。目前,高压储氢容器已经逐渐由全金属气瓶(Ⅰ型瓶)发展到非金属内胆纤维全缠绕气瓶(Ⅳ型瓶),四种不同类型高压容器的性能对比如表 2-1 所示。

表 2-1　不同类型储氢瓶对比

高压容器类型	材料	特征	应用	储氢压力和质量分数
Ⅰ型	全金属（铝或钢）	重量大、内部易腐蚀、成本最低	工业用途,不适合车载（燃料电池）	50 MPa,1%
Ⅱ型	带箍包裹的金属衬里	重量大、由于内部腐蚀寿命短、成本高于Ⅰ型	不适合车载使用	26.3～30 MPa,1.5%
Ⅲ型	全复合包裹金属内胆	重量轻、高破裂压力;无渗透、内衬和纤维之间的电偶腐蚀、成本高于Ⅱ型	适合车载使用	35～70 MPa,3.9%～5%
Ⅳ型	全复合包裹塑料内胆（高密度聚乙烯）	重量轻、低破裂压力;透过内衬渗透、抗重复充气的高耐久性、成本最高	适合车载使用 比Ⅲ型寿命更长（无蠕变疲劳）	100 MPa,高于5%

2.1.1　全金属气瓶储氢

全金属储氢气瓶（Ⅰ型气瓶）,其制作材料一般为 Cr-Mo 钢、6061 铝合金、AISI 316L 型不锈钢等,这种类型是最传统、最便宜的,但质量密度也是最重的,大约为 3.0 lb/L,可承受高达 50 MPa 的压力。由于氢分子的渗透作用,大多数结构金属（如钢）很容易被氢气腐蚀出现氢脆现象,这容易使气瓶在高压条件下失效,出现爆裂等安全问题。另外,金属气瓶质量较大,储氢密度低(1%～1.5%)。因此,全金属气瓶一般用作工业氢气储存,而不用作车载储氢。

2.1.2　纤维复合材料缠绕气瓶储氢

纤维复合材料缠绕气瓶包括Ⅱ型、Ⅲ型和Ⅳ型气瓶。其中Ⅱ型瓶中纤维未完全缠绕,与Ⅰ型相比,重量减轻 30%～40%,储氢压力有所增加,但Ⅱ型的成本比Ⅰ型高约 50%。Ⅲ型瓶和Ⅳ型瓶是纤维复合材料缠绕制造的主流气瓶,其主要由内胆和碳纤维缠绕层组成,Ⅲ型瓶的内胆为铝合金,Ⅳ型的内胆为聚合物（如高密度聚乙烯、聚酰胺基聚合物等）。Ⅲ型的质量密度是 0.75～1.0 lb/L,是Ⅱ型的一半,但它成本却是Ⅱ型的 2 倍。Ⅳ型可承受高达 100 MPa 的压力,在四种储氢容器中质量最轻,但是成本最高。由于Ⅲ型和Ⅳ型气瓶具有轻量化和高机械强度的优点,目前主要用于车载燃料电池。

近年来,金属气瓶研究主要集中于金属的无缝加工、金属气瓶氢脆等领域,尤其是采用不同的测试方法来评估金属材料在气态氢中的断裂韧性特性。高压气态储氢正不断朝着提高储氢密度方向发展,未来主要应用方向为车载储氢。但在气瓶性能不断提升的同时,还需要进一步研究高压储氢气瓶的失效机制,改善气瓶的氢脆现象,不断提升高压储氢气瓶的安全性能。

2.2 低温液态储氢

低温液态储氢是一种将氢气以液化形式存储于绝热条件良好的容器中的一种储氢技术,该过程是在非常低的温度下完成的(−253 ℃)。液化既耗时又耗能,而且在该过程中会损失高达 40% 的能量,远高于压缩气态储氢的能量损失(约 10%)。此外,液态氢储存过程中会伴有蒸发现象,为避免储氢容器压力过大,需要将气化的氢气释放,这也会导致部分氢气的损失。尽管液化氢存在能量损失,但仍被认为是一种长距离储存和运输大量氢气的高效方法。

液态储氢主要优势是氢体积密度和纯度高,液态氢的密度是气态氢的 848 倍。在 1 个大气压下,液化氢的密度可达到约 70 kg/m³,质量分数约 9%。由于液氢容易蒸发,难以长期储存,使得其不能作为车载存储的首选解决方案,这种储氢方式最常用于大中型氢气存储和运输,例如:卡车运输和洲际氢运输。通常情况下,低温罐车可以携带 5000 kg 氢气,大约是压缩氢气管拖容量的 5 倍,大型液态氢储存容器有可能比在压缩条件下储存氢气更经济。此外,由于氢的溶解度随着温度的降低而降低,液态氢的氢脆性明显低于气态氢,在沸点(−253 ℃)时氢脆性可忽略不计。例如,在用不稳定奥氏体不锈钢材质的容器存储时,氢脆效应在温度为 −100 ℃ 时最大,但在 −150 ℃ 以下可以忽略不计。通常液氢容器由不锈钢和铝制成,也有轻质增强纤维和内层金属组合而成的。目前主要采用奥氏体不锈钢制成的双壁容器,并在壁间抽真空的方式存储液态氢,以此保持超低温和隔热,减少液氢蒸发损失。为降低比表面积、减小热交换,储氢容器一般以圆柱状或球形为主,且由于圆柱状容器生产工艺简单,应用更加广泛。

液态储氢技术还需解决能耗高和储氢罐要求高两大问题,具体而言:一是将氢液化,所需要消耗的能量为液氢本身所具有燃烧热的 1/3;二是保存液氢需要极低的温度,由于储氢罐内外温差大,为了减少液氢蒸发损失及保证储氢容器的安全,对绝热材料的选择和储氢罐的设计都提出了更高的要求。目前,解决上述问题的主要途径是通过优化罐体结构设计来减少或避免热量损失。液态储氢罐一般采用内胆结合外壳的双壁结构,通过真空多层隔热层来保持超低温,将热传导率降到最低,其中隔热层由若干层金属箔组成,以防止层间的辐射。

综上所述,低温液态储氢技术储能质量密度和体积密度高,并且运输安全方便,但整个储氢系统涉及严苛和复杂的装置。目前,低温液态储氢技术仅在航空航天领域得到成功应用,仍缺乏大规模商业化应用基础。

2.3 液体有机化合物储氢

传统液态储氢技术存在存储密度较低、储存和运输过程中的损失较多以及相对较高的生产成本等问题。相比于传统液态储氢,随着现有的燃料储存/运输基础设施的高速发展,液态有机化合物因其低廉的成本已发展为一种有前途的储存介质。液体有机氢载体(LOHC)属于芳烃类化合物,常见的载体有咔唑衍生物、苄基甲苯和联苯等。LOHC 涉及贫氢分子(LOHC−)的氢化和富氢分子(LOHC+)的脱氢过程,具有共轭 π 键,有利于反应物加氢和产物脱氢过程相互转化。在 LOHC+ 化合物中,氢气可以稳定储存很长时间,有利于季节性能量储存和降低运输过程中的能耗。有机液体化合物储氢方法具有高重量(质量分数超过 5%[①])、高密度储氢(50 g/L)和脱氢过程中不产生有毒气体等优点。然而,该方法的缺点也较为明显,比如加氢过程需要高氢化压力、加氢和脱氢步骤需要高温和不同的催化剂。

2.4　传统固体材料储氢

相比于气态储氢和液态储氢,固态储氢技术具有更高的安全性、更大的体积能量密度。固态储氢是通过物理吸附或者化学反应等手段将氢储存于固态物质中,储氢材料的选择与使用是固态储氢技术的重要一环。固态储氢的未来主要是寻找和研发适宜的储氢材料,这将是氢能否大规模高效应用的关键一步。目前,主要的固态储氢方式主要有碳纳米管储氢、沸石及沸石新型材料储氢、硼基或氮基氢化物储氢和金属氢化物储氢。

2.4.1　碳纳米管储氢

碳纳米管的储氢方式包括物理吸氢和化学吸氢,一般认为氢气可以储存在碳纳米管的内表面,形成圆柱形单层,或者在碳纳米管束的情况下,储存在碳纳米管的外表面。其物理吸氢的机理可认为是由两种效应组成的:一种是势效应,即由于 C—H_2 和 H_2—H_2 相互作用,在单壁碳纳米管内部形成了几个同心势阱,其中储存了氢分子;另一种是空间效应,即碳纳米管及其阵列具有与普通中空容器相同的中空结构,因而具有一定的储氢能力。碳纳米管化学吸氢的机理包括共价键或离子键的形成,以及吸附剂的电荷交换;后续化学吸附过程要求吸附剂必须克服化学键有关的潜在障碍,且如果氢吸附过程以分子的形式发生,则必须转化为原子才能继续。碳纳米管的直径和手性对其电子结构产生强烈的影响,阻碍碳纳米管的分离,且其在大多数溶剂中分散性差,导致其应用范围较窄。

2.4.2　沸石储氢

沸石是一种最具有代表性的分子筛(一种可在分子水平上筛分物质的多孔材料)矿石,因其表面积和微孔体积大而具有良好的吸氢储氢性能。沸石相对于其他储氢材料,生产方法相对简单、合成时需要能量较少,可利用煤燃烧产生的灰烬制得,其合成反应在低温下即可进行,生产较安全,且在安全生产方面沸石的最大优势在于,当其处于氢气氛中进行吸附

---

① 　如无特殊说明,本书中所述储氢量均指质量分数。

时防火性较好。

沸石储氢法分为封装法和吸附法。封装法是指高温高压作用下迫使氢气进入沸石的多空结构,当温度压力降为正常后,由于扩散约束的作用使得部分氢气被困在沸石中。但由于此方法所需活化温度较高,不利于填充空隙,所以封装法储氢效率低于吸附法。研究发现某些沸石新型材料也可储氢,碳材料中含有一类具有特殊结构的合成材料被称为沸石模板碳,其具有优异的机械稳定性和良好的孔隙率。沸石模板储氢主要是依靠物理吸附,通过碳原子与氢原子之间的范德华力来实现,且沸石模板碳的储氢量大于沸石,此反应具有可逆性。沸石的生产工艺尚未得到优化,生产成本高,且储能量较低。

2.4.3　硼氢化物储氢

硼氢化物,又称硼烷,是硼的共价氢化物的总称,因其安全性好、储氢容量大,被认为是理想的储氢材料。硼氢化物中含有较为罕见的氢—氢(H—H)键,出现在两个具有部分相似电荷的氢原子中,这种相互作用强于范德华力。氨硼烷是一种具有代表性的氢化物,因其具有分子间的二氢键网络,所以不具有硼氢化物的吸湿性,有效改善储氢材料的热力学性能。但是,由于其在室温下稳定存在,分解温度高、可逆性差等缺点,阻碍了固态储氢材料的发展,需破坏其稳定性,可以通过改变其所含原子的带电荷量来实现。硼氢化物可作为储氢材料应用于太阳能蓄热、水下移动设备、轻型燃料电池汽车等领域。

2.4.4　金属有机框架

金属有机框架是由有机配体和金属离子或团簇通过配位键自组装形成的具有分子内孔隙的有机-无机杂化材料。因其具有固定孔隙率、可调节的孔隙尺寸、良好的刚性、灵活的结构和优异热稳定性,被认为是一种很有前景的氢气储存材料。金属有机框架储氢主要是通过结合中心金属离子和有机配体的桥梁来形成巨大的晶格结构,利用形成的具有高内表面积的三维网络来捕获氢分子,其储氢依靠的是框架之间典型的弱范德华力,该储氢过程发生在低温(77 K)下。为了提高金属有机框架在其他温度下的储氢能力,需增加其比表面积,即通过将衔接物功能化和掺杂金属离子(如 Li^+、Cu^{2+}、Mg^{2+})或纳米粒子来创建金属中心,使框架内部相互渗透。影响金属有机框架储氢能力的结构因素有:单晶密度、孔隙体积、重量表面积、体积表面积、空隙率、最大空腔直径和孔隙极限直径以及吸附热。高压时,氢气吸附量随孔隙率和比表面积的增大而增大,低压时随吸附热的增加而增加。金属有机框架储氢可广泛应用于车载储氢,也可作为质子交换膜将储存的氢转化为电能,也可作为燃料电池的电机,还可作为渗透膜用来减轻海水淡化过程中的结垢效应。但是,金属有机框架热稳定性差、功能复杂,且其含水量不稳定,当应用于移动设备上时难以扩大存储空间。

总而言之,不同的氢气储存技术各有优缺点,适用于不同的应用场景和需求。随着技术的不断发展和创新,相信会有更多高效、安全、经济的氢气储存技术被开发和应用。同时,为了推动氢能产业的发展和应用,还需要推动氢气储存技术的研发和应用,为氢能产业的可持续发展提供有力保障。

第3章 储氢合金的种类和特征

3.1 储氢合金的储氢机理

储氢合金是指在一定条件下（温度、压力、气流、空气湿度等）能够完成吸氢或者放氢过程的金属间化合物。储氢合金吸氢过程是基体合金与氢气发生反应生成金属氢化物的过程，并且在此过程中会产生部分热量；放氢过程是指储氢合金在一定条件下将吸收的氢气释放出来的过程。合金表面的氢气分子可以利用下列方程来描述它们的吸附或者释放的反应过程。

吸氢反应：

$$\frac{2}{n}M + H_2 \longrightarrow \frac{2}{n}MH_n - \Delta H \tag{3-1}$$

放氢反应：

$$\frac{2}{n}MH_n + \Delta H \longrightarrow \frac{2}{n}M + H_2 \tag{3-2}$$

其中，M 表示基体合金，MH_n 表示金属氢化物，$+\Delta H$ 表示吸热反应，$-\Delta H$ 表示放热反应。

研究学者对储氢合金吸放氢的反应速率进行研究发现，吸放氢的反应速率与其吸放氢时的热焓大小成正比。同时，初始压力对储氢合金吸放氢反应速率的影响比较大，初始压力越大，吸氢反应速率越大；初始压力越小，放氢反应速率越大。吸放氢反应是个可逆反应，其反应速率受温度、压力、合金成分等因素影响。由吉布斯（Gibbs）定律可知，当温度不变时，化学反应过程平衡压力是一定的，可以通过 $P\text{-}C\text{-}T$ 曲线来表示储氢合金与氢气的相平衡，如图 3-1 所示。

图 3-1 所示的 OA 部分是基体合金吸氢反应的开始，基体合金吸氢后形成一种含氢的固溶体；AB 部分为基体合金吸氢反应的第二阶段，反应生成对应的金属氢化物；在 B 点以后为第三阶段，基体合金氢化反应结束，氢压力会显著提高。反应平衡压力会随着温度的升高而增加，但是有效氢容量会随着温度升高而减少。

虽然该方程对热力学的描述比较完整，但是在动力学上却没有反映实际复杂的反应过程。因而，可以用简单的一维势能曲线来描述整个储氢合金吸氢反应过程。如图 3-2 所示，目前公认的储氢合金的吸放氢过程大致可以分为三个阶段：

（1）氢的表面分解和吸附。氢分子与基体合金接触时首先吸附于合金表面上，在合金催化作用下 H—H 键解离，成为氢原子。由于储氢合金表面和内部的原子配位数不同，储氢合金表面的原子之间出现空隙，打破了原子间的平衡。在化学吸附作用下，分解后的氢原子

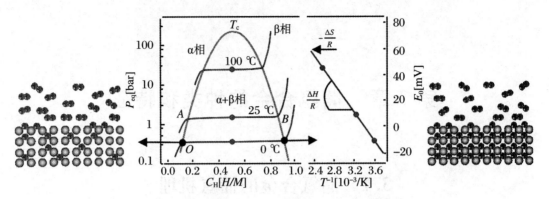

图 3-1　储氢合金的 *P-C-T* 曲线和对应的范托夫曲线

进入储氢合金表面的空隙。

（2）氢原子扩散。氢原子被吸附在储氢合金表面后，开始穿过储氢合金界面并慢慢地将其内部空隙填满，最终形成 α 相固溶体。氢原子在储氢合金表面的扩散速度和效率与储氢合金表面氧化膜厚度和致密度有关。

（3）相态改变。氢原子在储氢合金内部不断扩散，随着储氢合金表面的氢含量和 α 相均衡氢含量有一定差距，导致 α 相逐渐向 β 相转变，最后形成一个稳定的吸氢体系，这个过程主要受 β 相的影响。

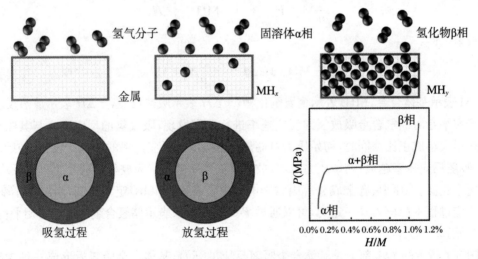

图 3-2　储氢合金吸放氢过程示意图

图 3-3 是氢分子在储氢合金表面反应的示意图。氢分子逐渐移向表面的过程中会产生物理吸附态（图 3-3 中的点位 1），作用力主要为范德华力，大小为 0~20 kJ/mol H。随着氢分子靠近储氢合金表面，由于排斥力作用的减少，氢分子的势能将与氢原子的势能交叉（点位 2）。越过此点位后，氢分子将会离解为两个氢原子，然后与表面原子结合。当该交叉点位的势能大于氢分子的势能，解离反应就会发生，并且该点位的高度就是解离反应的势垒。如果交叉点位 2 在零势能（点位 3）附近时，解离反应就不会发生。在一些情况下，只有在氢分子的能量高于激活势垒时，才会发生解离反应。当氢分子被分解为两个氢原子后，氢原子会寻找势能最小的点位（点位 4），并在这个点位与表面原子成键，这个过程是化学吸附。如果

氢—金属原子键的强度比 H—H 键的强度小,则该化学吸附为吸热反应,反之则为放热反应。此外,氢原子在储氢合金发生化学吸附反应还能突破储氢合金表面势垒的阻隔,直接穿过储氢合金表面的第一层原子层,逐渐扩散到储氢合金的体结构内,形成固溶相。

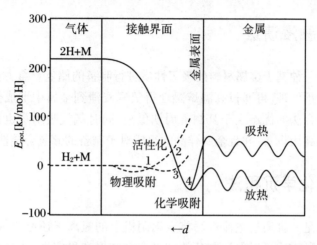

图 3-3　H_2 在金属表面吸附反应的一维 Lennard-Jones 势能表征图

在元素周期表中,所有的金属元素都可以与氢结合形成对应的氢化物。能够发生氢化反应的金属主要有两种:一种是可以很好地与氢气发生反应,形成一种稳定的金属氢化物,同时也会释放出大量的热量,这种主要是 I A～V B 族金属元素,比如 Mg、Ca、Ti、V、Zr、Nb、Re(稀土元素)等。这类金属被称为放热型金属,与氢气反应属于放热反应($\Delta H < 0$),其形成的氢化物属于强键合氢化物,这种金属元素被称为氢的稳定因子,可以控制储氢能力,也是构成储氢合金的重要组分。另一种是与氢的亲和力较低的金属,其内部氢的溶解度低,一般情况下是不会形成氢化物的,这类金属元素主要是 VI B～VIII B 族过渡金属(Pd 除外),例如 Al、Cr、Fe、Co、Ni、Cu 等金属元素,它们与氢的反应属于吸热反应($\Delta H > 0$),被称为吸热型金属,其形成的金属氢化物属于弱键合氢化物,这种金属元素被称为氢的不稳定因子,决定了吸放氢的可逆性,对生成热和分解压有着调控作用。

目前开发出来的储氢合金大部分都结合了放热型金属元素和吸热型金属元素,通过合理调配后才能制备出常温下能够可逆地吸放氢的储氢材料。

3.2　储氢合金的制备方法

3.2.1　机械球磨法

机械球磨法是一种经典的储氢合金制备方法,也是最早被研究和应用的一种方法。其基本原理是将纯度较高的金属(如 Ti、Mg 等)与氢气充分混合,并通过球磨机等机械设备在高速摩擦状态下进行磨合。这个过程中,金属表面会不断地失去氧化物,暴露出更多的活性表面,与氢气发生反应生成储氢合金。机械磨合法制备储氢合金的优点是简单易行,无需使用特殊的设备;缺点则是需要耗费较长时间才能完成制备,并且金属粉末易受污染影响氢气吸附量。

3.2.2　熔融浸渍法

熔融浸渍法是一种基于金属材料的吸氢性质进行制备的储氢合金方法。首先将金属样品置于氢气中进行预处理,再通过高温熔融使得氢气浸渍到金属中形成储氢合金。熔融浸渍法相较于机械磨合法的优点在于其制备周期更短,同时氢气吸附量也有所提高。但是该方法需要使用高温高压设备,并且金属样品的组成对于制备的储氢合金性能影响较大。

3.2.3　电化学沉积法

电化学沉积法是一种通过电流作用将金属阴极上的氢离子还原成氢原子,进而形成储氢合金的方法。这种方法可以保证制备的储氢合金纯度和稳定性,并且可以方便地控制反应条件,以获得所需的氢气吸附量。

3.2.4　吸氢合成法

吸氢合成法是一种直接将含氢化合物(如 $NaAlH_4$、$LiBH_4$)与金属进行反应生成储氢合金的方法。这种方法具有反应速度快、制备过程简单的优点,且储氢量可达到相对较高的水平。然而,吸氢合成法中通常需要在高温高压条件下反应,处理成本较高,对反应环境要求较为苛刻。此外,制备出的储氢合金通常存在结晶过程中的细微差别,使得每一批制备出来的储氢合金质量有较大差异。

3.2.5　高温熔炼法

目前熔炼的常用设备有真空感应磁悬浮熔炼炉或真空电弧炉,一般在氩气氛围保护下进行。该方法是采用高频率的电流通过铜线圈,在铜线圈上形成一种感应磁场,再通过该磁场产生大量热量来熔化金属,从而制得储氢合金。这种熔炼方法具有升温快、温度范围大、操作过程简单、易于控制和成本较低等优点,可以成批生产。但是也存在能耗大、合金的组织难以控制等缺点,而且熔炼温度难以控制,熔炉温度不均一,容易引起合金成分不均匀,熔炼后随炉冷却,无法保证熔炼合金内相结构的稳定性,对其各项性能均有着不利的影响。

3.2.6　烧结法

烧结法制备储氢合金的流程:将储氢合金粉末按照一定比例均匀混合后进行压制,再将压制成型的粉末置于氢气、氩气或者真空环境下进行烧结,从而制备出储氢合金产物,烧结过程所设定的温度通常是储氢合金熔点温度的 $0.66\sim0.8$ 倍。烧结法与传统的熔炼法相比,制备条件具有制备温度低、易于控制进程等特点,可以实现对储氢合金成分的精准调控。然而,该方法具有存在固相反应,需要较长时间才能反应完全,制备出的储氢合金产率较低,极易发生扩散不均匀等问题。

3.2.7　燃烧合成法

燃烧合成法又称自蔓延高温合成法,是由苏联科学家 Merzhonov 团队于 1976 年发明的一种合成材料的新方法。该方法的基本原理是利用高放热反应的特点,使得有关的化学反应自发的进行。根据点火方式的区别,可将燃烧合成法分为两类:

(1) 自蔓延模式:通过启动某一个点的反应来完成整个反应。一般情况下,在整个反应的一端点火使反应开始进行,然后该反应自发向整个反应蔓延,从而使整个反应全部完成。这种模式适合一些反应焓比较高的反应体系。

(2) 热爆模式:利用基体合金粉末可快速燃烧这一特征,使整个反应在瞬间完成。工艺流程是将基体合金粉末置于加热炉中,加热到设定温度后,使得整个体系的反应同时进行。这种模式适用于反应焓较低的材料。

燃烧合成法是在氢气氛围下进行的方法,它通过将所需的基体合金原料在氢气氛围下进行燃烧从而制备出储氢合金材料。该方法解决了传统高温熔炼法制备储氢合金所出现的重熔和易挥发等问题,所制备出的产物通常无需进行活化且纯度高,具有较好的综合性能。同时,该方法具有合成时间短、能耗低以及合成氢化一步完成等优点。然而,目前该方法仍然存在吸放氢反应温度过高、循环稳定性差以及反应速率低等问题,限制其广泛应用。

3.2.8　还原扩散法

通常由还原扩散法制备出的储氢合金主要有 $LaNi_5$、TiNi、TiFe 等,这种方法相对于以纯金属为原材料制备出的储氢合金具有更大的比表面积和更高的活性,展现出了更好的催化活性和电化学性能。还原扩散法操作简单,而且通过还原扩散法制备的储氢合金组分更均匀,其表面有大量裂纹,这些特征对提升储氢合金的储氢能力都是有利的。

3.2.9　熔盐电脱氧法

熔盐电脱氧法是由剑桥大学的 Chen 和 Fray 等于 1997 年联合提出的,该方法最早用于金属钛的制备。熔盐电脱氧法是一种以已烧结的金属氧化物作为阴极,以石墨烯或者惰性电极作为阳极,通过外加电压使其在高温环境下脱氧,从而制得金属单质或者合金的方法。溶盐电脱氧法得到的合金晶体缺陷减少,并缓解其内应力;合金颗粒逐渐变得光滑,且可调控熔盐温度得到不同形貌和粒径的合金颗粒。以合金颗粒微电极为工作电极,循环伏安测试结果表明,所制备的合金颗粒表现出良好的电化学储氢性能。

3.2.10　气体雾化法

采用气体雾化法制备的储氢合金粉末经常用氮气、氩气、氮气和氩气混合气等作为保护气。采用气体雾化法制备的储氢合金粉末形状通常是球形,且储氢合金形状的不规则程度随气压的增加而增加,这会对储氢合金的活性性能产生一定程度的影响,具体要看后续工艺的操作。采用这种方法制备的储氢合金是一种非平衡相柱状晶粒结构,其成分偏析较少,结构均匀精细,且表面缺陷较少,可以防止异形粒子对电极隔膜的击穿,并可以降低粒子表面裂纹的产生。但是,由于其粒度很小且难以控制,晶格极易发生变形,因此通常需要利用热处理对气体雾化法制备的储氢合金进行进一步优化。

3.2.11　直流电弧等离子体法

直流电弧等离子体法是利用等离子体在一瞬间产生大量热量,将块状储氢合金迅速融化乃至气化,然后气化后的储氢合金与周围空气或者冷壁接触冷却,在此过程中储氢合金粒子还未长大成核,最终得到的储氢合金粉末尺寸仅几十纳米。采用直流电弧等离子体法制备的储氢合金粒径范围在 50～700 nm,具有高纯度、良好颗粒分散性和优异的储氢能力等优点。

3.3　储氢合金的改性方法

3.3.1　表面处理

固体表面是晶体三维周期性结构与真空之间的过渡区。储氢合金的表面是储氢合金与氧气发生反应的界面,它跟储氢合金与氧之间的反应直接有关。一种性能良好的储氢合金一定要有性能良好的界面,促进储氢合金中氢的存储和释放。因此,储氢合金的表面层会影响储氢能力的大小,吸氢反应中氢分子分解,分解后的氢原子穿过储氢合金空隙并向内部不断扩散以及氢化物的形成都会受储氢合金表面层影响。另外,储氢合金的储氢能力大小,反应生成氢化物的反应热以及储氢合金的 P-C-T 曲线特征也会受到储氢合金表面层的影响。

某些储氢合金在正常情况下容易与空气反应,在其表面生成一层钝化膜,随后储氢合金不断循环吸放氢导致体积不断膨胀和收缩,从而使储氢合金粉末化、内部空隙消失,这些都会造成储氢合金的储氢能力降低。所以,对储氢合金进行表面处理是提高其储氢性能的重要方式之一。不改变储氢合金基本性能是表面处理最基本的要求,常用的表面处理方式有:酸处理、碱处理、表面包覆处理、氟化处理等。

3.3.1.1　酸处理

对储氢合金进行酸处理是最普遍的一种表面改性方法。酸处理对储氢合金表面氧化层的去除有良好的效果,使其表面出现更多疏松多孔的现象,比表面积不断变大,还能形成一层电催化活性良好的富镍层在储氢合金表面,可以明显提升储氢合金的活化性能。通常用于储氢合金表面改性酸处理的酸有无机酸(如 HCl、HNO_3、H_2CO_3、H_3PO_4 等)、有机酸(如 CH_3COOH、HCOOH、胺基乙酸等)。酸处理具有操作简便、作用时间短、实验装置简单、酸浓度低和环境友好等优点。

3.3.1.2　碱处理

碱处理是利用碱性溶液腐蚀储氢合金部分表面元素,使其表面被活性良好的富镍层包裹,导致微观结构发生变化,达到储氢合金循环稳定性优异的效果。然而,在碱性条件下部分储氢合金容易被氧化或腐蚀,导致其组分大量流失,碱处理表面改性效果并不理想。

3.3.1.3　表面化学镀

储氢合金表面化学镀的作用原理是采用化学镀层的方式在储氢合金的外表面上添加一层金属膜,并赋予其特定的性能。通常被添加到储氢合金表层的金属膜作用主要有以下三点:

(1) 金属膜在储氢合金上主要起到保护作用,它能够大大减少储氢合金自身粉末化以及被空气氧化。

(2) 金属膜可以有效地提升储氢合金的导电能力和导热能力,同时还能使储氢合金的电化学反应效率提高。

(3) 金属膜对储氢合金的催化活性和化学反应速率都有显著提升,同时还具有较好的耐腐蚀性。

3.3.1.4　氟化处理

氟化处理的原理是指在氢氟酸等含氟溶液中浸泡储氢合金,利用溶液中氟离子与储氢合金表面的氧化物反应生成多种络合离子氟化物,在其外表面上增加一层 2 μm 左右厚的氟化物膜,而且氟化物膜底层还有一层具有良好电催化活性的富镍膜,氟化物膜和富镍膜可以对储氢合金的保护起到双重作用,大大提升了储氢合金的各种性能。储氢合金经过氟化处理后通过具有以下四个优点:

(1) 氟化处理能够大大减少储氢合金因循环吸氢而出现的粉化现象。

(2) 氟化处理后的储氢合金吸放氢动力学性能得到显著提升。

(3) 氟化处理后的储氢合金活化性能得到显著提高。

(4) 氟化处理后的储氢合金使用寿命得到延长,抗毒、抗氧化和耐腐蚀性能得到有效增强。

3.3.2　元素取代

对某些 A_xB_y 型储氢合金来说,通常对其进行改性处理主要采用元素取代法。A_xB_y 型储氢合金中左侧 A 原子加氢反应是放热反应,右侧 B 原子加氢反应是吸热反应。在放热型金属中,随着温度的升高,A 原子中氢的溶解度会下降。元素取代法改性储氢合金通常分为两种:一种是对左侧 A 元素的部分取代,这是最常见的,另一种是对右侧元素进行取代。通过元素取代法改性的储氢合金的循环稳定性,吸放氢速率都得到大幅提升。

3.3.3　添加催化剂

通过在储氢合金中加入催化剂改善其储氢性能,是目前改善镁基储氢合金最有效、最简单和最高效的方法之一。储氢合金所添加的催化剂不仅可以增加其吸放氢反应的活性点,也可以降低其吸放氢反应的能量壁垒,实现储氢合金中氢分子快速分离,同时还可以在氢原子扩散的时候起到通道和运输作用,从而大大提升了储氢合金的储氢能力。目前使用的催化剂主要有过渡金属(钇、钒等)、过渡金属(钪、钛、铬、铌等)的氧化物、卤化物(四氟化钛、四氟化钒、氟化镍等)以及石墨烯、碳纳米管等"万能材料"。通过添加催化剂改善储氢合金的放氢温度、吸氢速率和热力学等特性,从而使其性能得以提升。

3.3.4　纳米化处理

储氢合金纳米化是对其吸放氢动力学提升的有效手段之一。纳米化的过程是将金属粉末破碎成为比表面积更大且粒径更小的颗粒,较大的比表面积可以为氢分子提供更多的接触面积从而加快氢分子在合金表面的解离过程,而较小的粒径则为氢原子增加了扩散的通道,两者共同作用加快了合金的吸放氢速率,从而提升镁基储氢材料的吸放氢动力学性能。纳米化处理的储氢合金的氢扩散系数、吸放氢速率和活化性能都得到有效的改善,这是由于纳米颗粒的尺寸比较小、比表面积比较大、表面能比较高,通常认为纳米材料的体积效应、表面效应、量子尺寸效应和宏观隧道效应会对储氢合金的储氢性能产生影响。目前国内外在纳米化改性储氢合金性能技术方面已经取得一系列重大突破。

3.3.5　合金化

合金化是向储氢合金中加入其他元素,通常引入的合金元素有过渡金属元素(镍、钛等)、稀土元素(钇、镧、铈等)和部分主族元素(铝、硅等),其中最常用的是过渡金属元素镍和钇元素。在储氢合金体系内部引入合金元素,制备出一种具有多元合金结构的金属间化合物和金属氢化物,可以显著提高其热力学势垒和动力学能垒。合金元素加入到储氢合金体系中,可以通过改变其氢化反应的途径来提升储氢合金的吸放氢能力。在吸放氢反应过程中,加入的合金元素会促进氢气分子的分解再结合,有良好的催化效果。此外,合金化还能在储氢合金中获得具有较高弥散性和致密性的微结构,为储氢合金中氢原子的扩散占位提供了有利条件。但是,合金化后的储氢合金储氢能力和合金体系中循环可逆性都会有所降低。

3.3.6　非晶化

通过采用非晶化技术对储氢合金进行处理,可以有效减少其在吸放氢反应中出现粉化现象,缓解储氢合金储氢能力下降等问题。非晶化技术处理后的储氢合金具有以下几个优点:

(1) 非晶态储氢合金在吸放氢反应中具有循环稳定性高,应力应变小等优点。

(2) 非晶态储氢合金中含有大量与晶体物质相似的“空洞”,增加了储存氢原子的位置,以至于储氢量增加。

(3) 非晶态原子具有各种玻璃态相变,可以为氢原子的扩散占位增加更多的可能性。

(4) 某些储氢合金体系具有广泛的非晶形成区域,对设计材料的化学成分和储氢能力的提升都有很大的可调控性。

3.3.7　热处理

热处理技术是减少储氢合金晶体内部偏析和应力的有效手段之一,是提高储氢合金储氢能力的常用方法。该技术是用熔炼法制备金属或储氢合金所必须经历的过程,能够均化铸态合金的组分和细化晶体粒度,减少晶体畸形现象的出现,从而大大提升储氢合金的各项性能。通过对储氢合金进行热处理,既可以缓解其过大的晶格应力,又可以降低储氢合金的成分偏聚,消除晶格应力及错位,从而改善其活化性能、循环稳定性及储氢容量,但是热处理时间过长也会对储氢合金的吸放氢速率产生消极的影响。

3.3.8　多层膜处理

多层膜改性技术是一种应用于储氢合金的改性方法,其主要是通过在储氢合金表面形成多层膜来保护储氢合金,使其不会被氧化和腐蚀,改善其吸放氢性能。该方法主要采用化学气相沉积、物理气相沉积和原子层沉积三种方法来制备纳米结构的膜,这种膜可以是金属、氧化物、氮化物等不同的材料。对于多层膜,每一层都可能具有不同的功能,例如一些层可以提供保护,一些层可以作为催化剂提高反应速度等。多层膜可以保护储氢合金免受氧化或腐蚀,增强其在实际应用中的稳定性。通过选择合适的膜材料,可以优化储氢合金的吸放氢性能(如提高反应速度、降低反应温度等),同时可以改善储氢合金的循环性能,延长其使用寿命。但是多层膜改性方法需要复杂的设备和过程,这可能增加了成本和难度,而且对于多层膜,控制每一层的厚度、均匀性以及界面性质等可能较为困难。

3.3.9　反应物失稳法

反应物失稳法主要是通过控制反应条件,让反应物处于失稳状态,从而实现储氢合金的改性。通常涉及高能球磨或机械合金化过程,通过磨碎和混合反应物质,使得反应物处于高活性的非平衡态,进一步促进材料的吸放氢能力。调整储氢合金的微观结构和物理性质,进一步提高其氢储存能力。反应物失稳法可以实现对储氢合金的定向改性,提高材料的应用

19

性能,但是该方法涉及高能球磨或机械合金化过程,设备成本较高且工艺复杂,可能会引入不必要的杂质,影响储氢合金的性能,对反应条件的精细控制需求较高,技术难度较大。

3.4 单质金属储氢合金

单质金属储氢合金主要包括钛、镁、铝、锆、锂、钙等,下面分别介绍它们的特征:

3.4.1 钛基储氢合金

钛自然资源十分丰富,其在地壳中含量是铁的 5 倍、铜的 100 倍,是一种较为常见的用于制备储氢合金的低成本单质金属,其晶体结构如图 3-4 所示。钛基储氢合金具有极高的比表面积和相对较高的氢吸收容量,在高纯度氢气的环境下可以吸附大量氢气,最大吸氢理论容量为 4.2%。但是,氢化钛的解吸温度过高、滞留量大,为达到 100 kPa 的平衡氢压必须加热到 800 ℃附近的温度。

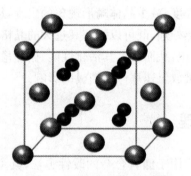

图 3-4　TiH_2 晶体结构示意图

3.4.2 镁基储氢合金

镁是一种密度较小、热稳定性较高的单质金属,因此是一种非常有前途的储氢材料,其结构如图 3-5 所示。镁基储氢合金的优势在于其体积/质量能量密度高、丰度高、环境友好、

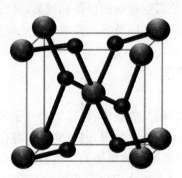

图 3-5　MgH_2 晶体结构示意图

氢吸收容量高、氢化性能好且加工成本较低,其理论储氢容量可达 7.6%。另外,镁是地壳中含量为第六位的金属元素,资源丰富、价格低廉,有利于镁基储氢合金在能源储存和利用领域的广泛应用。但是,其吸放氢条件比较苛刻,速度慢且温度高,吸放氢循环稳定性差。

3.4.3　铝基储氢合金

铝是地壳中含量为第三位的金属元素,资源丰富且价格相对较低,也是制备储氢合金的重要原料之一,其对应的氢化物结构如图 3-6 所示。铝基储氢合金具有较好的加工性能、良好的化学稳定性和高储氢容量(AlH_3 的理论储氢量可达 7.6% 以上),可以通过改变配比等手段控制其储氢性能。但是,铝基储氢合金的吸放氢温度较高且速度慢,相对于钛基和镁基储氢合金,其储存相同质量的氢气需要更大的体积和重量。

图 3-6　AlH_3 晶体结构示意图

3.4.4　锆基储氢合金

锆是一种具有良好的耐腐蚀性和高熔点的单质金属,在制备高纯度、高稳定性的储氢合金方面有着独特的优势。锆基储氢合金具有储氢能力强、反应平衡压力高、吸放氢滞后损失低等优点,同时还具有出色的储氢和释放氢气能力,锆基储氢合金的晶体结构如图 3-7 所示。但是,锆基储氢合金的生产成本比较高,需要定期维护和检修,且成本比较昂贵。

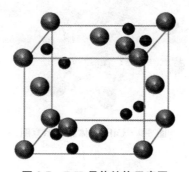

图 3-7　ZrH_2 晶体结构示意图

3.4.5 锂基储氢合金

锂是一种密度最小的单质金属,在常温环境下不稳定。但是其金属氢化物(LiH,其结构如图 3-8 所示)在常温环境下较为稳定,熔点很高,且对热稳定。氢化锂具有质量密度低、储氢密度高(25.2%)、操作简单、吸放氢速度快和环境友好等特点,是一种高效的金属储氢材料,作为潜在的固体储氢合金材料被广泛关注。但是,氢化锂的分解不稳定性和制备过程的复杂性,严重制约了其在工业中大规模应用。

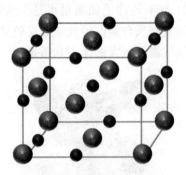

图 3-8　LiH 晶体结构示意图

3.4.6 钙基储氢合金

钙基储氢合金也具有非常高的单位质量储氢量,CaH_2 的最大储氢量能达到 4.8%,其晶体结构如图 3-9 所示。相对于部分单质储氢合金的储氢量,CaH_2 并不是那么突出,但由于 Ca 元素在地球上高储量,仍然被认为是一种优质的储氢合金基体材料。CaH_2 的稳定性较好,比除了氢化锂外的其他氢化物都要稳定,并且价格低廉、制备工艺成熟简单,但是其活性较低,放氢比较困难。由于 CaH_2 可以与水发生剧烈的反应生成 H_2,因而常被应用于干燥剂以及野外氢气发生剂。

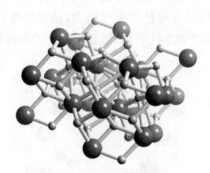

图 3-9　CaH_2 晶体结构示意图

3.4.7　钒基固溶体储氢合金

钒基固溶体储氢合金是近几年才发展起来的一种具有较高储氢能力的新型储氢合金，但由于其在碱性电介质中催化性能较差，所以很难作为一种优异的电极材料。研究表明，钒基固溶体储氢合金具有高达 3.8% 的储氢容量，理论电化学容量是 $LaNi_5$ 基储氢合金容量的 3 倍作用。钒和钒基固溶体储氢合金（V-Ti 及 V-Ti-C 等）在吸氢后形成的氢化物主要有 MH 和 MH_2 两种形式，结构如图 3-10 所示，导致其在 P-C-T 曲线上通常会出现两个相应的吸放氢平台。钒钛固溶体储氢合金自身具有较高的储氢量，但其电化学可逆吸放氢能力极差。钒钛固溶体储氢合金中添加 Ni 后形成的 V_3TiNi_x 系列储氢合金，其晶界处形成的 TiNi 相三维网状结构导致表面电催化性能得到显著改善，从而使固溶体型储氢合金可用作电极材料。与其他类型储氢合金相比，钒钛基储氢合金性能更易受其制备工艺的影响，循环稳定性差，会严重影响其在工业中广泛应用。

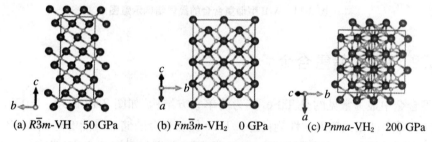

(a) $R\bar{3}m$-VH　50 GPa　　　(b) $Fm\bar{3}m$-VH$_2$　0 GPa　　　(c) $Pnma$-VH$_2$　200 GPa

图 3-10　钒基储氢合金晶体结构示意图

3.5　金属间化合物储氢合金

金属间化合物储氢合金也是一种新型的高性能储氢合金材料，其应用领域非常广泛，包括氢气的储存和运输、燃料电池、电力储存等。在储存和运输氢气方面，储氢合金可以代替高压气瓶或液态氢存储容器，提高氢气储存和运输的安全性和效率；在燃料电池领域，储氢合金可以作为燃料电池的氢源，提供稳定的氢气流，提高燃料电池的性能和稳定性；在电力储存领域，储氢合金可以作为电力储存的能量载体，实现电能的稳定存储和输出。与单质金属储氢合金相比，金属间化合物储氢合金具有吸放氢过程更简单、不易被氧化或者腐蚀和安全性高等优点。根据储氢合金组成元素及配比可将其分为 A_2B 型储氢合金、AB 型储氢合金、AB_2 型储氢合金、AB_3 型储氢合金、AB_5 型储氢合金、A_2B_7 型储氢合金和新型 La-Mg-Ni 系储氢合金等。下面将对上述几类储氢合金进行简单介绍。

3.5.1　A_2B 型储氢合金

最具有代表性的 A_2B 型储氢合金是 Mg_2Ni，结构如图 3-11 所示。Mg_2Ni 具有较强的储氢能力和较小的体积,而且在自然界中含有大量的镁元素,生产制造成本也比较低且无污染,在电极中具有极大的应用价值。作为镍氢电池的负极材料,Mg_2Ni 拥有 999 mAh/g 的理论储电量。但是,由于 Mg_2Ni 形成的氢化物稳定性较好,所以需要较高的温度才能将其分解。通过优化制备工艺和方法,及元素替代和与其他物质的掺杂,可有效改善 Mg_2Ni 储氢合金的放氢性能。

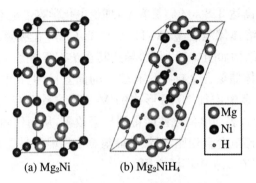

(a) Mg_2Ni (b) Mg_2NiH_4

图 3-11 A_2B 型储氢合金的晶体结构示意图

3.5.2   AB 型储氢合金

AB 型合金中最为常见的是 TiFe,其为简单立方结构,如图 3-12 所示。TiFe 合金的储氢量大、成本低廉且相关热力学性能良好。TiFe 储氢合金的储氢量能够达到 1.9%,且完全活化后在常温常压下便可实现氢气的可逆吸放,同时其原材料资源丰富,具有一定的商业化价值。影响 TiFe 大规模应用的最大缺点是其活化条件严苛,需在高温高压下进行。为了改善活化困难的缺点,很多研究团队提出了多种可能性方法,其中最有效的方法为合金法。例如,用微量锰元素替代铁可有效改善 AB 型合金的活化性能,并可以减缓其在吸放氢过程中的中毒,但是会导致合金储氢量的减小和吸放氢平台倾斜。AB 型合金的相关研究仍需要进一步的深入,才能实现该型合金在活化性能改善的基础上其他各项性能的稳步提升。

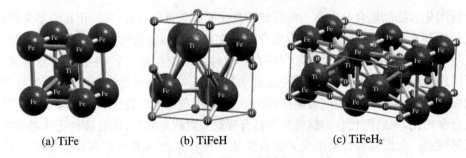

(a) TiFe   (b) TiFeH   (c) $TiFeH_2$

图 3-12   晶体结构示意图

3.5.3 AB_2 型 Laves 相储氢合金

AB_2 型的储氢合金有着 Laves 相合金的群,它的晶体结构有三种:C14 六方结构

（$MgZn_2$ 等），C15 立方结构（$MgCu_2$ 等）和 C36 六方结构（$MgNi_2$ 等），结构如图3-13所示，能作为储氢合金的是前两种。锆系 Laves 相合金平衡压较低，储氢量可达 2.4%。锆系 Laves 相储氢合金因其储氢能力强，循环稳定性好和使用寿命长，被认为是第二代高性能储氢电极合金材料，但其昂贵的价格制约这其在实际中广泛应用。钛系 Laves 相合金通过调节其成分可得到较高储氢量（约 2.1%）、易活化和抗中毒性能好的合金，成本也相对较低。钛基 AB_2 型储氢合金具有两种不同组成的储氢性能，其在室温下具有良好的活化特性，能够实现氢气的释放和吸收，但吸放氢过程存在着较大的滞后现象，且容易受 O_2、H_2O、CO、CO_2、N_2、CH_4 等气体影响，从而出现中毒变坏的现象。

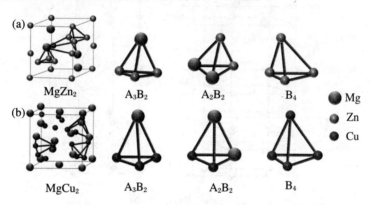

图 3-13　AB_2 型合金结构和储氢晶格位置示意图

3.5.4　AB_3 型储氢合金

AB_3 型储氢合金很早就被发现具有很高的理论储氢容量，例如 $LaNi_3$ 的吸氢量可达到 1.25 H/M，理论电化学容量为 411 mAh/g。然而，AB_3 型储氢合金的主要问题是可逆储氢量太低，循环稳定性差，循环寿命不超过 2 年。AB_3 型储氢合金主要是 $CeNi_3$ 型结构（六方结构，$P6_3/mmc$）或者 $PuNi_3$ 型结构（菱方型，R-3m），如图3-14所示。当暴露于氢气时，AB_3 型合金能够形成金属氢化物。这个反应是可逆的，当氢气的压力降低或环境温度上升时，氢气又会从合金中释放出来。AB_3 型合金在吸放氢过程中有一个合适的温度窗口，大多数在室温到 100 ℃ 之间具有最佳的吸放氢性能。AB_3 型合金理论上能够提供 1.5%～2% 的储氢容量，相较于其他储氢材料，它们具有较快的吸放氢速率，使得在实际应用中能够快速吸放氢。很多 AB_3 型合金在数百次的吸放氢循环中都能保持其储氢容量和反应速度，其因具有环境友好、寿命长、高能量密度等优点被广泛关注。

3.5.5　AB_5 型储氢合金

AB_5 型储氢合金是荷兰飞利浦公司首次开发出来的一种新型储氢合金，在世界范围内使用最为广泛。其中最具有代表性的 AB_5 型储氢合金是 $LaNi_5$，其晶体结构主要是 $CaCu_5$ 型六方结构，具有 P6/mmm 的空间结构群，如图3-15 所示。单个$LaNi_5$晶体最多能够储存 6 个氢原子，所形成的氢化物为 $LaNi_5H_6$，因此其理论最大储氢量为 1.4%。储氢合金 $LaNi_5$

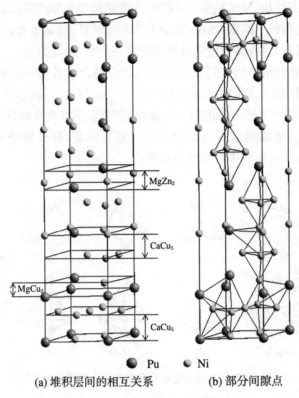

● Pu　● Ni

(a) 堆积层间的相互关系　　　(b) 部分间隙点

图 3-14　AB₃ 型储氢合金的晶体结构

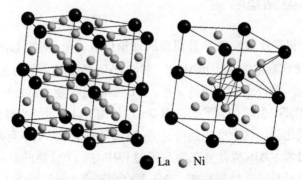

● La　● Ni

图 3-15　LaNi₅ 合金的晶体结构

具有活化简单、放氢压力适中、吸放氢平衡压差低、动力学性能优异、滞后性小、不易中毒等优点,而且它是为数不多可以在常温条件下实现吸放氢反应的储氢合金。然而,它的缺陷也十分明显,如:吸氢后晶体会膨胀造成其内应力增大、易破碎和畸形、使用寿命短、抗氧化能力差、价格昂贵、循环吸放氢反应中体积变化率只有 23.5% 等,这些缺陷制约了它的实际应用。

3.5.6　A₂B₇ 型储氢合金

A₂B₇ 型稀土系合金具有优异的自放电性能、较好的荷电保持率和较高的理论放电容量高等优点,其结构如图 3-16 所示。目前,A_2B_7 型稀土系合金是镍氢电池负极材料研究的热点之一,其理论放电容量高达 420 mAh/g。最开始学者在对 La_2Ni_7 合金的研究中发现其氢化物呈现非晶结构,从而导致其实际放电容量较低,并且稳定性和可逆反应过程的吸放氢性能也不理想,因此没有得到广泛的关注。然而,自从有学者发现在 La-Ni 合金体系中引入镁元素可以显著改善 AB_3 型储氢合金的非晶化之后,开始将这种方法也应用到 A_2B_7 型储氢合金中,使得 A_2B_7 型储氢合金得到了迅速地发展。对于 A_2B_7 型稀土系储氢合金来说,存在着循环稳定性和动力学性能较差的缺点。为了克服这些问题,目前主要采用元素替代和热处理的方式进行改性,通常将 A 侧的 La 元素用混合稀土元素进行替代。通过对其 Mg 含量进行严格的调整和精准的把控,不仅可以显著提高储氢合金的储氢性能,还能够节约生产成本。鉴于 La_2Ni_7 型储氢合金中过渡族元素具有较大的固溶度,过渡元素替代 B 侧的镍元素之后,其吸氢能力和稳定性都得以提升,同时吸放氢速率和动力学性能也有所改善。然而,目前这些技术还不够成熟,A_2B_7 型储氢合金的电化学循环稳定性和动力学性能尚未达到镍氢电池负极材料的要求。

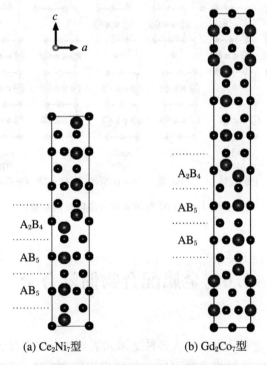

(a) Ce_2Ni_7 型　　　　(b) Gd_2Co_7 型

图 3-16　A_2B_7 型储氢合金晶体结构模型

3.5.7　新型 La-Mg-Ni 系储氢合金

如图 3-17 所示,镧-镁-镍(La-Mg-Ni)系储氢合金因其在 c 轴上由[AB_5]单元层和[A_2B_4]单元层以一定比例排列而成的层状堆垛特征,其理论储氢能力比 AB_5 型储氢合金的还要高出 25%,是一种很有可能替代 AB_5 型储氢合金而实现商业化的候选材料。同时,La-Mg-Ni 系储氢合金的吸放氢压力在常温常压下具有明显的平台出现,其按照 $CaCu_5$ 型结构单元和 Laves 相结构单元可分为：AB$_3$ 型、A$_7$B$_{23}$ 型、A$_2$B$_7$ 型、A$_5$B$_{19}$ 型等。

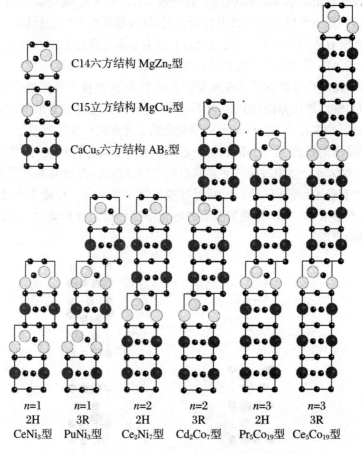

C14六方结构 MgZn$_2$型

C15立方结构 MgCu$_2$型

CaCu$_5$六方结构 AB$_5$型

$n=1$	$n=1$	$n=2$	$n=2$	$n=3$	$n=3$
2H	3R	2H	3R	2H	3R
CeNi$_3$型	PuNi$_3$型	Ce$_2$Ni$_7$型	Cd$_2$Co$_7$型	Pr$_5$Co$_{19}$型	Ce$_5$Co$_{19}$型

图 3-17 La-Mg-Ni 系储氢合金晶体结构示意图

3.6 金属配合物储氢合金

金属配合物储氢合金通常由一种或多种金属元素与特定的大分子配体（如氨、醇、酸、酯等）相互作用形成络合物，这种络合物可以与氢气发生可逆反应，从而形成储氢合金。其主要特点是化学稳定性好、可控性强和储氢容量高（某些金属配合物储氢合金的储氢容量可达10%）。根据其结构和特性的不同，可以分为以下四类。

3.6.1 金属有机框架储氢材料

金属有机框架（MOFs）储氢材料是由有机和无机组成的二元储氢配合物，代表性的金属框架储氢材料结构如图 3-18 所示，具有高表面积和多孔结构，是一种具有拓扑结构的晶态材料。常见的 MOFs 储氢材料包括：MIL-101、UiO-66 和 HKUST-1 等。

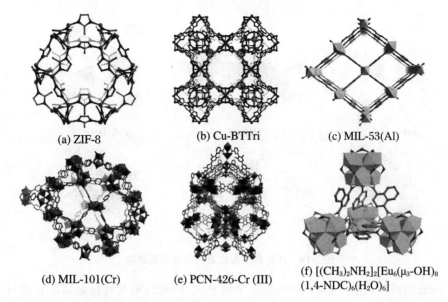

(a) ZIF-8　　　　　(b) Cu-BTTri　　　　　(c) MIL-53(Al)

(d) MIL-101(Cr)　　　(e) PCN-426-Cr (III)　　(f) [(CH₃)₂NH₂]₂[Eu₆(μ₃-OH)₈
　　　　　　　　　　　　　　　　　　　　　(1,4-NDC)₆(H₂O)₆]

图 3-18　几种代表性的金属有机框架材料储氢晶格位置示意图三维结构示意图

金属有机框架储氢材料的优点如下：

（1）高储氢容量：金属有机框架具有较高的理论储氢容量，通常高于传统的储氢材料。

（2）低成本：相对于其他储氢材料，金属有机框架的合成相对简单，成本较低。

（3）良好的选择性：金属有机框架对于某些气体（如氢气）具有较好的吸附性和选择性，可以有效地分离和提纯氢气。

（4）可调性：通过改变合成条件和选择不同的有机配体和金属离子，可以调节金属有机框架的结构和性能，以适应不同的应用需求。

金属有机框架储氢材料的缺点如下：

（1）稳定性差：金属有机框架的稳定性相对较差，容易受到温度、湿度和氧化等因素的影响，导致结构坍塌或性能下降。

（2）动力学性能差：金属有机框架的吸附和解吸动力学性能相对较差，需要较长时间才能达到吸附平衡。

（3）容易中毒：金属有机框架的孔径较小，容易受到一些杂质（如氧气、水蒸气等）的影响，导致中毒失效。

（4）成本高：虽然金属有机框架的合成相对简单，但由于需要使用大量的有机配体和金属离子，目前的生产成本仍然较高，限制了其大规模应用。

3.6.2　转移金属配合物

转移金属配合物是由中心金属离子、典型有机羧酸以及辅助配体组成的三元配合物。常见的转移金属配合物储氢材料包括 $LiAlH_4$、$NaAlH_4$、$LiBH_4$、$NaBH_4$、$LiNH_2$、$Mg(NH)_2$ 等，其结构如图 3-19 所示。

转移金属配合物储氢材料的优点如下：

（1）高氢容量：许多转移金属配合物有着相对较高的氢存储容量，有些甚至超过了 6%。

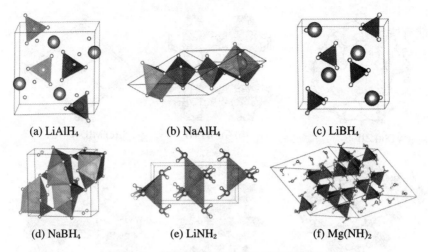

(a) LiAlH₄   (b) NaAlH₄   (c) LiBH₄

(d) NaBH₄   (e) LiNH₂   (f) Mg(NH)₂

图 3-19　几种典型配位氢化物的单胞结构

（2）较低的吸放氢温度：与一些传统的金属氢化物相比，某些转移金属配合物可以在较低的温度下释放和吸附氢气，这可以减少热管理的挑战和节省能量。

（3）性能可调控：通过更改配体或金属中心，可以调控配合物的化学性质，从而优化其储氢性能。

（4）循环稳定性高：某些转移金属配合物表现出优越的吸放氢循环稳定性。

（5）低毒性和环境友好性：与某些氢存储技术相比，某些转移金属配合物具有低毒性，更环境更友好。

转移金属配合物储氢材料的缺点如下：

（1）结构复杂性：制备和合成转移金属配合物可能比简单的金属氢化物更复杂。

（2）重量和体积密度高：尽管某些转移金属配合物具有较高的氢容量，但其整体重量和体积密度可能不如某些其他氢存储技术，如液态或气态压缩氢。

（3）稳定性差：某些转移金属配合物在多次吸放氢过程中可能会逐渐失去稳定性。

（4）放氢动力学较慢：某些转移金属配合物释放氢的速度可能不如其他氢存储材料快。

3.6.3　多核铰链配合物

多核铰链配合物是由底部桥联的两个或更多金属原子组成的一种特殊的超分子多核铰链结构。常见的多核铰链配合物包括 $Ru_3(CO)_{12}$、$Fe_2(pdt)$ 和 $CpIrCl_2$ 等。

多核铰链配合物储氢材料的优点如下：

（1）可调节性：通过设计不同的配体和铰链结构，可以调节铰链配合物的性质，从而优化其储氢性能。

（2）特定的吸/放氢环境：可以在特定的温度和压力下设计得到具有优越吸/放氢性能的多核铰链配合物。

（3）高密度储存：一些多核铰链配合物具有较高的氢存储密度。

（4）潜在的高循环稳定性：因为这些结构具有稳定的机械键，它们可能具有良好的吸放氢循环稳定性。

（5）新型储氢机制：多核铰链配合物提供了一种新型的储氢机制，该机制与传统的氢存储材料可能有所不同。

多核铰链配合物储氢材料的缺点如下：

（1）合成挑战：这些超分子结构的合成可能非常复杂和费时。

（2）稳定性问题：尽管某些铰链配合物可能表现出初步的稳定性，但在多次吸放氢循环中可能逐渐降解。

（3）高成本：多核铰链配合物的合成和纯化可能需要昂贵的起始材料和复杂的合成步骤。

（4）放氢动力学缓慢：某些铰链配合物释放氢的速度可能受限，导致放氢动力学较慢。

（5）密度和体积限制：与其他先进的氢存储技术相比，多核铰链配合物可能没有具备竞争力的重量和体积密度。

3.6.4　氢键配合物

氢键配合物是由非金属元素（如 N、O 等）中心与氢原子形成氢键结构。常见的氢键配合物包括二咪唑锌杂环、聚酰胺杂环和聚吡咯杂环等。

氢键配合物储氢材料的优点如下：

（1）低温操作：利用氢键进行氢的吸附和释放往往可以在较低的温度下进行，减少了对能量的需求。

（2）选择性吸附：氢键通常对氢气有很好的选择性，利于提高纯度和减少其他气体的混杂。

（3）可调节性：通过设计不同的氢键受体和供体，可以调控储氢材料的性质和性能。

（4）潜在的高吸附容量：某些氢键配合物可能具有较高的氢吸附容量。

（5）环境友好性：氢键配合物通常比金属有机骨架和其他氢存储材料对环境更为友好。

氢键配合物储氢材料的缺点如下：

（1）释放氢的挑战：由于氢键是一种较弱的化学键，从氢键配合物中释放氢可能需要外部刺激，如加热或改变压力。

（2）稳定性问题：在多次吸放氢循环中，氢键配合物可能会失去其结构和功能的稳定性。

（3）吸附动力学：与其他存储方法相比，氢键配合物的氢吸附速率可能较慢。

（4）氢的储存密度：尽管氢键配合物可以高效地吸附氢，但其实际的氢储存密度可能低于其他方法，如金属有机骨架或金属氢化物。

（5）制备和合成：氢键配合物的合成和制备可能涉及复杂的化学步骤和条件。

第 4 章　储氢合金热分解反应动力学

随着能源需求的不断增长,氢能作为一种清洁能源越来越受到关注。储氢合金被誉为"会呼吸的金属",泛指在一定温度和压力条件下,能大量可逆吸收、储存和释放 H_2 的金属间化合物,具有储氢密度高、储运便利和可循环利用等特点,在能源电力、燃料电池、航空航天和含能材料等领域,具有广阔的应用前景。储氢合金的热分解行为对其储氢性能和安全性具有重要影响。因此,对储氢合金的热分解动力学进行研究,有助于了解其热分解机制,优化其储氢性能和安全性,对储氢合金的能量输出调控和应用具有重要意义。

储氢合金的热分解特性与其物理化学性质密切相关,其受热释氢性能可以通过热重分析(TGA)、热解吸光谱(TDS)、差热分析(DTA)等热分析技术进行研究。一般来说,储氢合金的受热分解可以被分为五个步骤:储氢合金在氢化物-金属界面的热分解、氢在金属相中的间隙扩散、氢原子的表面渗透、化学吸附与物理吸附的氢原子复合以及分子氢脱离,而解吸速率的限制及其相应的活化能取决于施加的压力、温度和表面污染(例如氧化)。事实上,氢的解吸不受扩散或任何相变(界面过程)的控制,而是由氢通过表面氧化膜传输的过程控制。

本章以 Mg 基、Ti 基、Al 基和配位储氢合金为切入点,重点讨论 MgH_2、TiH_2 和 AlH_3 的热分解特性,并以 Mg 基储氢合金为例,探讨改善储氢合金热分解动力学的几种有效手段。

4.1　镁基储氢合金热分解动力学

4.1.1　MgH_2热分解动力学

课题组前期已研究了不同粒径的 MgH_2 在不同气氛下的热分解特性。在氩气气氛下通过热重-差示扫描量热法来研究 MgH_2 样品的热分解释氢特性,不同粒径 MgH_2 的 TG、DSC 曲线如图 4-1(彩图)所示。由于 MgH_2 的热膨胀系数远大于 MgO 的热膨胀系数,所以 MgH_2 颗粒受热后膨胀,MgO 薄膜层会发生破裂,内部的 MgH_2 暴露在外部环境中发生分解反应,分解为 H_2 和单质 Mg。MgH_2 的 TG 曲线和 DSC 曲线在 $455 \sim 475$ ℃ 分别出现下降峰和吸热峰,说明脱氢反应在这个温度范围内开始进行,且小粒径的 MgH_2 颗粒含氢量更高。通过对比不同粒径 MgH_2 的 TG、DSC 曲线可以发现,在氩气气氛下,MgH_2 粒径越小,初始分解温度、最大吸热量和释氢所需的能量越低。

图 4-2(彩图)是 MgH_2 在空气气氛中的 TG、DSC 曲线,不同粒径的 MgH_2 在 $370 \sim 450$ ℃ 和

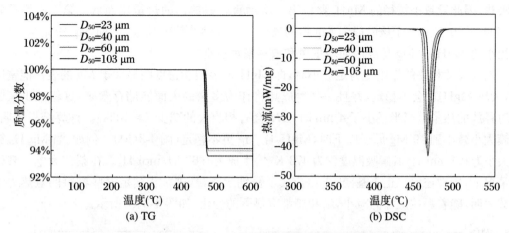

图 4-1　纯 MgH$_2$ 在 10 ℃/min 升温速率下氩气氛围中的 TG-DSC 结果

600~650 ℃ 范围内有两个明显的增重阶段。第一次增重阶段(MgH$_2$ 的释氢和氧化阶段)：随着温度的增加,TG 曲线在 370 ℃ 附近出现快速的上升,对比图 4-1(a)和图 4-2(a)可知,Mg 颗粒氧化的增重要远大于析氢的重量损失,所以样品整体上呈现增重的现象。第二次增重阶段(Mg 颗粒的高温氧化阶段)：由图 4-1(a)可知,MgH$_2$ 在 600~650 ℃ 的无放氢反应,其增重主要是由剩余的 Mg 颗粒完全氧化(沸腾燃烧)导致的,如图 4-2(a)所示,TG 曲线在 600~650 ℃ 开始出现二次上升的现象。此外,如图 4-1(b)所示,在氩气气氛下 MgH$_2$ 的 DSC 曲线出现吸热峰,而在空气气氛下 MgH$_2$ 的 DSC 曲线在 370~450 ℃ 存在第一个放热峰,且该阶段并没有出现吸热峰,如图 4-2(b)所示,这是由于 MgH$_2$ 放氢的吸热反应与氧化反应发生重叠,且氧化过程的放热量远大于分解释氢过程的吸热量,所以整体表现为放热反应。图 4-2(b)还可以看到,空气气氛中 MgH$_2$ 的 DSC 曲线在 600~650 ℃ 存在第二个放热峰,这是由剩余的 Mg 颗粒完全氧化(沸腾燃烧)导致的。

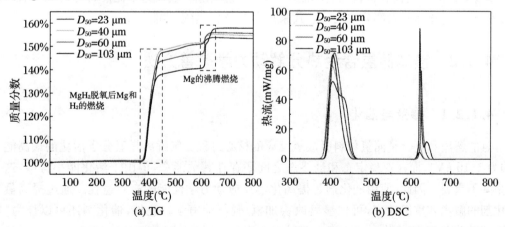

图 4-2　纯 MgH$_2$ 在 10 ℃/min 升温速率下空气氛围中的 TG-DSC 结果

由图 4-2 可知,第一次增重阶段(370~450 ℃),相对于粒径 60 μm 和 103 μm 的较大颗粒,23 μm 和 40 μm 初始氧化温度更小、增重量更大、放热量更低。这是因为 MgH$_2$ 颗粒的粒径越小,其表观活化能越低,所以初始氧化温度越小;同时,小粒径的 MgH$_2$ 与空气接触面积更大,氧化反应更充分,因而增重更明显;由于小粒径的 MgH$_2$ 含氢量更高,而放氢反应需要吸热,因此导致小粒径的 MgH_2 颗粒第一次增重阶段放出的热量反而低。第二次增重阶段(600~650 ℃),由于该阶段为 Mg 粉的高温氧化(沸腾燃烧)反应,因而 Mg 粉完全反应,粒径小的 MgH_2 含 Mg 量少因而增重量和放热量都更小。

当与尺寸相关的作用变为足够小时,即 MgH_2 的表面能密度明显大于 Mg 的表面能密度时,大块 MgH_2 就会不稳定,并且一些生成热将作为多余的表面能储存起来,这将减少氢脱离时释放的热量。当半径小于 4 nm 时,ΔH 会有相当大的减少(> 10%)。计算结果表明,当簇大小减小到 19 Mg 原子以下时,MgH_2 比 Mg 更不稳定(图 4-3(a))。例如,当 Mg_9H_{18} 簇的大小为 0.9 nm 时,其解吸温度仅为 473 K,焓生成为 -63 kJ/mol H_2。在萘作为电子载体的情况下,用锂还原二正丁基镁,成功合成了镁纳米颗粒,进一步测定这些材料的氢热力学参数表明,随着颗粒尺寸的减小,焓和熵都有显著的变化,如图 4-3(b)所示。

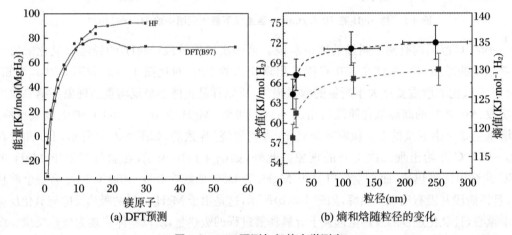

(a) DFT预测   (b) 熵和焓随粒径的变化

图 4-3　DFT 预测与氢热力学测定

MgH_2 的高稳定性和材料在实际温度下的缓慢氢化/脱氢动力学促使研究人员采取以催化、掺杂、合金化和元素部分取代等方式来提高氢吸收/解吸性能。

4.1.2　镁基储氢合金热分解动力学改善方法

4.1.2.1　掺杂与催化

氢的解离和复合是储氢材料吸放氢反应的核心过程。氢解离是氢分子活化的最高能垒(约为 1.15 eV),而在亚稳定态和最终态之间还存在其他能垒,但由于活化能小得多,这一能垒并不重要。因此,使用催化剂是提高化学反应动力学性能的有效途径。通过提高氢与催化剂的解离和重组速率,可以显著改善加氢/脱氢动力学。此外,催化剂还可以作为"氢泵",帮助改善 H 的扩散。

通过在介孔材料 SBA15 和 CMK3 的孔内湿浸渍合成 MgH_2 基复合颗粒,并利用温度程序解吸(TPD)曲线下的面积计算不同合成物质释放氢的总含量。在氩气流中,以 5 ℃/min 的升温速率将样品从室温加热到 500 ℃,利用 TPD 测量样品的热分解性能,TPD 曲线如图 4-4 所示。测试表明:在不同起始温度和峰值温度下,所有样品的脱氢峰均为单峰,MgH_2/CMK3(90/10)在 250 ℃ 时开始释氢,其最大释氢峰集中在 357 ℃;MgH_2/SBA15

(90/10)和 MgH₂/C 复合材料的起始解吸温度较高,峰值温度分别为 367 ℃ 和 395 ℃;MgH₂/CMK3 的起始温度较低,但最大脱附峰温度与 MgH₂/SBA15 和 MgH₂/C 相似;此外,MgH₂/CMK3 的 TPD 曲线较宽,表明氢释放动力学较慢,这可能是因 MgH₂ 颗粒的尺寸分布较广。CMK3 的微孔和介孔对 MgH₂ 小颗粒的纳米限制导致 MgH₂ 热力学不稳定,只需要较低的解吸活化能,因此呈现出较低的起始温度。然而,大多数 MgH₂ 大颗粒并没有被限制在 CMK3 的孔隙中,导致 TPD 曲线很宽,但峰值脱附温度没有显著降低。

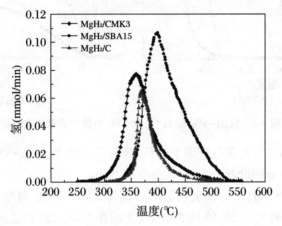

图 4-4　重量比为 90/10 的 MgH₂/SBA15、MgH₂/CMK3 和 MgH₂/C 的 TPD 曲线
在氩流条件下,以 5 ℃/min 的升温速率,在室温至 500 ℃ 条件下进行的测量。

利用 KOH 和 H_2O_2 溶液对 Ti_3C_2 进行水热处理合成 $K_2Ti_6O_{13}$,并与 MgH₂ 球磨形成新型储氢物质。通过比较四种 MgH₂-x%$K_2Ti_6O_{13}$(x = 0、3、5 和 10)材料的储氢量,分析了 $K_2Ti_6O_{13}$ 的含量对 MgH₂ 中储氢量的影响。浙江大学研究人员采用 Sieverts 装置测定了程序升温解吸(TPD)和等温加氢、脱氢性能:在 TPD 实验中,以 3 ℃/min 的速度从环境温度上升到 350 ℃;在等温实验中,将氢气压力设置为 2.2 MPA,实验过程中将样品加热至所需温度后保持在该温度。通过实验得到 TPD 和等温加氢脱氢性能曲线如图 4-5 所示。图 4-5(a)为该物质的 TPD 曲线,从图中可以得到,少量 $K_2Ti_6O_{13}$ 的加入显著降低了 MgH₂ 的脱氢温度,当 $K_2Ti_6O_{13}$ 添加量为 3% 时,初始脱氢温度为 207 ℃,反应终止温度为 260 ℃,这远低于纯 MgH₂。而当 $K_2Ti_6O_{13}$ 的含量达到 5% 时,初始脱氢温度进一步降低为 175 ℃,反应终止温度降低到 220 ℃。结果表明,$K_2Ti_6O_{13}$ 对 MgH₂ 脱氢具有优异的催化性能。而当 $K_2Ti_6O_{13}$ 的含量从 5% 增加到 10% 时,初始脱氢温度以及反应终止温度仅发生了微小变化,但这时总脱氢量降低了 0.5%。因此,当 $K_2Ti_6O_{13}$ 的含量为 5% 时,对 MgH₂ 的脱氢反应催化最佳。

为了进一步说明 $K_2Ti_6O_{13}$ 对 MgH₂ 脱氢动力学的催化作用,在不同温度下对 MgH₂-5%$K_2Ti_6O_{13}$ 进行等温脱氢反应,如图 4-5(b)所示。当温度为 240 ℃ 时,MgH₂-5%$K_2Ti_6O_{13}$ 在 10 分钟内释放 H₂ 为 6.3%;当温度为 280 ℃ 时,MgH₂-5%$K_2Ti_6O_{13}$ 在 3 分钟内释放出 6.7% 的 H₂。此外,MgH₂-5%$K_2Ti_6O_{13}$ 在 200 ℃ 温度下,40 分钟内的脱氢量达到了 2.7%。在 240 ℃ 等温条件下,MgH₂-5%$K_2Ti_6O_{13}$ 的脱氢率是纯 MgH₂ 的 101.5 倍。

一种同时含有 Ti 基和 C 基的新型添加剂(MXene)同样对 MgH₂ 脱氢反应具有催化作用。实验前,通过简单混合,在 MgH₂ 中分别加入了 0%、2%、5% 以及 8% 重量比的 Ti_2C,制备了 MgH₂-x%Ti_2C(x = 0、2、5 和 8)。采用 STA449F 型 TG-DSC 同步热分析仪对制备的

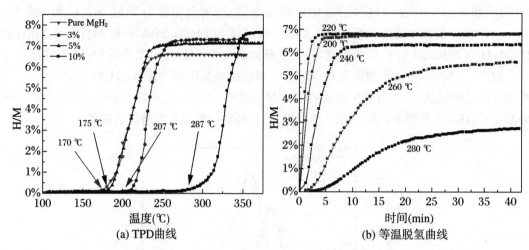

(a) TPD曲线　　　(b) 等温脱氢曲线

图 4-5　MgH₂-x% K₂Ti₆O₁₃ 的 TPD 曲线与等温脱氢曲线

样品进行了热重分析,实验在氩气氛围下进行,氩气的纯度为 99.995%,总吹扫流量保持在 20 mL/min,升温速率分别设置为 5、10 以及 20 K/min。

实验得到 MgH₂-x%Ti₂C($x=0$、2、5 和 8)的 TG 以及 DSC 曲线如图 4-6(彩图)所示。一般来说,纯 MgH₂ 释放出 7.5% 的 H₂ 时,温度范围在 460～484 ℃ 之间。随着 MgH₂ 中加入的 Ti₂C 含量的增加,MgH₂ 脱氢的起始温度以及脱氢峰值温度均有所下降。从 TG 曲线可以清楚地观察到,与纯 MgH₂ 相比,MgH₂-2%Ti₂C 的初始脱氢温度降低了 26 ℃,MgH₂-5%Ti₂C 以及 MgH₂-8%Ti₂C 的初始脱氢温度均降低了 37 ℃。如图 4-6(b)所示,通过积分热流峰的面积,计算出纯 MgH₂ 和 MgH₂-5%Ti₂C 样品中氢气释放的总焓变(ΔH)分别为 66.9 kJ/mol H₂ 和 59.5 kJ/mol H₂。焓变的减小说明加入 Ti₂C 可以改善 MgH₂ 的脱氢热力学性质,这与脱氢温度的降低结论是一致的。

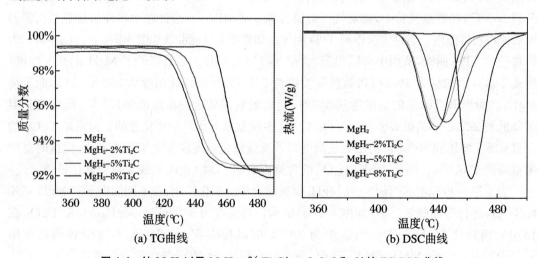

(a) TG曲线　　　(b) DSC曲线

图 4-6　纯 MgH₂ 以及 MgH₂-x% Ti₂C($x=0$、2、5 和 8)的 TG-DSC 曲线

图 4-7(a)～(c)(彩图)分别显示了不同加热速率(5 K/min、10 K/min 和 20 K/min)下纯 MgH₂、MgH₂-2%Ti₂C 和 MgH₂-5%Ti₂C 的 DSC 测量结果。可以看出,升温速率越慢,脱氢峰温度越低。已知脱氢反应的活化能可以在 DSC 曲线的基础上用 Kissinger 法计算,

通过数据拟合，得到纯 MgH_2、MgH_2-2% Ti_2C 和 MgH_2-5% Ti_2C 样品的斜率分别为 25.9 (0.970)、22(0.998)、19(0.992)。根据斜率计算，纯 MgH_2、MgH_2-2% Ti_2C 和 MgH_2-5% Ti_2C 样品的 E_a 值分别为 215.5 kJ/mol、182.9 kJ/mol 和 157.9 kJ/mol。这表明添加 Ti_2C 可以有效降低 MgH_2 脱氢的能垒。因此，氢解离和重组过程更容易发生，从而改善了 MgH_2 的脱氢。

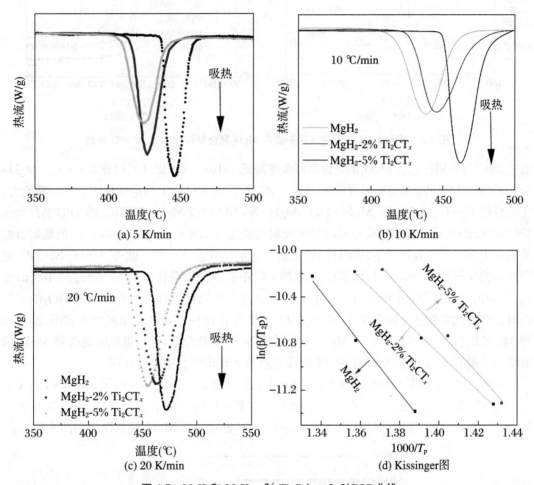

图 4-7　MgH_2 和 MgH_2-x% Ti_2C $(x=2、5)$ DSC 曲线

使用溶剂热法成功合成了平均粒径为 20 nm 的 Ni/TiO_2 纳米复合材料，并且通过球磨将该纳米复合材料掺杂到了 MgH_2 中，制备的合金记作 MgH_2-Ni/TiO_2。实验使用差示扫描量热法研究了 MgH_2-Ni/TiO_2 的热分解行为，使用的差示扫描量热仪的型号为 Netzsch STA 449F3。实验在氩气氛围下进行，氩气流速为 50 mL/min，升温速率设置为 5 ℃/min。同时，以 5 ℃/min 的升温速率在 50~500 ℃ 范围内进行了 TPD 实验。

为了探究 Ni/TiO_2 纳米复合材料对 MgH_2 的储氢性能的催化作用，实验在恒定升温速率 (5 ℃/min) 下，分别测定了 MgH_2、MgH_2-Ni、MgH_2-TiO_2、MgH_2-Ni-TiO_2 以及 MgH_2-Ni/TiO_2 的差示扫描量热曲线，如图 4-8(a)(彩图) 所示。

从图中可以看出，球磨 MgH_2 的氢解吸峰温度为 367.4 ℃，MgH_2-Ni 的氢解吸峰温度降低至 264 ℃，MgH_2-TiO_2 的氢解吸峰温度降低至 308 ℃，MgH_2-Ni-TiO_2 的氢解吸峰温度降

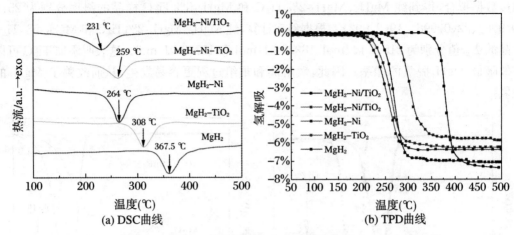

图 4-8　球磨 MgH₂ 和不同催化剂掺杂 MgH₂ 复合材料的 DSC 和 TPD 曲线

低至 258 ℃，分别比球磨 MgH₂ 的氢解吸峰温度降低了 103.4 ℃、59.4 ℃ 以及 109.4 ℃。MgH₂-Ni/TiO₂ 复合材料的氢解吸峰温度最低，达到了 232 ℃。为了进一步确定样品中氢的解吸能力，实验得到 MgH₂、MgH₂-Ni、MgH₂-TiO₂、MgH₂-Ni-TiO₂ 以及 MgH₂-Ni/TiO₂ 的 TPD 曲线如图 4-8(b)(彩图)所示。MgH₂-Ni 样品的氢解吸起始温度为 224 ℃，MgH₂-TiO₂ 样品的氢解吸起始温度为 247 ℃，MgH₂-Ni-TiO₂ 样品的氢解吸起始温度为 205 ℃。此外，MgH₂-Ni/TiO₂ 复合材料的氢解吸起始温度最低，该样品在 190 ℃ 左右即开始释放出氢气。通过图 4-8(a)和(b)的分析可以发现，Ni 和 TiO₂ 对 MgH₂ 的脱氢具有协同催化作用。此外，Ni/TiO₂ 纳米复合材料的催化活性优于掺杂单个 Ni 或 TiO₂ 纳米复合材料。其他添加剂如 V、Nb、Zr、Mn 和 Mo 基化合物，也可以添加到 MgH₂ 中。其中 V 和 V 基合金，已经被证明是改善 MgH₂ 吸氢动力学的有效添加剂，它们对 MgH₂ 的脱氢反应表现出明显的催化作用。

实验通过热重分析(TGA)分别测定了 MgH₂ 以及添加了 $V_{75}Ti_5Cr_{20}$，$V_{80}Ti_8CR_{12}$，V，VCr 和 VTi 的 MgH₂ 脱氢性能。实验在氩气氛围下、0～400 ℃ 的温度范围内进行，氩气的流速为 50 mL/min，实验样品的用量约为 15 mg，添加了 V 催化剂的 MgH₂ 脱氢性能如图 4-9 所示。

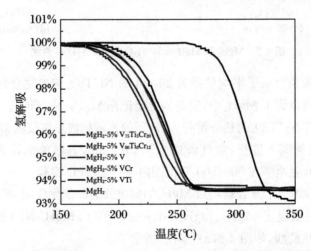

图 4-9　MgH₂ 以及添加了 $V_{75}Ti_5Cr_{20}$，$V_{80}Ti_8Cr_{12}$，V，VCr 和 VTi 的 TGA 曲线

实验测定了转化率为40%时样品的脱氢温度,纯 MgH_2 为 333 ℃,MgH_2-5%$V_{75}Ti_5CR_{20}$ 为 217 ℃,MgH_2-5%$V_{80}Ti_8CR_{12}$ 为 229 ℃,MgH_2-5%V 为 220 ℃,MgH_2-$V_{80}Ti_{20}$ 为 233 ℃,MgH_2-$V_{80}Cr_{20}$ 为 227 ℃。可以看出,添加了 V 添加剂的 MgH_2 比纯 MgH_2 的脱氢温度低了大约 100 ℃,这证明,V 添加剂可以明显改善 MgH_2 的脱氢性能。MgH_2-5%$V_{75}Ti_5Cr_{20}$ 的脱氢温度最低,为 217 ℃,这说明 $V_{75}Ti_5Cr_{20}$ 添加剂是对 MgH_2 脱氢非常有效的催化剂。

4.1.2.2　合金化

一般来说,储氢合金由高温氢化物形成元素 A 和非氢化物形成元素 B 组成,如果在镁基合金中加入不形成氢化物的元素,形成不稳定的氢化物来破坏氢化状态,则可以显著降低氢化反应焓。因此,合金化是改变镁基合金热分解动力学的一种传统但有效的策略。

使用 Sievert 型设备对制备的 $Mg_{88}Y$ 合金的氢吸收/解吸循环和 PCI 曲线进行了分析。每次测试采集约 0.5 g 合金粉末样品。氢解吸测量在封闭体积下进行,起始 H_2 压力约为 0.01 MPa,结束 H_2 压力低于 0.03 MPa。PCI 曲线在 320～410 ℃ 的温度范围内进行测试;此外,还对合金粉末进行了差示扫描量热(DSC)分析。实验前先将 $Mg_{88}Y$ 合金完全氢化。DSC 测试使用的仪器型号是 NETZSCH STA 449F3,实验在高纯度氩气的保护下进行,氩气的流速为 50 mL/min,分别以 3 ℃/min、5 ℃/min、10 ℃/min 和 20 ℃/min 的恒定升温速率将样品加热至 480 ℃。第一次氢化 $Mg_{88}Y_{12}$ 合金的氢解吸曲线如图 4-10(a)所示,显然,在相同温度下的脱氢速率比第一次加氢过程要快得多,但氢的解吸能力降低到 5.604%。图 4-10(b)为 $Mg_{88}Y_{12}$ 合金铸态与吸氢解吸后样品的 XRD 谱图对比,可以看出,脱氢合金由 Mg 相和 YH_2 相组成,MgH_2 和 YH_3 的消失表明 MgH_2 和 YH_3 完全分解。上述结果表明,合金中的 $Mg_{24}Y_5$ 金属间化合物在第一次加氢过程中完全分解为 MgH_2、YH_2 和 YH_3,在随后的脱氢过程中不能再生为 $Mg_{24}Y_5$。$Mg_{88}Y_{12}$ 合金随后的吸氢/解吸氢循环可以描述如下:

(1) 完全可逆的脱/氢化循环:$MgH_2 \rightarrow Mg + H_2$;

(2) 部分变换:$YH_3 \rightarrow YH_2 + H_2$。

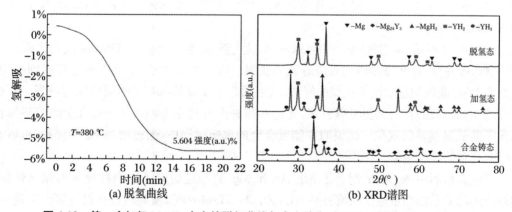

(a) 脱氢曲线　　　　　　　　　　(b) XRD 谱图

图 4-10　第一次加氢 $Mg_{88}Y_{12}$ 合金的脱氢曲线与合金铸态、加氢态和脱氢态的 XRD 谱图

毫无疑问,在 Mg 中加入 Y 会降低可逆储氢容量,但是其在加氢过程中起着重要的催化作用。$YH_2 \rightarrow YH_3$ 转化引起的晶格应变为触发 MgH_2 吸氢/解吸提供了驱动力,促进了合金的吸附动力学。此外,细小的共晶组织和 YH_2/YH_3 颗粒在合金中形成了大量的相界面和晶界。这些活性位点有利于成核和缩短氢扩散距离,从而提高氢扩散速率,促进氢的吸收/解吸动力学。

从图 4-11 中可以看出,不论在哪种升温速率下得到的 DSC 曲线,均出现了一个吸热峰,这归因于合金中的 MgH₂ 的脱氢反应。当升温速率为 3 ℃/min 时,该合金的氢解吸开始于 320 ℃ 左右,解吸峰在 367.3 ℃。而当升温速率为 5 ℃/min 时,该合金的氢解吸开始于 330 ℃ 左右,解吸峰在 384.7 ℃。可以观察到,随着升温速率的提高,合金的吸热峰向更高的温度处移动。升温速率与峰值温度之间的关系如图 4-11(b)所示。显然,两者之间呈现出良好的线性关系。合金的脱氢活化能为 116 kJ/mol,这一数值与等温氢脱附动力学计算结果吻合较好,远低于纯 MgH₂ 的 160~170 kJ/mol,这说明在 Mg/MgH₂ 体系中加入 Y 降低了脱氢反应能垒,对 MgH₂ 的脱氢过程有明显的催化作用。

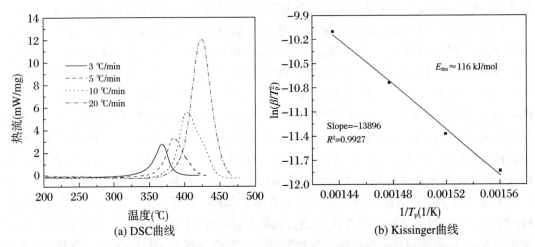

图 4-11　氢化 Mg₈₈Y₁₂ 合金在不同升温速率下的 DSC 曲线与脱氢活化能的 Kissinger 图

通过机械研磨制备镁－镍基储氢合金,并利用 DSC 测量了通过球磨技术制备的纳米晶/非晶态的 LaMg₁₁Ni + x%Ni(x = 100、200,质量分数)复合储氢合金的氢脱附反应。实验在 537 K 以及 3 MPA 下进行,升温速率分别设置为 5 K/min、10 K/min、15 K/min 和 20 K/min。

如图 4-12 所示,从 DSC 曲线中可以看出,无论升温速率为多少,DSC 曲线均出现了一个明显的吸热峰,这些吸热峰均对应着氢的脱附反应。除此之外,还可以明显观察到,所有合金的 DSC 曲线均显示出了相似的峰形,这表明每个反应都参与了相同的反应过程。通过比较图 4-12(彩图)左右两图可以发现,无论在哪种升温速率下,x = 200 的合金的吸热峰都出现了向低温漂移的现象。这说明在储氢合金的解吸过程中,通过增加 Ni 的含量,可以改善储氢合金的反应速率。

研究人员利用 Ag 和 Y 制备了 Mg₃Ag 和 Mg₃Y 并且研究了这两种合金的储氢性能。实验使用的差示扫描量热仪的型号是 NETZSCH STA409PC,实验过程在氩气氛围中进行,并且保持恒定流速,以 2 K/min 的加热速率对样品进行差示扫描量热(DSC)分析。通过实验得到纯 MgH₂、Mg₃Ag 合金以及 Mg₃Y 合金的 DSC 曲线如图 4-13 所示。从图中可以看出,Mg₃Ag 合金仅在温度为 707 K 时出现了一个吸热峰,说明 Mg₃Ag 只进行了一步脱氢反应。而 Mg₃Y 合金的 DSC 曲线存在两个吸热峰,分别对应着 MgH₂ 的分解以及 YH₃ 的分解,温度分别为 689 K 和 762 K。由此得到,Mg₃Y 合金的脱氢反应分成两步进行。

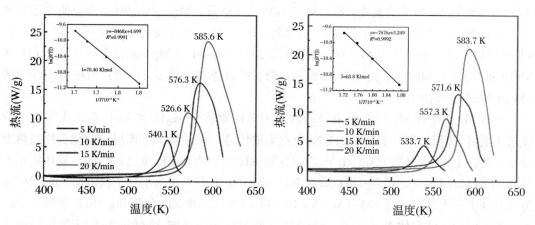

图 4-12　不同升温速率下 LaMg$_{11}$Ni + x% Ni(x = 100、200)合金铣削 40 h 的 DSC 曲线

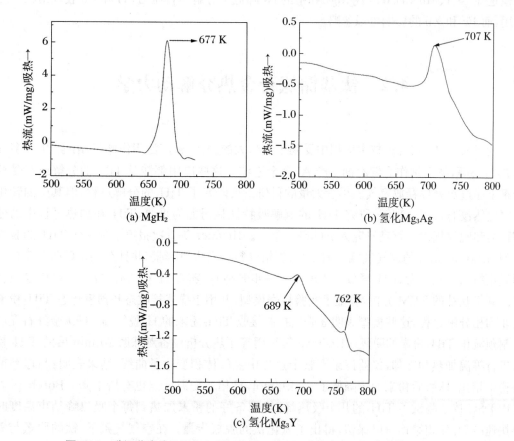

(a) MgH$_2$

(b) 氢化Mg$_3$Ag

(c) 氢化Mg$_3$Y

图 4-13　升温速率为 2 K/min 时，MgH$_2$、Mg$_3$Ag 合金和 Mg$_3$Y 合金的 DSC 曲线

4.1.2.3　元素部分取代

元素取代是改善纯 Mg 和 Mg 基合金储氢性能的有效方法。在牺牲适度容量的前提下，可以通过调节 Mg 的结构和组成来优化其热力学性能。Mg(In)固溶体吸收 H$_2$ 生成 MgH$_2$和无序 MgIn 化合物，其中 Mg$_{0.95}$In$_{0.05}$ 固溶体的吸氢反应焓降低为 68.1±0.2 kJ/mol。此外，考虑到 In 的高成本，使用更经济的元素代替 In 以提高 Mg 的储氢性能更为合理。例如，

Al 可以溶解到 MgIn 化合物中,形成 Mg-In-Al 三元体系。$Mg_{0.9}In_{0.05}Al_{0.05}$ 合金的可逆容量为 5.0%,略高于 $Mg_{0.9}In_{0.1}$ 合金。测定了 $Mg_{0.9}In_{0.05}Al_{0.05}$ 的解吸焓 ΔH 为 66.3 kJ/mol,表明 Al 的加入进一步降低了 Mg(In) 固溶体的 ΔH。Mg-In 和 Mg-Ag 合金转变为 MgH_2@MgIn 和 MgH_2@MgAg 核壳结构,在脱氢后通过扩散控制的两步反应通过可逆组织转变回 Mg-In 和 Mg-Ag 固溶体。

虽然 Mg_2Ni_x 和 Mg-(Al,In 和 Ag)的热力学性质优于 MgH_2 体系,但距离实际应用的要求还很远。因此,研究了在 Mg 或 Ni 位点上取代第三种元素以降低 Mg_2Ni 化合物的热力学稳定性。ⅠA～ⅤB 族元素(Ti,V,Zr,Ca 和 RE)可以取代 Mg 位点,而ⅦB～ⅧB 族元素(Mn,Fe,Co,Cr,Cu 和 Ag)可以取代 Ni。Takahashi 等利用基于分子轨道理论的 DV-Xα 方法计算了三维过渡金属 TM(TM = V,Cr,Fe,Co,Cu 和 Zn)合金 Mg_2NiH_6 簇的电子结构。当不同的 TM 取代 Ni 位点时,TM-Mg 之间形成较弱的键,降低了 Mg_2Ni 氢化物的结构稳定性。Cr、Mn 和 Co 取代 Mg_2Ni 中的 Ni 降低了分解平台压力,Ti 和 Cu 表现出相反的作用,而 Fe 和 Zn 的影响可以忽略。

4.2 钛基储氢合金热分解动力学

近年来,TiH_2 在各种技术应用中受到了相当大的关注,被广泛用作储氢、冶金、生产多孔 Ti 的材料等,特别是作为发泡剂生产 Al 合金泡沫。这些应用都涉及 TiH_2 的分解或在受控气氛下通过热处理释放氢气。尽管大量的科研人员研究了 TiH_2 的分解过程,但其中的转化顺序仍然没有被完全理解,研究 TiH_2 的氢解吸特性显得尤为重要,TiH_2 在加热过程中的分解行为和脱氢规律一直是研究人员的研究重点。Jiménez 等首次报道了预氧化 TiH_2 的脱氢序列,在 10 K/min 的氩气气氛下加热时,晶格参数仅发生热膨胀,并且在 375 ℃ 和 535 ℃ 的预氧化粉末中几乎没有 H_2 释放。当温度进一步升高时,随着 H_2 释放峰的出现,晶格参数收缩。基于互补的 TEM 分析,验证了实验核壳模型,并用于描述接收态和预氧化态 TiH_2 粉末的非均相分解过程,这些模型表明 α 壳层控制接收 TiH_2 粉末的 H_2 脱气,而 TiO_2 金红石壳层控制预氧化 TiH_2 粉末的脱氢。Ershova 等采用等压热分析设备对球磨 20 min 后的 TiH_2 粉末进行等温加热和冷却,仪器记录下整个过程中氢气体积变化量曲线,结果表明:与球磨前的粉末相比,球磨后粉末的焓降低了 73 kJ/mol,且相转变温度点也有所下降。Borchers 等采用 DSC 技术测试了 TiH_2 的几个吸热峰,将准备好的粉末加热到每个吸热峰结束温度时再快速冷却,使相结构得以保留,得出了氢化钛的脱氢步骤。在空气气氛下,钛的脱氢与氧化之间应该存在一定的关系。一般来说,金属氢化物在非平衡条件下(线性加热)的分解是一个多阶段的过程,其机理研究很少,通常差示扫描量热法(DSC)被用于这类研究。Fernandez 等的热解吸光谱(TDS)分析表明,在 TiH_2 脱氢的情况下,放出的氢(TDS 数据)和吸收的热(DSC 数据)之间呈线性比例关系。TiH_2 理论上含有 4.04% 的氢,加热时会释放氢气。使用热重技术研究了不同温度下金属氢化物 TiH_2 的分解速率随时间变化的情况。图 4-14 表示 TiH_2 的分解程度和速率均在加热温度升高时增强,在 993 K 时最终分解度超过 80%。

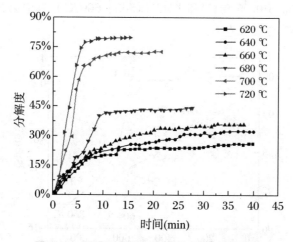

图 4-14　不同温度下 TiH₂ 的分解度-时间曲线

利用 XRD 技术得到 TiH₂ 在氩气气氛中，加热分解分三步完成，即：TiH₂→TiH₁.₅→Ti（固溶）→Ti。图 4-15 由上而下依次为 TiH₂ 粉与 TiH₂ 压坯在氩气气氛中被加热到不同温度的产物 XRD 谱线，由图可看出在温度达到 500 ℃ 时衍射角已向右侧偏移。通过与 XRD 标准卡片对比可知，物质已由 TiH₂ 逐渐转变为 TiH₁.₅，对比 400 ℃ 的 TiH₂ 谱线可以判断，在温度低于 500 ℃ 时，被测物质则转变为两种氢化物的混合体。此外，500 ℃ 时的产物中还出现 α-Ti 衍射峰，说明在 500 ℃ 时已有部分物质转化为 Ti，故而 500 ℃ 是成为 TiH₁.₅ 转变为 α-Ti 的特征温度。当温度达到 600 ℃ 时，TiH₁.₅ 依旧存在，但 α-Ti 含量明显增多。当温度升高到 660 ℃ 时，TiH₁.₅ 基本消失，产物主要物质为 α-Ti。加热到 700 ℃ 后，TiH₁.₅ 消失，再次说明坯样在 500～700 ℃ 之间发生了 TiH₁.₅ 向 Ti 的转变。

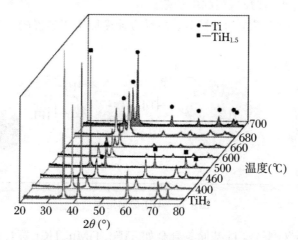

图 4-15　TiH₂ 在不同温度下加热 10 min 后的 XRD 谱

氢化钛热分解过程的 DSC/TG 曲线如图 4-16 所示。研究表明，在 30～510 ℃ 温度范围内，热质量曲线略有降低，但幅度很小；当温度大于 510 ℃ 时，热质量曲线快速降低，说明分解反应开始；当温度达到 860 ℃ 时，分解反应结束，总的质量损耗率达到 3.15%，略低于氢化钛分解的理论质量损耗值 4.0%。DSC 曲线有 2 个放热峰，第 1 个放热峰出现在 549 ℃，第 2 个放热峰出现在 604 ℃，说明氢化钛的热分解反应为多级反应，与第 1、2 个放热峰对应的质量损耗率分别达 0.65%（510～565 ℃）和 1.48%（565～660 ℃），其中第 2 个放热峰对应的质量损耗率占总质量损耗的 50% 左右。

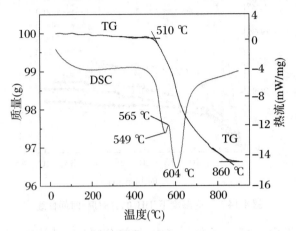

图 4-16　TiH$_2$ 热分解过程的 DSC/TG 曲线

氢化钛在无氧、氮存在的条件下并不是直接分解为 Ti 与 H$_2$。研究表明，TiH$_x$ 为高温稳定相，一旦达到室温即转化为 TiH$_2$，其中 $0.7 < x < 1.1$。氢化钛是具有规则形状的致密颗粒体，随着分解反应的进行，氢化钛颗粒将逐渐缩小，反应生成物厚度将逐渐增加，因此，氢化钛分解反应方式符合收缩核模型，根据氢化钛分解的过程，其分解过程的收缩核模型如图 4-17 所示。根据气固反应机理，氢化钛分解反应包括以下四个步骤：

（1）在 TiH$_2$ 表面上的结晶化学反应。

（2）在 TiH$_2$/TiH$_x$ 和 TiH$_x$/Ti 界面上的结晶化学反应。

（3）H 穿过 TiH$_x$ 与 Ti 反应层的内扩散。

（4）H 穿过 Ti 表面边界层的外扩散。总反应速度取决于最慢的一个环节，即速率控制步骤。

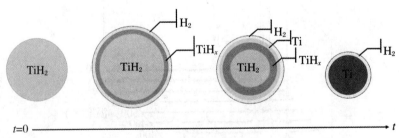

图 4-17　TiH$_2$ 分解过程

除基体储氢合金 TiH$_2$ 外，Ti 基储氢合金如 TiFe、TiMn、TiCr 等具有性能优异、原材料可大量获取等优势，但是它也具有活化困难等缺点，这同样可以利用上面提到的元素取代、合金化的方式进行改善。Zhou 等开发了高密度 Ti-Zr-Mn-Cr-V 基储氢合金并系统研究了 Zr 替代 Ti 和 Cr 替代 Mn 对显微组织和储氢性能的影响。Zr 取代 Ti 储氢能力逐渐增加，而平台压力急剧下降；Cr 取代 Mn 脱氢/加氢平衡压滞后显著改善，而平台压和储氢能力小幅下降。开发的合金中性能最优异的合金 Ti$_{0.95}$Zr$_{0.05}$Mn$_{0.9}$Cr$_{0.9}$V$_{0.2}$ 循环 100 次后仍以 C14 相结构的形式存在，脱氢/加氢和储氢的平台压力容量几乎保持恒定，具有出色的稳定性。

Huang 等研究了 V 含量对 $TiCr_{1.8-x}V_x$ 脱氢性能的影响。TG 测试表明，除 TiCr 外，质量损失（即氢解吸含量）随 V 含量的增加而增加。$x = 0.4$、0.6、0.8 和 1.0 对应的氢解吸含量分别为 1.76%、2.5%、2.9% 和 2.2%。除了 TiCr 之外的 $TICR_{0.8}V_{1.0}$ 合金，氢气几乎完全解吸。用 Zr 替代 TiMn 基储氢合金 $TI_{1-x}ZR_xMN_{1.4}$ 的热分解析氢也被研究，氢气吸收和解吸之间的压力差异称为滞后，滞后程度通常定义为 $H_f = \ln(P_{abs}/P_{des})$（$H/M = 1.25$）。随着合金中 Zr 含量的增加，氢解吸的平台压力减小，氢解吸曲线的斜率急剧增大。

研究人员将钛棒、高纯钇、铁棒、电解锰和铜作为原料，在纯度为 99.9% 的氩气环境下，合成了 $TiFe_{0.86}Mn_{0.1}Y_{0.1-x}Cu_x$（$x = 0.01$、0.03、0.05、0.07、0.09）合金。为了分析 $TiFe_{0.86}Mn_{0.1}Y_{0.1-x}Cu_x$（$x = 0.01$、0.03、0.05、0.07、0.09）合金的储氢性能，实验在 FA-2004 仪器上对合成的样品进行了 PCT 测试，分别得到 10 ℃、20 ℃ 以及 30 ℃ 条件下的吸氢/解吸曲线如图 4-18（彩图）所示。结果表明，随着合金中加入的 Y 的含量的增加，样品的氢气容量先增大后减小。当温度为 10 ℃ 时，$TiFe_{0.86}Mn_{0.1}Y_{0.1-x}Cu_x$（$x = 0.05$）的氢气容量最大，达到了 1.89%，$TiFe_{0.86}Mn_{0.1}Y_{0.1-x}Cu_x$（$x = 0.09$）的氢气容量最小。除此之外，还可以观察到，随着 x 的增加，样品的 P-C-T 曲线中出现了第二个平台，这在 $x = 0.05$、0.07 和 0.09 的样品中可以明显观察到。随着反应温度的升高，所有样品的吸氢/解吸平台压力均有所增大，并且平台区变得更加平坦，但是吸收和解吸曲线之间的间隙更宽。

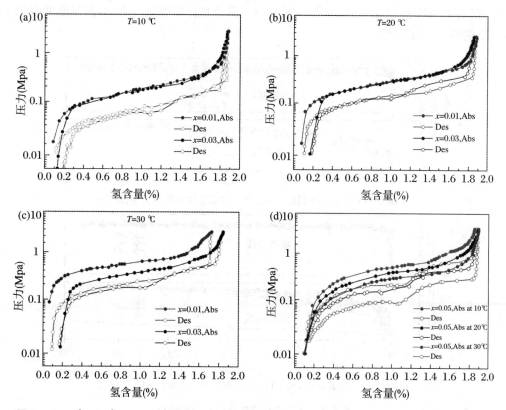

图 4-18　10 ℃、20 ℃ 以及 30 ℃ 条件下的 $TiFe_{0.86}Mn_{0.1}Y_{0.1-x}Cu_x$（$x = 0.09$）合金的吸氢/解吸曲线

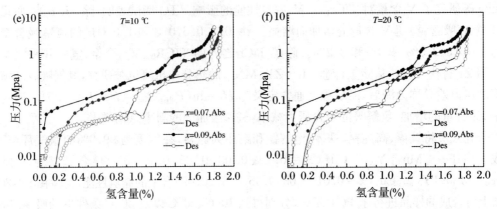

图 4-18 10 ℃、20 ℃以及 30 ℃条件下的 $TiFe_{0.86}Mn_{0.1}Y_{0.1-x}Cu_x(x=0.09)$ 合金的吸氢/解吸曲线(续)

图 4-19(a)(彩图)为 $Ti_{1-x}Zr_xMn_{1.5}V_{0.2}(x=0.05\sim0.20)$ 合金在 300 K 温度下的吸氢/解吸动力学曲线。可以看出,在氢气的吸收过程中,$Ti_{1-x}Zr_xMn_{1.5}V_{0.2}(x=0.05\sim0.20)$ 合金在 1 min 内就可以完全氢化,但在氢气的解吸过程中,该合金需要 20~30 min 才能完成氢气的释放。为了研究温度对 $Ti_{1-x}Zr_xMn_{1.5}V_{0.2}(x=0.05\sim0.20)$ 合金的影响,测试 $Ti_{0.95}Zr_{0.05}Mn_{1.5}V_{0.2}$ 合金在 273 K、300 K 和 313 K 温度下的动力学曲线如图 4-19(b)(彩图)所示。在 273~313 K 温度下,$Ti_{0.95}Zr_{0.05}Mn_{1.5}V_{0.2}$ 具有良好的吸氢动力学,但当温度为 273 K 时,合金的脱氢性能较差。

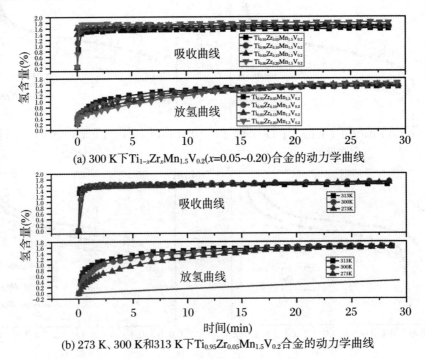

(a) 300 K 下 $Ti_{1-x}Zr_xMn_{1.5}V_{0.2}(x=0.05\sim0.20)$ 合金的动力学曲线

(b) 273 K、300 K 和 313 K 下 $Ti_{0.95}Zr_{0.05}Mn_{1.5}V_{0.2}$ 合金的动力学曲线

图 4-19 不同条件下的合金动力学曲线

4.3　铝基储氢合金热分解动力学

AlH$_3$具有较大的重量和体积氢容量(分别为 0.148 g/mL 和 10.1%),是液氢值(0.070 g/mL)的 2 倍,并且具有快速的低温分解动力学(低于 100 ℃)。1947 年,Finholt 等首先以醚溶剂形式制备了 AlH$_3$,随后在 20 世纪 60 年代初对其进行了军事应用评估,并配制成推进剂。AlH$_3$被认为是火箭推进剂中最有前景的添加剂之一。在固体推进剂配方中加入 AlH$_3$,可以降低总分子质量,同时在燃烧气体中产生预期的 H$_2$,提供更高的燃烧热,与铝相比,火箭性能和比冲提高了 7% 以上。然而,AlH$_3$对周围的氧气和水具有高度反应性,使其在环境条件下不稳定。其热力学稳定性范围低于 10 kbar (1 kbar = 10^5 kPa)和 150 ℃。所有这些因素都否认了 AlH$_3$的优势并阻碍其更广泛的应用。近年来,由于安全和廉价的生产方法的进步以及热稳定性的提高,对 AlH$_3$的研究兴趣已经重新燃起。Paraskos 等研究了 AlH$_3$的热分解特性,发现在加热过程中,AlH$_3$在 180 ℃ 左右迅速分解,失重 10%,这与理论氢含量一致。Tarasov 等利用核磁共振(NMR)研究了 AlH$_3$的等温分解,结果表明,热分解过程分为诱导期、加速期和减速期三个阶段,三个阶段的活化能分别为 97 kJ/mol、108 kJ/mol 和 112 kJ/mol。为了进一步了解 AlH$_3$的脱氢过程,Ismail 通过热重(TG)分析研究了 AlH$_3$在氩气中的热分解动力学和机理,结果表明,分解是由氢从外表面和预先存在的孔隙和裂纹中解放出来引起的。此外,这种分解包括两个主要步骤:最慢的步骤是由铝晶体的固态成核控制的,这是速度决定步骤;最快的步骤是由晶体生长控制的,这被假设为铝层向颗粒中心生长。Weiser 等对 AlH$_3$进行了热分析氧化实验,发现脱氢后的颗粒与直径小于100 nm的 Al 纳米颗粒具有相似的氧化行为,这种氧化包括 650~850 K 之间的化学控制反应和随后 900 K 以上的扩散控制反应步骤。此外,AlH$_3$的热分解特性取决于许多因素,包括粒度、杂质、晶体缺陷、温度、加热速率等。

在等温热分解实验过程,AlH$_3$分解产氢压力随时间逐渐增大。当分解时间为 900 min 时,压力不再增加,约为 6.8 kPa(对应于 $\alpha = 1\%$),具有明显的热稳定性拐点。拐点前,压力缓慢升高至 6.8 kPa;超过拐点后,分解速率明显高于前者。因此,AlH$_3$分解可分为两个阶段:首先是缓慢的分解滞后阶段,然后分解速率突然增大。如图 4-20 所示,AlH$_3$的分解可分为诱导期、加速期和衰变期三个过程。只有当表面氧化层破裂,AlH$_3$暴露时氢气才开始解

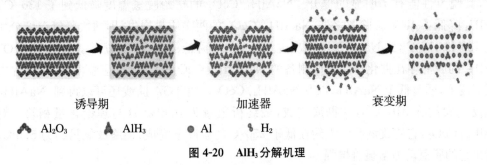

诱导期　　　　加速器　　　　衰变期

Al$_2$O$_3$　　　AlH$_3$　　　● Al　　　H$_2$

图 4-20　AlH$_3$分解机理

吸,这是诱导期;随着反应的进行,进入加速期,这一过程伴随着大量 H_2 的释放和明显的体积收缩,导致表面形成气孔和裂纹;最后,分解完成,进入衰变期。

4.4 配位储氢合金热分解动力学

轻金属氢化物储氢材料如 $Mg(BH_4)_2$、$NaAlH_4$ 等的理论储氢量均大于 10%,加热分解可释放 H_2,是目前研究较多的氢化物储氢体系,它们的储放氢机理和性能得到了广泛的研究和关注。

$NaAlH_4$ 是一种被广泛研究的配位储氢合金。它含有 7.4% 的 H_2,但实际上只能释放 5.6% 的 H_2。氢气通过以下两步反应释放:

$$3\,NaAlH_4 \longrightarrow Na_3AlH_6 + 2Al + 3H_2 \tag{4-1}$$

$$Na_3AlH_6 \longrightarrow 3NaH + Al + \frac{3}{2}H_2 \tag{4-2}$$

第一步释放 3.7% 的 H_2,第二步释放 1.9% 的 H_2,两个反应的平均焓变为 $41\ kJ/mol\ H_2$。二次反应中产生的 NaH 需要过高的温度($425\ ℃$)来释放氢,因此,在 NaH 中可用的氢被认为是不可逆的。$NaAlH_4$ 易于批量生产,价格相对低廉,但它需要 $185\sim 260\ ℃$ 的高温来释放 H_2,并经历低 H_2 释放动力学,同时还存在可逆性的困难,因为它需要 $200\sim400\ ℃$ 的高温和 $10\sim40\ MPa$ 范围内的高压进行加氢。这些缺点可以通过催化、球磨、合金化和纳米工程来解决,并且可以改善热力学和动力学。

科研人员使用静电纺丝技术制备了 CeO_2 空心纳米管,并研究了 $NaAlH_4$ 在 CeO_2 空心纳米管中的储氢性能。将在高压下熔融的 $NaAlH_4$ 在毛细作用下浸入 CeO_2 中的样品记为 $NaAlH_4@CeO_2$,将通过球磨制备的 $NaAlH_4$ 和 CeO_2 的质量比为 $1:1$ 的样品记为 $NaAlH_4/CeO_2$。为了研究制备的 $NaAlH_4@CeO_2$ 的储氢性能,使用热重分析仪对 $NaAlH_4$ 和制备的 $NaAlH_4/CeO_2$ 以及 $NaAlH_4@CeO_2$ 样品进行了热重分析。实验在氮气氛围下进行,氮气的流速为 $80\ mL/min$,加热速率设置为 $5\ ℃/min$,测得 $NaAlH_4$ 和制备的 $NaAlH_4/CeO_2$ 以及 $NaAlH_4@CeO_2$ 的热重分析曲线如图 4-21 所示。

从图 4-21 可以看出,$NaAlH_4$ 的初始分解温度在 $170\ ℃$ 左右,在 $250\ ℃$ 以及 $280\ ℃$ 左右出现了明显的质量损失,分别对应于两次脱氢反应。而制备的 $NaAlH_4/CeO_2$ 与 $NaAlH_4$ 相比,其脱氢性能有了明显的提升。$NaAlH_4/CeO_2$ 的初始脱氢温度降低到了 $130\ ℃$,比 $NaAlH_4$ 降低了 $40\ ℃$。除此之外,$NaAlH_4/CeO_2$ 的两次质量损失,即两次脱氢温度分别降低至 180 和 $213\ ℃$,比 $NaAlH_4$ 的两次脱氢温度分别降低了 $70\ ℃$ 和 $67\ ℃$。这表明 CeO_2 对 $NaAlH_4$ 的脱氢存在催化作用。而制备的 $NaAlH_4@CeO_2$ 的初始反应温度在 $75\ ℃$ 左右的较低温度下,明显低于 $NaAlH_4$ 以及 $NaAlH_4/CeO_2$。由 TGA 曲线还可以得到,$NaAlH_4$ 的放氢反应大约在 $310\ ℃$ 时才彻底完成,最终析氢量为 5.6%,这与理论含量相符。对于 $NaAlH_4/CeO_2$,它的放氢反应大约在低于 $250\ ℃$ 的温度下完成,最终放氢量约为 5.5%,可以看出它的脱氢动力学显著增强。

Bogdanoviki 进行了突破性的工作,他们发现掺入含 Ti 物质的 $NaAlH_4$ 脱氢和再氢化

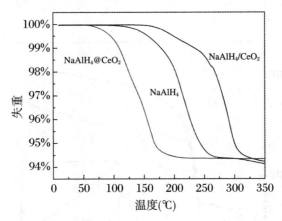

图 4-21 NaAlH$_4$ 和制备的 NaAlH$_4$/CeO$_2$ 以及 NaAlH$_4$@CeO$_2$ 的 TGA 曲线

的动力学和热力学被大大降低。他们观察到氢的解吸温度降低了 80～85 ℃。此外,他们推断认为增加掺杂量会增加动力学,但会降低氢化物的能量密度。虽然 Bogdanoviki 使用湿化学方法掺杂 Ti,但在合适的氢气气氛下,也可以通过球磨催化剂和氢化物来进行掺杂。许多催化材料后来用 NaAlH$_4$ 进行了试验,但钛卤化物如 TiCl$_3$ 和 TiF$_3$ 在与 NaAlH$_4$ 一起使用时证明了它们优越的催化性能,两者都改善了相关的热力学和动力学特性,加速了可逆性。尽管 TiF$_3$ 给出了类似的结果和更好的能量密度,但是由于 TiF$_3$ 的成本高于 TiCl$_3$,所以 TiCl$_3$ 被认为是 NaAlH$_4$ 的标准催化剂。ScCl$_3$ 和 CeCl$_3$ 也比 Ti 催化剂表现出更好的前景,但同样成本极高。Pitt 等使用了一系列金属氯化物,得出 ZrCl$_4$ 是另一种改善氢吸附动力学的合格催化剂。

硼氢化物比铝氢化物更稳定,但它们也表现出缓慢的动力学特性。碱硼氢化物具有很高的脱氢焓和较高的 H$_2$ 释放温度。此外,在脱氢反应过程中,有毒的硼氢化物作为副产物产生,尽管数量很少,但这些副产物硼烷会污染氢气供应,破坏燃料电池系统,并随着时间的推移降低氢化物的储存能力。LiBH$_4$ 可能是这类化合物中最重要的络合氢化物,其氢容量为 18.5%,氢化焓变为 67 kJ/mol H$_2$,但很难分解释放氢。LiBH$_4$ 在大于 380 ℃ 时释放 13.5% 的 H$_2$,4.5% 的氢在 LiH 中保持固定。如上所述,LiH 的分解需要极高的温度。此外,LiBH$_4$ 的形成要求更高,需要高于 650 ℃ 和 150 bar (1 bar = 100 kPa) 的 H$_2$ 压力。在 LiBH$_4$ 中加入 SiO$_2$ 可以提高低温下 H$_2$ 的释放量,SiO$_2$ 可确保在 200 ℃ 下 H$_2$ 的释放量为 13.5%。TiCl$_3$ 是一种非常好的丙酸盐催化剂,不适合与 LiBH$_4$ 一起使用,因为它会形成稳定且不可逆的 Ti(BH$_4$)$_3$。在 LiBH$_4$ 中加入 MgH$_2$ 可以在更低的温度下释放氢气,再氢化反应发生在 230～250 ℃ 和 100 bar,因此 LiBH$_4$ 是可逆的。LiBH$_4$-MgH$_2$ 的总 H$_2$ 容量为 11.4%,其中 8% 能够可逆释放。

另一个重要的硼氢化物是 Mg(BH$_4$)$_2$,如图 4-22 所示,研究人员测量了 Mg(BH$_4$)$_2$ 在 558 K、573 K、603 K 和 633 K 的氢气气氛下的等温脱氢性能。在 633 K,氢气压力高于 0.1 MPa 时观察到两个平台,而在 558 K、573 K 和 603 K,在 0.1～10 MPa 的氢气压力范围内观察到一个平台,类似于热处理后 LiBH$_4$ 和 MgCl$_2$ 混合物的结果。在 633 K 时,Mg(BH$_4$)$_2$ 在第一和第二平台后的 X 射线衍射谱分别为 MgH$_2$ 和 Mg 相。即 Mg(BH$_4$)$_2$ 在第一个平台将氢解吸为 MgH$_2$,MgH$_2$ 在第二个平台随着氢的解吸转化为 Mg。因此 MG(BH$_4$)$_2$ 的放氢反应是一个多步脱氢反应。

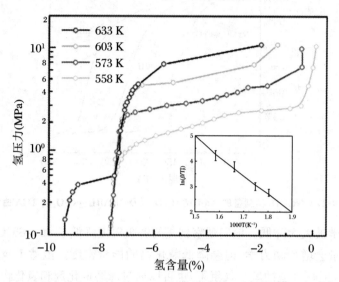

图 4-22 Mg(BH$_4$)$_2$ 在 558 K、573 K、603 K 和 633 K 下脱氢反应的 *P-C-T* 曲线

常温常压条件下为液态的硼氢化物是 Al(BH$_4$)$_3$，含氢量高达 17%，但尚未得到广泛的研究，需要在这方面进行进一步的研究。

第 5 章　储氢合金粉尘爆炸与抑爆机理

5.1　概　　述

5.1.1　研究背景

氢能因其资源丰富、零污染、可再生和热效率高等优点,被誉为"21 世纪终极能源",但高效、经济、安全的储氢技术仍是现阶段氢能应用的瓶颈。然而,近年来迅速发展起来的合金储氢技术,为这一难题的突破带来了希望。储氢合金被誉为"会呼吸的金属",泛指在一定温度和压力条件下,能大量可逆吸收、储存和释放 H_2 的金属间化合物,如图 5-1 所示。储氢合金因其优异的储氢性能和巨大的应用前景,引起了世界各国学者的极大关注,我国也将其列入"十四五"首批启动的国家重点研究计划"氢能技术"重点专项。

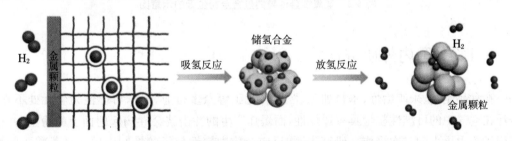

图 5-1　储氢合金的吸氢和放氢反应过程示意图

储氢合金材料是通过微纳米级金属粉末与 H_2 在密闭容器中加压、加热并球磨得到,其在储存过程中也会因环境影响而缓慢释放出 H_2。因此,储氢合金所处的受限空间内存在 H_2 和可燃金属粉尘两个共生危险源。因为 H_2 的密度远小于空气,所以在相对密闭的空间上方容易形成一团氢氧混合气体,如图 5-2 所示,当受到外界点火源刺激时,容易引发氢氧爆轰,而爆轰产生的冲击波会卷扬起地面上的储氢合金形成粉尘云,并可能引发更严重的二次爆炸。由于储氢合金的应用尚处于起步阶段,人们对其爆炸风险性仍不太了解,因而在其生产和使用过程中存在着巨大的安全隐患。储氢合金粉尘燃烧过程中伴随有放氢反应,而 H_2 和金属粉尘燃烧反应在相互促进的同时又会竞争氧气。这种燃烧过程中的气固两相互馈效应是粉尘爆炸研究很少涉及的内容,但对储氢合金粉尘爆炸机理和抑爆技术的研究尤为重要。储氢合金粉尘爆炸的防控需从两个方面着手:粉尘云的形成(事故预防)和抑爆技术(事故控制）。在预防粉尘云形成方面，H_2浓度实时动态监测和通风可以有效减少受限空间内H_2的含量，防止氢氧爆轰的发生；通过研究激波作用下粉尘颗粒的运动规律，可以制定粉尘云形成的防控措施。在粉尘云抑爆技术方面，通过研究储氢合金粉尘云的微观燃烧机理，有针对性地研制粉尘爆炸抑爆剂；结合抑爆过程中火焰结构特征、抑爆效果和抑爆产物分析，揭示抑爆剂对储氢合金粉尘的抑爆机理。前期研究发现，由于氢氧爆轰的存在，储氢合金粉尘爆炸前的流体速度为超声速（$1 \leqslant$ 马赫数 $\leqslant 5$），因而属于超声速湍流粉尘燃烧火焰的传播问题。本章正是基于激波诱导储氢合金粉尘爆炸这一背景，开展超声速流中储氢合金粉尘云的形成规律、微观燃烧机制及抑爆机理的研究工作。

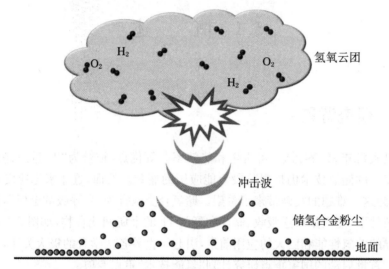

图 5-2　氢氧爆轰诱导储氢合金粉尘云的示意图

5.1.2　国内外研究现状

在食品制造、采矿冶炼、木材加工、医药和化工等众多行业领域，可燃性粉尘无处不在。悬浮在空气中的可燃性粉尘具有爆炸性，而爆炸产生的冲击波会卷扬起地面上的粉尘，并可能引发威力更大的二次爆炸。研究表明，反应介质中惰性粒子的抑制作用会显著减弱爆炸波；相反，高能金属颗粒（铝、镁）或添加这些颗粒的反应气体混合物则可能发生非均相爆轰。在气体随粒子云流动的不饱和状态下，通过控制粉尘云的形成、移动激波后粉尘的运动以及超声速流中粉尘的点火问题，可有效降低发生粉尘爆炸和爆轰的可能性。确定爆轰波的激发与传播条件是粉尘二次爆炸防控的关键，粉尘燃烧机理的揭示有助于抑爆剂的研制，而抑爆剂的作用是为了将粉尘的爆炸威力降到最低。粉尘云的形成主要有两种情况：一种是因为空气长时间的自然对流作用，处于堆积状态的粉尘颗粒发生分离并缓慢形成粉尘云；另一种是由于初次爆炸产生的强冲击波作用，导致堆积状态的粉尘被扬起而瞬间形成。由于粉尘二次爆炸所造成的后果通常比初次爆炸严重得多，因此研究爆炸作用下粉尘云的形成机理具有重要意义。Susanti 等分析了不同空气流速下的粉尘沉积物情况，发现较大的粉尘颗粒会促使细小粉尘颗粒分离，使其悬浮在空气中。Mei 等实验发现室内表面沉积的颗粒，可能会被强烈的气流干扰而重新悬浮并在空气中传播。Balladore 等通过调整振动频率与幅度,研究了沉积粉尘层飞扬悬浮到空气中的概率,当在粉尘层粒径跨度中粗粉尘颗粒较多时,粉尘更容易悬浮。一次爆炸作用通常可以产生冲击波和稀疏波,国内外学者对两种波作用下粉尘云的形成规律都进行了研究。Song 等模拟了长密闭管道内的沉积煤尘的爆炸过程,发现局部的气体爆炸会引起尾端的粉尘爆炸,从而产生更剧烈的二次反向爆炸。Semenov 等采用有限体积方法研究了长管中粉尘层的扬尘和起爆问题,发现粉尘燃烧区大小与冲击波的速度呈正相关关系。Khmel 等通过数值模拟研究了冲击波与粉尘云的相互作用,发现冲击波压力与结构是影响初始阶段粒子运动的两个主要因素。Bulat 等讨论了激波与固体颗粒云团相互作用的数学模型,并简要介绍了数值计算方法。林柏泉等研究了爆炸扬尘过程中粉尘颗粒的运动特征,发现粉尘扬起后的传播距离与冲击波压力有关,压力越大传播距离越远。此外,Ejtehadi 等基于一种新的 Galerkin 方法研究了稀薄气体颗粒流动中的复杂波型,结果表明当气流中存在粉尘接触不连续点时,可以形成伪复合波(附着在稀疏波上的反射激波)和复合波。Hauge 等实验研究了稀疏波引起的扬尘问题,结果表明稀疏波会导致粉尘层在内部形成气泡并向上膨胀,进而导致粉尘云的形成。

5.1.3　粉尘微观燃烧机理

粉尘云的燃烧伴随着一系列复杂的化学反应,燃烧过程也极易受到粉体粒径、浓度、形态和温度等因素的影响。宏观上通常使用最小点火能(MIE)、最小点火温度(MIT)、最小爆炸浓度(MEC)以及最大爆炸压力(P_{max})、最大升压速率($dP/dt)_{max}$和爆炸指数(K_{st})等参数对爆炸的敏感性和严重性进行表征。如图 5-3 所示,微观层面上,储氢合金粉尘燃烧的化学反应区间大致可以分成五个部分:未燃区、预热区、蒸发区、反应区和已燃区。对于燃烧温度场、火焰传播机制以及化学反应动力学机理等相关问题仍然是国内外研究人员关注的热点。甘波等利用热电偶和比色测温法测量了 PMMA 粉尘云的火焰温度特性,相比于微米级粉尘粒子,纳米级粉尘粒子的挥发速率较快,粉尘云火焰的最高温度可达 1551 ℃。文虎等在矩形管道中开展了微米级铝粉的爆炸实验,研究结果表明点火延迟时间对铝粉尘的爆炸压力有显著影响。喻健良等采用竖直可视化粉尘爆炸火焰传播实验平台,探讨了聚乙烯粉尘火焰结构与锋面位置的动态变化规律。Liu 等采用 20 L 球形爆炸容器,研究了低燃料浓度条件下铝粉对固液混合炸药爆炸特性的影响,结果表明燃烧持续时间的变化与最大压力上升速率完全相反。Yu 等通过对氢气/铝粉燃烧的爆炸残渣进行化学成分和微观形态的分析,发现氢气的加入降低了爆炸残渣表面絮状氧化铝含量。Zhang 等利用达姆科勒数 Da 对纳米 PMMA 粉尘云火焰传播机制进行研究,结果发现随着粉尘浓度的增高,PMMA 粉尘的火焰传播从热解气化控制转变为化学反应控制。数值模拟技术是探究粉尘火焰传播机制及燃烧化学反应机理的一项重要研究手段。Cloney 等利用 CFD 对煤尘/甲烷层流火焰燃烧过程进行模拟,通过分析每一个反应区的特征时间探索了粉尘颗粒加热、挥发和表面反应之间的耦合,建立了煤尘颗粒的燃烧状态图。Han 等提出并验证了一个基于欧拉-拉格朗日方法建立的涵盖铝粉过渡态传热、辐射、熔化和表面反应等过程的燃烧模型,研究发现对于大颗粒的铝粉,粉尘云的燃烧更多的是表现出非均相燃烧火焰的特性。Nematollahi 等采用渐进理论对多相对流非预混燃烧系统中煤粉颗粒的运动轨迹进行分析,研究表明煤粉颗粒在离开系统前可能多次穿越火焰锋面并发生阻尼震荡。综上所述,对于粉尘云燃烧反应的研究,主要从火焰传播机制、微观反应模型以及数学理论建模等方面出发,结合数值模拟和实验表征对反应机理进行验证,进而系统全面地阐释粉尘燃烧过程中的微观反应机理。

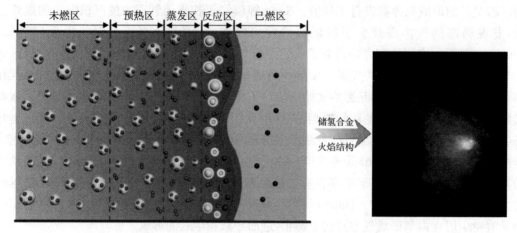

图 5-3　悬浮储氢合金粉尘燃烧的化学反应示意图

5.1.4　粉尘抑爆技术和机理

抑爆剂按照相态可以分为:固体抑爆剂、液体抑爆剂和气体抑爆剂。国内外研究人员在粉尘抑爆技术及机理方面开展了大量的研究工作。Wang 等利用特殊设计的矩形管和热分析实验,研究了 ABC 粉和三聚氰胺焦磷酸盐对铝粉爆炸参数的影响以及两种抑爆剂的抑制机理。Jiang 等研究了 $NaHCO_3$ 和 $NH_4H_2PO_4$ 对生物质粉尘爆炸的抑制能力,进一步揭示了生物质火焰的抑制机理。Wang 等通过改进的哈特曼管和 20 L 球形爆炸测试系统,研究了 $Al(OH)_3$ 和 $Mg(OH)_2$ 粉体对铝镁合金粉尘爆炸的抑制作用和抑制机理。Xu 等报道了微米级 NaCl 粉末对铝-甲烷-空气混合火焰性能影响的实验研究结果,从基础上量化 NaCl 对金属火灾的抑制能力。Nakahara 等通过实验和数值模拟研究了细水雾对丙烷-空气混合物最小点火能和燃烧上下限的影响。Li 等研究发现七氟丙烷对乙醇汽油-空气混合物的火焰传播速度和爆炸超压有良好的抑制作用。邓军等研究了 ABC/MCA 粉体对铝粉爆炸特性的影响,探讨了 ABC + MCA 复配粉体的协同抑爆机理。Huang 等利用哈特曼管研究了超细粉体的抑爆机理,发现 $Zr(OH)_4$ 具有吸热分解产生 ZrO_2、稀释氧和吸收自由基的作用。Yuan 等研究了钛粉层与惰性纳米 TiO_2 粉末混合的火灾危险性,并采用火焰扩散速度作为评价参数。Bonebrake 等研究了 CO_2 稀释对 CH_4-空气混合物强制点火和点火核发展的影响,结果表明 CO_2 稀释降低了点火概率,且点火核体积减小、生长速率降低。Li 等介绍了惰性气体和 ABC 干粉复合材料在减轻瓦斯爆炸破坏和环境危害方面的新进展,从物理和化学性质上充分揭示了 CO_2 和超细 ABC 干粉的抑爆机理。Wang 等基于多孔矿物材料和聚磷酸铵阻燃剂制备了一种新型复合抑爆剂,并通过 20 L 球形爆炸容器研究了 N_2-复合抑爆剂对甲烷爆炸的抑制性能,同时基于物理和化学作用提出了 N_2-复合抑爆剂体系的抑爆机理。综上所述,国内外粉尘爆炸的研究对象主要是煤粉、粮食和金属粉尘,而涉及储氢合金粉尘与激波作用规律、储氢合金粉尘微观燃烧机制和抑爆机理的研究工作甚少。

5.2　粉尘火焰传播速度及其瞬态温度场测量方法

5.2.1　粉尘火焰传播速度测量方法

5.2.1.1　研究背景

火焰传播速度是研究燃烧力学、推进动力学、流体诊断和燃烧成分分析重要的参数之一。近年来，学者们对各种类型的火焰传播速度测试方法进行了大量研究。王楠等使用光热偏转光谱法测量了煤油火焰内同一平面的速度分布。韩昕璐等使用热流量法测量了 PRF90 燃料在空气中的层流火焰速度。常彦等利用 PhotoShop 软件批量处理火焰传播过程中的图像，再使用 Matlab 软件编程实现对火焰轮廓的提取，计算出了一氧化碳-甲烷-空气混合气体燃烧的层流火焰传播速度。Ferris 等使用高速 OH^* 端壁成像法记录球形膨胀火焰的传播过程图像，采用非线性拉伸相关法测量未燃烧、未拉伸的层流火焰速度。Otsuka 等使用亮度减法图像测速技术，消除了火焰图像中的背景效应，获得了准确的火焰传播速度-时间演化过程。

由前人对火焰传播速度的测量方法可以看出，随着技术的发展，使用摄像系统记录火焰传播过程，通过对记录到的火焰图像进行二次处理来计算火焰传播速度逐渐成为一种主流方法，该方法具有对火焰传播过程无干扰、测量准确度高等优势。本书所采用的火焰传播速度测量方法基于高速摄影图像，利用自编 Python 程序对火焰图像进行二值化、边缘检测、轮廓提取等操作获取火焰前沿在单帧时间差距内的位移变化量，最后结合速度转换系数校正实验实现了对粉尘爆炸火焰传播速度测量。

5.2.1.2　轮廓检测原理

利用彩色 CMOS 相机捕捉火焰传播过程中的图像并以 8 bit 灰度格式输出，在得到的火焰图像中有时会存在噪声数据（如粉尘爆炸中的粉尘颗粒、燃烧产物等），这些噪声数据会干扰后续图像处理。为了在保护图像边缘信息的同时尽可能消除目标图像中的孤立噪声点，使用中值滤波方法对图像进行预处理。中值滤波法是基于排序统计理论的一种能有效抑制噪声的非线性信号处理技术，它将每一像素点的灰度值设置为该点某邻域窗口内的所有像素点灰度值的中值。灰度图像通常以二维矩阵的形式存储，对于每一个像素点 $X_{i,j}$，在以该点为中心的 N 阶（N 为奇数）矩阵中，取所有像素值的中值 $Y_{i,j}$ 作为该点滤波后的值，用公式(5-1)表示。滤波后的图像保存了边缘的有效信息，同时减少了噪声的干扰。但是由于大部分火焰的透射性和等离子体状态，使得火焰边缘到空间的像素值变化没有明显的跃迁，这在灰度图中表现为火焰边缘的亮度逐渐平缓，这种现象给后续的边缘检测带来困难。

$$Y_{i,j} = \mathrm{Median}\{X_{i+k,j+k} \mid k \in Z, -N \leqslant k \leqslant N\} \tag{5-1}$$

为了使图像显示出更明显的对比效果，将滤波后的图像进行二值化处理。图像二值化是将图像的像素值按照阈值设置为 0 或 255 的过程,如公式 5-2 所示,对任一在 x 行 y 列的像素点,其二值化后的像素值 dst(x, y) 由其原像素值 src(x, y) 和人工设置的阈值(threshold)的大小关系决定。编程利用自适应阈值方法,可以根据每张图像的实际效果自动设置最合适的阈值,为图像的二值化处理带来了极大的方便,图 5-4(彩图)展示了将一张彩色火焰图像转换为灰度图并进行滤波和二值化操作后的效果。

$$dst(x,y) = \begin{cases} 255, & src(x,y) > 阈值 \\ 0, & 其他 \end{cases} \tag{5-2}$$

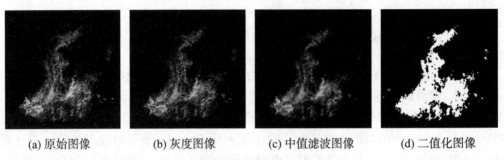

(a) 原始图像   (b) 灰度图像   (c) 中值滤波图像   (d) 二值化图像

图 5-4 火焰图形处理

边缘检测的目的是识别出图像中亮度变化明显的点,在图像中这些发生显著变化的点通常反映了重要的事件和变化,如深度上的不连续、表面方向上的不连续、场景亮度值的变化等。经过二值化处理后的火焰图像在火焰处的像素值都为 255,空间处的像素值都为 0,火焰边缘和空间之间的像素值有了明显跃迁变化,使得边缘检测操作更为精确。经过边缘检测的图像大大减少了数据量,剔除了火焰内部和空间中的不必要信息点,仅保留了火焰的框架结构属性。代码提供了 Prewitt 算子、Sobel 算子、Canny 算子、Laplacian 算子等多种边缘检测算子,不同的边缘检测算子在不同场景下的检测效果各有优势。经过多次实验综合对比,本研究最终使用 Sobel 算子进行边缘检测操作。通过边缘检测得到的图像通常还会存在各种干扰数据,如在内部包含的纹理和噪声数据,火焰传播时远离火焰整体的微小火焰等。轮廓检测可以在边缘检测的基础上选取合适的边缘作为处理对象,它可以沿着边界连接所有颜色或强度相同的连续点。通常对于火焰这种纹理复杂的图像,选取最外层的最大连续轮廓作为火焰的锋面位置,绘制的轮廓将只包含外部的点集而不包含内部的纹理,如图 5-5(彩图)所示。

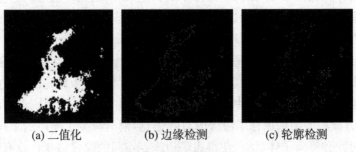

(a) 二值化   (b) 边缘检测   (c) 轮廓检测

图 5-5 火焰图形处理

5.2.1.3　火焰传播速度计算原理

在开放无约束火焰传播模型中,为了避免竖直方向重力和浮力的影响,选取水平方向的火焰传播为研究对象;在管道约束火焰传播模型中,选取沿管道轴向的火焰传播为研究对象。通过研究点火电极到火焰前锋面的距离随时间的变化情况,得到火焰传播的速度和加速度。编写了以轮廓为输入参数并以包含该轮廓的最小矩形框坐标为输出的方法,对轮廓检测后的火焰求其最小外接矩形,可获得矩形框左上角点的坐标 (x, y)、矩形框的高 h 和宽 w,该矩形框的一边即为火焰前锋的位置,通过 x、y、w、h 即可求得火焰前锋处等高线所在的坐标,图 5-6 展示了获取火焰前沿位置坐标的过程。

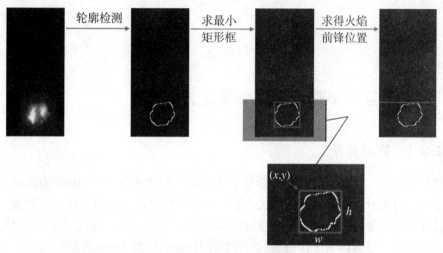

图 5-6　获取火焰前沿位置坐标

5.2.1.4　速度转换修正系数标定实验

需要注意的是,通过代码计算得到的坐标是该轮廓在图像中的像素单位,为了得到其真实的长度,需要进行标定实验。如图 5-7 所示,本文的标定实验采用一个发光的正方体作为参照物,正方体的真实边长 L_t 可以通过测量得知,拍摄时距离、焦距等参数应与实验时保持

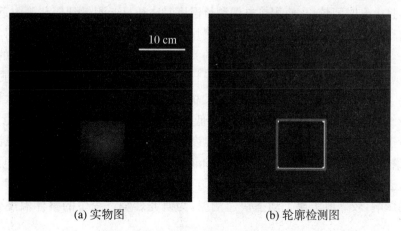

(a) 实物图　　　　　　　　　(b) 轮廓检测图

图 5-7　长度比例标定实验

一致。对拍摄到的标定物进行边缘检测和轮廓面积计算,得到其像素边长 L_p。标定系数由标定物的真实边长 L_t 和像素边长 L_p 的比值表述:

$$k = \frac{L_t}{L_p} \tag{5-3}$$

开放无约束和管道约束条件下的两种火焰传播模型中,每帧相片之间的火焰轮廓前沿变化量都表达了火焰前锋的位移变化,每张相片之间的时间间隔由拍摄时的帧率决定。用 ΔL 表示两张图像之间火焰前锋的位移变化量,Δt 表示两张图像的时间间隔,v_t 表示火焰在 Δt 时间间隔内的传播速度,Δv 表示 Δt 时间间隔内火焰传播速度的变化量,a_t 表示火焰在 Δt 时间间隔内的加速度,分别用如下公式表示:

$$v_t = \frac{\Delta L}{\Delta t} \tag{5-4}$$

$$a_t = \frac{\Delta v}{\Delta t} \tag{5-5}$$

5.2.2　粉尘火焰瞬态温度场测量方法

5.2.2.1　研究背景

温度是工业生产、安全监控、灾害诊断中至关重要的物理量,它是确定物质状态的最重要参数之一。目前对于温度的测量方法主要分为接触式测量方法和非接触式测量方法。接触式测量方法往往是通过使用各类测温仪器接触火焰,利用温度传感方式获取火焰温度,如热电偶、光纤探针、半导体温度传感器、热敏电阻等都是常用的接触式测温装置。Gao 等利用由直径为 25 μm 的 Pt-Pt/Rh13% 导线组成的精细热电偶测量了钛颗粒粉尘云的火焰温度,结果表明当粉尘浓度为 1000 g/m^3 时,温度相比于 500 g/m^3 时达到更高的值。Hindasageri 等使用 B 型热电偶测量了预混甲烷-空气燃烧火焰的温度,并通过确定发射率和传热系数来校正热电偶的误差。然而,燃烧或爆炸的火焰传播过程是不稳定的,例如粉尘云的火焰传播过程常由于颗粒大小、形状,点火时的粉尘浓度,空气湿度和初始湍流强度等因素而变得复杂,导致不同位置的火焰温度存在较大的差异。限制于材料,热电偶具有相对较低的灵敏度、稳定性,且上升时间较长,使用热电偶测量温度时往往只能测量到探测头附近点的温度,难以对大面积火焰的整体温度进行表征,且爆炸产生的冲击波极易损坏热电偶,实验成本较高。近年来,非接触式测温方法获得了更多的关注,其中,光学方法凭借其特有的优点(测温范围广、响应速度快、对被测物体无干扰等)不断被利用到火焰温度测量领域。例如,Molodetsky 等使用三波长光学高温计测得尺寸范围为 240~280 μm 的单个钛颗粒在室温空气中燃烧的最高温度接近于 2400 ℃,明显低于钛或其氧化物的沸点。刘庆明等使用比色测温仪测量了燃料空气炸药爆炸过程中的温度响应。洪途等采用多光谱相机记录火焰图像,获得光谱数据来反演计算火焰温度场。Chang 等利用彩色 CCD 相机和比色法构建了微纳米铝粉尘云爆炸过程的温度场分布。相比于光学高温计,比色法在一定程度上减少了物体发射率的影响,较好地实现了动态快速测温,为研究燃烧过程中的整体温度分布提供了思路。

对粉尘云点火至爆炸过程的火焰温度测量有利于更好地研究颗粒的氧化、燃烧状态和燃烧机理,帮助评估粉尘爆炸时的危险性,保障生命和财产安全。本书基于非接触式辐射测温原理,采用单个高速摄像机记录粉尘爆炸过程火焰传播过程,通过自编 Python 代码处理火焰图像进行拜尔阵列插值反演,结合钨卤素灯温度系数校正实验,重建出粉尘云点火至爆炸过程中的温度场变化图像。

5.2.2.2　比色测温法原理

在本研究中,利用单个高速摄像机和拜尔阵列插值算法构建粉尘云爆炸过程的瞬态二维温度场分布,其中每个灰度图像像素都可以被认为是一个通道光电倍增管。基于拜尔阵列插值算法的比色测温方法可同时获取火焰在两个波长下的辐射强度。相比于热电偶等接触式测温方法,该方法能够在无接触条件下测量火焰整体温度分布,无需考虑响应时间,测温范围广,并且传统的辐射测温方法往往需要两台甚至三台高速摄像机,该方法仅需使用一台高速摄像机,极大地节约了成本。

CMOS 相机采用单镜片图像传感器,利用 GRBG 模式的拜尔滤波阵列在每个点上使用单个传感器来采集 R、G 或 B 分量中的某一颜色分量,最后通过光电传感器量化该颜色分量的亮度值,如图 5-8(彩图)所示。Kunh 等分别对两种尼康相机(一种基于 CCD 传感器,另一种基于 CMOS 传感器)的 R、G、B 三通道光谱响应进行了表征,表明 R、G、B 分别对应不同的光波段。粉尘云的非均相燃烧以颗粒热辐射为主,固体颗粒燃烧的热辐射谱线为连续谱线且符合普朗克定律,该定律表示了发射辐射的颜色随发射源温度变化的方式。根据普朗克定律中黑体光谱辐射亮度与波长、热力学温度之间的关系,对不同波长下辐射亮度求比值可得到如下函数:

$$R = \frac{L_0(\lambda_1, T)}{L_0(\lambda_2, T)} = \frac{\varepsilon(\lambda_1, T)}{\varepsilon(\lambda_2, T)} \left(\frac{\lambda_2}{\lambda_1}\right)^5 \exp\left(\frac{c_2}{T}\left(\frac{1}{\lambda_2} - \frac{1}{\lambda_1}\right)\right) \tag{5-6}$$

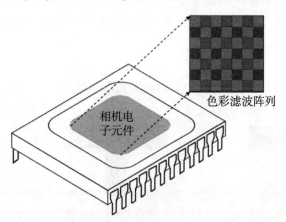

色彩滤波阵列

相机电子元件

图 5-8　位于 CMOS 相机图像传感器上的拜尔滤波阵列

其中 T 为热力学温度,λ 为波长,c_2 为第二辐射常数,$\varepsilon(\lambda_i, T)$ 表示物体在波长 λ_i 下的发射率,R 为黑体在温度 T 下波长为 λ_1 和 λ_2 的辐射亮度之比,对式(5-6)两边同时取对数可得如下温度的单值函数:

$$T = \frac{c_2\left(\frac{1}{\lambda_2} - \frac{1}{\lambda_1}\right)}{\ln R - \ln\left[\frac{\varepsilon(\lambda_1, T)}{\varepsilon(\lambda_2, T)}\right] - 5\ln\left(\frac{\lambda_2}{\lambda_1}\right)} \tag{5-7}$$

5.2.2.3　瞬态温度场重建原理

由公式(5-6)和(5-7)可知,辐射波长亮度之比与温度基本呈现一定的关系。从理论上说,只要知道 R、G、B 像素值,就可以计算出该点的温度值。经过拜尔阵列拍摄得到火焰图片,然后对所有的像素点做插值运算后即可获得一张包含 R、G、B 三通道的彩色图像。

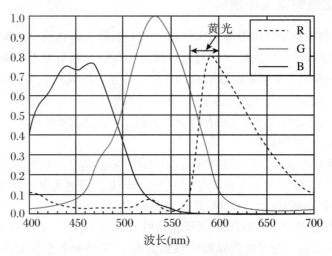

图 5-9　NAC Memrecam HX-3 相机 RGB 通道光谱响应曲线

图 5-9 是本研究所使用的日本 NAC Memrecam HX-3 高速相机的 RGB 光谱响应曲线,Ti 粉尘和 TiH_2 粉尘爆炸时火焰色光主要以黄色为主,其波段主要分布在绿色和红色光谱区间,因此选择使用 R 和 G 两个通道的信号强度比值来获取温度信息。利用 Python 3.8 编写 Adams-Hamilton 插值算法处理图片就得到每个像素点的 R、G、B 像素值。Adams-Hamilton 插值算法是基于同色一阶梯度和异色二阶差分方法的插值算法,以图 5-10(彩图)所示模型为例,计算方法如下:

(a) 红色采样点处绿色　　(b) 绿色采样点处红色　　(c) 红色采样点处蓝色
　分量的插值　　　　　　和蓝色分量的插值　　　　分量的插值

图 5-10　插值算法

为了区分相机拍摄的原数值和插值算法计算出的数值,本节中使用大写字母表示原像素数值,小写字母表示插值后的数值。

1. 红色和蓝色采样点处绿色分量的插值

由图 5-8 可以看出,拜尔阵列中绿色感光器的数量是红色和蓝色感光器数量的两倍,因此绿色分量包含了更多的颜色信息,先利用绿色分量插值计算出红色和蓝色采样点处的绿色分量值可使算法更为准确。以红色采样点处的绿色分量插值为例,如图 5-10(a)所示,中心红色采样点 $R(i,j)$ 的水平方向检测算子 ΔH 和垂直方向检测算子 ΔV 由式(5-8)和式(5-9)表示:

$$\Delta H_{i,j} = |G_{i,j-1} - G_{i,j+1}| + |2R_{i,j} - R_{i,j-2} - R_{i,j+2}| \tag{5-8}$$

$$\Delta V_{i,j} = |G_{i-1,j} - G_{i+1,j}| + |2R_{i,j} - R_{i-2,j} - R_{i+2,j}| \tag{5-9}$$

中心红色采样点处绿色分量的数值由 ΔH 和 ΔV 的大小关系决定:

当 $\Delta H < \Delta V$ 时,

$$g_{i,j} = \frac{G_{i,j-1} + G_{i,j+1}}{2} + \frac{2R_{i,j} - R_{i,j-2} - R_{i,j+2}}{4} \tag{5-10}$$

当 $\Delta H > \Delta V$ 时,

$$g_{i,j} = \frac{G_{i-1,j} + G_{i,j+1}}{2} + \frac{2R_{i,j} - R_{i-2,j} - R_{i+2,j}}{4} \tag{5-11}$$

当 $\Delta H = \Delta V$ 时,

$$g_{i,j} = \frac{G_{i-1,j} + G_{i+1,j} + G_{i,j-1} + G_{i,j+1}}{4} + \frac{4R_{i,j} - R_{i-2,j} - R_{i+2,j} - R_{i,j-2} - R_{i,j+2}}{8} \tag{5-12}$$

蓝色采样点处的绿色分量插值过程与红色同理。

2. **绿色采样点处红色和蓝色分量的插值**

如图 5-10(b)所示,以绿色采样点为中心做插值运算,蓝色分量的插值使用左右 B-G 空间做线性插值,如式(5-13)所示,红色分量的插值使用上下 R-G 空间做线性插值,如式(5-14)所示:

$$b_{i,j} = \frac{1}{2}(B_{i,j-1} + B_{i,j+1}) + \frac{1}{2}(2G_{i,j} - g_{i,j-1} - g_{i,j+1}) \tag{5-13}$$

$$r_{i,j} = \frac{1}{2}(R_{i-1,j} + R_{i+1,j}) + \frac{1}{2}(2G_{i,j} - g_{i-1,j} - g_{i+1,j}) \tag{5-14}$$

3. **红色/蓝色采样点处蓝色/红色分量的插值**

如图 5-10(c)所示,红色像素点周围的蓝色像素点处于其左上、左下、右上、右下四个位置,为了更好地保存边缘信息,首先沿 $45°$ 和 $135°$ 方向计算像素的梯度,再沿梯度较小的方向插值。以红色采样点处蓝色分量的插值为例,左下右上梯度 D_{45} 和左上右下梯度 D_{135} 由式(5-15)和式(5-16)表示:

$$D_{45}(i,j) = |B_{i-1,j+1} - B_{i+1,j-1}| + |2g_{i,j} - g_{i-1,j+1} - g_{i+1,j-1}| \tag{5-15}$$

$$D_{135}(i,j) = |B_{i-1,j-1} - B_{i+1,j+1}| + |2g_{i,j} - g_{i-1,j-1} - g_{i+1,j+1}| \tag{5-16}$$

当 $D_{45} < D_{135}$ 时:

$$r_{i,j} = \frac{B_{i-1,j+1} + B_{i+1,j-1}}{2} + \frac{2g_{i,j} - g_{i-1,j+1} - g_{i+1,j-1}}{2} \tag{5-17}$$

当 $D_{45} > D_{135}$ 时:

$$r_{i,j} = \frac{B_{i-1,j-1} + B_{i+1,j+1}}{2} + \frac{2g_{i,j} - g_{i-1,j-1} - g_{i+1,j+1}}{2} \tag{5-18}$$

当 $D_{45} = D_{135}$ 时:

$$r_{i,j} = \frac{B_{i-1,j+1} + B_{i+1,j-1} + B_{i-1,j-1} + B_{i+1,j+1}}{4} +$$

$$\frac{4g_{i,j} - g_{i-1,j+1} - g_{i+1,j-1} - g_{i-1,j-1} - g_{i+1,j+1}}{4} \tag{5-19}$$

蓝色采样点处红色分量的插值与红色采样点处蓝色分量的插值同理。

5.2.2.4　温度转换修正系数标定实验

标定实验使用钨丝灯在 1300～3000 K 范围内进行校准。标定系统如图5-11所示,该系统由钨丝灯、可调节电流的电源、电压表、电流表、高速摄像组成,实验调节不同的电流大小记录相关电压电阻等数值并拍摄对应的钨丝灯亮度图像,经过插值算法处理后的 8 bit 灰度图像可以得到每个像素的 R/G 值,温度数值由不同电流下钨丝灯的电阻 R_T 与初始电阻 R_0 的比值计算得到。标定实验拟合出的曲线如图 5-12 所示,利用该标定曲线即可通过拍摄火焰图像、计算 R/G 值、求对应温度的方式获得火焰图像每个像素点的温度数值。

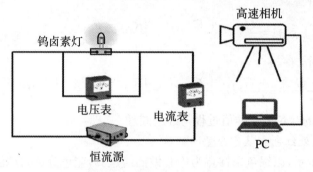

图 5-11　比色测温标定系统

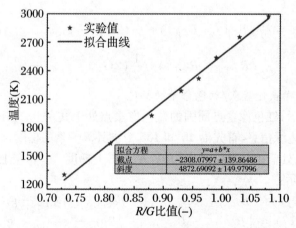

拟合方程	$y=a+b*x$
截点	$-2308.07997 \pm 139.86486$
斜度	4872.69092 ± 149.97996

图 5-12　卤素钨灯温度校准曲线

5.3　基体金属粉尘爆炸特性

5.3.1　钛粉

随着工业需求增长、金属生产工艺提高和储氢合金技术兴起,钛作为重要的工业金属和储氢基体金属,受到了研究人员的广泛关注。Yu 等通过实验发现氧化反应发生在 35 μm 和 50 nm 钛颗粒的液相表面。在粒径为 35 μm 的钛粉尘云中火焰传播呈现出锋面不规则的燃烧颗粒团簇,颗粒在点火前呈现出不规则形状而燃烧后呈现球形形状。而粒径为 50 nm 的钛粉尘云中火焰为离散的单一燃烧颗粒,火焰传播速度快于微米钛粉并且火焰锋面呈现出光滑的球形,此外,在纳米和微米钛粉燃烧过程中都发生了微爆炸现象。Muravyev 等对微纳米钛的氧化反应做了大量的研究,通过热重法和差分扫描量热法进行了各种互补的等温和非等温热分析实验,与微米大小的钛形成鲜明对比的是,纳米钛的氧化开始于较低温度(150 ℃ 而不是微米钛的 650 ℃),且活化能更低(纳米和微米钛活化能分别为 152±3 kJ/mol 和 220±3 kJ/mol)。此外,纳米钛的反应动力学服从对数定律,而微米尺寸的钛反应动力学则由二维扩散模型控制。Wu 等利用 1.2 L 哈特曼装置测量了微米和纳米钛粉的最低点火能量,发现微米钛粉的 MIE 大多大于 10 mJ,而纳米钛粉的 MIE 均小于 1 mJ,低 MIE 表明它们极具可燃性。陈金健等利用 1.2 L 哈特曼实验装置研究了钛粉尘云浓度、钛颗粒粒径、实验喷粉压力以及惰性粉体二氧化钛对钛粉尘云最小点火能量的影响。实验结果表明,当喷粉压力为 0.8 MPa 时钛粉尘云的着火效果最好,随着钛粉尘云浓度的增大,最小点火能量呈现出先增大后减小的趋势,当浓度为 1.2 kg/m³ 时最小点火能量达到最小值,且钛粉尘云的最小点火能量与颗粒粒径大小呈现出正相关关系。此外,在实验钛粉中添加二氧化钛粉末可以有效地抑制钛粉尘云的着火燃烧,当二氧化钛占比为 77% 时,抑制效果达到最佳。董海佩等利用 20 L 球形密闭爆炸容器研究了不同粒径钛粉尘云的最大爆炸指数($K_{st\,max}$)和最大爆炸压力(P_{max}),指出钛粉尘云的 $K_{st\,max}$ 的敏感质量浓度和敏感紊流指数大于或等于 P_{max} 的。当颗粒粒径增大时,P_{max} 值以二次函数的方式减小,而 $K_{st\,max}$ 值则以指数方式减小,当钛粉尘云浓度增加时,P_{max} 值和 $K_{st\,max}$ 值都以二次函数的形式呈现出先增大后减小的趋势。Boilard 等使用标准粉尘爆炸设备测量了微纳米钛粉爆炸的最大爆炸压力(P_{max})、爆炸指数(K_{st})、最小爆炸浓度(MEC)、最小点火能量(MIE)和最小点火温度(MIT),结果表明,随着粒径减小到纳米级,爆炸的可能性和严重程度显著增加。综合前人的研究发现,与微米钛相比,钛颗粒的大小在达到纳米尺度后,粒子的传热、传质机制和燃烧产物占比产生明显的变化,这导致火焰传播速度和燃烧温度增加,发生爆炸的可能性明显增加且爆炸更为迅速和剧烈。

5.3.1.1　钛粉尘火焰传播特性

火焰传播特性参数对研究粉尘燃烧、动力学反应等有重要作用,对粉尘爆炸的预后灾害评估,制定对应的爆炸防控举措至关重要。使用开放式粉尘爆炸装置进行了不同粒径钛粉尘云爆炸实验,探究了粒径对钛粉尘云爆炸特性的影响。基于粉尘火焰传播速度和温度场分布测量方法对钛粉尘云爆炸火焰传播速度和温度场分布进行了研究。该实验装置由供气系统、粉尘分散装置、燃烧管、自动控制系统、高速摄像系统组成,如图 5-13 所示。

燃烧管部分由三段玻璃管道组成,其中上部玻璃管外径为 80 mm,内径为 70 mm,长为 120 mm,玻璃管顶端使用滤纸封口,以降低粉尘云的湍流强度,保证喷粉过程中粉尘云的均匀分布和防止火焰失控。中间部分玻璃管外径为 90 mm,内径为 80 mm,长为 100 mm,该管道使用可伸缩的电磁铁装置固定在燃烧管中间,当电磁铁收缩时该部分管道自由滑落。下部管道参数与上部管道参数相同,底端固定在实验底座上,在实验底座中心部分有一分散

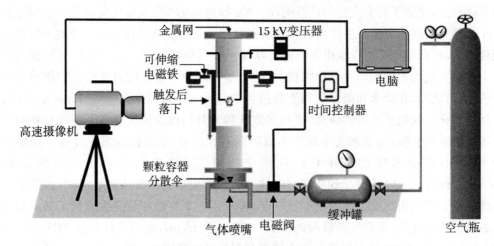

图 5-13　开放式粉尘爆炸实验装置

伞装置（图 5-14），以保证粉尘在压缩气体作用吹升过程中均匀分散。

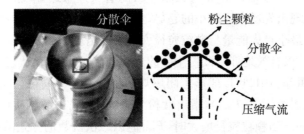

图 5-14　粉尘分散伞示意图

粉尘样品的粒径通常不是指某一准确的直径数值，而是不同粒径分布范围内的粒子平均粒径。通常情况下，表示粉尘颗粒的粒径大小特征的参数有很多，如 D_{10} 表示粒径小于它的颗粒占 10%，D_{50}（也称中值粒径，常用来表示粉体平均粒度）表示粒径小于它的颗粒占 50%，D_{90} 表示粒径小于它的颗粒占 90%，σ_D（粉尘粒径分散度）表示粉尘粒径的跨度大小，还有表示表面积加权的平均直径（也称索特平均直径）$D_{[3, 2]}$，表示体积加权的平均直径 $D_{[4, 3]}$ 等。本文使用 D_{50} 代指每组样品的平均粒径。

1. 粒径对钛粉尘火焰形态影响

四种钛粉云的火焰传播图像如图 5-15 所示。纳米钛颗粒之间的范德华力、静电力使得其团聚现象明显，此外，颗粒在被压缩气体吹入燃烧室的过程中发生的碰撞也会导致团聚，它由湍流空间的不均匀性产生的速度差和不同粒子对湍流时间变动的随动性的惯性差异导致，这两种机制导致颗粒在分散过程中进一步发生团聚，关于粉尘云中颗粒大小和团聚对火焰传播行为的影响，Ichinose 等做了许多值得参考的研究。团聚使得纳米钛粉燃烧时火焰呈现出离散颗粒状，在燃烧区域内呈对称形状。在燃烧过程中前部的小颗粒首先参与反应，较大的比表面积使得小颗粒之间的传热更为均匀，吸热速率、传播速率和氧气混合反应速率更快，因此形成光滑连续的火焰前锋，且在 60 ms 左右已经传播到图像边缘。然后，团聚颗粒受到小颗粒的热辐射和热传导后被点燃并发光，导致火焰呈现出明显的离散状态，其传热过程如图 5-16(a) 所示。微米级钛粉的火焰形状呈连续的团簇火焰，这些团簇更多地出现在火焰的前锋处且更为明亮，如图 5-17 所示，这是由于粒径的增大导致颗粒的吸热速率较缓慢,一些小颗粒聚集区域首先被点燃形成局部预混火焰,随后加热其周围的大颗粒,这导致了火焰的传播前沿不规则,如图 5-16(b)所示。此外,由于粒径增大使得微米钛颗粒受到的重力作用更大,向下传播的趋势更加明显。

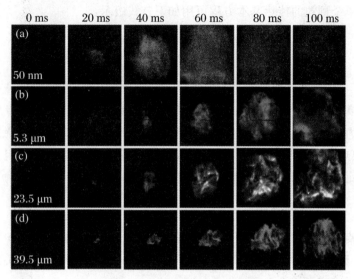

图 5-15　钛尘云点燃和火焰传播

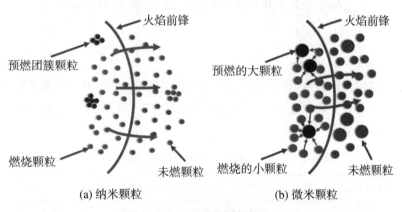

图 5-16　燃烧传播模型

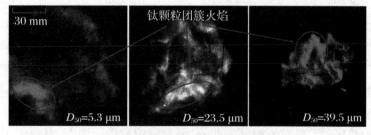

图 5-17　微米钛颗粒团簇火焰

钛粉尘火焰传播的结构可大致分为三个:预热区、燃烧反应区和后燃反应区。粒子在火焰前锋面前的预热区吸收热量,当温度达到燃点时被点燃,预热区内只发生热量的传递不发生燃烧反应。燃烧反应区集中在火焰的前锋处,是粒子发生燃烧反应、发光和传热的主要区域,主导着火焰的传播方向。后燃反应区内的粒子燃烧反应大多已过半或结束,仅有一些高温产物仍在发光发热。值得注意的是,不管是纳米颗粒还是微米颗粒,火焰的传播往往都是先由小粒子内部受热燃烧,未燃的较大粒子或团聚颗粒通过粒子间的热量传递被点燃。从颗粒尺度分析,单个颗粒的传热基本方程可用如下公式表示:

$$\nabla^2 T_p = \frac{1}{h_p} \frac{\partial T_p}{\partial t} - \frac{1}{\lambda_p} \frac{\partial q_p}{\partial t} \tag{5-20}$$

$$\frac{\partial T}{\partial n} + Bi \cdot (T_p - T_f) = 0 \tag{5-21}$$

其中,T_p 为颗粒温度,T_f 为流体温度,λ_p 为颗粒导热系数,h_p 为颗粒-流体传热系数,q_p 为颗粒传热速率,n 为颗粒浓度,t 为时间,D_p 为颗粒直径。Biot 数(Bi)是一个无因次数,用于描述物体内部导热热阻和外部传热热阻的比例,传热的总阻力是内部和外部阻力之和,在本书的实验中,将其定义为颗粒内部传热时间和外部传热时间的比值:

$$Bi = \frac{t_{in}}{t_{ex}} = \frac{(h_p T_i + \varepsilon\sigma\Delta T^4) D_p}{\lambda_p \Delta T} \tag{5-22}$$

其中,T_i 为粒子点火温度,ΔT 为粒子与周围气体温度差,ε 为钛的辐射率,σ 为斯蒂芬-玻尔兹曼常数。对于流动的流体,颗粒与流体间的传热系数 h_p 有许多实验关联式,在空气介质中,可用 Rowe 经验式表示:

$$Nu_p = 2 + B \cdot Pr^{1/3} Re_p^{1/2}, \quad B = 0.69 \text{ (in air)} \tag{5-23}$$

$$Re_p = D_p \frac{u}{\nu} \tag{5-24}$$

$$h_p = Nu_p \lambda_f / D_p \tag{5-25}$$

其中,ν 表示流体的运动黏度,u 表示流体流速,Pr 为普朗特数,Re_p 为雷诺数,用来预测颗粒的流动阻力,Nu_p 为努塞尔数,表征跨越边界的对流热量与传导热量的比率。计算了实验中四种钛颗粒的 Bi 数值,如表 5-1 所示。

表 5-1　实验用四种钛颗粒的 Re_p 值、Nu_p 值和 Bi 值

$D_p(D_{50})$	Re_p	Nu_p	Bi
50 nm	3.125×10^{-5}	2.003	0.597
5.3 μm	3.313×10^{-3}	2.035	0.607
23.5 μm	1.469×10^{-2}	2.074	0.619
39.5 μm	2.469×10^{-2}	2.096	0.626

在表 5-1 中,实验用四种粒径钛颗粒的 Bi 值均小于 1,这表明在钛颗粒热量传递的过程中,其外部传热热阻远大于内部传热热阻,内部热传递速率快于外部热传递速率,颗粒的热量传递由外部的热辐射和热对流控制。此外,随着颗粒粒径的增大,对应的 Bi 数也在缓慢增加,在实验中,Bi 数增加的影响体现在相同时间间隔内粉尘云火焰传播面积的减小(图 5-15),在 Bidabadi 等的研究中也得出了类似的结论。由式(5-22)可以看出,当 $Bi < 1$ 时,颗粒间的热量传递由外部传热控制,当 $Bi > 1$ 时,颗粒的内部热阻起主导控制,此时传热时颗粒内部温度分布的不均匀随时间的动态特性不能忽视。

2. 粒径对火焰传播速度影响

使用边缘检测技术计算了钛粉的火焰传播速度。为了减小浮力和重力对火焰传播速度的影响,选择以点火中心为起点,测量火焰锋面在水平方向上的位移距离,如图 5-18 所示。由图 5-18 可以看出,50 nm 颗粒的火焰从点火至传播过程中前锋位移距离近似的呈线性增长,拟合速度约 112.9 cm/s,且整个燃烧至湮灭过程十分迅速。5.3 μm 颗粒的火焰在燃烧前期以 30.4 cm/s 的速度传播,随着火焰面积的增大,速度逐渐增加到 94.3 cm/s,23.5 μm 颗粒的火焰速度出现明显的降低,以 57.4 cm/s 的平均速度传播,39.5 μm 颗粒的火焰与 5.3 μm 颗粒的火焰类似,燃烧前期以 17.5 cm/s 的速度传播,最终增长到 43.2 cm/s 的平均速度。

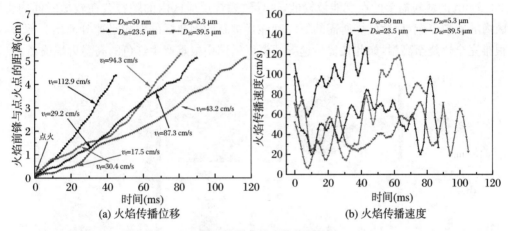

(a) 火焰传播位移　　　　　　　　　　(b) 火焰传播速度

图 5-18　钛粉尘的火焰传播特性

同时图 5-18 表明,钛粉的火焰速度在传播过程中呈脉动式变化,这是由粉尘分散浓度和粒径等因素引起的。粉尘颗粒在悬浮过程中表现出不均匀的分散,而在火焰传播过程中的传热主要是通过热辐射和颗粒间的热传导。在高粉尘浓度区,能量可以通过热传导快速传递,从而提高火焰的传播速度。而在低浓度区,颗粒间的传热主要依赖于颗粒间的热辐射和气体与颗粒之间的热传导。热辐射模式的效率低于热传导模式的效率,导致火焰在低浓度区域内传播的速度较小。此外,粒子的燃烧速度与粒子内的热辐射传热之间存在反馈效应。当颗粒燃烧速度较快时,预热区的颗粒没有足够的时间被加热,这会导致它们在接下来的传播过程中吸收部分热量,导致较低的燃烧速度。当燃烧速度较慢时,预热区的颗粒有足够的时间通过辐射被加热,从而加快火焰传播速度。这种反馈效应的往复循环导致了火焰传播速度的波动。微米钛粉火焰传播速度的波动也与团簇火焰有关,因为火焰在一些小颗粒聚集区域快速传播,形成区域火焰,这种不规则的传播导致了火焰前沿在水平方向上的不稳定。此外,随着粒径的减小,火焰传播速度更快,例如纳米钛尘云中的火焰传播速度几乎是微米级钛尘云的 2 倍,这表明纳米颗粒在发生爆炸事故时更为迅速和危险。

3. 粒径火焰温度场分布影响

四种钛粉尘云的温度场分布如图 5-19(彩图)所示。纳米钛粉的火焰传播更为迅速,较高的比表面积使颗粒与氧气的接触更充分,使得火焰传播速度更快,燃烧反应更完整,火焰前沿均匀地呈球形传播。在纳米钛粉尘云的温度分布图像中,火焰四周的红色外边缘温度达到 2800 K 左右且均匀分布,由于氧含量和燃烧颗粒量的减少,燃烧后反应区温度逐渐降低，由于纳米颗粒的反应速率较高，火焰由内到外呈现出较大的温度梯度。在微米级的钛粉尘云中，火焰的传播速度随着粒径的增加而逐渐减慢。在 5.3 μm 和 23.5 μm 粒径的温度分布图像中，火焰前沿的温度明显下降，但依然可以看见一些红色外边缘，这些温度高的红色外边缘是粉尘云中小颗粒浓度高的区域，它们燃烧和传热并引导火焰前锋的发展方向。此外，由于微米粒子的传热和反应速率较慢，火焰由内至外的温度梯度也低于纳米颗粒。相较于 5.3 μm 和 23.5 μm 粒径的温度云图，39.5 μm 粒径的温度云图中红色高温边缘更为明显，这是由于粒径的增大导致颗粒燃烧和传热时间更长、需要吸收更多的热量来点燃较大的颗粒。在 39.5 μm 粉尘的火焰传播过程中，燃烧反应区的颗粒燃烧较长的时间，预热区的颗粒能够吸收足够的热量从而被点燃，因此形成了代表较高温度的红色外边缘。然而 5.3 μm 和 23.5 μm 的颗粒需要的点燃能量较低，这导致燃烧反应区内的颗粒会在较短时间内将预热区内的颗粒点燃，后续燃烧所需的氧气和能量被新的预热区的颗粒迅速分离出一部分，所以很难完全燃烧至高温，如此往复传递导致温度云图中很难产生红色的高温火焰前锋。

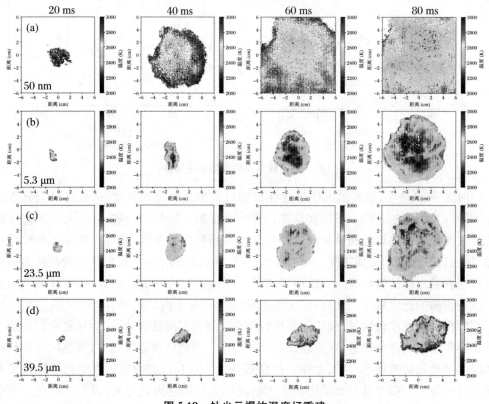

图 5-19　钛尘云爆炸温度场重建

在图 5-19 中，无论是火焰结构还是温度分布，纳米粉尘云与微米粉尘云的差异明显，这是由于随着粒径的增大，重力效应的影响不可忽视。对此，从钛颗粒的受力沉降角度进行了分析，如图 5-20 所示是单个钛颗粒在沉降过程中的受力状态，分别受到重力 F_g、浮力 F_b 和曳力 F_d 的作用，它们分别由如下公式表示：

$$F_g = \frac{\pi}{6} d_p^3 \rho_p g \tag{5-26}$$

$$F_b = \frac{\pi}{6} d_p^3 \rho_f g \tag{5-27}$$

$$F_d = \zeta_d A \frac{\rho_f \mu^2}{2} = \zeta_d \frac{\pi d_p^2}{4} \frac{\rho_f \mu^2}{2} \tag{5-28}$$

其中，u 为颗粒与空气相对流动速度，d_p 为颗粒的直径，ρ_f 为空气密度，ρ_p 为钛颗粒密度，ζ_d 为曳力系数，它是雷诺数 Re 的函数，即

$$\zeta_d = f(Re_p) = f(d_p u_t \rho_f / \mu) \tag{5-29}$$

A 为颗粒在运动方向上的投影，μ 为空气的黏度，g 为重力加速度。根据牛顿第二定律，作用于颗粒上的合外力使其产生加速运动：

$$F_g - F_b - F_d = m \frac{du}{dt} \tag{5-30}$$

$$\frac{du}{dt} = \left(\frac{\rho_p - \rho_f}{\rho_p}\right)g - \frac{3\zeta d\rho_f}{4dp\rho_p}u^2 \tag{5-31}$$

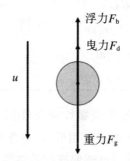

图 5-20　单个钛颗粒沉降过程中的受力状态

随着颗粒的下沉，颗粒速度 u 逐渐增大，du/dt 逐渐减小，当 $du/dt = 0$ 时，令 $u = u_t$，此时颗粒做匀速沉降运动。因此颗粒的沉降过程可分为加速阶段和匀速阶段，对于实验用的纳米和微米粒径钛颗粒，加速阶段通常极短，因此钛颗粒的整个沉降过程可视为匀速沉降，此时钛颗粒的沉降速度：

$$u_t = \sqrt{\frac{4gd_p(\rho_p - \rho_f)}{3\zeta d\rho}} \tag{5-32}$$

颗粒在沉降过程中符合 Stokes 定律，此时 $\zeta_d = 24/Re_p$，粒子的匀速下沉速度可用下式表示：

$$u_t = \frac{d_p^2(\rho_p - \rho_f)g}{18u} \tag{5-33}$$

计算了实验用的四种粒径钛颗粒的沉降速度，如表 5-2 所示。此外，钛颗粒在燃烧时生成的钛氧化物主要为 TiO_2 和 Ti_2O_3，因此以 TiO_2 和 Ti_2O_3 的密度（4260 kg/m³ 和 4490 kg/m³）近似计算了后燃反应区颗粒的下沉速度，如表 5-2 所示。可以看出，纳米钛颗粒的沉降速度在 3.391×10^{-5} cm/s，尽管纳米颗粒会产生明显的团聚效应，但相比于其速度的数量级，几乎可以视为在空气中处于均匀分布的悬浮静止状态。5.3 μm 颗粒的沉降速度在 0.38 cm/s，这个沉降速度并不大，因此 50 nm 和 5.3 μm 粒径的钛粉尘云在燃烧过程中能呈现出近似球形的传播形状。23.5 μm 和 39.5 μm 粒径钛颗粒的沉降速度已十分明显，因此它们在燃烧过程中火焰表现出向下传播的趋势。

表 5-2　钛及其主要氧化物颗粒的沉降速度

颗粒	颗粒尺寸	沉降速度(cm/s)
Ti	50 nm	3.391×10^{-5}
	5.3 μm	0.381
	23.5 μm	7.491
	39.5 μm	21.163
TiO$_2$	＜ 50 nm	＜ 3.206×10^{-5}
	＜ 5.3 μm	＜ 0.360
	＜ 23.5 μm	＜ 7.082
	＜ 39.5 μm	＜ 20.008
Ti$_2$O$_3$	＜ 50 nm	＜ 3.379×10^{-5}
	＜ 5.3 μm	＜ 0.379
	＜ 23.5 μm	＜ 7.464
	＜ 39.5 μm	＜ 21.088

　　此外,钛颗粒在燃烧过程中会发生微爆炸现象(图 5-22),微爆炸产生的温度与从液体 Ti-O 溶液中形成共晶沉淀物 Ti$_2$O$_3$ 的温度相近,微爆炸产生新燃烧颗粒的粒径小于未燃烧颗粒的粒径,且 Ti$_2$O$_3$ 在空气中暴露后迅速形成的最终燃烧产物二氧化钛的密度小于钛的密度,因此燃烧过程中微小燃烧颗粒的下沉速度是远小于未燃烧颗粒的下沉速度的。微米级颗粒受重力作用的影响更为明显,因为微米级颗粒发生微爆炸后燃烧颗粒的粒径相对于原微米粒径而言变得更小,导致燃烧颗粒的下沉速度远小于未燃烧钛颗粒的下沉速度,这导致了微米粒径粉尘云的不均匀燃烧,火焰向下传播的趋势更为明显。纳米颗粒本身粒径已经非常小,微爆炸产生的新颗粒粒径与原粒径相差并不大,重力作用对传热的影响十分微小,因此纳米颗粒粉尘云的燃烧可以向四周均匀传播,表现出良好的对称性,且由于颗粒的高比表面积和离散分布状态,使颗粒间隙中的氧气能够完全参与颗粒的燃烧,因此在温度云图中形成明显的均匀红色火焰前锋。

　　图 5-21 显示了四种粒径的钛颗粒从初始点火位置到水平火焰前沿在不同时间的温度变化。由于纳米颗粒燃烧的不连续特性,其温度在早期呈离散状态,但随着颗粒持续燃烧,火焰传播的过程逐渐稳定。微米尺度颗粒的温度通常在点火点附近较低,在火焰前缘较高。值得注意的是,无论颗粒大小如何,点火点和火焰前缘之间的温度都会波动,这也是因为受到颗粒的不均匀分散浓度和燃烧速度与传热之间的反馈作用影响。在不同粒径的相同燃烧时间内,如图 5-21 (a1)～(a4),从点火点到火焰前缘的温度波动是由粒子燃烧阶段的不同引起的。对于相同粒径不同燃烧时间,如图 5-21(a4)和(b4)所示,距离点火点相同距离处的温度也会有很大差异。例如在图 5-21(a4)中,距点火点 2.25 mm 处的温度约为 2430 K,而在图 5-21(b4)中,相同距离处的温度高达约 2747 K。如前文所述,粒子会呈现低温,是因为火焰速度很高,它们没有足够的时间吸收足够的热量,但这些粒子会持续吸收热量并在随后的过程中完全燃烧,导致在随后时刻相同位置处温度的升高。而当火焰速度较低时,颗粒会

出现高温,因为它们有足够的时间吸收热量,但随着颗粒燃烧的完成,温度开始下降,如图 5-12(a4)和(b4)在距着火点 5.06 mm 处,在同一位置粒子温度由 3323 K 降低至 2444 K。通过比较火焰前缘处的火焰速度和火焰温度的特性,可以进一步验证这一观点。在图 5-13 中,39.5 μm 钛粉在 20 ms 和40 ms 时的火焰速度分别约为 18 cm/s 和 26 cm/s。火焰前缘(图 5-21 (a4)中距离点火点 5.06 mm 处)在 20 ms 时的温度为 3323 K,而火焰前缘(图 5-21 (b4)中距离点火点 10.0 mm 处)在 40 ms 时为 2808 K,这表明较高的火焰速度可能导致较低的火焰温度。

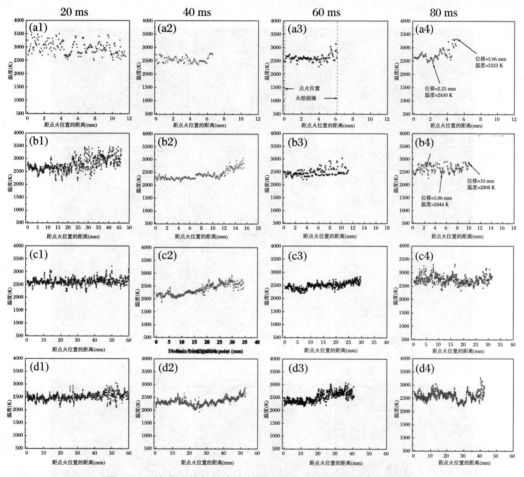

图 5-21　钛尘云从初始点火位置到水平方向火焰前沿温度曲线
(a) 20 ms;(b) 40 ms;(c) 60 ms;(d) 80 ms

5.3.1.2　钛粉尘微爆炸及其产生机理

1. 钛粉尘微爆炸现象

在四种粒径的钛粉尘爆炸过程中均发现了明显的微爆炸现象,这些微爆炸在图像中表现为明显的条纹亮光,如图 5-22 所示。颗粒的微爆炸现象十分普遍。Tang 等在改良 Hencken 燃烧器上研究了 4～20 μm 范围内铝纳米颗粒团聚体的燃烧,当氧浓度超过 3.5 mol/m³ 时会发生微爆炸现象,这种微爆炸是由未反应的铝核的汽化驱动的。

Wainwright 等使用同步加速器 X 射线和相位对比度成像方法观察到 Al:Zr 复合颗粒在空气中和 2700～3500 K 的范围内表现出多次微爆炸,表征了燃烧过程中颗粒内部的气泡成核和生长并计算了实现这种增长所需的气体生成速率。Huang 等基于光学诊断实验统计研究了燃烧铁颗粒在不同氧化环境下发生微爆炸的概率,并使用双色高温计和立体成像技术测量了颗粒的平均表面温度和三维运动轨迹,最终将铁颗粒微爆炸分为三种模式:中等爆炸模式、剧烈爆炸模式和混合爆炸模式,研究表明燃烧铁颗粒的微爆炸在很大程度上取决于氧气浓度。在本实验中观察到一些较大的钛颗粒在发生第一次微爆炸后产生的颗粒还会继续发生微爆炸,这些微爆炸现象与钛颗粒的气液两相氧化反应有关。

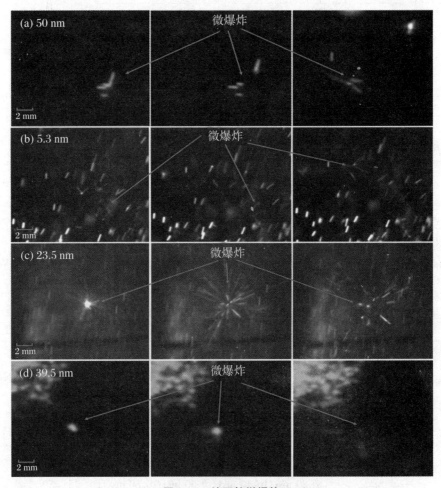

图 5-22　钛颗粒微爆炸

2. 钛粉尘热重分析

为了更好地了解钛颗粒在温度升高过程中发生的变化,对实验用的四种粒径钛颗粒进行了 TGA 分析,在 10 K/min 的升温速率,50 mL/min 的空气氛围下测量,实验结果如图 5-23所示。通常钛在空气中加热时主要与氧和氮反应,在低于 100 ℃时钛的反应速度是很慢的。相比于微米粒径的钛颗粒,纳米钛颗粒对温度更为敏感,很早便开始发生表面氧化反应导致缓慢增重,这可以归因于纳米颗粒的高比表面积(高反应性)。在 500～600 ℃的温度区间,微米钛颗粒开始发生明显的表面氧化和吸氮,此时重量曲线明显上升。随着温度的升高,表面氧化膜开始在钛中溶解,氧开始向内部晶格扩散,在 700 ℃时扩散加速,表面氧化膜失去保护作用。受限于实验仪器,温度在达到 800 ℃时停止加热,在 Yu 的研究中,微米粒径钛颗粒在约 1000 ℃时不再增重,而纳米颗粒在 1100 ℃时仍在缓慢增重,可见纳米钛颗粒更易与氧气发生反应。氮在约 1000 ℃时在钛中的最大溶解度(质量分数)约为 7%,在 2000 ℃时最大溶解度约为 2%,粉尘爆炸过程中钛颗粒的温度在极短的时间内迅速增长至 2000 ℃以上,因此微爆炸发生的主要原因是氧气的吸收导致。

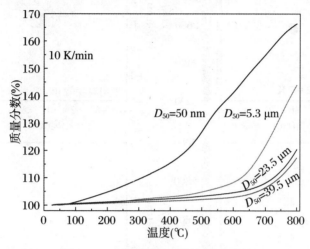

图 5-23　四种粒径钛颗粒的 TGA 曲线

3. 钛粉尘爆炸机理

钛颗粒膨胀至爆炸过程的温度分布如图 5-24 所示。统计了多个微爆炸粒子后得出整个微爆炸在 2~4 ms 的极短时间内发生,颗粒在发生微爆炸前表面温度在 2300~2400 K 之间。在这个温度下颗粒内部熔化产生固溶体,大量氧气和少量氮气溶解进颗粒内部。Glotov 将钛颗粒的燃烧分为了 7 个阶段:

第 0 阶段:初始状态,颗粒表面覆盖着一层 TiO_2 氧化膜。

第 1 阶段:对数定律(logarithmic law)控制,氧气的溶解量很小,保持 Ti 氧化为 TiO_2。

第 2 阶段:抛物线定律(parabolic law)控制,固体溶液,氧的分解和原子在晶格间的渗透。

第 3 阶段:氧化加速,氧化膜开始发生变形和出现裂纹。

第 4 阶段:若氧含量进一步增加,系统中出现 Ti_2O_3 相。

第 5 阶段:氧溶解在金属中,TiO_2 覆盖在外表面,Ti_2O_3 建立在内表面。

第 6 阶段:多相共存,低氧化物逐渐转化为高氧化物。

根据钛颗粒的 TGA 和温度分布结果,得到了钛颗粒从加热到微爆炸的原理图,如图 5-25所示。当温度超过钛的熔点时,液体钛对氧和氮的吸收速率远远快于氧化物和氮化物的生成速率,导致 Ti-O-N 溶液的形成。当过饱和的 Ti-O-N 溶液达到共晶态时,气体释放,粒子面膜上形成裂纹。随着裂纹的形成,新的 α-Ti 表面与氧发生反应,温度的升高导致颗粒中气体的膨胀,直接引起颗粒的爆炸。微爆炸的本质在于粒子的内部压力,它受到氧浓度、加热速率、粒子和气体的温度等各种因素的影响。在颗粒发生微爆炸后,处于熔融状态的钛在空气中迅速燃烧和氧化,形成形状不规则的氧化物,导致温度急剧上升。这种变化在温度分布图像中非常明显,如图 5-24(彩图)所示,在膨胀过程中,燃烧颗粒的颜色由膨胀过程中的蓝色(2200~2400 K,如图 5-24(a)、(b)所示)为主发展为爆炸后的黄色和红色(2800~3000 K,如图 5-24(c)、(d)所示)为主。

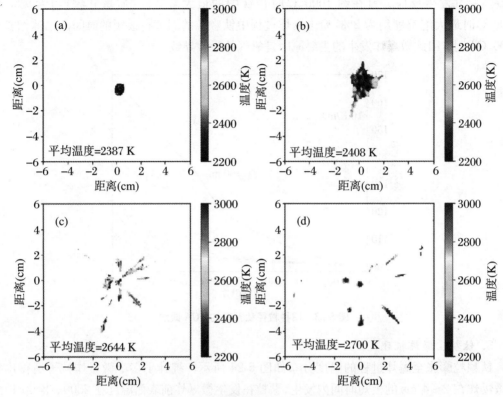

图 5-24 钛颗粒在微爆炸过程中的温度分布
(a) 0 ms;(b) 0.5 ms;(c) 1 ms;(d) 1.5 ms

(4)单个钛颗粒内部温度计算模型及实验验证

由图 5-25 可以看出,粒子发生微爆炸瞬间,内部释放出的熔融态钛燃烧温度与微爆炸前的颗粒表面温度相差并不大,因此可以将微爆炸瞬间温度等价为颗粒内部温度,对球体模

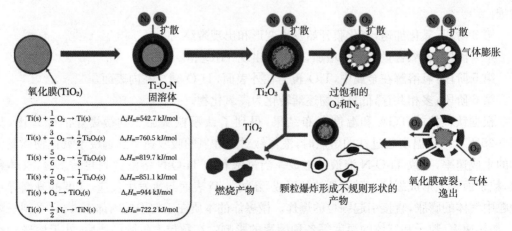

图 5-25 钛颗粒微爆炸过程

型而言(如图 5-26 所示),其无量纲温度分布可以用下式表示:

$$\frac{T(r) - T_s}{\dot{q}R^2/\lambda_p} = 1 - \left(\frac{r}{R}\right)^2 \tag{5-34}$$

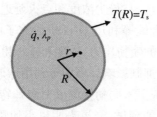

图 5-26 单个钛颗粒模型

其中,$T(r)$ 为球体内距离球心 r 处的温度,T_s 为球体表面温度,$\dot{q}$ 为体积能量产生速率。

将实验用钛颗粒近似为均匀球体模型,由于钛颗粒的半径足够小,且在前文中计算出四种粒径钛颗粒的 Bi 数均小于1(当 Bi 数大于1时颗粒内部的温度分布差异才不能忽视),因此颗粒内部温度($0 < r < R$)和球心温度($r = 0$)差异并不明显,颗粒内部温度与表面温度的关系可用下式表示:

$$T(r) = \frac{qR^2}{6\lambda_p} + T_s \tag{5-35}$$

如前文所述,将微爆炸瞬间的颗粒温度近似看作颗粒内部温度,微爆炸前颗粒温度为颗粒表面温度,利用比色测温法测量出的温度可用式(5-35)验证,计算了多组微爆炸瞬间的颗粒内部温度并与比色测温法测量出的温度对比,表 5-3 列出了四组计算结果。

表 5-3 利用颗粒表面温度求颗粒内部温度

粒径数量级	表面温度(实验值)(K)	内部温度(实验值)(K)	内部温度(理论值)(K)	差异(K)
μm	2836	2868	2885	17
μm	2387	2408	2401	7
μm	2537	2554	2552	2
μm	1951	2117	1951	166

由表 5-3 可以看出,微米颗粒微爆炸前后表面和内部温度相差并不大,且比色测温法和式(5-35)计算出的内部温度都表现出较小的差异。值得注意的是,纳米颗粒极小的半径使得式(5-35)的前一项几乎被消去,因此计算出的内部温度与表面温度一样,这导致式(5-35)在纳米颗粒上的应用显得并不适合。因此,当颗粒的粒径达到纳米数量级后,其粉尘爆炸特性将发生极大的变化,这使得公式计算结果很难达到统一,使用高速摄像机结合比色测温方法来测量粉尘爆炸的速度、温度等特性不会受到颗粒粒径和其他因素的影响,并且表现出了较好的计算精度。

5.3.2 镁粉

镁粉作为重要的工业金属和储氢基体材料,学者们在镁粉粉尘云爆炸特性(灵敏度、爆炸压力和爆炸压力上升速率等)方面做了大量研究工作。卢国菊等探究了单一铝粉和加入镁粉后的铝粉的爆炸特性,镁粉的加入能提高铝粉的爆炸压力、爆炸压力上升速率和爆炸指数,增大了铝粉的危险性。凤文桢等利用柱形爆炸容器研究了镁粉粉尘云的爆炸特性,结果显示,镁粉粉尘的 P_{max} 和 $(dP/dt)_{max}$ 与粉尘浓度和点火延迟时间有关,且在质量浓度增加的情况下,爆炸冲量逐渐增大。陈金健等利用 G-G 炉研究了喷粉压力、浓度和粒径等对镁粉粉尘云的 MIT 的影响,发现适宜的喷粉压力、浓度和减小粉尘粒径能降低其 MIT,同时探究了惰性粉尘对镁粉粉尘云的着火抑制影响。项国等利用球形爆炸装置研究了不同粒径镁粉的 P_{max} 和 $(dP/dt)_{max}$,基于此研究了不同初始温度对爆炸特性的影响。Kuai 等对镁粉粉尘进行了爆炸严重程度和可燃极限的测试,结果表明更小的颗粒粒径与更大的粉尘浓度将导致更严重的粉尘爆炸,20 L 容器的爆炸下限的最适点火能量为 2000~5000 J。Lomba 等采用等容燃烧实验并结合双色高温法,发现镁粉燃烧存在气相氧化的过程,并利用压力变化测得其燃烧速度。Mittal 等研究了微米级和纳米级镁粉粉尘的爆炸特性,结果表明爆炸的可能性与爆炸的严重程度等均与镁粉粒径有关,当镁粉粒径从微米级减少到纳米级,粉尘爆炸的可能性逐渐增加,而爆炸的严重程度先增加后降低。Nifuku 等研究了不同粒径镁铝粉尘的可燃性,结果显示最小爆炸浓度随粒径呈指数增长,最小点火能量随粒径的增加而增加。Choi 等研究了四种不同中位粒径镁粉的最小点火能,发现 28.1 μm 镁粉的最小点火能为 4 mJ。Maghsoudi 等研究了在微米级镁粉在稀薄空气中燃烧火焰的传播规律,提出了火焰结构的渐进模型包括预热区、液态镁区、气态镁区和火焰后区,如图 5-27 所示。推导并解析了其控制方程,得出了火焰速度、位置和温度的公式。另外,研究发现火焰温度随浓度线性升高,随直径平方的倒数而降低。

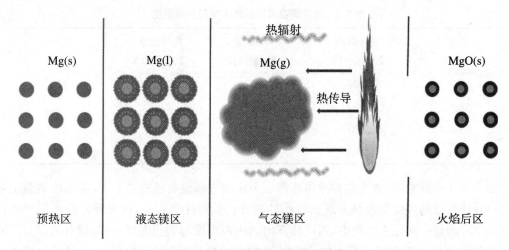

图 5-27 镁粉燃烧火焰结构的渐近模型

除此之外,学者们还从微观角度研究了单个镁粉粒子的燃烧,Dreizin 等研究了粗镁颗粒气溶胶在微重力下的燃烧,利用干涉滤光片同时生成在 500 nm 和 510 nm 处分离相邻的 MgO 和黑体辐射带,区分火焰中预热区和燃烧区。Huang 等研究了水蒸气中单个毫米级镁颗粒的点火和燃烧特性,得到了镁颗粒的点火机理和点火温度,发现颗粒燃烧时间与颗粒直径的平方成正比。Feng 等使用 CO_2 激光点燃毫米级的镁颗粒,并测定了镁颗粒燃烧的火焰结构、颗粒温度、放热区域和光谱信息,结果表明,镁在空气中的燃烧是通过颗粒表面的蒸气扩散来控制,颗粒温度发展可以划分为 5 个阶段:逐渐上升阶段、稳态阶段、急剧上升阶段、高温阶段和下降阶段,3 mm 镁颗粒的点火温度大概为 900～940 K。Lim 等研究了空气中悬浮单个铝和镁颗粒的点火和燃烧,并测量了其瞬时温度和热辐射强度,发现单个铝颗粒的燃烧时间比镁颗粒长 3～5 倍,燃烧速率的幂律拟合指数分别为 1.55 和 1.24。铝粉的无量纲火焰直径与初始粒径成正比,但镁火焰直径与初始直径成反比。

5.3.2.1　镁粉尘火焰传播特性

1. 粒径对镁粉尘火焰形态影响

使用图 5-28 所示的开放式粉尘爆炸实验装置,研究了悬浮镁粉粉尘云火焰的自由传播现象。对于镁粉火焰,研究人员们提出了火焰结构存在四个区(固态镁预热区、液态镁区、气态镁区和火焰后区)和三个锋面(熔化锋面、气化锋面和火焰锋面)。实验通过点火电极的高压放电(15 kV)点燃悬浮的镁粉,燃烧反应瞬间释放的热量使部分高温气体产物通过两相流气隙进入到预热区,以对流传热形式使未燃颗粒温度升高,此时火焰周围的镁颗粒将会经历从固态到气态的变化,其中固态镁预热区的颗粒会成为熔融状态(熔化锋面),液态镁粉区

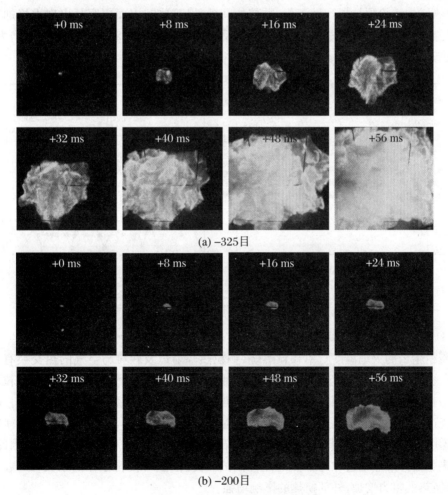

(a) −325目

(b) −200目

图 5-28　镁粉粉尘云的火焰传播过程

的颗粒会成为气相状态(气化锋面),当火焰锋面经过气态镁区时将会引燃镁粉,随后在火焰后区生成固态燃烧产物。

2. 粒径对镁粉火焰传播速度影响

使用边缘检测技术计算了实验镁粉的火焰传播速度。由于镁粉粉尘云在燃烧过程中的竖向传播受到自身重力与浮力的影响,因而选择水平方向上的火焰前缘与点火中心的距离计算火焰的传播速度。镁粉粉尘云火焰宽度测量实质是利用高速相机捕捉镁粉粉尘云火焰前缘的运动,也就是火焰从已燃区向未燃区扩散的过程。图 5-29(a)和(b)分别为不同粒径镁粉粉尘云的火焰前沿位置和火焰传播速度随时间的变化曲线。-400、-325、-200 和 $100\sim200$ 目镁粉粉尘云火焰的传播速度分别为 2.27 m/s、1.68 m/s、0.64 m/s 和 0.38 m/s,小粒径镁粉粉尘云的火焰稳定传播速度是大粒径的 $2\sim6$ 倍。此外,-400 目和 -325 目镁粉的燃烧过程可以分为火焰加速阶段和稳定燃烧阶段,而 -200 和 $100\sim200$ 目镁粉只有缓慢燃烧阶段。这是因为粒径越大,相同浓度的粉尘颗粒数目越少,则颗粒间的距离越大,导致"间隙效应"对传热的影响也就越大;此外,大粒径粉尘颗粒比表面积较小,活化能更高,热解速率较慢,且需要吸收更多的能量才能被点燃,因而大粒径的火焰传播速度更慢。粉尘粒径越小,预热区中镁粉颗粒越容易汽化,颗粒的间隙效应减弱,因而更容易出现火焰加速的现象。粒径越小,越容易发生爆燃。此外,化学反应的延迟时间随着粒径的增大而增大,粒径越大加热时间越长,因此火焰传播速度随着粒径的增大而降低。

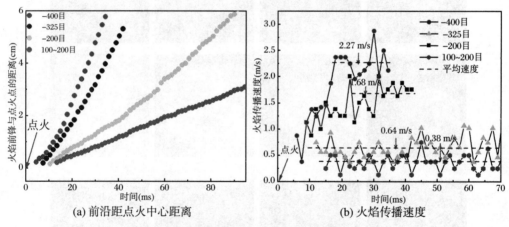

(a) 前沿距点火中心距离   (b) 火焰传播速度

图 5-29   不同粒径镁尘云的火焰

3. 粒径对镁尘火焰温度影响

镁粉粉尘云的火焰温度与单颗粒燃烧、颗粒热辐射以及颗粒与空气的热交换有关。镁粉颗粒在燃烧过程中受到燃烧产物的对流和辐射换热的影响。燃烧产物与镁粉颗粒之间的表面非均相反应也促进了颗粒的加热。由于实验使用的微米级镁颗粒,Bi 数均小于 0.1,因此镁燃烧过程中的对流换热速率远小于镁颗粒的传导换热速率,分析时可以忽略镁颗粒间的温度梯度,也就是说,镁颗粒换热过程中,外部换热阻力远大于内部换热阻力。因此,镁颗粒的传热是由外部热辐射和外部热对流控制的。此外,随着镁粉粒径的增大,Bi 数逐渐增加,外部换热的阻力增加,外部换热的影响增强。

图 5-30(彩图)是 -325 目和 -200 目镁粉粉尘云的火焰传播温度云图,镁粉粉尘云浓度均为 830 g/m³,将第一张图片定为 0 ms 时刻。镁粉粉尘云燃烧区域随着燃烧的进行逐渐扩

大,前缘始终维持较高温度,达 3100~3300 K,接近镁在空气中的绝热火焰温度,-325 目镁粉火焰在传播过程中表现出良好的球形,随着火焰的传播,高温区域向外推移,火焰中心温度下降。而-200 目镁粉火焰与之不同,除了前缘存在较高温区域以外,火焰内部高温区域呈现随时间不断增加的趋势。

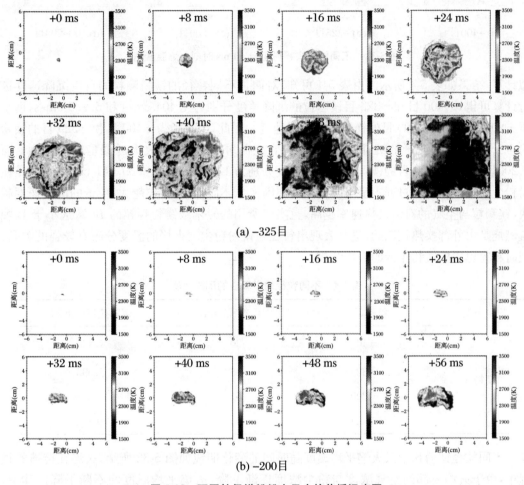

(a) -325 目

(b) -200 目

图 5-30　不同粒径镁粉粉尘云火焰传播温度图

在 40 ms 时刻不同粒径镁粉粉尘云火焰温度云图如图 5-31(彩图)所示。在研究范围内,由于随粒径的增加,火焰的传播速度减小,同时火焰的燃烧速度也减小。因此相同时刻粒径越大,火球体积越小。-400 目和-325 目火焰前缘高温分布均匀,内部温度低温区域明显。由于镁粉粉尘云固相表面燃烧的时间极短,在极短的时间内燃烧速率不断加快,火焰内部的粉尘云浓度下降,而燃烧反应释放的热量使预热区镁粉温度不断升高,熔融的镁粉进一步生成镁蒸气,并与开放空间的空气充分接触发生气相燃烧,外缘火焰不断向外扩散,因而前缘的火焰温度明显高于内部。而-200 目和 100~200 目镁粉火焰内部温度高,温度分布不均。由于粒径增大,燃烧需要吸收的热量增多,火焰的燃烧速度和传播速度减慢,火焰内部温度积累较小粒径多,导致火焰内部温度较高,且在竖向受重力和浮力的作用,粉尘云不能均匀弥散和燃烧,导致火焰结构和温度分布都出现不均现象。

镁的密度为 1738 kg/m³,使用式(5-30)、式(5-32)和式(5-33)对镁粉沉降速度进行了近

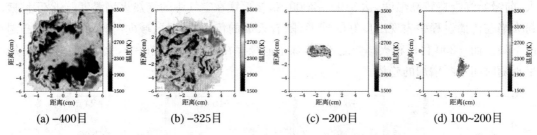

| (a) −400目 | (b) −325目 | (c) −200目 | (d) 100~200目 |

图 5-31　不同粒径镁粉粉尘云 40 ms 时刻火焰温度图

似计算,结果如表 5-4 所示。由表 5-4 可知,对四种不同粒径的镁粉颗粒的自由沉降速度进行计算可得,−400 目和−325 目镁颗粒的沉降速度分别为 4.404 cm/s 和 5.995 cm/s,远小于−200 目和 100~200 目的镁颗粒的沉降速度。因此,当粒径为−400 目和−325 目的镁粉粉尘云被点燃后,粒子的沉降速度小,颗粒在空间分布较均匀,火焰近似呈球形传播。而−200 目和 100~200 目的镁颗粒的沉降速度分别为 12.729 cm/s 和 39.641 cm/s,这就是镁粉粉尘云火焰在燃烧过程中呈下降趋势的原因。总体而言,镁颗粒越大,粒子的沉降速度越快,镁颗粒与空气的对流换热速率越高,且实验所用的微米级镁粉颗粒的 Bi 数远小于 1,颗粒燃烧是由外部换热控制的,进而表现出粒径与镁粉粉尘云火焰的温度分布有较强的关联,同时粒径也影响镁粉尘云的火焰结构。

表 5-4　不同粒径的镁颗粒的沉降速度

粉尘类型	粒径(目)	中位粒径(μm)	沉降速度(cm/s)
	−400	30	4.404
	−325	35	5.995
镁粉	−200	51	12.729
	100~200	90	39.641

不同粒径镁粉粉尘云火焰平均温度随时间的变化曲线如图 5-32 所示,火焰在传播的过程中,由于火焰内部的空气浓度与粉尘浓度逐渐下降,火焰平均温度均不断下降。其中,−400 目和−325 目火焰平均温度下降的速度快,100~200 目火焰平均温度整体下降不明显,处于稳定燃烧阶段,这与不同粒径的火焰传播速度的结果一致。相同粉尘云浓度,粒径越小,比表面积越大,燃烧释放的能量越多,火焰内部传热效果增强,同时火焰的传播速度越快,外部热传导作用增大,火焰的平均温度下降越快。此外,大粒径镁粉燃烧速度慢,颗粒燃烧所需时间增加,释放的热量用于火焰内部传热引燃未燃颗粒,镁粉粉尘云火焰处于稳定传播阶段。其中,−200 目镁粉粉尘云火焰在初始阶段表现出与其他粒径不同的平均温度的变化,主要是因为−200 目的粒径在 20~138 μm 之间且 D_{50} 为 51 μm,其兼具小粒径(−400 目和−325 目)和大粒径(100~200 目)镁粉的燃烧特性,在燃烧初期,小粒径镁粉传热速度快、活化能低,被迅速点燃,释放的能量在传导中被未燃的大粒径粉尘吸收使得温度在短时间内降低。由于微米级镁颗粒的传热以外换热为主,且随着颗粒粒径的增大,外部换热效果增强,因而大颗粒的燃烧需要更多的热量积累。当大粒径的能量累积到一定程度后也将被点燃,同时大粒径粉尘吸收的能量和燃烧释放的能量,在 6 ms 左右达到了平衡,平均温度达到

了此前的最低值,在8 ms以后大粒径粉尘燃烧在其中占主导,−200目火焰与100～200目火焰表现出相同的规律,由于大粒径颗粒的影响火焰整体温度缓慢下降。

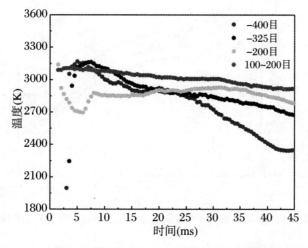

图 5-32　不同粒径镁粉粉尘云火焰平均温度随时间的变化曲线

4. 浓度对镁粉尘火焰温度影响

图 5-33(彩图)为 400 目镁粉 830 g/m³、996 g/m³、1162 g/m³ 和 1328 g/m³ 四种粉尘云浓度在 20 ms 时刻火焰温度云图。当粉尘云浓度在 830～1328 g/m³ 范围内时,随着粉尘云浓度增大,火焰内部低温区域不断扩大,火焰前缘一直维持较高的温度,这是因为预热区的镁粉不断被点燃,火焰不断向外发展,因而火焰前缘温度并不因粉尘云浓度的增加而出现温度下降,而随着粉尘浓度的增大,火焰内部的粒子燃烧需要吸收更多的热量,因而火焰内部温度降低,低温区域不断增大。

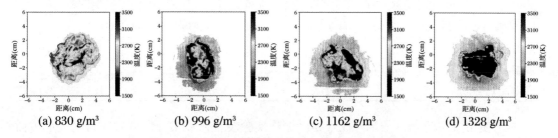

图 5-33　20 ms 时刻不同浓度镁粉粉尘云火焰温度图

图 5-34 为 −400 目镁粉 830 g/m³、996 g/m³、1162 g/m³ 和 1328 g/m³ 四种粉尘云浓度火焰平均温度随时间的变化曲线,忽略初始时刻点火电极对温度的影响,火焰平均温度均随时间的增加不断下降,由于小粒径镁粉粉尘云火焰燃烧速度快,火焰内部的粉尘云浓度与氧气浓度不断下降,内部的温度不断下降,从而导致火焰平均温度不断将下降。在 830～1328 g/m³ 粉尘云浓度范围内,火焰平均温度随着镁粉粉尘云浓度增加而逐渐降低,这是由于粉尘浓度过大时,单位体积内粉尘颗粒数量增多,单个颗粒可利用的氧气相对较少,导致燃烧不充分;未燃烧的粉尘颗粒会吸收燃烧产生的能量,使得火焰燃烧的温度下降;此外,高浓度的粉尘会减小粉尘颗粒间的"间隙效应",导致高浓度的粉尘火焰(燃烧区)前锋面传播速度快,进一步导致内部已燃区域热量积累较低浓度粉尘的少,因此火焰内部的低温区域越大,火焰的平

均温度也就越低。

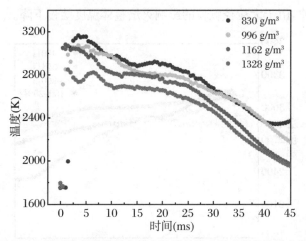

图 5-34　不同浓度镁粉粉尘云火焰平均温度随时间的变化曲线

5. 粒径分散度对镁粉尘火焰形态影响

σ_D（粉尘粒径分散度）是一个表示粉尘粒径的跨度大小的数值，可通过式（5-36）和式（5-37）计算得出，本文使用镁粉的分散度的粒径如表 5-5 所示。

$$D_{3,2} = \left(\sum \bar{y}^3 dN \right) / \left(\sum \bar{y}^2 dN \right)$$

$$= \left(\sum d\varphi \right) / \left(\sum \bar{y}^3 dN / \bar{y} \right) = 100 / \left(\sum d\varphi / \bar{y} \right) \tag{5-36}$$

$$\sigma_D = (D_{90} - D_{10}) / D_{50} \tag{5-37}$$

表 5-5　实验使用镁粉粒径分散度

实验样品	质量分数＝初始样品质量/混合样品质量					D_{10} (μm)	D_{50} (μm)	D_{90} (μm)	σ_D
	19 μm	27 μm	44 μm	74 μm	106 μm				
样品 A	—	—	1	—	—	27	44	71	1.00
样品 B	0.1	0.15	0.5	0.15	0.1	21	44	97	1.72
样品 C	0.3	—	0.4	—	0.3	16	44	124	2.45

本书使用图 5-35 所示的半开放式粉尘爆炸实验装置研究了分散度对镁粉尘火焰传播的影响。半开放式粉尘爆炸实验装置同样由供气系统、粉尘分散装置、燃烧管、自动控制系

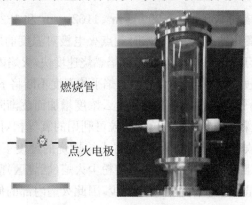

燃烧管

点火电极

图 5-35　半开放式粉尘爆炸燃烧室

统、高速摄像系统组成。与开放式粉尘爆炸装置不同的是,半开放装置的燃烧管部分为整个玻璃管道,如图 5-35 所示。玻璃管外径为 80 mm,内径为 70 mm,长为 293 mm。点火电极在距离玻璃管下部约 94 mm 处以保证粉尘在喷出过程中点火由下部开始发生。玻璃管外部钢结构主要起到固定作用,爆炸筒钢支架的底部刚好可以从外部将喷粉平台上面一小部分罩住。实验时,在爆炸筒上部覆盖一张薄纸并用上部钢结构将薄纸压紧,薄纸在粉尘爆燃过程会被冲破。

图 5-36 为不同分散度镁粉粉尘云火焰的传播过程,随着粉尘爆燃的进行,火焰不断扩散传播,实验将第一张图片定为 0 ms 时刻。当 $\sigma_D = 1.00$ 时,火焰在初始传播过程中接近球形传播,其火焰较其他分散度粉尘云火焰形状规则,这是由于在此分散度下粉尘的粒径更均匀,粒径跨度更小,火焰在 36 ms 到达管壁,在 38 ms 到达管顶。当 $\sigma_D = 1.72$ 时,火焰在 19 ms 到达管壁,在 22 ms 到达管顶。当 $\sigma_D = 2.45$ 时,火焰在 17 ms 到达管壁,在 19 ms 到达管顶。

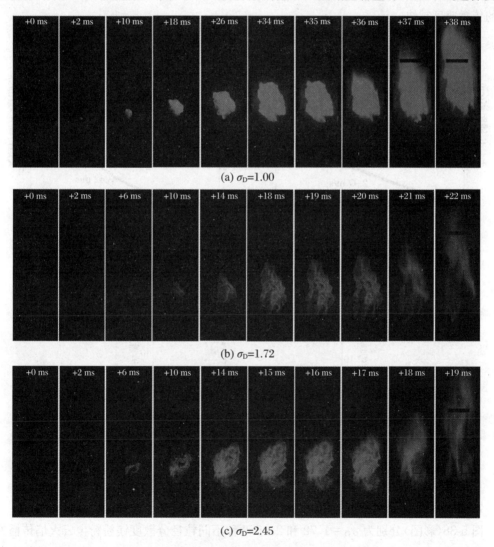

图 5-36　不同分散度镁粉粉尘云火焰传播过程

6. 粒径分散度对镁粉尘火焰传播速度影响

图 5-37(a)、(b)和(c)分别为不同粒径分散度镁粉粉尘云的火焰前缘位置和火焰传播速度随时间的变化曲线。由图 5-37 可以看出,在半开放空间内,当火焰未传播到管壁时,粉尘火焰传播近似于开放空间条件,火焰的传播速度较稳定。当火焰到达管壁后,由于管壁的约束和湍流作用,火焰迅速加速。当粉尘粒径分散 σ_D 为 1.00 时,火焰传播到管壁前,火焰的平均速度为 2.07 m/s,火焰传播速度振荡较小;当粉尘粒径分散度 σ_D 为 1.72 时,火焰传播到管壁前,火焰的平均速度为 3.42 m/s;当粉尘粒径分散度 σ_D 为 2.45 时,火焰传播到管壁前,火焰的平均速度为 4.22 m/s。当火焰传播到管壁后,火焰的瞬时传播速度也随着分散度的增大而增加。这说明,火焰传播受粉尘粒径分散影响很大,粒径分散度越大、小粒径比例越大,火焰的传播速度越大,小粒径在火焰燃烧中起主导作用。小粒径粉尘颗粒比表面积比大粒径粉尘颗粒大,活化能更低,热解速率较快,更容易被点燃,因而粒径分散度越大火焰的传播速度越快。

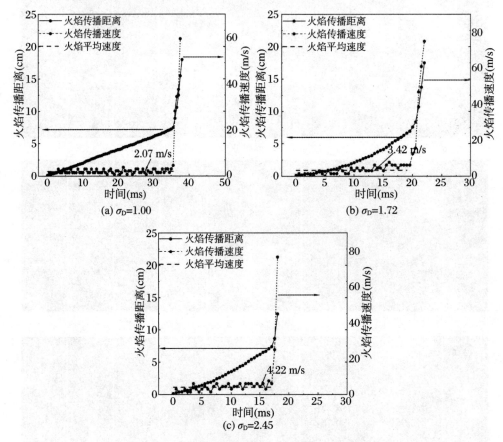

图 5-37　不同分散度镁粉粉尘云火焰传播距离和速度

7. 粒径分散度对镁粉尘火焰传播温度影响

图 5-38(彩图)分别为 $\sigma_D = 1.72$ 和 2.45 两种不同粒径分散度镁粉粉尘云火焰传播的温度云图,将第一张图片定为 0 ms 时刻。从温度云图可以看出,当 $\sigma_D = 1.72$ 时镁粉粉尘云火焰传播速度比 $\sigma_D = 2.45$ 要快得多,在 14 ms 时可以看出小粒径分散度镁粉粉尘火球体积比大粒径分散度小。在小粒径分散度镁粉粉尘云火焰的温度云图中,火焰表面整体维持较高

的温度,内部低温区域离散,在火焰下部出现明显的离散火焰,燃烧出现间断。而在大粒径分散度镁粉粉尘火焰的温度云图中,火焰前缘温度高,火焰内部低温区域明显,且随着火焰的传播低温区域不断扩大。内部低温区域明显是由于镁粉粉尘云固相表面燃烧的时间极短,在极短的时间内燃烧速率不断加快,火焰内部的粉尘云浓度下降,而燃烧反应释放的热量使预热区镁粉温度不断升高,熔融的镁粉进一步生成镁蒸气,并与半开放空间的空气充分接触发生气相燃烧,外缘火焰不断向外扩散,因而前缘的火焰温度明显高于内部。粒径分散度小($\sigma_D=1.72$)的镁粉粉尘云火焰的下部存在离散的火焰,这是因为镁粉颗粒在燃烧传热过程中有部分大颗粒未完全燃烧,由于微米级镁颗粒的传热以外换热为主,且随着颗粒粒径的增大,外部换热效果增强,因而大颗粒的燃烧需要更多的热量积累,且大颗粒镁粉在未燃烧时的沉降速度比小颗粒镁粉大得多,这就导致大颗粒的镁粉燃烧需要吸收更多的热量,且未发生燃烧的大颗粒镁粉沉降速度快,进一步造成了火焰出现离散,因而小粒径组分的燃烧导致火焰维持较高的温度。而大粒径分散度($\sigma_D=2.45$)镁粉是由三种原始粒径组成,小颗粒镁粉占比较大,燃烧产生的能量能够使得大颗粒镁粉被点燃,镁粉燃烧更为充分,随着火焰的传播,火焰内部的粉尘浓度不断下降,火焰的内部的低温区域不断增大。

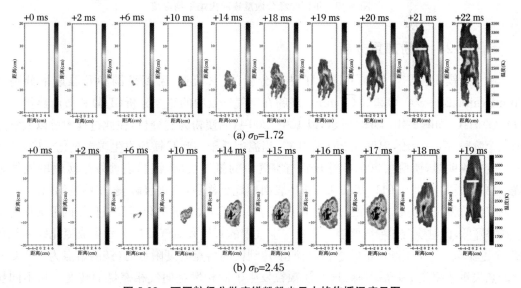

图 5-38　不同粒径分散度镁粉粉尘云火焰传播温度云图

图 5-39(彩图)为不同粒径分散度镁粉粉尘云火焰的平均温度变化图。忽略初始镁粉粉尘云点火时由于点火电极对温度的影响,只选择初始点火到火焰传播到管顶这个过程为研究对象。除粒径分散度 $\sigma_D=1.72$ 的镁粉粉尘云火焰温度外,σ_D 为 1.00 和 2.45 的镁粉粉尘云火焰平均温度均整体呈不断下降趋势,随着火焰的不断传播和粉尘的不断燃烧,由温度云图可知,火焰内部的低温区域不断增大,火焰前缘维持较高的温度,火焰的整体温度不断下降,这表明此大粒径分散度镁粉传热效果好,燃烧传热效率更高。但在火焰初始传播阶段,粒径分散度与火焰的平均温度存在一定关系,粒径分散度越大,火焰的平均温度越大,这说明小颗粒镁粉对火焰平均温度有一定的影响,粒径分散度越大,小颗粒镁粉占比越大,且小颗粒镁粉的挥发和燃烧速率大,小颗粒镁粉影响颗粒间的传热,进一步影响火焰的温度与火焰的传播速度。粒径分散度 $\sigma_D=1.72$ 的镁粉粉尘云火焰在点火初期的温度略低于

粒径分散度 $\sigma_D=2.45$ 的镁粉粉尘云火焰,但在后期由于大颗粒镁粉的沉降速度较快以及大颗粒镁粉的传热效率较小颗粒的低,大颗粒燃烧不充分,镁粉燃烧出现离散火焰,但小颗粒镁粉持续燃烧使得火焰维持较高的平均温度。

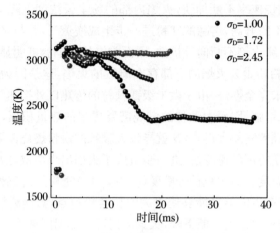

图 5-39   不同粒径分散度镁粉火焰平均温度

5.3.2.2   镁粉热重分析

本书对镁粉在空气氛围下进行了热重分析,空气流速、温度范围和升温速率分别为 50 mL/min、25~800 ℃ 和 5 ℃/min。镁粉在空气气氛中的热重分析(TG)和微商热重分析(DTG)曲线,如图 5-40(彩图)所示,以 100~200 目的镁粉为例分析,在此过程中可以大致分为三个阶段:第一阶段,温度在 25~610 ℃,当温度低于 300 ℃ 镁粉发生缓慢氧化反应,其间重量变化不明显,镁粉在 300 ℃ 时开始与空气中的氮气反应,镁粉表面发生缓慢的固体燃烧。第二阶段,温度在 611~680 ℃,镁粉表面燃烧更剧烈,氧化层破裂,镁颗粒沸腾燃烧,大量的氮化镁和氧化镁形成。第三阶段,温度高于 680 ℃,大量的氮化镁和氧化镁的形成使得反应速率降低,此时残余镁继续燃烧。镁粉与空气中的氧气和氮气反应分别生成氮化镁和氧化镁,全过程均是一个不断增重的过程,当温度达到镁的熔点温度附近时(镁的熔点为 650 ℃),镁的热失重速率先上升后下降,这时镁颗粒发生了固相燃烧向气相燃烧的转变。从不同粒径的镁粉的 TG 和 DTG 结果可以看出,–400 目镁粉 DTG 曲线的峰值(DTG_{max})最大,粒

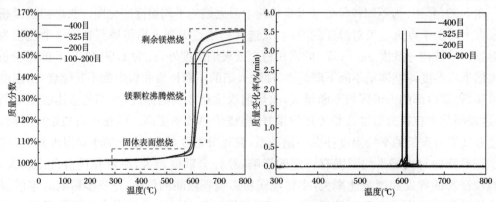

图 5-40   不同粒径镁粉在空气中以 5 ℃/min 的升温速率加热的 TG 和 DTG 结果

径越小,曲线出现第一个转折点的时间越早,与空气反应的程度更高。这是由于粒径越小,比表面自由能越高,化学势越高,进入沸腾燃烧阶段的温度越低。

为了进一步了解粉尘粒径分布对粉尘爆炸的影响,本研究对三种不同粒径分散度的样品进行热重分析实验,实验采用 10 ℃/min 的升温速率,升温区间为 20～1000 ℃,实验在流动的空气氛围进行,得到样品的 TG 和 DTG 结果如图 5-41(彩图)所示。粒径分散度 σ_D 为 1.00 和 2.45 的样品 A 和 C 的 TG 结果与图 5-40 四种不同粒径的镁粉结果相似,此过程均可以大致分为三个阶段:第一阶段,镁粉缓慢燃烧;第二阶段,镁粉熔化、氧化壳破裂、剧烈燃烧;第三阶段,残余镁粉燃烧,燃烧速度下降。而粒径分散度 σ_D 为 1.72 的样品 B 热重实验与图 5-40 不同粒径镁粉结果存在明显不同,在粉尘还未完全氧化的过程中,存在两个质量缓慢增加阶段,这是由于镁颗粒在此时形成新的氧化层,使得内部的镁粉无法进一步被氧化,质量增重缓慢。样品 B 是由五种不同原始粒径的镁粉混合而成的,其中部分小颗粒的镁粉比大颗粒的镁粉更容易破裂,在镁熔化时,氧化壳是动态不稳定的,小颗粒镁粉的压力上升比大颗粒高,小颗粒镁粉应该具有更高的破裂倾向。此外,由于小颗粒有更高的曲率、更大的张力,因此小颗粒的氧化层与大颗粒的氧化层相比,更容易发生破裂。从 DTG 结果可以看出,在 500～800 ℃温度范围内,DTG 曲线出现转折的温度可以看出,随着粒径分散度的增大,镁粉越早的就开始氧化增重,这是由于小粒径组分的占比的作用。其中,粒径分散度 σ_D 为 1.72 的样品有多个 DTG 峰值,这与其粒径分布存在关联。

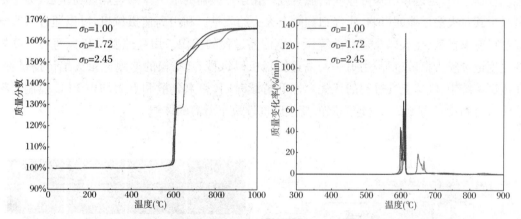

图 5-41 不同粒径分散度镁粉在空气中以 10 ℃/min 的升温速率加热的 TG 和 DTG 结果

5.4 储氢合金的燃烧特性

5.4.1 氢化钛粉尘

TiH₂ 粉末在约 400 ℃时开始释放 H₂,由于颗粒表面形成氧化物薄层,使得 TiH₂ 在室温下的空气中高度稳定。在约 700 ℃的温度时 TiH₂ 发生分解将颗粒中固溶的大部分氢除去制得钛粉,粉末冶金工艺上常以 TiH₂ 粉末为原材料制取钛产品。TiH₂ 具有储热能量密度高

(2840 kJ/kg)、反应速度快、热导率高等优点,在工业生产储运过程中,TiH_2 粉尘也存在着发生粉尘爆炸的潜在危险,且由于 TiH_2 在受热时会分解出大量氢气,当发生粉尘爆炸时往往会伴随着氢气混合爆炸,极大地增加了粉尘爆炸的敏感性和危险性。相较于其他金属粉尘,学者们对 TiH_2 的研究大多集中在将其作为含能材料的添加剂,而对 TiH_2 粉尘自身发生爆炸的研究较少,为了采取适当的措施防止 TiH_2 粉尘爆炸,应揭示 TiH_2 粉尘云中的火焰传播行为。因此对 TiH_2 粉尘云爆炸特性的研究具有必要性。

5.4.1.1 弱约束空间的火焰传播特性

图 5-42 为可视化粉尘燃烧装置示意图及照片。气球被放置在气球架的颈部,颈部有三个不同的端口,分别用于气球充气、分散粉末和放置点火器。在测试开始时,通过电磁阀将乳胶气球预充入所需尺寸的气体。第二次打开电磁阀时,在 8 bar 的高压气体的帮助下,将装在容器中的粉末注入乳胶气球内,并通过分散孔均匀的分布在气球内,该粉末容器的最大容量为 10 g。充入气体时乳胶气球不断向外膨胀,直到它的内部压力等于大气压力。乳胶气球点火前的最终体积由预充和喷射气体决定,可通过可编程控制器(PLC)控制预充和分散时间,并通过测量其直径来计算。随着火焰的传播,气球膨胀,基本保持等压状态,直到压力上升小于 0.01 bar 而破裂。经过多次验证的测试后,在放置在气球中心的化学点火器点燃混合物之前,延迟 40 ms 可以使湍流衰减。化学点火器的唯一作用是点燃粉尘云,为了尽量减少其对火焰传播的影响,应仔细控制点火头的质量。利用高速摄像机,可以通过透明气球获得粉末扩散、点火以及随后的等压火焰传播过程的成像。用高速摄像机以每秒 500 帧的速度记录粉尘扩散过程,用另一台高速摄像机以每秒 5000 帧的速度记录火焰传播过程。在测试系统中,气球充气过程的优先顺序和持续时间、粉末分散和点火均由 PLC 控制。粉末注入时间设定为 1.2 s,气球膨胀的持续时间取决于所需的体积。

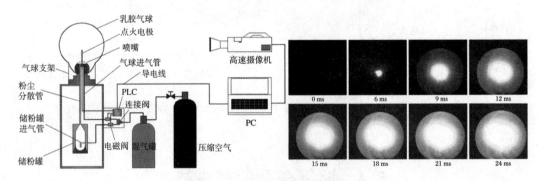

图 5-42　可视化粉尘燃烧装置

1. 火焰形态和结构

使用可视化粉尘燃烧装置对比了 TiH_2 和 Ti 粉尘在开放空间内的火焰传播结构,如图 5-43 所示。由图可以看出,Ti 和 TiH_2 颗粒的燃烧过程存在一些差异,单个 TiH_2 颗粒的火焰面积比具有相同平均直径的单个 Ti 颗粒的火焰面积宽得多,这是因为 TiH_2 粉尘受热会释放 H_2($TiH_2 \longrightarrow Ti + H_2$),$H_2$ 参与了 TiH_2 颗粒的燃烧。因此 TiH_2 颗粒周围的微扩散火焰比平均直径相等的 Ti 颗粒的微扩散火焰宽得多。

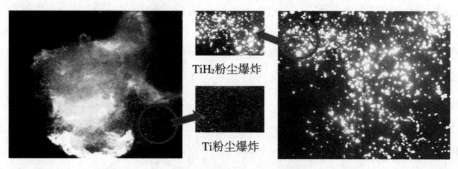

图 5-43　乳胶气球破裂后 TiH_2 和 Ti 颗粒的火焰图像

2. 浓度对火焰传播速度和燃烧速度影响

空气中 TiH_2 和 Ti 粉尘完全燃烧所需要的化学当量比浓度分别为 312 g/m³ 和 449 g/m³。使用可视化粉尘燃烧装置研究了弱约束条件下，粉尘浓度对 TiH_2 和 Ti 粉尘火焰传播速度和燃烧速度的影响，图 5-44 中的虚线分别表示其化学计量浓度。火焰传播速度是火焰在粉尘云中的传播速度，可以用以下方法确定：首先，将火焰的半径绘制为时间的函数，然后用线性拟合处理数据，火焰传播速度可以由直线的斜率得出，即 $S_f = dr_f/dt$。粉尘的燃烧速度是颗粒的燃烧速度。乳胶气球中可燃粉尘的燃烧速度 S_L 可以用以下经验公式表示和计算：

$$S_L = S_f\left[1 - \frac{(r_b^3 - r_{b0}^3)}{r_f^3}\right] \tag{5-38}$$

其中，参数 r_{b0}、r_b 和 r_f 分别为初始气球半径、充气后气球半径和不同时刻的粉尘云火焰半径，符号 S_f 表示不同时刻粉尘云火焰传播速度。

如图 5-44(a)所示，在贫燃料 TiH_2 粉尘云中，火焰传播速度 S_f 急剧增加，而在超过化学当量比浓度后，它对富燃料混合物中的粉尘浓度表现出异常低的敏感性。然而，随着粉尘浓度的增加，Ti 粉尘的火焰速度表现出持续的增长。贫燃料混合气中氧含量丰富，因此 TiH_2 和 Ti 粉尘的火焰速度都随着粉尘浓度的增加而增加。在富燃料混合气中，随着粉尘浓度的不断增加，氧气不足，氧气含量对 TiH_2 和 Ti 粉尘火焰速度的影响程度不同。在 TiH_2 粉尘的爆燃过程中主要包含三个化学反应，分别为：$2TiH_2 + 3O_2 \Longleftrightarrow 2TiO_2 + 2H_2O$，$Ti + O_2 \Longleftrightarrow TiO_2$ 和 $2H_2 + O_2 \Longleftrightarrow 2H_2O$。氢元素的单位质量耗氧量远高于钛元素（约 12 倍），因此在相同粉尘浓度下，TiH_2 粉尘比 Ti 粉尘需要更多的氧，缺氧对 TiH_2 粉尘云的火焰速度影响较大，这导致了富燃料情况下的 TiH_2 粉尘云保持几乎恒定的火焰速度。在粉尘浓度超过化学当量比浓度后，火焰速度在一定范围的粉尘浓度下仍会上升，但与 TiH_2 粉尘相比时，Ti 粉尘的化学计量浓度更接近最终粉尘浓度（理论上为 600 g/m³），并且在相同粉尘浓度下 Ti 粉尘的耗氧量低得多。因此，当粉尘浓度从 100 到 600 g/m³ 变化时，Ti 粉尘的火焰速度呈现持续增长的现象。实际上，由于粉尘云中的氧气不足，Ti 粉尘的火焰速度在超过 600 g/m³ 粉尘云浓度后也趋于平稳。同时，图 5-44(a)也能表明，在相同 TiH_2 粉尘浓度下，与 Ti 粉尘相比，贫燃料混合物中的火焰传播速度几乎是富燃料混合物的 2 倍，富燃料混合物中的火焰速度是 Ti 粉尘的 1.5 倍。在 TiH_2 的粉尘云中，火焰在 H_2 和粉尘颗粒混合物共存的区域传播，H_2 的存在使悬浮的 TiH_2 颗粒从离散介质变为连续介质，因为颗粒间由 H_2 相连，离散火焰效应减弱,这有助于热量传递至未燃颗粒。氢的火焰比金属粉尘传播得更快,因此,尽管混合物中的氢含量可能很少,但其对火焰速度也有不可忽略的积极影响。此外,氢氧燃烧释放的热量会加速 TiH$_2$ 粉尘的燃烧。因此,火焰在 TiH$_2$ 粉尘云中的传播速度比在 Ti 粉尘云中的传播速度快得多。

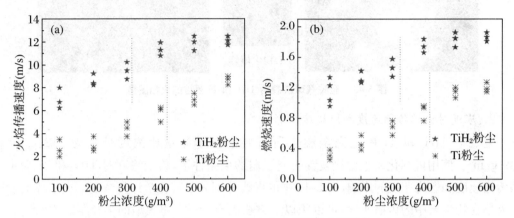

图 5-44　粉尘浓度对 TiH$_2$ 和 Ti 粉尘火焰传播速度和燃烧速度的影响

由图 5-44(b)可得,在 TiH$_2$ 和 Ti 粉尘云中,燃烧速度 S_L 对粉尘浓度的依赖表现出相同的定性行为,在贫燃料混合物中 S_L 随着粉尘浓度的增加而增加,在富燃料混合物中,S_L 在超过化学当量比浓度后达到一个平稳期。这表明在富燃料混合物中,燃烧速度变得对 TiH$_2$ 浓度不太敏感。这种现象与气体燃料中的火焰不同,在气体燃料中,S_L 所依赖的燃料当量比在化学当量比浓度附近或多或少是对称的。粉尘火焰的这种特征主要归因于两个原因。首先,随着燃料浓度的增加,富燃料粉尘混合物的火焰温度下降幅度小于气体燃料。这是因为粉尘浓度的增加只增加了比热,而没有稀释氧浓度,因为这些固体颗粒占据的体积可以忽略不计。因此,富固体燃料的热值只能由含氧量来定义,而不能由燃料来定义。其次,TiH$_2$ 和 Ti 颗粒的燃烧速度对整体火焰温度的降低不太敏感,因为每个颗粒周围都形成了微扩散火焰(图 5-43)。实际上,在富燃料混合物中,反应面越大,粉尘云的燃烧速度就越快,这可以弥补火焰温度的降低,从而使 S_L 值保持相对恒定。从图 5-44(b)可以看出,相同浓度下,TiH$_2$ 粉尘在贫燃料混合气中的 S_L 几乎是 Ti 粉尘的 3 倍,在富燃料混合气中的 S_L 几乎是 Ti 粉尘的 2 倍,造成这种现象的原因有两个。首先,与 Ti 粉尘爆炸相比,TiH$_2$ 粉尘爆炸中的氢氧燃烧会导致更高的放热,从而加速了 TiH$_2$ 颗粒的燃烧速度。其次,TiH$_2$ 颗粒的比表面积略大于 Ti 颗粒,比表面积越大,燃烧速度越快。从图 5-44(a)和(b)可以看出,富燃料 Ti 粉尘中火焰速度 S_f 和燃烧速度 S_L 的变化趋势差异是本研究观察到的一个显著结果,这表明火焰速度对氧浓度降低的敏感性低于富燃料混合物中燃烧速度。

3. 粒径对火焰传播速度和燃烧速度影响

使用可视化粉尘燃烧装置研究 TiH$_2$ 粉尘粒径差异对于火焰传播速度和燃烧速度的影响,其中误差棒为相同条件下三次或四次试验平均值的一个标准差。使用 TiH$_2$ 粉尘的中位粒径分别为 48 μm 和 106 μm,实验结果如图 5-45 所示。可以看出,在相同的粉尘浓度下,中位粒径为 48 μm 的 TiH$_2$ 粉尘火焰速度高于中位粒径为 106 mm 的 TiH$_2$ 粉尘,这表明粉尘的比表面积对火焰在粉尘云中的传播速度非常重要。

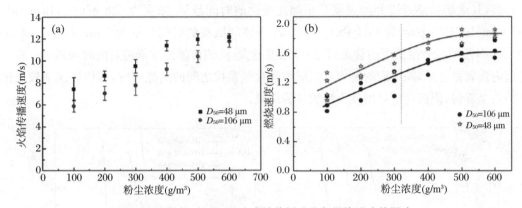

图 5-45　粒径对 TiH₂ 粉尘火焰传播速度与燃烧速度的影响

5.4.1.2　半开放空间的火焰传播特性

1. TiH₂ 粉尘云火焰形态

利用图 5-35 所示的半开放式粉尘爆炸实验装置,研究了半开放内 TiH₂ 粉尘云的火焰传播特征。图 5-46 是浓度为 896 g/m³ 的 TiH₂ 粉尘云火焰在管道中传播的高速摄像图。由图可知,在火焰发展初期(0～6 ms),火焰呈球形由点火中心向四周传播,此时火焰传播较为缓慢;当火焰传播到管道壁面时,由于受到管壁径向的约束作用,火焰开始向上方传播,此时管道内亮白色区域增加。

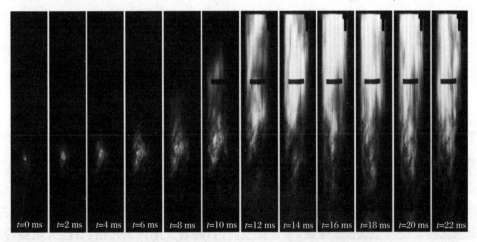

| $t=0$ ms | $t=2$ ms | $t=4$ ms | $t=6$ ms | $t=8$ ms | $t=10$ ms | $t=12$ ms | $t=14$ ms | $t=16$ ms | $t=18$ ms | $t=20$ ms | $t=22$ ms |

图 5-46　管道内 TiH₂ 粉尘云(896 g/m³)火焰传播高速摄像图

2. 浓度对 TiH₂ 粉尘云火焰传播速度影响

图 5-47 为半开放空间条件下 TiH₂ 粉尘云在浓度 538 g/m³、712 g/m³、896 g/m³ 和 1076 g/m³ 时的火焰传播距离、速度和加速度的时程曲线。由图 5-47(a)可以看出,在火焰传播初期(0～6 ms)火焰尚没有受到管道侧壁的约束,不同浓度的粉尘火焰传播距离随时间的变化曲线几乎重合,后期由于管壁的约束和粉尘浓度的影响,不同浓度粉尘火焰传播距离开始加速变化,并呈现出不同的趋势。图 5-47(b)和(c)表明,在粉尘云燃烧初期(0～6 ms),四种浓度下 TiH₂ 粉尘火焰的传播速度和加速度近似相等,而在粉尘云燃烧后期(6～20 ms),粉尘浓

度越高,其火焰传播速度和加速度开始加速变化的时间越早;浓度为 538 g/m³、712 g/m³、896 g/m³ 和 1076 g/m³ 的 TiH₂ 粉尘云火焰冲破顶部纸板的时间分别为 9 ms、11 ms、14 ms 和 18 ms,说明在有限长度的管道内,粉尘浓度越大,火焰传播到顶部需要的时间越短。密闭管道内含氧量充足,高浓度的粉尘可以减小颗粒和颗粒之间的间隙效应,其传热速率较低浓度的粉尘要快,因而会更早出现火焰加速的现象。

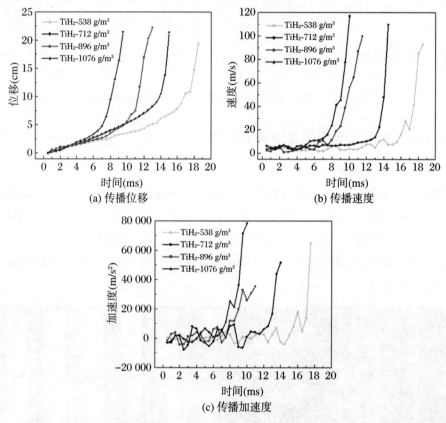

图 5-47 TiH₂ 粉尘浓度对火焰传播影响

3. 浓度对 TiH₂ 粉尘云火焰温度和影响

图 5-48 和图 5-49 分别是半开放空间内 TiH₂ 粉尘爆炸的温度场分布图像和温度-时间变化曲线。由图 5-48 可知,火焰传播初期的总体温度较后期稳定燃烧时要低 200 K 左右,这是因为火焰燃烧有个成长加速期,半开放空间内,随着火焰向上传播,管内火焰前锋面的温度低于内部温度,从上往下呈现温度依次增高的趋势,这是因为管道在顶部纸板没有被冲破前,系统一直处于密封状态,燃烧产生的热量和燃烧波向下传播,并且由于重力作用,底部的粉尘浓度较上部高,因而越往下燃烧产生的热量越多,温度也就越高。图 5-49 表明,不同浓度 TiH₂ 粉尘火焰温度在 2200~2500 K 范围内,且稳定燃烧后的温度都在 2430 K 左右,说明在管道中粉尘浓度对温度的影响不大。分析认为,在管道顶部的纸板没有被冲破前,密闭空间中热量的积累是导致不同浓度粉尘云后期火焰温度相同的主要原因。

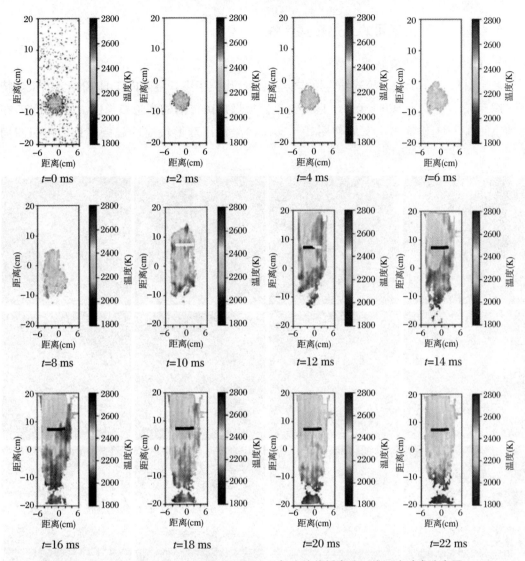

图 5-48　半开放空间 TiH₂ 粉尘云(896 g/m³)火焰传播高速二维温度动态分布图

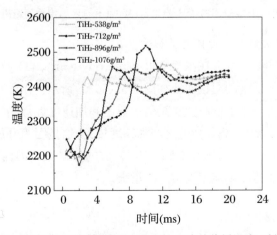

图 5-49　半开放空间不同浓度 TiH₂ 粉尘云火焰传播温度-时间曲线

5.4.1.3 开放空间的火焰传播特性

1. TiH$_2$粉尘云火焰形态

利用图 5-13 所示的开放式粉尘爆炸实验装置,研究了敞开空间内 TiH$_2$ 粉尘云的火焰特征。图 5-50 是浓度为 500 g/m^3 的 TiH$_2$ 粉尘云火焰自由传播的高速摄像图。由图可知,在开放空间内 TiH$_2$ 粉尘火焰发展初期(0~20 ms)呈现出球形传播的趋势并且均匀向四周传播。

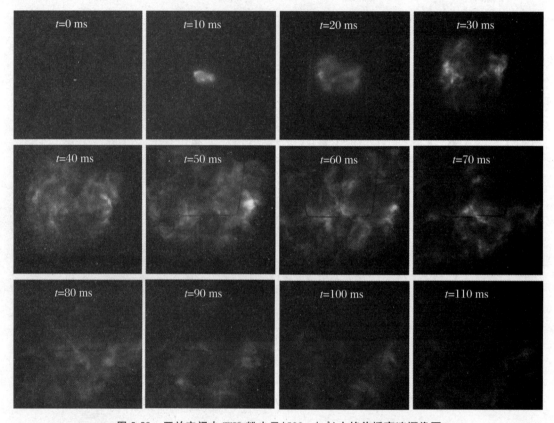

图 5-50　开放空间内 TiH$_2$ 粉尘云(500 g/m^3)火焰传播高速摄像图

2. 浓度对 TiH$_2$粉尘云火焰传播速度影响

开放空间条件下 TiH$_2$ 粉尘云在浓度 500 g/m^3、667 g/m^3、883 g/m^3 和 1000 g/m^3 时的火焰传播距离、速度和加速度的时程曲线如图 5-51(彩图)所示。由图可以看出,在粉尘云燃烧初期(0~20 ms),四种浓度下的粉尘火焰传播速度和加速度近似相等,在粉尘云燃烧后期(20~40 ms),高浓度的粉尘火焰传播速度和加速度较大,这是因为开放空间中的氧气充足,高浓度粉尘在火焰传播后期参与燃烧的颗粒多,释放的热量大。因而,在开放空间内,随着粉尘浓度增加,火焰传播速度和加速度也随之增大。

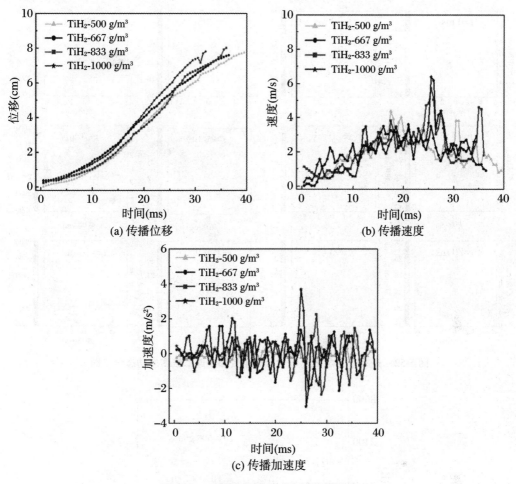

(a) 传播位移　　　　　　　　　　(b) 传播速度

(c) 传播加速度

图 5-51　TiH₂ 粉尘浓度对火焰传播影响

3. 浓度对 TiH₂ 粉尘云火焰温度影响

由图 5-52 可知,开放空间内 TiH₂ 粉尘火焰发展初期(0~20 ms)呈球形传播且总体温度较后期稳定燃烧时要低,随着火焰面的向外传播,火焰前锋面的温度最高,而越往火焰中心,温度逐渐降低。造成这种现象的原因是,火焰前锋为燃烧反应区,O_2 浓度更高,TiH₂ 粉尘燃烧的更加充分,释放的热量更多。此外,TiH₂ 粉尘云火焰传播温度云图可以看到,火焰下方温度最高,而粉尘浓度梯度是导致火焰结构自上而下不均匀性的主要原因。图 5-53 表明,开放空间内 TiH₂ 粉尘火焰温度在 2150~2400 K 范围内变化,随着粉尘浓度增加,火焰温度呈下降趋势。分析认为,开放空间内氧气充足,在粉尘颗粒粒径相同和火焰传播速度近似情况下,粉尘浓度越大,未燃烧颗粒粉尘吸收的热量越多,从而导致浓度高的粉尘云火焰温度反而相对较低。

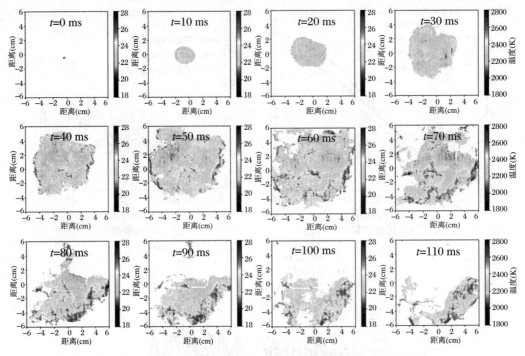

图 5-52 开放空间内 TiH₂ 粉尘云火焰传播高速二维温度动态分布图

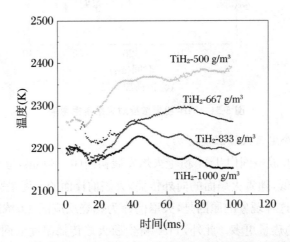

图 5-53 开放空间不同浓度 TiH₂ 粉尘云火焰传播温度-时间曲线

5.4.1.4 密闭空间内的爆炸特征参数

利用 20 L 球形爆炸装置对密闭空间内粉尘云的爆炸特性进行了测量,装置图如图 5-54 所示。标准 20 L 球形爆炸容器测试系统主要包括三大部分,分别是粉尘燃爆区域的反应釜、操纵进气和点火的控制系统以及记录爆炸压力和压力上升速率的信息采集系统。反应釜主体由一个内容积为 20 L 的带夹套双层不锈钢球体构成,球体通过一个气粉两相阀与容积为 600 mL 的储粉罐相连接。实验前,反应釜需要预先抽出部分空气使得真空表示数为 －0.06 MPa。待测试粉尘样品放置在储粉罐中,储粉罐一侧接有耐震电接点式压力表和气体管道。控制系统开启时,高压空气沿着气体管道进入储粉罐内部,待电接点式压力表的示数达到 2 MPa 时,反馈电信号输送到控制系统,此时气粉两相阀门打开,粉尘样品通过该阀门经由一个"双 Y 形"的反弹喷嘴分散射入反应釜中在气流的作用下形成均匀的云雾状团体。当粉尘喷入釜体后,经过 60 ms 的延时间,位于中心位置的化学点火药头开始点火,并引爆测试粉尘云。上述操作均由控制系统完成。粉尘云燃爆后,信息采集系统通过釜体壁面位置安装的压电式压力传感器测定爆炸实验过程中喷粉和爆燃的动态压力变化,通过相应的计算软件处理以后得到压力-时间曲线图,通过对该曲线的分析,可以得出该组工业粉尘爆炸的峰值压力值和压力上升速率值。

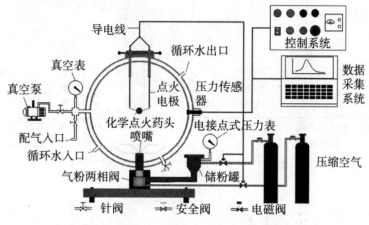

图 5-54　用于研究粉尘抑爆的 20 L 球形容器试验系统

图 5-55 为 TiH$_2$ 粉尘(200 g/m^3)的爆炸压力-时间曲线。结果表明,TiH$_2$ 粉尘爆炸压力的传播过程分为增加阶段和衰减阶段,当粉尘燃烧释放的热量超过向周围散失的热量时,爆炸压力就会增加,因此粉尘爆炸释放的热量是影响 P_{ex} 值的主要因素。此外,图中 $t_1 - t_2$ 为粉尘从分散到点火的时间跨度,$t_2 - t_3$ 为粉尘开始燃烧至达到最大压力峰值时间跨度,常用升压时间 τ 表示。

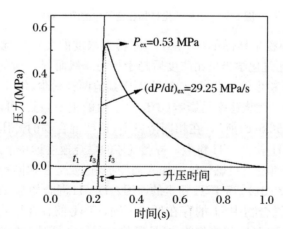

图 5-55　浓度在 200 g/m^3 时 TiH$_2$ 粉尘的爆炸压力-时间曲线

图 5-56 展示了 Ti、TiH$_2$ 和 H$_2$/TiH$_2$ 三种粉尘样品在空气中的爆炸特性差异。图 5-56 (a)表明,对于三种粉尘样品,P_{ex} 在贫燃料粉尘云中持续增长,然后在富燃料混合物中趋于平稳。值得注意的是,在相同粉尘浓度下,TiH$_2$ 粉尘的 P_{ex} 与混合 H$_2$/Ti 粉尘接近,但远高

于 Ti 粉尘。热量是影响 P_{ex} 的主要因素，在 TiH_2 粉尘中，Ti 和氢元素的质量比与 H_2/Ti 混合物的质量比相等，而 Ti 粉尘中没有氢元素。Ti 燃烧产物为固体，即燃烧过程中气体的总摩尔数减少，而 TiH_2 或 H_2/Ti 混合物的燃烧产物为固体和水蒸气，气相有利于燃烧产物和火焰向未燃烧的固体颗粒传热。H_2 的燃烧会提高粉尘爆炸的热量，因此可以表明，氢的含量对粉尘混合物的 P_{ex} 有明显的积极影响。

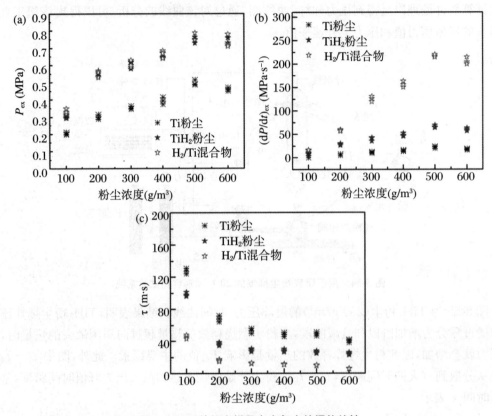

图 5-56　三种粉尘样品在空气中的爆炸特性

图 5-56(b) 为三种粉尘样品的 $(dP/dt)_{ex}$ 随粉尘浓度的变化情况，在贫燃料粉尘云中 $(dP/dt)_{ex}$ 逐渐增大，超过化学当量比浓度后趋于平稳。然而，与 P_{ex} 的变化规律不同，在相同浓度下，混合 H_2/Ti 粉尘的 $(dP/dt)_{ex}$ 显著大于其他两种粉尘，但 TiH_2 粉尘的 $(dP/dt)_{ex}$ 比 Ti 粉尘高出近 3 倍。燃烧速率是影响 $(dP/dt)_{ex}$ 值的主要因素，可以用粉尘爆炸的升压时间 τ 来表征。如图 5-56(c) 所示，在相同浓度下，这些混合物的升压时间依次递减，分别为：H_2/Ti 混合物 < TiH_2 粉尘 < Ti 粉尘。可燃气体的燃烧速度远快于悬浮固体颗粒的燃烧速度，粉尘云的燃烧速度随着可燃气体的加入而增加，这就是在相同粉尘浓度下，TiH_2 粉尘和 H_2/Ti 混合物的 $(dP/dt)_{ex}$ 高于 Ti 粉尘的原因。H_2/Ti 混合物与 TiH_2 粉尘的 $(dP/dt)_{ex}$ 差异原因可能是粉尘混合物中 H_2 的存在形式不同，而 H_2 的存在形式会影响 H_2 的燃烧速率。燃烧速度 S_L 与 $(dP/dt)_{ex}$ 呈正相关，可见氢状态和氢含量对粉尘爆炸的 $(dP/dt)_{ex}$ 值均有显著影响。

5.4.1.5　TiH_2 粉尘的热分解特性

理论上每个 TiH_2 分子含有 4.04% 的氢原子，在一定温度下，TiH_2 分子会释放 H_2，如图

5-57 所示。通过热重法和差示扫描量热法研究了不同温度下 TiH_2 分解速率随时间的变化，从图可以看出，随着温度的升高，TiH_2 的分解速率和最终分解程度都有所增加，在 720 ℃时，TiH_2 的最终分解程度达到 80%以上。显然，TiH_2 粉尘的燃烧过程包括析氢反应和氢氧燃烧。氢气的燃烧速度远快于 TiH_2 粉尘，因此氢氧燃烧释放的热量会导致火焰温度升高，从而加速了 TiH_2 颗粒的燃烧速度。值得注意的是，氢气的出现也使得 TiH_2 粉尘由离散介质变为连续介质，此时 TiH_2 粉尘云的火焰传播速度更快，这可能是 TiH_2 粉尘比 Ti 粉尘具有更强爆炸危险性的原因。

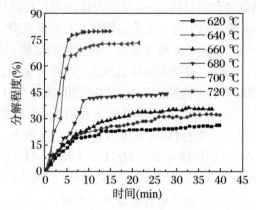

图 5-57　TiH_2 粉尘在不同温度下的分解速率-时间曲线

5.4.1.6　Ti 和 TiH_2 粉尘火焰特征参数对比

TiH_2 在受热条件下会释放出 H_2，其内部的氢元素会从化合态变成游离态。为了研究 TiH_2 中氢元素对其火焰特征的影响，对比研究了浓度为 833 g/m^3 的 TiH_2 和 Ti 粉尘云火焰温度和传播速度情况，结果如图 5-58 所示。

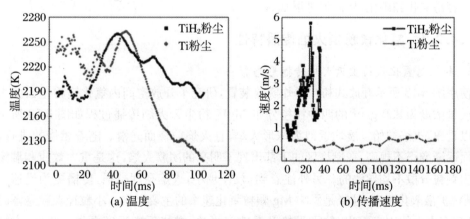

(a) 温度　　　　　　　　　　(b) 传播速度

图 5-58　浓度为 833 g/m^3 的 TiH_2 和 Ti 粉尘云火焰参数对比

相同浓度下 TiH_2 粉尘云初期温度会低于 Ti 粉尘云，这是 TiH_2 颗粒的分解反应吸热造成的，其最高温度略低于 Ti 粉尘云，但是由于 H_2 使 TiH_2 颗粒的间隙效应消失且 H_2 的燃烧速度远高于 Ti 颗粒，所以 TiH_2 粉尘云达到最高温度的时间短，并且由于单位质量的 H_2 释放出的热量大于 Ti 粉，因而 TiH_2 粉尘云温度下降较 Ti 粉尘云更加缓慢。图 5-58(b)显示同

等粒径和浓度的 TiH_2 和 Ti 粉尘云火焰传播速度分别在 1.5～5.8 m/s 和 0.4～0.6 m/s 之间波动, TiH_2 粉尘云的火焰传播速度是 Ti 粉尘云的近 10 倍,同样是因为 H_2 使 TiH_2 颗粒的间隙效应消失且其火焰传播速度远高于 Ti 颗粒,从而导致整个 TiH_2 粉尘云系统的火焰传播速度增加。

5.4.2 氢化镁粉尘

MgH_2 作为典型的储氢合金的材料之一,常作为添加剂广泛应用于炸药、推进剂等含能材料中,然而其在生产和运输过程中由于不稳定而存在着安全风险,因此开展其爆炸特性研究具有重要的意义。Chen 等研究了新型储氢合金粉尘云的性能,发现合金粉尘中的 MgH_2 粉尘可以有效降低最小点火能量,提高爆炸峰值压力。张洋等采用激光点火结合高速摄影,研究了 MgH_2 对典型含能材料的燃烧性能影响,结果表明,随着 MgH_2 含量的增加,火焰形貌变得更加规则、亮度更高、火焰速度更快。董卓超等采用 1.2 L 哈特曼管和 20 L 球形装置对 Al、MgH_2 和 CM(镁基复合储氢材料)火焰传播特性进行了研究,结果表明火焰高度排序大小为 CM > MgH_2 > Al;火焰传播速率为 MgH_2 > CM > Al。曹卫国等使用哈特曼管装置研究了 MgH_2 粉尘爆炸火焰传播过程及其热辐射特性,发现火焰传播高度和传播速度在 750 g/m³ 时达到最大值,火焰上方的热辐射通量高于两侧。徐司雨等使用改进后的 20 L 球爆炸泄放装置,探究 MgH_2 粉尘爆炸的能量释放特性规律,并分析了现行的工业粉尘爆炸泄放标准对 MgH_2 爆炸泄放安全设计的适用性。结果表明,泄放条件下泄放压力和火焰持续时间主要受 MgH_2 粉尘浓度影响。Tsai 等使用 20 L 球形爆炸装置研究了 Mg/H_2 混合物和合成 MgH_2 粉尘云爆炸的机理,指出 Mg 粉尘爆炸过程中,添加微量的 H_2 能够显著提高爆炸的严重程度。此外,合成 MgH_2 的爆炸强度远远大于 Mg/H_2 混合物或单独 Mg 粉尘爆炸强度,这是因为 MgH_2 脱氢后会形成 Mg 和 H 原子中的空位缺陷,导致 Mg 和 H_2 在低温的空气气氛中容易氧化和硝化,从而促进爆炸。

5.4.2.1 氢化镁粉尘火焰传播特性

1. 粒径对氢化镁粉尘云火焰传播形态影响

使用图 5-13 所示开放式粉尘爆炸实验装置,研究了开放空间内氢化镁粉尘云的火焰特征。质量浓度为 830 g/m³ 的四种粒径分布 MgH_2 粉尘云火焰传播过程如图 5-59 所示。由图可以看出,火焰初始发展均近似为球形火焰,且火焰前锋面光滑。随着燃烧的进行,火焰的锋面逐渐变得不规则,在燃烧区的下部出现了明亮的团簇火焰,这是重力效应和湍流引起的粉尘颗粒分散不均导致的。另外注意到,粒径越小,火焰亮度越强,传播更为迅速。根据 Mg 颗粒扩散氧化机理,粒径是影响 Mg 颗粒氧化速率的主要因素。小粒径颗粒悬浮时间更长,且拥有更大的比表面积,粒子受热升温速率更快,燃烧反应程度更强。此外,小粒径的 MgH_2 释氢速率和储氢量都高于大粒径,颗粒周围释放的可燃气体 H_2 将减小颗粒间"间隙效应"的影响,从而加速颗粒的燃烧反应。

图 5-60 是浓度为 830 g/m³ 的 23 μm Mg 粉尘云火焰传播过程。Mg 粉尘云与 MgH_2 粉尘云具有不同的火焰现象,对比图 5-59(a)和图 5-60 可知,Mg 粉尘云火焰传播速度要显著低于 MgH_2 粉尘云,这是因为 MgH_2 粉尘云燃烧过程中会释放出 H_2,并形成 H_2 和粉尘混合

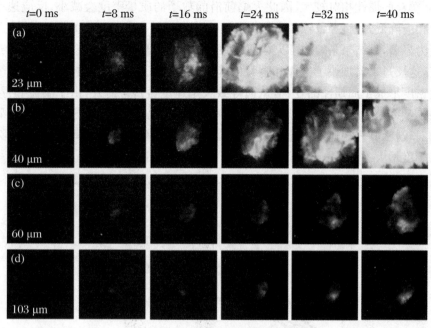

图 5-59 MgH₂ 粉尘的火焰传播行为

物的气固两相燃烧,同时 H₂ 燃烧释放出的热量又会加速 MgH₂ 的燃烧反应(正反馈效应),生成的水蒸气与 Mg 反应又会产生新的氢气,如此往复,从而加速其燃烧反应。此外,与 Mg 粉尘云燃烧不同,MgH₂ 粉尘云火焰中能够观测到大量飘浮的絮状物,而产生絮状物的原因是燃烧产物 MgO 在 H₂ 和水蒸气作用下向外扩散,MgO 扩散过程中逐渐凝结并最终形成絮状结构。

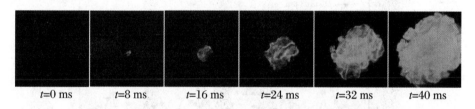

图 5-60 浓度为 830 g/m³ 的 23 μm Mg 粉尘云火焰传播过程

2. 粒径对氢化镁粉尘云火焰传播速度影响

图 5-61 为四种粒径 MgH₂ 粉尘云的火焰面移动距离和传播速度随时间的变化。为减小重力与浮力对计算结果的影响,采用火焰的水平位移来计算火焰传播速度。如图所示,对于浓度为 830 g/m³ 的 23 μm、40 μm、60 μm MgH₂ 粉尘云,初始阶段的火焰传播有明显的加速阶段,而浓度为 830 g/m³ 的 103 μm MgH₂ 粉尘云火焰燃烧相对稳定。粒径为 23 μm、40 μm、60 μm 和 103 μm 的 MgH₂ 粉尘云稳定传播阶段的平均火焰传播速度分别为 3.7 m/s、2.8 m/s、2.1 m/s 和 0.9 m/s,粒径越小,其火焰传播速度越快。这是由于粒径越小,其颗粒比表面积越大,所需预热时间相对较短,并且颗粒分解/气化速率越快,更容易释放出 H₂,大量 H₂ 的释放燃烧对火焰速度和初始加速度都有较大的提升。另外可以看到,火焰的传播速度不是恒定的,而是振荡的。火焰速度振荡现象可归结于气体和粒子之间的速度滑移。在火焰传播过程中,MgH₂ 受热会释放 H₂ 和 Mg 蒸气,由于强烈的膨胀作用,气体速度高于颗

粒速度,而颗粒的惯性相对较大,因此火焰前沿的粒子的质量密度会减小,反应速率和放热速率也会相应降低,这将导致颗粒和气体的速度随之降低。由于颗粒的惯性较高,气体的速度降低更为显著,其结果是增加了火焰前沿颗粒的质量密度,反应速率和放热速率达到了较高的强度,这反过来又加快了气体和颗粒的速度。这种气相速度和颗粒速度交替变化引起颗粒质量密度形成了周期性的变化,从而导致火焰速度振荡。此外,由于湍流和浮力效应,火焰的振荡频率是不规则的。随着粒径的减小,速度振荡更加明显。这是因为小颗粒热分解速率相对较快,其气相速度变化大于大颗粒,使得其颗粒和气体之间的速度滑移量更大,从而振荡幅度增大。

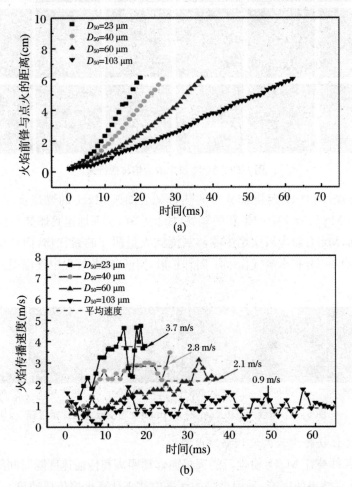

图 5-61　不同粒径的 MgH₂ 粉尘云中的火焰传播位移与传播速度

3. 粒径对氢化镁粉尘云火焰传播温度影响

　　利用比色测温方法对高速相机记录的 MgH₂ 粉尘云爆炸过程图像进行计算处理,得到了对应的温度分布云图,如图 5-62 所示。图 5-62 表明,MgH₂ 粉尘火焰早期各传播方向温度大致相同,内外火焰温度非常接近,随着火焰的发展,各阶段的温度有所提高,但火焰前沿的温度相对于内部偏低,分析认为这与 MgH₂ 的释氢反应和 Mg 的气化密切相关。MgH₂ 颗粒脱氢温度低、脱氢速度快,加热后迅速释放大量 H₂。H₂ 的快速扩散性使其在火焰前沿快速燃烧,同时火焰内部的 Mg 颗粒气化并发生燃烧反应,由于 Mg 粉燃烧的温度要高于 H₂ 的温度,并且火焰前沿处的 MgH_2 颗粒分解会吸收一部分 H_2 燃烧产生的热量,因而使得粉尘火焰前沿处的温度低于内部。此外,对比不同粒径粉尘云温度云图可知,粉尘云下部会出现局部的高温区域,并且小粒径粉尘云火焰后期的整体火焰温度分布较大粒径粉尘云更加均匀,温度梯度更小。这是由于随着粒径的增大,重力效应的影响不可忽视。MgH_2 的密度为 $1450\ kg/m^3$,使用式(5-30)、式(5-32)和式(5-33)对 MgH_2 的沉降速度进行近似计算,结果如表 5-6 所示。

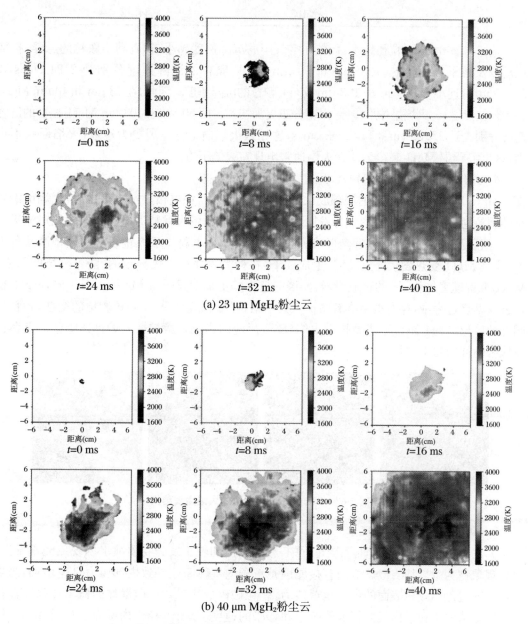

(a) 23 μm MgH_2 粉尘云

(b) 40 μm MgH_2 粉尘云

图 5-62　不同粒径的 MgH_2 粉尘云的火焰温度分布

表 5-6 不同颗粒尺寸的 MgH₂ 颗粒的沉降速度

粉尘	颗粒尺寸（μm）	沉降速度（cm/s）
MgH₂	23	2.21
	40	6.71
	60	15.07
	103	44.42

通过表 5-6 可知，粒径越小，颗粒在空气中的沉降速度越小，越有利于颗粒的悬浮、扩散运动以及粒子间的传热。23 μm 和 40 μm MgH₂ 颗粒的沉降速度分别为 2.24 cm/s 和 6.71 cm/s，远小于 60 μm 和 103 μm MgH₂ 颗粒的沉降速度。因此，在 23 μm 和 40 μm MgH₂ 粉尘云被点燃后，火焰呈球形传播，温度分布更加均匀。而 60 μm 和 103 μm MgH₂ 颗粒的沉降速度分别高达 15.07 cm/s 和 44.42 cm/s，这导致火焰向下方发展更为迅速，火焰形状不规则，这也解释了 MgH₂ 粉尘云团簇火焰通常出现在火焰下方。

4. 氢化镁粉尘云火焰的微观结构

MgH₂ 粉尘云燃烧过程的局部放大图如图 5-63 所示，在电极放电点火之后，火焰前沿较小的颗粒通过分解或汽化，形成并发展局部预混火焰，周围大颗粒通过热辐射和热对流吸收热量，随后参与燃烧反应，并逐渐形成火焰簇传播。MgH₂ 粉尘云燃烧过程中出现淡蓝色火焰，这是 MgH₂ 受热发生释氢反应，生成的 H₂ 在样品表面被点燃导致的，随着燃烧的加剧，MgH₂ 分解速率加快，H₂ 的释放量增大，淡蓝色火焰更加明显。与 Mg 粉尘云不同，MgH₂ 粉尘云在燃烧过程中，存在很多具有微扩散火焰结构的燃烧颗粒。在颗粒燃烧的初期，颗粒为明亮的球形结构并继续形成微扩散火焰（放氢反应的影响），微扩散火焰迅速膨胀并点燃预热区未燃烧的粉尘颗粒。

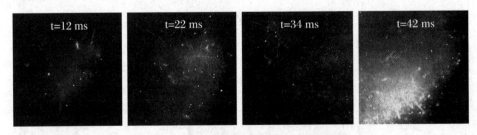

图 5-63 103 μm MgH₂ 粉尘的火焰微观结构

5. 氢化镁粉尘微爆炸现象

如图 5-64 所示，在 MgH₂ 燃烧过程中，颗粒爆炸和较小发光物质喷出的现象经常发生，这种现象称为微爆炸。微爆炸的直接原因是粒子内气体膨胀导致内部压力迅速增加，当膨胀应力超过液体颗粒表面的最大承载能力，颗粒破碎成小碎片。微爆炸的概率和强度在很大程度上取决于粒子内气体气泡的产生和膨胀的速度。MgH₂ 粒子内部有三种潜在的气体来源，首先是颗粒内部储存大量的 H₂，其次是由于颗粒内部的高温，可能会产生气相的 Mg 或氧化物，最后是周围流动的气体会扩散溶解到氧化物液体溶液中。微爆炸的发生在一定程度上抑制了颗粒团聚，有利于提高 MgH₂ 颗粒的释氢速率和燃烧速率。

MgH₂ 单颗粒的微爆炸过程如图 5-65 所示，MgH₂ 颗粒外部燃烧形成明亮的白色尾状

图 5-64　MgH₂ 粉尘火焰传播过程中的微爆炸现象

光,随着温度的升高,颗粒内部液态或气态 Mg 的热膨胀使颗粒内部的压力增加,当应力达到一定阈值时,颗粒开始膨胀破裂并向周围喷射出 Mg 蒸气,并最终发生微爆炸现象。微爆炸的发生主要是氧气吸收导致的,实验结果表明,大粒径的 MgH₂ 颗粒更容易出现微爆炸现象,这是大颗粒燃烧速率慢,其内部吸收的氧气较小颗粒多导致的。

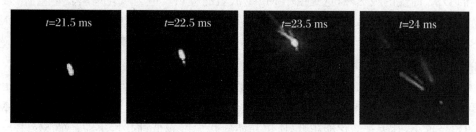

图 5-65　单个 MgH₂ 颗粒的微爆炸图像

5.4.2.2　氢化镁粉尘燃烧机理

1. 热重分析

在氩气气氛下通过热重-差示扫描量热法来研究 MgH₂ 样品的热分解释氢特性,不同粒径 MgH₂ 的 TG、DSC 曲线如图 5-66(彩图)所示。由于 MgH₂ 的热膨胀系数远大于 MgO 的热膨胀系数,所以 MgH₂ 受热后膨胀,MgO 薄膜层会发生破裂,内部的 MgH₂ 暴露在外部环境中发生分解反应,分解为 H₂ 和单质 Mg。TG 曲线和 DSC 曲线在 455~475 ℃ 分别出现下降峰和吸热峰,说明脱氢反应在这个温度范围内开始进行,且随着粒径减小,质量损失越大,

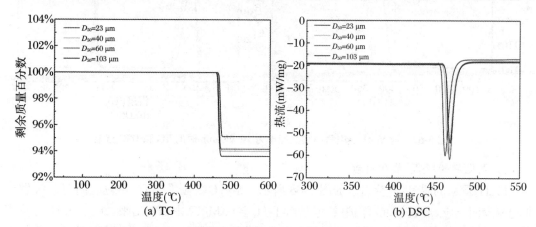

(a) TG　　　　　　　　　　　　(b) DSC

图 5-66　纯 MgH₂ 在氩气中加热速率为 10 ℃/min 时的 TG 和 DSC 结果

因此小粒径的 MgH_2 颗粒含氢量更高。通过对比不同粒径 MgH_2 的 TG、DSC 曲线可以发现，氩气气氛下，MgH_2 粒径越小，初始分解温度、最大吸热量和释氢所需的能量越低。

图 5-67 是 MgH_2 在空气气氛中的 TG、DSC 曲线，不同粒径的 MgH_2 在 370～450 ℃ 和 600～650 ℃ 范围内有两个明显的增重阶段。第一次增重阶段（MgH_2 的释氢和氧化阶段）：随着温度的增加，TG 曲线在 370 ℃ 附近出现快速的上升，增重阶段对应于 H_2 从颗粒内部析出、颗粒表面扩散燃烧和剩余的 Mg 颗粒氧化放热过程，对比图 5-66（a）和图 5-67（a）可知，Mg 颗粒氧化的增重要远大于析氢的重量损失，所以样品整体上呈现增重的现象。第二次增重阶段（Mg 颗粒的高温氧化阶段）：由图 5-66（a）可知，MgH_2 在 600～650 ℃ 的无放氢反应，其增重主要是剩余的 Mg 颗粒完全氧化（沸腾燃烧）导致的，如图 5-67（a）所示，TG 曲线在 600～650 ℃ 开始出现二次上升的现象。此外，如图 5-67（b）所示，空气气氛中 MgH_2 的 DSC 曲线在 370～450 ℃ 存在第一个放热峰，且该阶段并没有出现图 5-66（b）中氩气气氛中 MgH_2 的 DSC 曲线的吸热峰，这是由于 MgH_2 放氢的吸热反应与氧化反应发生重叠，且氧化过程的放热量远大于分解释氢过程的吸热量，所以整体表现为放热反应；空气气氛中 MgH_2 的 DSC 曲线在 600～650 ℃ 存在第二个放热峰，这是剩余的 Mg 颗粒完全氧化（沸腾燃烧）导致的。

由图 5-67（彩图）可知，第一次增重阶段（370～450 ℃），相对于粒径 60 μm 和 103 μm 的较大颗粒，23 μm 和 40 μm 初始氧化温度更低、增重量更大、放热量更低。这是因为 MgH_2 颗粒的粒径越小，其表观活化能越低，所以初始氧化温度越低；同时，小粒径的 MgH_2 与空气接触面积更大，氧化反应更充分，因而增重越明显；由于小粒径的 MgH_2 含氢量越高，而放氢反应需要吸热，从而导致小粒径的 MgH_2 颗粒第一次增重阶段放出的热量反而低。第二次增重阶段（600～650 ℃），由于该阶段是发生 Mg 粉的高温氧化（沸腾燃烧）反应，因而 Mg 粉完全反应，粒径小的 MgH_2 由于含 Mg 量少，因而增重量和放热量都更小。

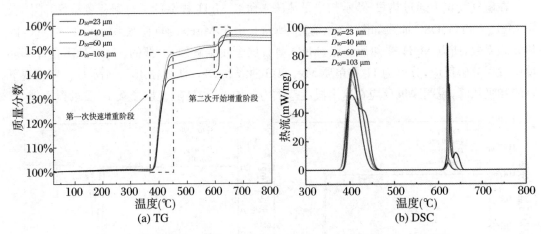

图 5-67　纯 MgH_2 在空气中加热速率为 10 ℃/min 时的 TG 和 DSC 结果

2. 氢化镁的脱氢/氧化过程

MgH_2 颗粒的脱氢/氧化过程如图 5-68 所示。MgH_2 颗粒受热后，颗粒表面与氧气发生非均相表面反应，形成 MgO 保护层，但是由于 H_2 会从 MgH_2 中释放出来，并且 MgH_2 的热膨胀系数明显大于 MgO，因此颗粒表面会形成孔洞和裂纹，同时 MgH_2 向 Mg 的缩核转化伴随着体积收缩，这导致颗粒表面形成的孔隙进一步增大，暴露的 MgH_2 进一步增加。H_2 具有着火点低和爆炸极限宽等特点,与 MgH_2 颗粒形成了气固两相燃烧反应,增强了爆炸强度,H_2 燃烧产物水蒸气可以促进 Mg 水解放氢并释放出大量的热量,从而加速粉尘火焰的传播。同时,氧气可以通过裂隙进入 MgH_2 颗粒的内部,MgO 层逐渐向颗粒内部扩展,同时部分 Mg 蒸气和 H_2 从 MgO 层的裂隙中逸出,使得 MgH_2 的脱氢程度从颗粒表面向颗粒内部逐渐加深。MgH_2 颗粒在初始加热阶段还未完全熔化,此时与氧气的相互作用主要发生在颗粒表面,颗粒着火后颗粒表面完全熔化并产生蒸气,释放的 H_2 和金属蒸气与氧气混合并发生气相扩散燃烧,金属颗粒蒸气相燃烧生成絮状金属氧化物 MgO 向周围空间扩散,其中一部分向内扩散并沉积于颗粒表面,形成金属氧化物层。因此,MgH_2 颗粒的燃烧控制机理主要为非均相表面反应。

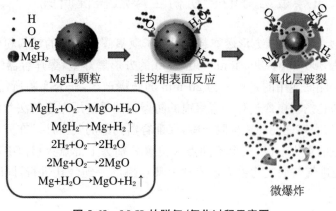

图 5-68　MgH_2 的脱氢/氧化过程示意图

5.5　氢气/金属粉尘爆炸特性

金属粉尘在遇水或者潮湿的空气会反应释放出氢气,释放的氢气与空气中的氧气形成氢氧混合气,当氢气达到一定的浓度,在点火源的刺激下会产生初次爆炸,而初次爆炸在一定条件下又会引起堆积的粉尘发生二次爆炸乃至多次爆炸。因此,研究气体/粉尘混合爆炸是非常有必要的。Khalili 等研究了淀粉和己烷混合物的爆炸特性,发现 1% 的可燃气体可以显著降低粉尘的最小点火能量。此外,他们认为混合爆炸的爆炸下限低于粉尘或易燃单一气体爆炸。Song 等利用 20 L 球形爆炸容器,研究了 CH_4/coal 复合爆炸特征参数及其影响因素,发现 CH_4/coal 复合粉尘爆炸的风险性远远大于单独煤粉粉尘的爆炸,当煤粉粉尘含量一定时,低甲烷浓度时 CH_4/coal 复合粉尘爆炸的风险性大于相同甲烷含量单独爆炸,高甲烷浓度时则相反。Yu 等研究了 H_2/Al 粉尘混合爆炸的爆炸特性和残留物。H_2 的加入可以减少 Al_2O_3 的生成,增加 $Al(OH)_3$ 和 AlO(OH) 的含量,因为 H_2 可以与氧反应生成 H_2O,从而促进 Al_2O_3 向 $Al(OH)_3$ 的转化。然而,低浓度的 H_2 会抑制 Al 爆炸的火焰传播,因为 H_2 的加入稀释了氧气浓度,从而减缓了火焰的传播。当 H_2 浓度达到 10% 时,火焰的传播速度明显加快,火焰的亮度大大提高,火焰变得更加连续。毕海普等设计粉尘爆炸综合测试平台,分别研究了丙烷爆炸激波卷扬铝粉和激波卷扬固体抑爆剂后的压力规律。雷伟刚等利用弯管中丙烷爆炸产生的激波,卷扬铝粉发生二次爆炸,发现铝粉引起的二次爆炸压力明显高于纯丙烷爆炸;当向管道中加入抑爆剂粉体,铝粉粉尘并未出现二次爆炸现象。张一博等采用水平管道式气体-粉尘爆炸试验装置,研究铝粉不同浓度、粒径对激波卷扬铝粉发生二次爆炸特性的影响。闫琪等通过实验和理论研究的方法研究了先导波诱导沉积粉尘爆炸过程,发现当甲烷体积分数为10%,粉尘的表观浓度为800 g/m³时,各个测点处的峰值爆炸压力达到最大值。Cheng 等采用立形爆炸室模拟研究了空气中氢含量、镁粉层厚度、粒径分布、环境湿度、初始气体压力和点火位置等典型因素对一次爆炸和二次爆炸中氢气-镁粉非预混粉尘爆炸压力的影响。

5.5.1　氢氧爆轰诱导的镁粉粉尘爆燃特性研究

使用图 5-69 所示的 27 L 方形爆炸装置研究了氢氧爆轰诱导的镁粉粉尘爆燃特性。该装置的爆炸容器为 300 mm×300 mm×300 mm 的方形爆炸室,爆炸容器的壁厚为 5 mm,在容器的前后两个侧面使用的是厚度为 20 mm 的防爆玻璃,作为实验所需的观察窗,以便观察和拍摄粉尘的卷扬与爆炸过程。观察窗的防爆玻璃是使用方形的法兰结构与方形爆炸容器固定,在法兰与腔室之间使用橡胶垫圈,保证容器内部的气密性。在方形容器的中间设有三个可调节长短的点火电极,三个不同点火位置分别为上部点火(I_T)中部点火(I_C)和下部点火(I_B)。实验进气与抽气均由方形容器上部左侧的一配气孔进行,同时连接一真空压力表。

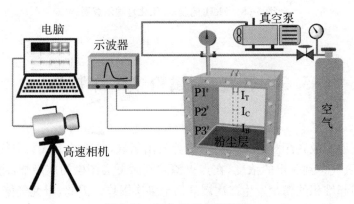

图 5-69　方形 27 L 爆炸装置

5.5.1.1　不同点火位置对火焰特性的影响

使用 27 L 方形爆炸容器,研究了不同点火位置(I_T、I_C 和 I_B)对氢氧爆轰诱导的镁粉粉尘爆燃特性的影响,首先在装置内设置三组不同点火装置的,点火电极的放电尖端分别距离方形爆炸容器内部的顶端 50 mm、150 mm 和 250 mm,实验采用体积分数为 24% 的 H_2,实验使用的镁粉质量均为 13.5 g,每次实验前将镁粉均匀铺设在容器底部。实验过程中的压力数据由方形爆炸容器左侧的 P1、P2 和 P3 三个位置的传感器进行采集。

图 5-70 是 24% H_2 和 13.5 g 镁粉不同点火位置条件氢氧爆轰诱导镁粉爆燃过程。从图中可以看出,当 H_2 被点燃后,一段时间后能观察到铺设在底部的粉尘被点燃。当 $t=6$ ms,

点火位置为上部(I_T)时,底部的粉尘未被点燃,而点火位置为中部(I_C)和下部(I_B)时,粉尘均已被点燃。当点火位置为上部时,在氢氧爆轰的火焰和冲击波传播到容器的底部后,粉尘在短时间内迅速扬起并发生燃烧。当点火位置为中部时,镁粉火焰前缘传播的高度较上部点火位置低,镁粉火焰的主要分布在点火电极以下部分。当点火位置为下部时,镁粉被点燃后火焰传播呈不均匀,靠近点火点极部分粉尘火焰前缘向上传播距离短,远离点火电极的两侧粉尘被点燃后火焰前缘向上传播的距离长,但粉尘火焰前缘向上传播的高度不及中部点火和上部点火。

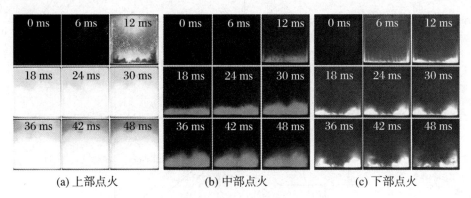

(a) 上部点火　　　　　　(b) 中部点火　　　　　　(c) 下部点火

图 5-70　氢氧爆轰诱导镁粉爆燃过程

不同点火位置氢氧爆轰诱导粉尘卷扬爆燃出现明显不同,这主要是由于在上部和中部点火时,火焰和冲击波主要为自上而下传播,传播至爆炸容器底部后,产生的反射波和稀疏波将铺设在底部的镁粉尘层卷扬。而当其为下部点火时,火焰会沿着容器底部向未燃烧氢气区域传播,也就是向点火电极的两侧传播,导致爆炸容器底部铺设的粉尘层也会由中间向两边卷扬,因此点火电极局部的粉尘浓度较低,造成爆燃火焰传播高度较低。

5.5.1.2　不同点火位置对压力特性的影响

图 5-71 为在上部、中部和下部点火时氢氧爆轰诱导镁粉粉尘爆炸时 P1、P2 和 P3 处爆炸压力时程曲线。在上部点火时,P2 和 P3 处的爆炸压力趋势相似,最大爆炸压力相近,而 P1 位置的最大爆炸压力小于 P2 和 P3 处的压力。在中部点火时,P2 和 P3 处的最大爆炸压力略大于 P1 处的压力。在下部点火时,P2 处的最大爆炸压力最大,P1 处的次之,P3 处的最小。当在上部和下部点火时,靠近点火位置处的压力传感器采集到的峰值压力较小,主要原因为传感器与点火电极的直线距离和氢氧爆轰卷扬的镁粉爆燃的共同作用。当上部点火时,P1 离点火电极的距离最短,且氢气燃烧后将粉尘卷扬至顶部并发生燃烧的较少,因此 P1 处的峰值压力比 P2 和 P3 处小。当中部点火时,尽管 P1 到点火电极与 P3 到点火电极的距离相当,但 P1 处的峰值压力较 P3 处小,这是由于在 P3 处,局部粉尘云浓度较高,更多的粉尘参与爆燃,因而有更大的峰值压力。当下部点火时,虽然镁粉较早就参与氢氧爆轰反应发生爆燃,但由于 P3 距离点火电极距离最近,预混气体膨胀燃烧并不充分导致峰值压力较小,而 P2 由于距离点火电极距离较远且局部粉尘云浓度较高因而出现最大的峰值压力。

图 5-72 为在上部、中部和下部点火时氢氧爆轰诱导镁粉粉尘爆炸时 P1、P2 和 P3 处的最大爆炸压力(P_{ex})和最大爆炸压力上升速率((dP/dt)$_{ex}$)。从图可以看出,点火位置对氢氧爆轰卷扬镁粉粉尘爆炸时产生的压力有影响。在上部点火时,P1 处的 P_{ex} 最小,P2 和 P3

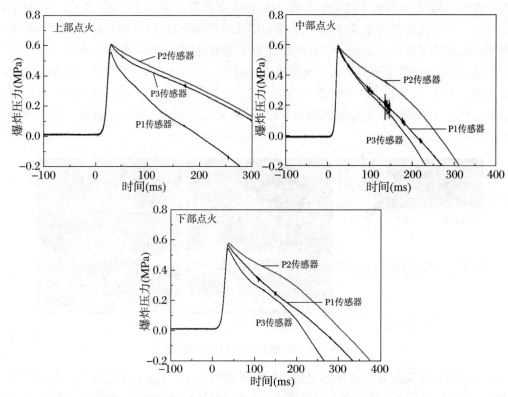

图 5-71 不同点火位置氢氧爆轰诱导镁粉粉尘爆炸的 P-t 曲线

处的 P_{ex} 比 P1 处大。在中部点火时,P1、P2 和 P3 处的 P_{ex} 均比上部点火和下部点火大,且 P2 和 P3 处的 P_{ex} 值略大于 P1 处的。在下部点火时,P2 处的 P_{ex} 最大,P1 和 P3 处的较小,且 P3 处的最小。$(dP/dt)_{ex}$ 值的大小表现为中部点火时最大,上部点火次之,下部点火最小。这是由于在上部点火时,P1 处的粉尘云浓度较低,但 P2 和 P3 处的粉尘云浓度较高参与氢气/镁粉爆燃,因而有更高的 P_{ex} 和 $(dP/dt)_{ex}$。在中部点火时,氢气爆炸后卷扬粉尘的时间较上部点火早,形成的镁粉粉尘云更早参与氢气/镁粉混合爆炸,进而增大了爆炸的峰值压力。而在下部点火时,虽然在一开始就有少量靠近点火电极镁粉粉尘参与氢气/镁粉混合爆炸,但初始点火时氢气爆炸使得中间的靠近点火电极处的粉尘被卷扬到靠近爆炸容器

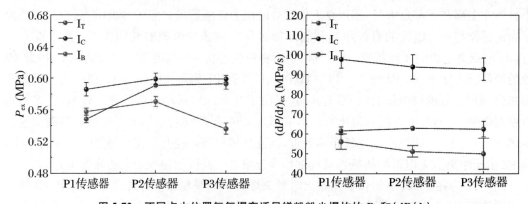

图 5-72 不同点火位置氢氧爆轰诱导镁粉粉尘爆炸的 P_{ex} 和 $(dP/dt)_{ex}$

壁面位置,导致参与爆燃的镁粉减少,且点火开始时预混气体膨胀燃烧并不充分,因此 P3 处的压力反而更小。

　　为了进一步了解不同点火位置对氢氧爆轰诱导镁粉粉尘爆燃特性的影响,实验在不同点火位置下,均铺设 13.5 g 镁粉至容器底部,然后充入不同含量的氢气,采集不同传感器(P1、P2 和 P3)的压力数据。图 5-73 为不同点火位置下不同含量氢气爆炸诱导镁粉粉尘爆炸的 P_{ex} 值。如图 5-73 所示,在上部点火时,随着氢气含量的增加,P_{ex} 值先增加后减小,在 34% 时达到最大,其中在不同氢气含量下,P_{1ex} 值最小,而在较低氢气浓度下 $P_{2ex} < P_{3ex}$,在较高浓度下 P_{2ex} 和 P_{3ex} 值接近。在中部点火时,P_{ex} 值在 34% 时达到最大,其中在不同氢气含量下,P_{1ex} 值最小,P_{2ex} 和 P_{3ex} 值接近。在下部点火时,P_{ex} 值在 34% 时达到最大,在不同氢气含量下均呈 $P_{3ex} < P_{1ex} < P_{2ex}$。这是因为当氢气/空气混合爆炸的当量比为 1 时,氢气的体积分数为 29.6%,此时氢气与空气中的氧气理论上恰好完全反应,因此当氢气含量为 34%,最接近化学当量比,在其他条件相同的情况下 P_{1ex}、P_{2ex} 和 P_{3ex} 均在 34% 的氢气时达到最大值。当氢气含量小于 34% 时,方形爆炸容器内还有空气剩余,降低了燃烧释放的热量的速率,当氢气含量大于 34%,方形爆炸容器处于富燃料状态,过量的氢气反而降低了燃烧释放热量的速率,P_{ex} 值减小。在不同点火条件下,由于氢氧爆轰诱导镁粉粉尘爆燃的效果的不同,P_{1ex}、P_{2ex} 和 P_{3ex} 分别呈现出不同的规律。

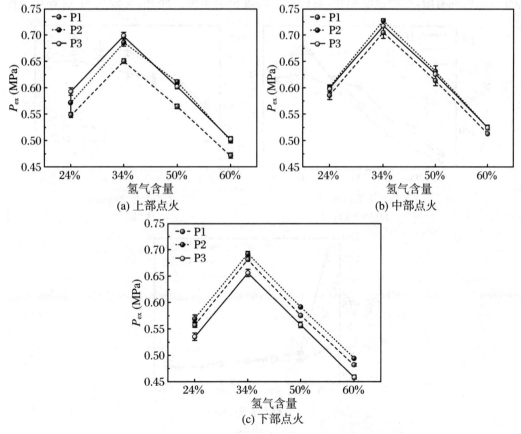

(a) 上部点火　　(b) 中部点火　　(c) 下部点火

图 5-73　不同氢气含量氢氧爆轰诱导镁粉粉尘爆炸的 P_{ex}

5.5.2 氢气/钛粉混合物爆炸压力特性

采用图 5-54 所示的 20 L 球形爆炸装置研究了不同 D_{50} 的 Ti 粉尘对 H_2/Ti 混合物爆炸 $(dP/dt)_{ex}$ 和 P_{ex} 的影响。Ti 颗粒的 D_{50} 分别为 15.5 μm、30.3 μm 和 80.1 μm，TiH_2 粉尘的 D_{50} 为 30.3 μm(储氢量约 3.85%)，H_2/Ti 混合物中氢含量的质量比固定为 3.85%。

5.5.2.1 钛粉尘粒径对氢气/钛粉尘混合爆炸压力影响

图 5-74 为不同 D_{50} 的 Ti 粉尘对 H_2/Ti 粉尘混合爆炸压力影响结果。可以看出对于不同 D_{50} 的 Ti 粉尘样品，$(dP/dt)_{ex}$ 和 P_{ex} 值在贫燃料混合物中增大，在富燃料混合物中减小，误差棒表示在相同条件下三次试验平均值的一个标准差。20 L 球形容器的氧含量仅为 4.0 L 左右，在贫燃料混合物中，氧含量足以进行 Ti 粉尘的燃烧反应，而在富燃料混合物中，氧含量变得不足，未燃烧的 Ti 粉尘会吸收燃烧的热量，这就是为什么 $(dP/dt)_{ex}$ 和 P_{ex} 随着 Ti 粉尘浓度的不断增加，都呈现出先增大后减小的趋势。此外，$(dP/dt)_{ex}$ 和 P_{ex} 值随着 Ti 颗粒 D_{50} 的减小而增大。这是因为颗粒越小，比表面积越大，D_{50} 越小的 Ti 颗粒能更充分地利用热量，因此，较小的 Ti 颗粒燃烧时间 τ 比较大的 Ti 颗粒要短，如图 5-74(c) 所示，由于粉尘爆炸反应时间有限，燃烧速度越快，燃烧反应程度也会越强。此外，与较大的 Ti 颗粒相比，

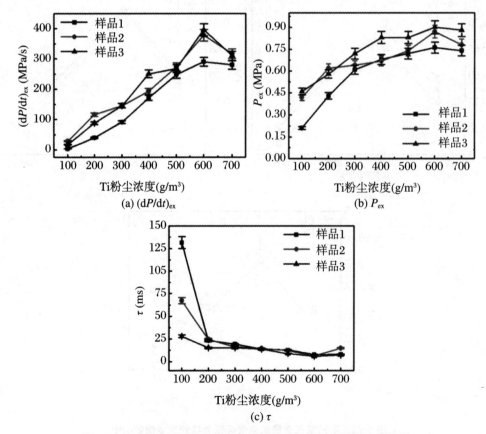

图 5-74　不同 D_{50} 的 Ti 粉尘对 H_2/Ti 粉尘混合爆炸压力影响结果

较小的 Ti 颗粒在 20 L 的球形爆炸容器中悬浮时间更长,分散更均匀,这也对 $(dP/dt)_{ex}$ 和 P_{ex} 的值产生了正影响。

5.5.2.2　钛粉尘分散度对氢气/钛粉尘混合爆炸压力影响

表 5-7 展示了 D_{50} 相近但分散度 σ_D 相差较大的 Ti 粉尘粒度数据以及不同分散度中各粒径所占质量分数。实验中 Ti 粉尘的浓度(质量浓度)以 100 g/m³ 的梯度从 100 g/m³ 增加到 700 g/m³,H_2/Ti 混合物中 H_2 浓度(体积浓度)为 3.85%。

表 5-7　实验使用钛粉粒径分散度

实验样品	质量分数＝初始样品质量/混合样品质量					$D_{10}(\mu m)$	$D_{50}(\mu m)$	$D_{90}(\mu m)$	σ_D
	5 μm	14 μm	27 μm	67 μm	102 μm				
1	—		1	—		11.7	27.6	48.5	1.3
2	0.1	0.2	0.6	0.1	—	5.4	26.2	58.1	2.0
3	0.6	0.1	0.1	—	0.2	2.8	26.3	120.4	4.5

如图 5-75(a) 和 (b) 所示,三种 H_2/Ti 混合粉尘样品的 $(dP/dt)_{ex}$ 和 P_{ex} 最大值的浓度相同(600 g/m³),但对于相同 D_{50}(27 μm)Ti 粉尘的三种混合物,$(dP/dt)_{ex}$ 和 P_{ex} 值随 σ_D 的不同而变化很大,σ_D 越大,$(dP/dt)_{ex}$ 和 P_{ex} 值也越大。从图 5-75(c) 可以看出,随着 σ_D 的增大,H_2/Ti 混合粉尘的燃烧时间减小,这也说明 σ_D 越大,Ti 粉尘的燃烧速率越高。随着细粉尘

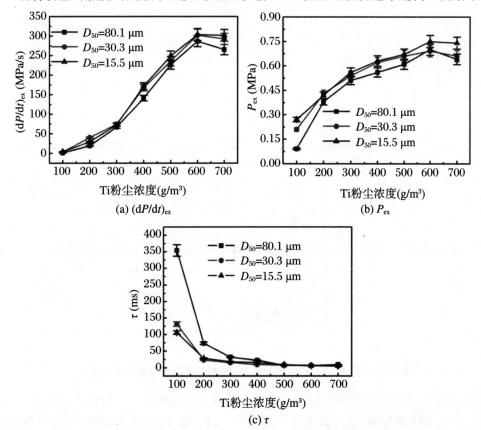

图 5-75　D_{50} 为 27 μm 但 σ_D 不同的 Ti 粉尘对 H_2/Ti 粉尘混合爆炸压力影响结果

113

颗粒质量比的增大(σ_D 值越大),H_2/Ti 混合粉尘的总表面积和挥发速率增大,其爆炸严重程度也随之增强。与大颗粒粉尘相比,细颗粒粉尘的着火温度更低,热扩散时间更短,燃烧速度更快。较小 Ti 颗粒在较低的温度下更容易被点燃,然后将热量传递给较大的 Ti 颗粒。因此,混合样品中细的 Ti 颗粒对粉尘爆炸燃烧过程的影响占主导地位,这就是为什么相同 D_{50} 的 Ti 粉尘爆炸严重程度变化很大。

5.5.2.3　初始环境温度和湿度对氢气/钛粉尘混合爆炸压力影响

首先研究了初始环境温度和湿度对粉尘爆炸参数的影响。H_2/Ti 混合物中 Ti 粉尘浓度为 300 g/m³,H_2 浓度 3.85%,Ti 颗粒的 D_{50} 为 30.3 μm。由于合成金属间氢化物的原料通常被加热到相对较高的温度,因此,在 30% RH 的固定环境湿度下,研究了不同初始环境温度对 Ti 粉尘爆炸特性的影响。在实验中,20 L 球形爆炸容器的内部环境温度最高在 398 K 左右,即使继续加热也不会升高,因此实验采用 298 K、323 K、348 K 和 398 K 的初始温度进行。从图 5-76 可以看出,随着环境温度的升高,Ti 粉尘的 $(dP/dt)_{ex}$、P_{ex} 和 V_f(燃烧速度)值都有所增加。高温有助于产生更多的挥发性物质,加速金属粉尘的燃烧速度,这就是气体/粉尘爆炸严重程度高的原因。此外,H_2/Ti 混合粉尘爆炸压力在一定范围内随着初始环境温度的升高而增强。

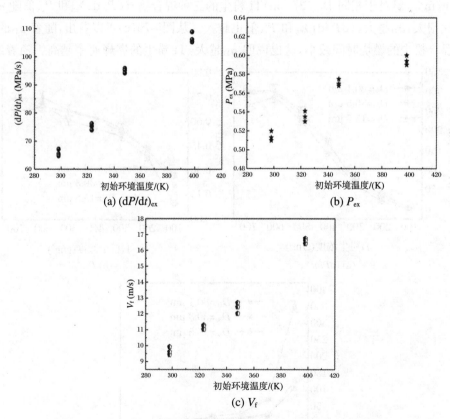

(a) $(dP/dt)_{ex}$　　　　(b) P_{ex}

(c) V_f

图 5-76　H_2/Ti 混合粉尘爆炸压力随初始环境温度变化的实验结果

随后研究了室温下环境湿度对 H_2/Ti 混合物爆炸性能的影响。如图 5-77 所示,当环境湿度从 30% RH 增加到 50% RH 时,$(dP/dt)_{ex}$、P_{ex} 和 V_f 值增大,而当环境湿度增加到

90% RH 时,粉尘爆炸严重程度明显下降。在高温下,Ti 颗粒会与水蒸气发生反应,产生少量 H_2,并且由于水的存在,20 L 球形爆炸容器内部的传热和散热效果也会得到改善,这可能是 H_2/Ti 混合物的爆炸特性随环境湿度增大而变化的原因。然而,与 Trunov 等人描述的铝氧化过程一样,可以做几个假设:当水被吸附到 Ti 颗粒表面时,水的存在会严重改变二氧化钛层的相变或生长,不再产生 H_2;此外,它还可能对金属从颗粒核心处的扩散通量或氧气从大气中的扩散通量产生影响。因此,随着环境湿度的持续增加,传热抑制和惰化过程占据主导地位,粉尘爆炸严重程度降低。

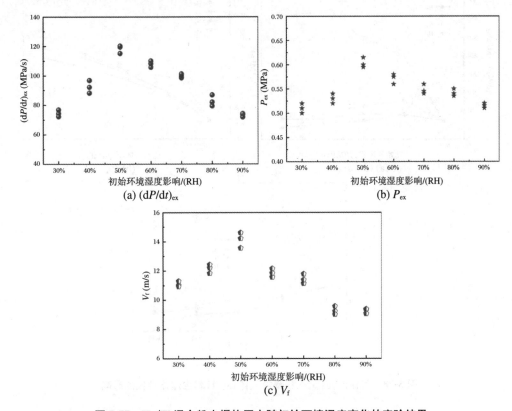

图 5-77　H_2/Ti 混合粉尘爆炸压力随初始环境湿度变化的实验结果

5.5.2.4　氢气和惰性气体的作用

实验中,H_2/Ti 混合物中 Ti 粉尘浓度为 300 g/m^3,Ti 颗粒 D_{50} 为 30.3 μm。为了研究气体压力对爆炸特性的影响,通过填充 H_2 或典型惰性气体(He、Ar 和 N_2)来提高 20 L 球形爆炸容器内的初始环境压力。初始压力为 0.1 MPa 时,初始 H_2/Ti 混合物中没有添加气体。如图 5-78 所示,随着 H_2 压力的不断增大,$(dP/dt)_{ex}$、P_{ex} 和 V_f 的数值均呈现先增大后减小的趋势。20 L 球形爆炸容器内 H_2 含量随着 H_2 压力的增加而增加,H_2/Ti 混合物对 O_2 进行竞争。当 H_2 压力较低时,混合气中 O_2 充足,因此$(dP/dt)_{ex}$、P_{ex} 和 V_f 值均随着 H_2 压力的升高而增大,而随着 H_2 压力的继续增大,O_2 逐渐不足,并且可燃气体的燃烧速度远快于固体粉尘,燃烧产物中会残留更多的 Ti 颗粒。因为 H_2/Ti 混合物的爆炸压力和压力上升速率均高于 H_2 和金属粉尘,燃烧速度与$(dP/dt)_{ex}$呈正相关,这就是氢压力持续增加时,H_2/Ti 混合物的$(dP/dt)_{ex}$、P_{ex} 和 V_f值减小的原因。

　　在储氢合金生产中，通常采用惰性气体作为保护气体，惰性气体对提高吸氢率是有效的。图 5-78 还展示了不同气体压力下典型惰性气体（He、Ar 和 N_2）对 H_2/Ti 混合物爆炸严重程度的影响。如图所示，$(dP/dt)_{ex}$ 和 V_f 值随着惰性气体压力增加而减小，而 P_{ex} 值逐渐增大，实验结果表明，这些惰性气体的抑爆效果依次为 Ar ＜ He ＜ N_2。惰性气体对 H_2/Ti 混合物的抑爆机理较为复杂，可能与惰性气体的比热和导热系数、混合物的热扩散系数和质量扩散系数以及惰性气体与粉尘爆炸中 Ti 粒子（如 $2Ti + N_2 \longrightarrow 2TiN$）的反应等有关。

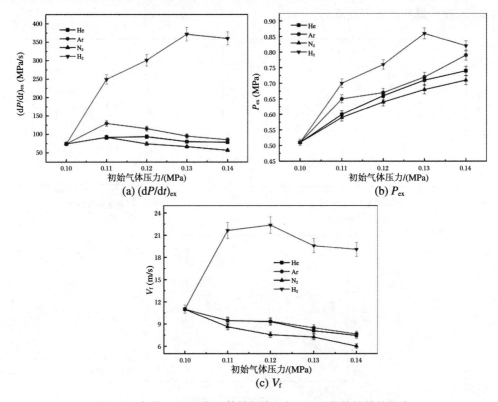

(a) $(dP/dt)_{ex}$ 　　　　　　　(b) P_{ex}

(c) V_f

图 5-78　气体压力（氢气和惰性气体）对 Ti 粉尘爆炸特性的影响

5.5.2.5　不同生产阶段的爆炸特性

　　通过调整混合物中氢、Ti 和 TiH_2 粉末的质量比，研究了 TiH_2 不同生产阶段的爆炸特性。反应度值为 0 和 1 对应的混合物中分别为仅 H_2/Ti 混合物和仅 TiH_2 粉末，当反应度值为 0～1 时，混合物为 H_2、Ti 和 TiH_2 粉末。初始 H_2/Ti 混合物中 Ti 粉尘浓度（D_{50} 为 30.3 μm）为 300 g/m^3，H_2 含量为 3.85%。通过通入 N_2 将初始气体压力调节为 0.14 MPa，同时将 20 L 球形爆炸容器内部温度固定为 333 K。从图 5-79 可以看出，混合物的 $(dP/dt)_{ex}$ 和 V_f 值随着反应的进行而减小（用反应程度来表示），而 P_{ex} 值却保持稳定。在整个生产过程中，氢和钛元素的质量比相等，但混合物的成分不同，说明 H_2 状态对混合物爆炸的 P_{ex} 没有明显影响。而 H_2 含量会随着生产过程的继续而降低，并且 H_2 的燃烧速度远高于 Ti 或 TiH_2 粉尘，这可能是 $(dP/dt)_{ex}$ 和 V_f 值的减少的原因，并且在储氢合金生产中，随着反应程度的提高，爆炸危险性降低。由以上分析可知，H_2 的存在会显著影响混合物的爆炸危险性。因此，在高压高温的密闭容器中，特别是在初始阶段，应高度重视含有 H_2/Ti 混合物的 TiH_2 的生产过程。此外,TiH$_2$ 的储存也应仔细检查,因为 TiH$_2$ 的热分解可能会产生 H$_2$/Ti/TiH$_2$ 混合物的爆炸危险。

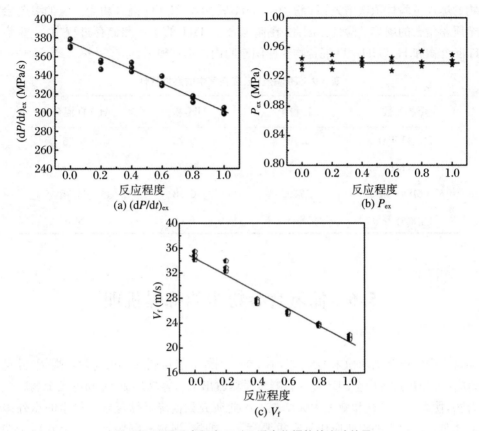

图 5-79 不同反应程度 H$_2$/Ti 混合物爆炸的实验结果

5.5.2.6 氢气/钛粉混合物的爆炸严重程度

粉尘爆炸指数(K_{st})是一个广泛认可的用于评价粉尘爆炸严重程度的参数,根据实验获得的 K_{st} 数值,可燃粉尘被划分为四个危险等级,如表 5-8 所列。粉尘云的 K_{st} 值可以通过下式计算获得:

$$K_{st} = (dP/dt)_{max} \cdot V^{\frac{1}{3}} \qquad (5\text{-}39)$$

其中,V 代表球形爆炸装置的体积。实验中,使用 TiH$_2$(储氢量 3.85%)和 Ti 粉末的 D_{50} 分别为 18.1 μm 和 19.7 μm,粉尘浓度为 500 g/m^3,H$_2$/Ti 混合物中 H$_2$ 含量为 3.85%。

表 5-8 基于 K$_{st}$ 值的粉尘爆炸等级

粉尘爆炸等级	K_{st}(MPa·m/s)	粉尘云特性
St-0	0	没有爆炸
St-1	>0 和≤ 20	弱爆炸性
St-2	>20 和≤ 30	强爆炸性
St-3	>30	极强爆炸性

如表 5-9 所示，H_2/Ti 混合粉尘被划分为 St-3 粉尘类（爆炸性极强）。虽然 Ti 和 TiH_2 粉尘属于 St-1 粉尘类，即弱爆炸，但 TiH_2 粉尘的 K_{st} 比 Ti 粉尘强 3 倍左右。K_{st} 值表明，这些混合物的爆炸危险性依次增大：Ti 粉尘 $<$ TiH_2 粉尘 $<$ H_2/Ti 混合粉尘。氢的参与会显著增加金属粉尘云的爆炸危险性。因此，在储氢合金 TiH_2 的生产和储存过程中，应重点关注 H_2/Ti 混合物和 $H_2/TiH_2/Ti$ 混合物在密闭空间内的爆炸概率。

表 5-9　TiH_2 粉尘云在空气中的燃烧特性

爆燃参数	Ti 粉尘	TiH_2 粉尘	H_2/Ti 混合物
P_{max}（MPa）	0.49	0.73	0.65
dP/dt（MPa/s）	24.24	66.03	217.30
K_{st}（MPa・m/s）	17.92	6.58	63.75
粉尘爆炸等级	St-1	St-1	St-3

5.6　储氢合金粉尘的抑爆机理

储氢合金常以微纳米粉末的形式存在，在受到外界能量刺激时极易发生爆燃，并且在其生产、储存和使用过程中会因环境的影响缓慢释放出 H_2，容易形成 H_2 和可燃金属粉尘爆炸性混合物，使爆炸风险性和威力大大增加。因此研究如何降低储氢合金粉尘的意外爆炸危险性对储氢合金粉尘的工业应用具有重要意义。抑爆、泄爆和隔爆是工业上常用于抑制粉尘爆炸的方法，其中抑爆剂因动作速度快、抗干扰能力强、可靠性高、安装使用方便和成本较低等方式受到了广泛应用。根据抑制类型和抑制机理的不同，抑爆剂可以大致分为固体抑爆剂、惰性气体和细水雾等几类，细水雾是一种良好的抑爆剂，然而其现场应用实现困难，短时间内形成大量水雾的技术难以解决，因此本节主要研究固体抑爆剂和气体抑爆剂对储氢合金抑制性能。

5.6.1　固体抑爆剂

本书首先使用图 5-35 所示的半开放式粉尘爆炸实验装置研究了三聚氰胺聚磷酸盐（MPP）、二氧化钛（TiO_2）和三聚氰胺氰尿酸盐（MCA）三种固体抑爆剂对 TiH_2 粉尘传播火焰的抑制效果。随后使用图 5-54 所示的 20 L 球形爆炸容器研究了三种固体抑爆剂对 TiH_2 粉尘爆炸压力的抑制效果。实验时，定义固体抑爆剂和 TiH_2 粉尘的质量比为惰性比 α，然后将等质量的 TiH_2 粉尘与不同惰性比的固体抑爆剂充分混合均匀后，依次放入实验装置中进行试验，来探究其抑爆性能。实验使用粉尘的粒度分布如表 5-10 所示。

表 5-10　三种固体抑爆剂的粒度分布

粉尘	$D_{10}(\mu m)$	$D_{50}(\mu m)$	$D_{90}(\mu m)$	$D_{[3,2]}(\mu m)$	$D_{[4,3]}(\mu m)$
TiH$_2$	1.73	5.31	12.97	3.17	6.46
MPP	1.59	2.55	7.16	1.60	3.38
TiO$_2$	0.33	0.68	4.09	0.60	0.88
MCA	0.34	0.73	1.61	0.62	0.87

5.6.1.1　固体抑爆剂对 TiH$_2$ 粉尘火焰传播形态的影响

图 5-80 为 TiH$_2$ 粉尘在哈特曼管内的火焰传播过程。在点火初期($t=2$ ms),TiH$_2$ 粉尘火焰以近似球形火焰形式出现,并开始从点火电极向各个方向自由扩散。在接触管壁后,火焰垂直向上传播,在 $t=20$ ms 时,火焰前锋传播到哈特曼管顶部。此时火焰轮廓清晰、管道内存有大片亮白色区域。这是由于实验使用的 TiH$_2$ 粉尘粒径小、比表面积大,在燃烧时能与 O$_2$ 充分接触发生剧烈反应,导致粉尘火焰发光强度高。

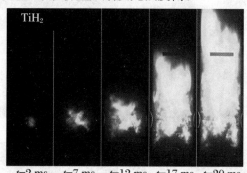

| $t=2$ ms | $t=7$ ms | $t=12$ ms | $t=17$ ms | $t=20$ ms |

图 5-80　纯 TiH$_2$ 粉尘火焰的传播过程

图 5-81(a)和(b)分别为惰性比 α 为 0.2 和 0.4 的 MPP 粉尘对 TiH$_2$ 粉尘火焰传播形态的影响。火焰形态表明,随着 MPP 粉尘的惰性比增加,管道内传播火焰的燃烧区域逐渐减小,反应强度逐渐减弱,亮白色区域消失;同时火焰传播至管道顶部的时间大幅度延长,在火焰下端逐渐出现离散点火焰。当 MPP 的惰性比 α 由 0.0 增加到 0.2 和 0.4 时,火焰前锋传播至管道顶部的时间由 20 ms 分别延长至 47 ms、60 ms。图 5-81(c)~(e)展示了 TiO$_2$ 粉尘对 TiH$_2$ 粉尘火焰传播形态的影响效果。在惰性比较小时,TiH$_2$ 粉尘火焰传播形态无显著变化。随着惰性比增加,其对传播火焰的抑制效果愈发显著。$\alpha=0.6$ 时,管道内亮白色区域消失,离散点火焰增多,此时传播火焰被有效抑制。当 TiO$_2$ 的惰性比 α 由 0.0 增加到 0.2、0.4 和 0.6 时,火焰前锋传播至管道顶部的时间由 20 ms 分别延长至 23.5 ms、33 ms 和 72 ms。图 5-81(f)~(h)展示了 MCA 粉尘对 TiH$_2$ 粉尘火焰传播的影响。随着 MCA 粉尘惰性比增加,管道内 TiH$_2$ 火焰前锋分布愈发离散。出现此种现象的原因是 MCA 粉末热解温度较低且生成大量气体,加剧了燃烧过程中的湍流强度,使得火焰前锋处燃料与氧化物浓度分布不均匀。当 MCA 粉尘的惰性比 α 由 0.0 增加到 0.2、0.4 和 1.2 时,火焰前锋传播至管道顶部的时间由 20 ms 分别延长至 23 ms、26 ms 和 38 ms。在 MPP、TiO$_2$ 和 MCA 粉尘的惰性比 α 分别达到 0.5、0.7 和 1.3 时,TiH$_2$ 粉尘无法在实验中被点燃。选用 TiH$_2$ 粉尘火焰

前锋从点火位置传播到管顶时间作为三种固体抑爆剂对 TiH$_2$ 粉尘火焰形态抑制效果的评判参数。结果表明,相同惰性比下,三种固体抑爆剂对 TiH$_2$ 粉尘火焰抑制效果依次为 MPP ＞ TiO$_2$ ＞ MCA。

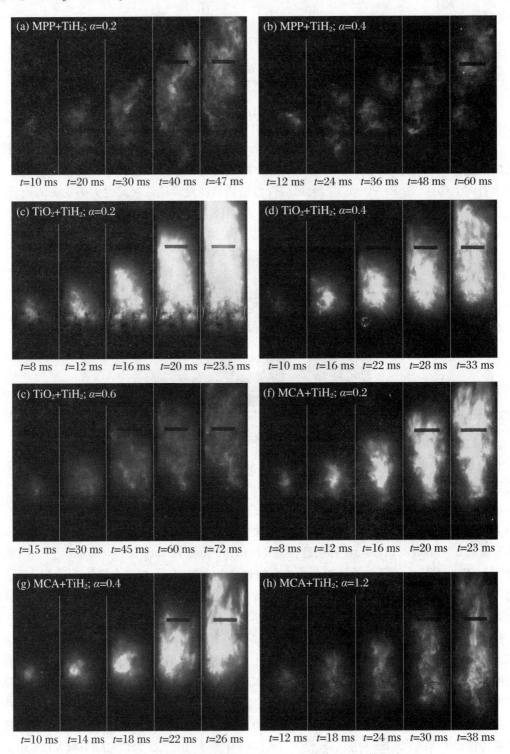

图 5-81　三种固体抑爆剂对 TiH$_2$ 粉尘火焰传播形态的影响

5.6.1.2 固体抑爆剂对 TiH₂ 粉尘火焰传播速度的影响

火焰传播速度是研究粉尘抑爆效果的重要参数之一。在研究中,利用基于 Python 代码的边缘检测技术获得了不同时刻的火焰锋面位置。计算各时刻火焰锋面位移变化,得到各时刻火焰传播速度。火焰传播速度和火焰锋面位置随时间的变化曲线分别如图 5-82 和图 5-83 所示。需要注意的是,在测量火焰传播速度时,没有考虑火焰拉伸或燃烧气体膨胀的影响。然而,图 5-83 中火焰传播速度的测量结果足以显示三种不同抑爆剂对 TiH₂ 粉尘燃烧性能的影响。

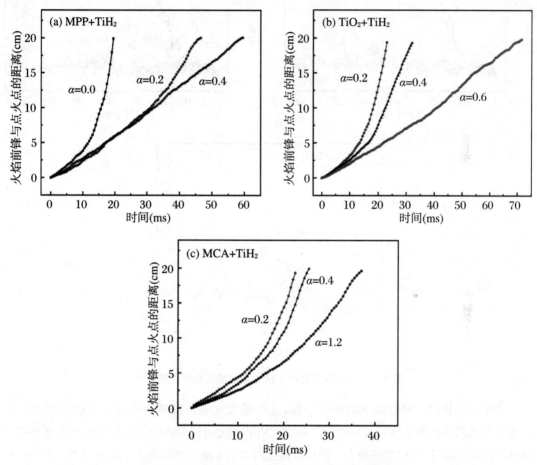

图 5-82　三种抑爆剂对 TiH₂ 粉尘火焰前锋位置的影响

在哈特曼管内,TiH₂ 粉尘的燃烧过程如下:首先 TiH₂ 颗粒被电火花点燃,释放热量,使得邻近未燃 TiH₂ 颗粒升温脱氢,H₂ 火焰可以提高 Ti 颗粒的表面温度,从而依次点燃邻近的 TiH₂ 颗粒,如此重复,形成连续传播的火焰。由图 5-82(a)和5-83(a)可以看出,纯 TiH₂ 粉尘传播火焰在接触管壁前,处于缓慢加速阶段(0～12 ms),此时管道内火焰自由扩散;当 TiH₂ 粉尘传播火焰接触管壁后,反应区产热加速,反应区向未燃烧区的热辐射效应增强。导致火焰传播速度迅速增加,进入加速发展阶段(12～20 ms)。此阶段,火焰锋面位置和传播速度曲线逐渐呈现指数增长趋势。TiH₂ 粉尘的火焰传播速度在火焰锋面离开管道时达到最大值,为 39.69 m/s。加入抑爆剂后,TiH₂ 火焰传播速度在加速发展阶段不再呈现指数增长趋势且速度脉动现象增强。从图 5-83 可以看出,随着 MPP、TiO$_2$ 和 MCA 粉末的惰性比增加,火焰传播至管顶的时间明显增加,在相同惰性比下,加入 MPP 和 MCA 粉末的火焰传播时间分别为最长和最短。

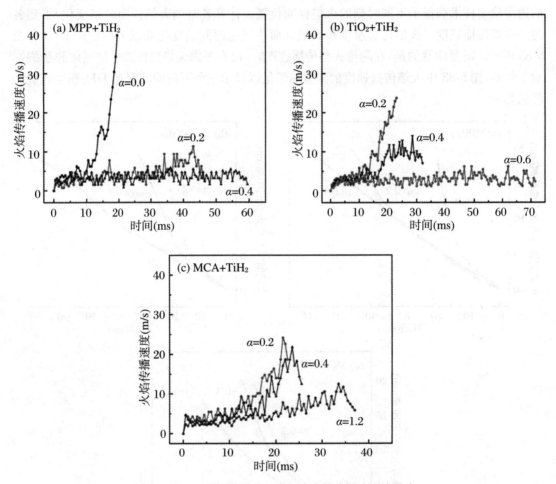

图 5-83　三种抑爆剂对 TiH$_2$ 粉尘火焰传播速度的影响

为了便于比较三种抑爆剂的抑制性能,选用最大火焰传播速度作为三种固体抑爆剂对 TiH$_2$ 粉尘火焰传播速度抑制效果的评判参数。结果表明,当 MPP 粉尘的惰性比 α 由 0.0 增加到 0.2 和 0.4 时,TiH$_2$ 粉尘的最大火焰传播速度由 39.69 m/s 降低为 11.29 m/s 和 5.84 m/s。当 TiO$_2$ 粉尘的惰性比增加至 0.2、0.4 和 0.6 时,其最大火焰传播速度分别降低为 23.74 m/s、14.01 m/s 和 6.23 m/s。当 MCA 粉尘的惰性比增加至 0.2、0.4 和 1.2 时,其最大火焰传播速度分别降低为 24.13 m/s、21.79 m/s 和 12.45 m/s。因此,同等惰性比下,三种固体抑爆剂对 TiH$_2$ 粉尘火焰传播速度的抑制效果依次为 MPP > TiO$_2$ > MCA。

5.6.1.3　燃烧温度分析

采用比色测温技术对添加不同抑爆剂后的 TiH$_2$ 粉尘火焰高速图像进行处理,重建了 TiH$_2$ 颗粒燃烧的温度云图。图 5-84 为纯 TiH$_2$ 颗粒燃烧的温度分布云图。在火焰前锋处,颗粒的燃烧温度低于下方区域,这与 TiH$_2$ 颗粒的释氢反应密切相关。加热温度的升高可以提高 TiH$_2$ 颗粒的释氢速率。H$_2$ 的快速扩散性使其扩散到火焰前端周围并快速燃烧。由于 Ti 粉的燃烧温度高于 H$_2$，且部分氢氧燃烧热被预热区的未燃 TiH$_2$ 颗粒吸收，因此，火焰前锋处的燃烧温度低于内部的燃烧温度。此外，在火焰底部观察到一个连续的高温区域。这是因为悬浮的粉尘颗粒受重力作用下沉，增加了底部粉尘浓度，在燃烧过程中释放了更多的热量。

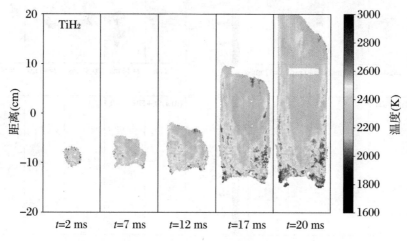

图 5-84　浓度为 400 g/m³ 的 TiH$_2$ 颗粒燃烧的温度云图

　　三种固体抑爆剂对 TiH$_2$ 颗粒燃烧温度的影响如图 5-85 所示。图 5-85(a) 和 (b) 为不同惰性比的 MPP 粉末对 TiH$_2$ 颗粒燃烧温度的抑制效果，加入 MPP 粉末后，TiH$_2$ 粉尘的燃烧面积明显减小，对未燃颗粒的辐射加热效果减弱，脱氢速率减慢，颗粒需要加热更长时间才能点燃。与图 5-84 相比，火焰锋面处的低温区域消失，内部低温区域面积增加。从图 5-85 (c)～(e) 可以看出，随着 TiO$_2$ 粉末含量的增加，TiH$_2$ 颗粒燃烧产生的高温区域逐渐减小，低温区域逐渐增大，整体温度分布较为均匀。从图 5-85(f)～(h) 可以看出，随着 MCA 粉末含量的增加，TiH$_2$ 颗粒在火焰前锋处的燃烧温度逐渐降低，低温区域增大。这是因为 MCA 粉末的热分解温度较低，热分解产物以难燃气相产物为主。气体进入火焰前锋处降低了 H$_2$ 和 O$_2$ 浓度，从而降低 TiH$_2$ 颗粒在火焰前锋处的燃烧温度。

5.6.1.4　爆炸压力分析

　　图 5-86 显示了三种固体抑爆剂对 TiH$_2$ 粉尘 P_{ex} 和 $(dP/dt)_{ex}$ 的影响。添加惰性比为 $\alpha = 0.4$ 的 MPP、TiO$_2$ 和 MCA 粉末后，TiH$_2$ 粉尘的 P_{ex} 从 0.73 MPa 分别降至 0.57 MPa、0.61 MPa 和 0.66 MPa，分别降低了 21.9%、16.4% 和 9.5%。TiH$_2$ 粉尘爆炸的 $(dP/dt)_{ex}$ 值从 147.39 MPa/s 降至 71.2 MPa/s、77.4 MPa/s 和 82.2 MPa/s，分别下降了 51.7%、47.5% 和 44.2%。与 P_{ex} 相比，$(dP/dt)_{ex}$ 降低趋势更为显著。燃烧速度是影响 $(dP/dt)_{ex}$ 数值的主要因素，由于可燃气体的燃烧速度高于悬浮粉尘颗粒，因此，TiH$_2$ 粉尘云的燃烧速度会随着脱氢反应进行而急剧增加。固体抑爆剂的加入可以削弱 H$_2$ 对 TiH$_2$ 粉尘燃烧速率的正反馈效应，使得 TiH$_2$ 粉尘爆炸的 $(dP/dt)_{ex}$ 值显著降低。从图 5-86(b) 可以看出，虽然三种固体抑爆剂都能够降低 TiH$_2$ 粉尘的爆炸严重程度，但 MPP 粉末的抑制效果最为显著。

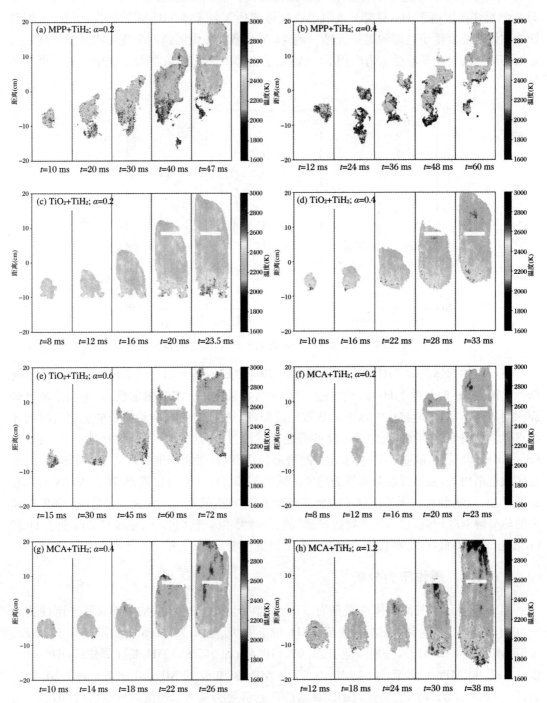

图 5-85　三种抑爆剂对 TiH_2 颗粒燃烧温度的影响

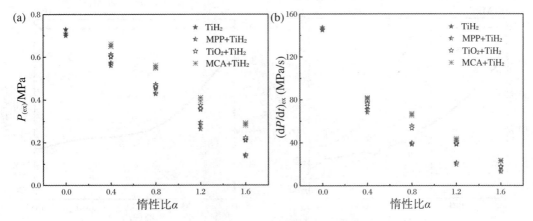

图 5-86　三种固体抑爆剂对 TiH_2 粉尘 P_{ex} 和 $(dP/dt)_{ex}$ 的影响

通过比较相同惰性比下 TiH_2 粉尘的 P_{ex} 和 $(dP/dt)_{ex}$,可以得出三种固体抑爆剂对 TiH_2 粉尘爆炸的抑制效果依次为 MPP > TiO_2 > MCA。

5.6.1.5　抑制机理探讨

分析固体抑爆剂的热分解特性是研究其抑制机理的重要方法。通过热重-差示扫描量热法(TG-DSC)研究了 MPP、TiO_2 和 MCA 在空气氛围下的热稳定性和吸热能力,其中,温度范围、升温速率和空气流速分别设置为 25～800 ℃、10 ℃/min 和 20 mL/min。图 5-87 展示了 MPP、TiO_2 和 MCA 粉尘的 TG-DSC 曲线。

如图 5-87(a)所示,MPP 粉末在 308 ℃时开始分解,热分解反应生成气体和固体残留物。当温度达到 800 ℃时,MPP 粉末的质量损失率达到 70.7%左右。此外,在 395 ℃ 和 540 ℃时,DSC 曲线上出现了两个吸热峰,说明 MPP 粉末的热分解是一个高吸热过程,可以吸收 TiH_2 粉尘爆炸释放的大量热量。图 5-87(b)为 TiO_2 粉末的煅烧过程,在测试温度范围内,TG 曲线没有质量损失阶段,DSC 曲线也没有吸热峰和放热峰,说明 TiO_2 粉末具有较强的热稳定性。因此,爆炸过程中,TiO_2 粉末分散在 TiH_2 粉末间,能够形成物理屏障,阻碍 TiH_2 粉尘颗粒之间的传热。由图 5-87(c)可知,MCA 粉末的热分解过程只有一个快速分解阶段,在 296～431 ℃时快速分解,热分解产物大部分以气态产物为主,仅剩下 1.8%的固态残留物。此外,DSC 曲线显示,MCA 粉末在 426 ℃处有一个明显的吸热峰,可以吸收 TiH_2 粉尘爆炸释放的热量。

利用 FESEM 对加入 MPP、TiO_2 和 MCA 粉末的 TiH_2 粉尘爆炸残留物形貌进行了表征。图 5-88(a)～(d)分别是纯 TiH_2 粉尘以及添加 MPP、TiO_2 和 MCA 粉末后 TiH_2 粉尘爆炸残留物的 FESEM 图像。对比纯 TiH_2 粉尘爆炸残留物的表面形貌可以看出,加入 MPP 粉末后,未燃烧 TiH_2 颗粒的表面被 MPP 粉末的热分解残留物覆盖,使得颗粒失去反应活性,难以继续脱氢燃烧,如图 5-88(b)所示。从图 5-88(c)可以看出,爆炸过程中,大量热稳定性较强的 TiO_2 颗粒附着在 TiH_2 颗粒表面,严重阻碍了 TiH_2 颗粒的脱氢和传热过程。如图 5-88(d)所示,MCA 粉尘在较低温度时能够快速完成分解,仅剩余少量残留物附着在 TiH_2 颗粒表面,影响 TiH_2 颗粒的脱氢与热量传递过程。

因此,三种固体抑爆剂的抑爆机理可归纳如下:MPP 粉尘吸收 TiH_2 粉尘的燃烧热量进

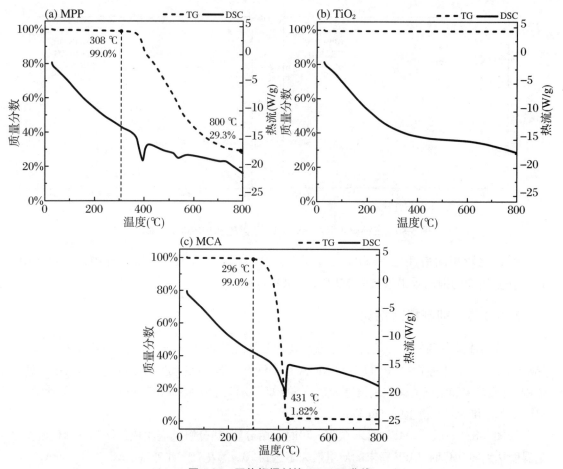

图 5-87 固体抑爆剂的 TG-DSC 曲线

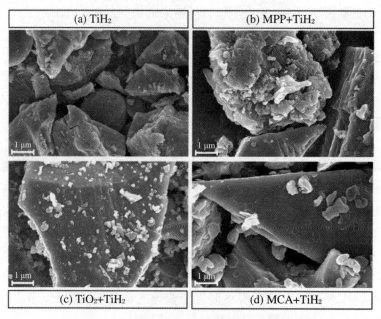

图 5-88 固体抑爆剂对 TiH₂ 粉尘爆炸残留物的影响

行热解反应,减缓了未燃 TiH_2 颗粒的表面升温过程。同时,MPP 热解产生的气态产物弥漫在管道中,稀释了反应体系中的 H_2 和 O_2 浓度;热解产生的固相产物包覆在 TiH_2 颗粒的表面,能够降低颗粒的反应活性,抑制其表面燃烧与脱氢反应。TiO_2 粉尘因具有较强的热稳定性,在爆炸过程中,悬浮在 TiH_2 颗粒之间,充当了 TiH_2 颗粒间的传热屏障,减缓颗粒表面的加热过程,加速未燃 TiH_2 颗粒的冷却。此外,受颗粒间作用力影响,部分 TiO_2 颗粒附着在 TiH_2 颗粒表面,隔绝热量和气体(如 N_2、O_2)进入 TiH_2 颗粒内部,减缓表面燃烧反应。MCA 粉尘能够吸收 TiH_2 粉尘的燃烧热量,热解生成气体稀释反应体系中的 H_2 和 O_2 浓度。但其热解后的固态残留物较少,对 TiH_2 粉尘表面燃烧效果抑制较弱。

综上所述,三种固体抑爆剂的加入均能阻碍 TiH_2 颗粒之间的传热,减缓 TiH_2 粉尘脱氢速率,减弱 H_2 对 TiH_2 粉尘爆炸的正反馈作用。其中,MPP 粉末通过良好的气固两相抑制能力对于 TiH_2 粉尘爆炸展现了最佳的抑制效果。

5.6.2　惰性气体抑爆

使用图 5-35 所示的半开放式粉尘爆炸实验装置研究了 N_2、CO_2 和 Ar 三种惰性气体对 TiH_2 粉尘爆炸的抑制效果。实验前将干燥好的 TiH_2 粉末放入装置底部的粉尘分散装置中。实验时,首先将预混气体中惰性气体所占的比例定义为惰化体积分数,然后依据道尔顿分压定律配置预混气体,最后将配置好的预混气体注入压力罐。点火前,为保证实验时管道内气体氛围与压力罐中预混合的喷粉用气体一致,利用薄纸板将管道顶部密封,采用排气法在 3 min 内通入 4 倍哈特曼管体积的预混气体,排出的气体从管道上方的泄压口排出。

5.6.2.1　惰性气体对 TiH_2 火焰传播形态的影响

图 5-89(a)是 TiH_2 粉尘火焰在空气中的传播现象,从图中可看出,在点火后不久 TiH_2 粉尘被点燃并沿着哈特曼管传播,火焰连续性强,并出现局部过曝白光区域,这是由于实验用粉尘粒径为微米级,其颗粒的比表面积比较大,易与 O_2 接触从而导致剧烈反应。随着 N_2 体积分数增加,如图 5-89(b)所示,火焰形态逐渐变得离散,发光强度明显降低。当 N_2 体积分数增加至 90% 时,如图 5-89(c)所示,此时肉眼已难以观察火焰锋面形状,火焰颜色变为暗黄色,且火焰形状更加稀疏。此外,当实验设定的 N_2 体积分数由 79%(空气中的含量)增加至 85% 和 90% 时,火焰锋面传播至哈特曼管顶部的时间由 14 ms 分别延长至 28 ms、62 ms。

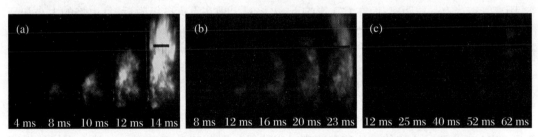

图 5-89　N_2 体积分数分别为(a) 79%、(b) 85%、(c) 90% 的 TiH_2 粉尘火焰传播过程

实验过程中发现 CO_2 抑制效果明显,90% 体积分数 CO_2 已经超过 TiH_2 粉尘极限惰化体积分数,其抑爆效果优于 N_2。为了更直观地探讨 CO_2 对 TiH_2 粉尘火焰传播特性的抑制效果,在79%~85%之间设置82%体积分数进行CO_2气体抑制效果对比分析,结果如图5-90所示。随着CO_2惰化体积分数的增加,火焰传播过程中基本无白色亮光区域,TiH_2粉尘火焰颜色由亮黄色逐渐变为暗黄色且观察到明显的斑点状火焰。当实验设定的CO_2体积分数由79%增加至82%和85%时,火焰锋面传播至顶端的时间由19 ms分别延长至27 ms、41 ms。

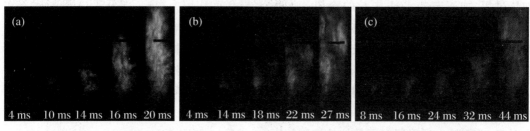

图5-90 CO_2体积分数分别为(a) 79%、(b) 82%、(c) 85%的TiH_2粉尘火焰传播过程

图5-91展示了不同体积分数的Ar对TiH_2粉尘火焰形态的抑制效果,不同于N_2和CO_2气体,当Ar浓度为79%时,粉尘火焰有明显过曝白光且白光面积大于在空气中(体积分数79% N_2)的火焰,火焰锋面到达顶部的时间仅为8.5 ms,与在空气相比,TiH_2火焰在79% Ar-21%O_2(体积分数)混合物中传播速度显然更快;随着Ar体积分数的增加,火焰形态与O_2/N_2混合气体氛围中的变化趋势相似,火焰形态逐渐变得离散,发光强度明显降低,火焰传播至哈特曼管顶部的时间从8.5 ms分别延长至15.5 ms、22.5 ms。与N_2和CO_2相比,Ar的抑制效果最弱。

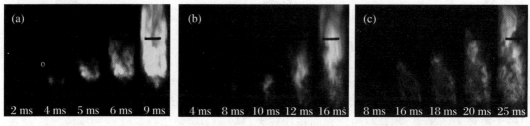

图5-91 Ar体积分数分别为(a) 79%、(b) 85%、(c) 90%的TiH_2粉尘火焰传播过程

TiH_2粉尘云在点火引燃初始传播阶段受到的惰化抑制作用最为明显。以氧浓度为21%为例,如图5-89(a)、5-90(a)和5-91(a)所示,Ar惰化下TiH_2粉尘火焰呈球形横向传播至管壁的时间约为4 ms,观察4 ms时刻N_2和CO_2稀释下的火焰形态可看出,火焰在N_2影响下呈不规则分布,距离管壁尚有一段距离;而在CO_2影响下,火焰只出现在点火电极附近,且火焰的大小和亮度最弱。这种现象可能是由于CO_2比热容较高,直接影响气体氛围向粒子的传热,进而影响颗粒表面升温,因此更难点燃。

5.6.2.2　惰性气体对TiH_2火焰传播速度的影响

粉尘火焰传播速度是衡量抑爆效果的重要参数之一。加入不同惰性气体的不同体积分数后,TiH_2粉尘云的火焰传播位移和速度时程曲线如图5-92和5-93所示,其中火焰传播速度时程曲线是基于火焰传播位移时程曲线计算得到的。以TiH_2粉尘在空气(79% N_2)中传播为例,粉尘燃烧主要分为2个阶段:首先,火焰在燃烧初期自由扩散(0~10 ms),属于缓慢加速阶段;随后,反应区产热加速(11~14 ms),对未燃烧区的辐射增强,火焰前沿高度迅速增加,呈现快速加速的趋势。由图 5-93 可知,随着 N_2、CO_2 和 Ar 体积分数的增加,燃烧火焰开始加速的延滞时间显著增加,同氧浓度条件下,在 CO_2 气氛下的延滞时间最长,在 Ar 气氛下的延滞时间最短。为便于比较,以 TiH_2 在空气中(79% N_2)的最大传播速度为对照,衡量不同惰性气体对 TiH_2 粉尘云火焰传播速度的抑制效果。当惰性气体体积分数为 79% 时,N_2、CO_2 和 Ar 氛围中 TiH_2 粉尘云的最大火焰传播速度分别为 31.63 m/s、23.94 m/s 和 62.0 m/s。当惰性气体体积分数为 85% 时,N_2、CO_2 和 Ar 氛围下最大火焰传播速度分别为 23.78 m/s、12.67 m/s 和 41.84 m/s。当惰性气体体积分数为 90% 时,N_2、CO_2、Ar 氛围中 TiH_2 粉尘云的最大火焰传播速度分别为 7.92 m/s、0 m/s 和 24.03 m/s,在 90% N_2 氛围中粉尘火焰传播的整个过程无明显的加速阶段,而在 90% CO_2 氛围中火焰已不能够进行传播。由此可见,在同等氧含量条件下,对 TiH_2 粉尘火焰传播速度抑制效果依次为 CO_2>N_2>Ar。

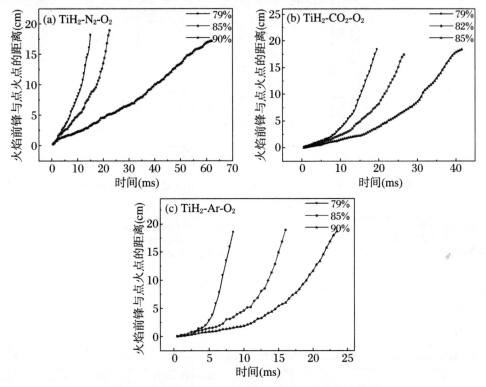

图 5-92 (a) N_2、(b) CO_2、(c) Ar 对 TiH_2 粉尘火焰传播

分析认为,TiH_2 粉尘的抑爆效果与混合气体的比热容有关。在相同的气体温度和氧浓度条件下,混合气体的摩尔热容的大小为:CO_2/O_2 > N_2/O_2 > Ar/O_2,随着氧气浓度的降低,混合气体的热容差距被进一步加大,这会导致燃烧反应区粒子热量难以积累,使得预热区粒子所受辐射能量降低,进而导致火焰传播速度降低。此外,TiH_2 受热易脱氢,TiH_2 粉尘的燃烧过程实际上包含有 H_2 的燃烧反应,利用 ChemkinPro 软件模拟了惰性气体 H_2 燃烧反应的影响。本质上,气体的燃烧爆炸是一种复杂的链式反应,其中自由基 H、O、OH 起着重要作用,特别是在气体爆炸的诱导期,能够有效加速爆炸的基本反应。由图 5-94 所示,稀释气体为 Ar、N_2 和 CO_2 时,反应中活性自由基达到峰值的时间分别为 0.000414 s、0.000539 s 和 0.00152 s 左右,这说明 CO_2 能大大延缓 H_2 燃烧爆炸反应的进行,且 H、O 和 OH 自由基摩尔分数也符合 Ar>N_2>CO_2,故而惰性气体对 H_2 燃烧的抑制作用同样符合 CO_2>N_2>Ar。

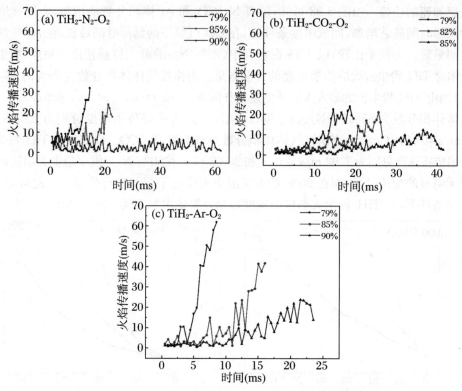

图 5-93 （a）N₂、（b）CO₂、（c）Ar 对 TiH₂ 粉尘火焰传播速度的影响

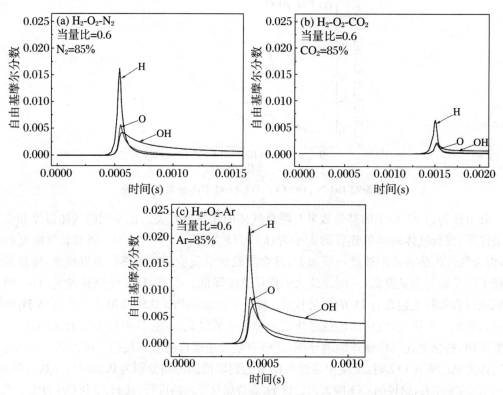

图 5-94 （a）N₂、（b）CO₂ 和（c）Ar 在 H₂-O₂-惰性气体混合物中自由基摩尔分数的变化曲线

5.6.2.3　惰性气体对 TiH₂火焰温度的影响

图 5-95(a)～(d)分别展示了 TiH₂ 粉尘在空气($79\%N_2 + 21\%O_2$)、$85\%N_2 + 15\%O_2$、$85\%CO_2 + 15\%O_2$ 和 $85\%Ar + 15\%O_2$ 条件下火焰温度场时空分布云图。如图 5-95(a)所示,TiH₂在空气中燃烧初期自由扩散,后因壁面约束作用向上传播,高温区域较为连续,稳定传播后,高温区域温度大约在 2400 K。比较图5-95(a)和(b)可知,当 N_2 的含量从79%(空气中的含量)增加到 85%时,TiH₂ 粉尘云火焰温度迅速下降,平均温度下降了 200 K 左右。由图 5-95(b)～(d)可知,当惰性气体的含量都是 85%时,TiH₂ 粉尘云在惰性气体 CO_2、N_2 和

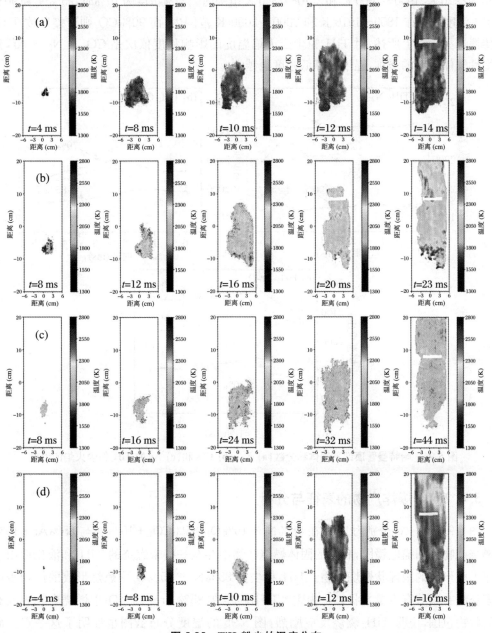

图 5-95　TiH₂ 粉尘的温度分布
(a) 空气;(b) $85\%N_2 + 15\%O_2$;(c) $85\%CO_2 + 15\%O_2$;(d) $85\%Ar + 15\%O_2$

Ar 中的火焰平均温度依次增加。这是因为惰性气体摩尔热容 $CO_2>N_2>Ar$，气体的摩尔热容越大，则温度的增量越小；此外，TiH_2 粉尘在燃烧的过程中会释放出 H_2，通过 Chemkin 模拟结果可知，惰性气体能不同程度地抑制 H_2 燃烧，阻碍气体向粉尘颗粒的进一步传热，进而影响粉尘云的整体温度。

图 5-96 统计了各工况下火焰到达哈特曼管顶部后 5 ms 的温度变化情况。当氧浓度为 21% 时，火焰在 79%N_2 和 79%CO_2 作用下到达哈特曼管顶部时温度分别在 2400～2430 K、2100～2200 K，而在 Ar 作用下，火焰温度先从 2410 K 上升到 2570 K 然后下降至一个稳定值 2500 K。当氧浓度为 15% 时，在 85%N_2、85%CO_2 和 85%Ar 氛围下，火焰温度分别在 2170～2230 K、1900～2000 K 和 2270～2340 K 范围内。当氧浓度为 10% 时，90%N_2 和 90%Ar 氛围下温度分别在 1850～1910 K 和 2000～2090 K 范围内，而 90%CO_2 则直接导致 TiH_2 火焰传播熄灭。综上所述，对 TiH_2 粉尘云火焰温度的影响程度依次是 $CO_2>N_2>Ar$，且随着惰性气体含量的增加，温度的降低幅度也越大。

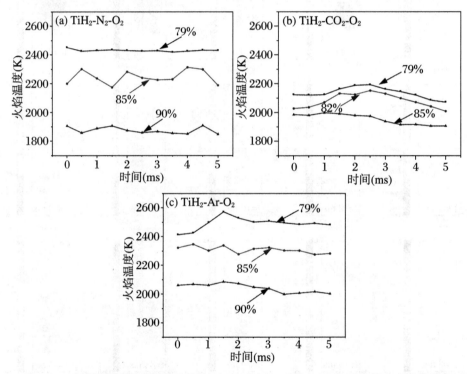

图 5-96 哈特曼管顶部不同体积分数(a) N_2、(b) CO_2 和(c) Ar 的 TiH_2 粉尘火焰的温度

5.6.2.4 爆炸产物的表征与分析

图 5-97(a)～(c)分别为 TiH_2 在 85%N_2 + 15%O_2、85%CO_2 + 15%O_2 与 85%Ar + 15%O_2 中燃烧产物的扫描电镜图，收集的固体燃烧产物中存在一些未燃烧的 TiH_2 和液化后由于表面张力而形成的圆球状燃烧产物。TiH_2 粉尘在 85%N_2 + 15%O_2 中燃烧形成的产物表面有较多裂缝并附着有少量絮状氧化物质。TiH_2 粉尘在 85%Ar + 15%O_2 中燃烧产物表面有较多絮状物包围，说明 TiH_2 燃烧反应剧烈，图 5-95 的温度分布云图也证明了这一点。而图 5-97 (b)中球形粒子表面光滑几乎无絮状物生成，这可能是在 CO_2 气氛中火焰的温度相对

较低,TiH$_2$颗粒燃烧不剧烈或者未完全燃烧导致的。

(a) 85%N$_2$+15%O$_2$　　　　(b) 85%CO$_2$+15%O$_2$　　　　(c) 85%Ar+15%O$_2$

图 5-97　TiH$_2$ 粉尘燃烧残留物的微观结构

为进一步探究不同惰性气体对 TiH$_2$ 粉尘燃烧的抑制机理,对燃烧产物成分进行了 XRD 分析。图 5-98(a)~(c)分别为 TiH$_2$ 粉尘在 85%N$_2$ + 15%O$_2$、85%CO$_2$ + 15%O$_2$ 与 85%Ar + 15%O$_2$ 中燃烧产物的 XRD 图谱。

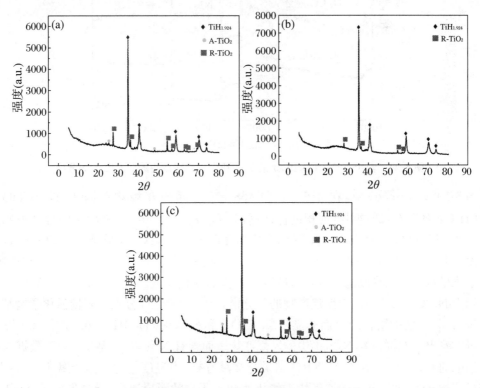

图 5-98　TiH$_2$ 粉尘燃烧残留物的 XRD 分析

XRD 反映了晶体材料的内部结构,N$_2$ 和 Ar 氛围下燃烧产物主要为金红石型 TiO$_2$(JCPDS♯21-1276)和锐钛型 TiO$_2$(JCPDS♯21-1272),而 CO$_2$ 氛围下燃烧产物只有金红石型 TiO$_2$。高浓度的 O$_2$ 有利于锐钛型 TiO$_2$ 的形成,而低浓度的 O$_2$ 有利于金红石型 TiO$_2$ 的形成。由此可见,CO$_2$ 阻碍 TiH$_2$ 粉尘与 O$_2$ 接触的能力最强。对比各氛围下各燃烧产物峰强度可看出,CO$_2$ 氛围下未燃烧 TiH$_2$ 峰强度高于 N$_2$ 和 Ar,金红石型 TiO$_2$ 峰强度在不同氛围中的大小依次为:Ar>N$_2$>CO$_2$,锐钛型 TiO$_2$ 峰强度大小依次为 Ar>N$_2$。从未燃 TiH$_2$ 粉尘和氧化产物 TiO$_2$ 含量上可以看出,TiH$_2$ 在不同惰性气体中的燃烧反应程度依次为:Ar>N$_2$>CO$_2$,这与图 5-95 中的惰性气体对粉尘火焰温度的影响规律一致。

利用辐射表面分析系统(ESCALAB250Xi+)对三种惰性气体气氛下 TiH$_2$ 燃烧产物的表面化学成分进行了表征。每个元素的结合能根据标准碳(C1s)的信号进行校准,标准碳的结合能为 284.8 eV,并利用 NIST 数据库对数据进行分峰处理。TiH$_2$ 颗粒在 85%N$_2$+15%O$_2$、85%CO$_2$+15%O$_2$ 与 85%Ar+15%O$_2$ 中燃烧产物的 XPS 全谱如图 5-99 所示,除 CO$_2$ 和 Ar 显示的 O1s、Ti2p(2/3)、Ti2p(1/2)和 C1s 四种结合能外,N$_2$ 氛围在 399.97 eV 处还出现 N1s 结合能。

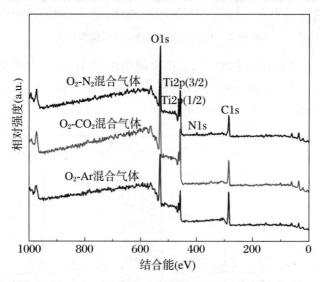

图 5-99　含 85% N$_2$、CO$_2$ 和 Ar 的 TiH$_2$ 粉尘燃烧残留物的全光谱 XPS 分析

图 5-100(a)~(d)中,在 456 eV 和 468 eV 之间的双峰均归因于 Ti^{4+}(TiO$_2$)和 Ti^{3+}(Ti$_2$O$_3$)的存在,通过对峰面积进行计算,Ti$_2$O$_3$ 在图 5-100(a)~(c)中的含量占比分别为 37.6%、45.42%和 34.59%,Ti$_2$O$_3$ 的形成温度低于 TiO$_2$,这与实验结果在 CO$_2$ 中 TiH$_2$ 的燃烧温度低于 N$_2$ 和 Ar 一致。而 TiH$_2$ 不完全氧化的程度较高可归因于 CO$_2$ 的冷却作用,燃烧粒子热量难以积累导致熄灭或难以进行下一步的氧化反应。此外,图 5-100(d)中由上而下分别为 N$_2$、CO$_2$ 以及 Ar 中燃烧产物的氧分谱,O1、O2 和 O3 分别代表较强化学键结合的晶格氧(TiO$_2$)、弱键结合的表面非晶格氧(TiO$_x$)和羟基氧(Ti-OH)。根据图 5-99 的 XPS 全谱可以看出 TiH$_2$ 在 O$_2$/N$_2$ 氛围中的燃烧产物表面含有 N 元素,并基于 NIST 数据库推断氧分谱中的 O$_2$ 为 Ti-O-N,结合 XRD 结果与文献分析,当温度超过基体金属 Ti 的熔点时,燃烧的液相 Ti 吸收氧和氮的速度快于氧化物和氮化物的形成速度,导致形成了 Ti-O-N 溶液,当过饱和的 Ti-O-N 溶液达到共晶状态时,伴随而来的是气体的释放和表面膜裂缝的形成,如图 5-97(a)所示。而在反应过程当中氮氧化物可以作为 O$_2$ 的扩散屏障,能有效降低粉尘与 O$_2$ 的接触概率。值得注意的是,Ar 氛围下的燃烧产物还出现了 Ti-OH,这与文献研究结果一致,这是因为 TiH$_2$ 受热易脱氢,H$_2$ 与 O$_2$ 反应形成的活性自由基-[OH]被捕捉在 TiH$_{2-x}$ 表面,增强了其表面活性,Kobayashi 等也表明氢氧化物的完全氧化比相应亚氧化物的氧化更容易实现,也就是说,在 Ar 氛围中,TiH$_{2-x}$ 因表面羟基的影响会反应得更加充分。而在 N$_2$ 和 CO$_2$ 氛围下,一方面,N$_2$ 在 TiH$_2$ 表面形成的 Ti-O-N 层可以作为 O$_2$ 的扩散屏障,CO$_2$ 以其优异的冷却作用可以加速不完全燃烧颗粒的冷却,抑制 TiH$_2$ 粒子进一步脱氢和燃烧反应;另一方面,基于 Chemkin 数据分析结果,惰性气体对于 H$_2$ 燃烧的抑制效果强弱

依次为 $CO_2 > N_2 > Ar$，相比于 Ar，N_2 和 CO_2 能更有效地抑制活性自由基的形成，从而达到良好的抑制效果。

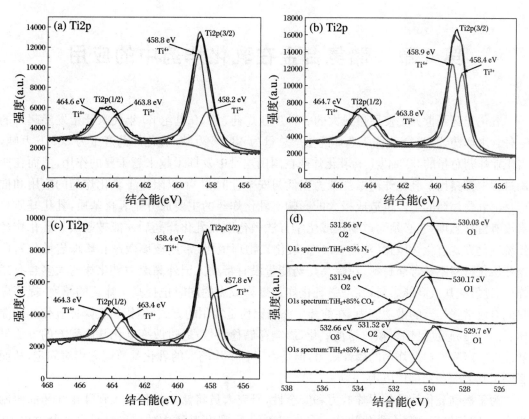

图 5-100 含 85%N_2、CO_2 和 Ar 的 TiH_2 粉尘燃烧残留物的 XPS 分析

第6章 储氢合金在乳化炸药中的应用

乳化炸药是世界上使用量最大的一种工业炸药,是20世纪60年代末开始发展起来的一种含水炸药,2022年我国工业炸药生产总量为439.6万吨,乳化炸药产量为268.6万吨,占工业炸药总量的60%以上。乳化炸药在国民建设中发挥了越来越重要的作用,然而在使用过程中暴露出了乳化炸药爆炸威力偏低与安全性问题,不仅阻碍了乳化炸药的应用和推广且对乳化炸药的生产也造成极大的影响。乳化炸药的主要成分是乳化基质,乳化基质自身没有雷管感度,它必须通过物理或化学方法敏化制成乳化炸药后才能被起爆。乳化炸药传统敏化方式有化学敏化(常用$NaNO_2$敏化)、物理敏化(常用玻璃微球和珍珠岩敏化),但这些敏化材料不是含能材料,对提高炸药能量没有帮助。国外高威力乳化炸药大多含有猛炸药、过氯酸盐或高能燃料,在增强乳化炸药爆炸威力的同时也提高了炸药的感度;提高爆热能有效增强炸药的做功能力,在炸药中添加铝粉是常用的方式,但铝粉会降低乳化炸药爆压、提高炸药感度且铝粉颗粒易被氧化,影响存储稳定性;通过改变乳化基质配方的方法虽然能够一定程度提高炸药的爆炸威力,但是由于各个炸药厂的乳化基质配方相对固定,从而影响了其大面积的推广应用。

为了提高乳化炸药的爆炸威力和安全性,研究人员将储氢材料引入到乳化炸药的研制当中,发明了储氢型复合乳化炸药。在一定条件下,乳化基质中的储氢材料水解释放出,在乳化基质中形成均匀分布的敏化气泡,起到敏化作用;同时H_2是含能物质,参与爆轰反应从而提高乳化炸药爆炸威力。通过向乳化基质中添加储氢材料来提高乳化炸药爆炸威力,对乳化基质没有特殊要求因而具有很好的应用前景。储氢型复合乳化炸药的研究按照敏化方式的不同可分为水解敏化、复合敏化和动态敏化三个阶段,本章重点研究水解敏化的储氢型复合乳化炸药爆轰特性和爆轰反应机理。储氢材料加入乳化基质中,会在一定外界条件下进行水解反应,生成氢气,形成敏化气泡起到敏化作用,而且氢气的能量密度比一般碳氢燃料高3倍左右。因此可提高乳化炸药的爆炸威力,此外氢气与氧反应生成的唯一产物是水,对环境没有污染。储氢材料可在乳化炸药中起到敏化剂与高能添加剂的双重作用,因此将金属氢化物作为敏化剂和含能材料加入乳化基质中制成乳化炸药,具有可行性。

6.1 乳化炸药爆轰反应模型

炸药的起爆机理有很多种,具有代表性的有热能起爆机理、冲击波能起爆机理、光能起爆机理、电能起爆机理和热点起爆机理,其中热点起爆理论由英国学者布登于20世纪50年代提出,由于它能够较好的解释炸药在机械作用下发生爆炸的原因,因此得到了普遍的认可。该理论认为：当炸药受到机械作用时，大部分的机械能将会转化为热能，由于机械作用的不均匀性导致热能不能作用在整个炸药上，而是只集中在炸药的局部范围内，从而形成热点，热点处的炸药首先发生热分解反应并放出热量，当炸药中形成的热点足够大时，热点的温度升高到爆发点后，热点处的炸药就会发生爆炸，从而引起整个炸药的爆炸。

乳化炸药主要成分是乳化基质，乳化基质本身不具有雷管感度，它必须通过物理或化学方法敏化制成乳化炸药后才能正常起爆，通常用玻璃微球敏化。玻璃微球的作用是在乳化基质中引入均匀分布的微小气泡，当冲击波掠过乳化炸药时，压缩空气泡形成"热点"，"热点"周围的乳化炸药燃烧并转爆轰，并为后爆的乳化炸药提供能量，从而使炸药爆轰反应持续下去，Sil'vestrov认为爆速与装药密度非线性变化是炸药爆轰时化学反应区的长度随装药密度变化引起的。国内外学者大多从宏观上对玻璃微球敏化的乳化炸药爆炸性能进行研究，但是从微观力学角度对玻璃微球敏化的乳化炸药爆轰性能的研究并不多，因此从微观角度研究乳化炸药爆炸性能的影响因素具有重要的意义。本书通过建立玻璃微球敏化的乳化炸药爆轰反应模型，研究其爆轰反应机理，并理论计算了爆轰反应区长度、爆轰反应时间以及爆压、爆热、爆速等爆炸特性参数。

6.1.1 炸药热点起爆机理

炸药的热点分为形成、成长（速燃）、低爆轰（燃烧转爆轰）和稳定爆轰这4个阶段。炸药能够被起爆的首要条件是形成热点，但不是所有形成的热点都可以使炸药发生爆炸。炸药能够被起爆，还需要热点的温度、尺寸、数量以及分解时间满足要求。

表6-1是一些常用炸药在导热系数 $\lambda = 0.1$ W/(m·K)、密度 $\rho = 1300$ kg/m³以及比热容 $C = 1.25 \times 10^3$ J/(kg·K)时形成不同尺寸热点的临界温度。实验结果表明，炸药热点半径一般为 $10^{-5} \sim 10^{-4}$ cm。

表6-1 一些炸药形成热点的临界温(℃)

炸药名称	热点的半径(cm)			
	$r_0 = 10^{-3}$	$r_0 = 10^{-4}$	$r_0 = 10^{-5}$	$r_0 = 10^{-6}$
硝酸铵	590	825	1230	2180
太安	350	440	560	730
奥克托金	405	500	625	805
黑索金	380	485	620	820
特屈儿	425	570	815	1250
乙烯二硝胺	400	590	930	1775
乙二胺二硝酸盐	600	835	1225	2225

6.1.1.1 热点的温度计算

乳化炸药的敏化气泡中含有气体，这些气体具有较大的压缩性，因此当气体受到绝热压缩时气泡的温度必定会升高，从而形成热点。气泡产生热点还与气体的导热率有关，气体的导热率越高,在绝热压缩过程中气体所产生的热量就越容易传给气体周围的炸药。热点处温度的上升会导致气泡壁面处以及气泡中炸药的燃烧和爆炸。

由下式可以计算气体被绝热压缩后的温度:

$$\frac{T_2}{T_1} = \left(\frac{P_2}{P_1}\right)^{\frac{\gamma-1}{\gamma}} = \left(\frac{V_1}{V_2}\right)^{\gamma-1} \tag{6-1}$$

其中,T_1、P_1、V_1 分别为初态的温度、压力和体积;T_2、P_2、V_2 分别为终态的温度、压力和体积;γ 为气体绝热压缩指数。

假设炸药中的热点为球形,半径为 r,热点的半径相对于炸药整体而言可以视作无限小。初始时刻热点中所有各点的温度相同,环境初始温度为 T_0,热点中的初始温度比周围炸药的温度高出 θ_0,随着绝热压缩的进行,在时间 τ 内距离热点中心 r 处的温度比周围炸药高。

利用球面极坐标,可表示傅里叶热传导定律的方程如下:

$$\frac{\partial \theta}{\partial \tau} = \frac{\lambda}{\rho C}\left(\frac{\partial^2 \theta}{\partial r^2} + \frac{2}{r} \cdot \frac{\partial \theta}{\partial r}\right) \tag{6-2}$$

其中,λ 为炸药的导热系数,τ 为机械作用时间,ρ 为炸药的密度,C 为炸药的比热,r 为距离热点中心的距离。

热传导的边界条件如下:当 $\tau = 0$,$r > r_0$ 时,$\theta = 0$;当 $\tau = 0$,$0 < r < r_0$ 时,$\theta = \theta_0$。

通过公式代换和计算可得式(6-2)的解为

$$\theta = \frac{\theta_0}{\sqrt{\pi}} \int_{\frac{r-r_0}{2\sqrt{\lambda\tau/\rho C}}}^{\frac{r+r_0}{2\sqrt{\lambda\tau/\rho C}}} e^{-a} da - \frac{\theta_0}{r} \frac{\sqrt{\lambda\tau/\rho C}}{\sqrt{\pi}}\left\{\exp\left[-\frac{(r-r_0)^2}{4\lambda\tau/\rho C}\right] - \exp\left[-\frac{(r+r_0)^2}{4\lambda\tau/\rho C}\right]\right\} \tag{6-3}$$

在 τ 时间内,热点传给热点周围炸药的热量为

$$q_1 = \int_0^\infty 4\pi r^2 \theta \rho C dr \tag{6-4}$$

在 τ 时间内,热点因为发生反应放出的热量为

$$q_2 = \frac{4}{3}\pi r_0^3 \rho Q \tau A e^{-\frac{E}{RT}} \tag{6-5}$$

其中,Q 为单位质量的反应热,$Ae^{-\frac{E}{RT}}$ 为炸药化学反应速率。

综合式(6-4)和式(6-5),通过测量炸药导热系数 λ、密度 ρ 和比热容 C,可以从热平衡的条件中得到乳化炸药中不同尺寸热点的临界温度,即

$$q_1 = q_2 \tag{6-6}$$

6.1.1.2 热点的尺寸

根据式(6-6)的热平衡条件,可以计算得到炸药中热点的尺寸。取炸药的导热系数 $\lambda = 0.1$ W/(m·K)、密度 $\rho = 1.3$ g/cm³、比热容 $C = 1.25 \times 10^3$ J/(kg·K),可以得到不同时间 τ 内炸药热点的尺寸大小,如表6-2所示。

表6-2 不同时间内对应的热点尺寸大小

作用时间 τ(s)	10^{-4}	10^{-6}	10^{-8}	10^{-10}
热点尺寸 r_0(cm)	10^{-3}	10^{-4}	10^{-5}	10^{-6}

6.1.1.3　热点的分解时间

设炸药热点的密度为 ρ,初始质量为 m,则 $m = \dfrac{4}{3}\pi r_0^3 \rho$,热点在时间内 τ 的分解量为 x,从而可以利用反应动力学关系式求出热点的分解时间:

$$\begin{cases} mC\mathrm{d}T = (m - x)QA\mathrm{e}^{-\frac{E}{RT}}\mathrm{d}\tau - \lambda(T - T_0)\mathrm{d}\tau \\ \mathrm{d}x = (m - x)A\mathrm{e}^{-\frac{E}{RT}}\mathrm{d}\tau \end{cases} \tag{6-7}$$

该式表明热点温度升高 $\mathrm{d}T$ 所需要的热量等于在 $\mathrm{d}\tau$ 时间内热点反应放出的热量减去热传导损失的热量。如果知道初始条件,就可以利用式(6-7)求出热点分解时间 τ。

6.1.1.4　热点形成所需的热量

将乳化炸药中的热点简化成为一个球体,设热点尺寸为 r_0,单位质量乳化炸药的反应热为 Q,乳化炸药密度为 ρ,则形成热点需要的热量可按下式计算:

$$Q_{热点} = \frac{4}{3}\pi r_0^3 \rho Q \tag{6-8}$$

前期实验研究中所使用的玻璃微球型乳化炸药、玻璃微球-Al 粉型乳化炸药和 MgH_2 型储氢复合乳化炸药的单位质量的反应热理论值 Q 分别为 3296 J/g、3683 J/g 和 3529 J/g,密度 ρ 分别为 1.21 g/cm³、1.24 g/cm³ 和 1.29 g/cm³。设乳化炸药热点半径尺寸 $r_0 = 1.0 \times 10^{-4}$ cm,由式(6-8)计算得到 3 种乳化炸药热点形成所需热量 $Q_{热点}$ 分别为:1.67×10^{-8} J、1.91×10^{-8} J 和 1.91×10^{-8} J,而实验测得的形成热点所需热量的数量级为 $10^{-10} \sim 10^{-8}$ J,说明这 3 种乳化炸药热点形成所需热量在此范围内。

6.1.1.5　敏化气泡中气体温度变化

乳化炸药在爆轰过程中,敏化气泡(图 6-1)由于受到绝热压缩作用,导致敏化气泡内的温度急剧升高,从而在敏化气泡周围形成热点。因此可以从敏化气泡着手,研究乳化炸药中的热点。实验中,玻璃微球型和玻璃微球-Al 型乳化炸药的敏化剂是玻璃微球,玻璃微球中含有的气体主要是 N_2,而 MgH_2 储氢型复合乳化炸药敏化气泡含有的气体是 H_2。实验中所使用的玻璃微球的尺寸在 $15 \sim 100$ μm 之间,敏化 H_2 气泡尺寸在 $10 \sim 50$ μm 之间。

图 6.1　乳化炸药单个敏化气泡示意图

设敏化气泡的尺寸为 r_d,敏化气泡中气体密度为 ρ_d,敏化气泡中气体的定容比热为 C_V,敏化气泡吸收的能量为 $Q_{吸}$,气体温度的改变量为 ΔT。由于炸药爆轰的瞬时性,可以将该过程视为等容的过程。气体吸收的热量 $Q_{吸}$ 与气体温度的改变量 ΔT 的关系如下:

$$Q_{吸} = C_V m \Delta T \tag{6-9}$$

敏化气泡中的气体质量

$$m = \frac{4}{3}\pi r_{\mathrm{d}}^3 \rho_{\mathrm{d}} \tag{6-10}$$

结合式(6-9)和式(6-10),并通过变换可得

$$\Delta T = \frac{3Q_{\mathrm{吸}}}{4\pi r_{\mathrm{d}}^3 C_V \rho_{\mathrm{d}}} \tag{6-11}$$

乳化炸药在同等起爆条件下,敏化气泡绝热压缩吸收的热量 $Q_{\mathrm{吸}}$ 相同,因此 H_2 气泡和 N_2 气泡温度变化的比值可以由下式求出:

$$\frac{\Delta T_{H_2}}{\Delta T_{N_2}} = \frac{C_{N_2} r_{N_2} \rho_{N_2}}{C_{H_2} r_{H_2} \rho_{H_2}} \tag{6-12}$$

其中,C_{N_2} 和 C_{H_2} 分别是 N_2 和 H_2 的定容比热,r_{N_2} 和 r_{H_2} 分别是 N_2 气泡和 H_2 气泡的半径,ρ_{N_2} 和 ρ_{H_2} 分别是 N_2 和 H_2 的密度。

通过比值大小,判断发生两种敏化方式爆轰反应的难易程度,$\frac{\Delta T_{H_2}}{\Delta T_{N_2}} > 1$ 说明 MgH_2 型储氢复合乳化炸药发生爆轰反应较玻璃微球型乳化炸药容易,$\frac{\Delta T_{H_2}}{\Delta T_{N_2}} < 1$ 说明 MgH_2 型储氢复合乳化炸药发生爆轰反应较玻璃微球型乳化炸药困难,$\frac{\Delta T_{H_2}}{\Delta T_{N_2}} = 1$ 则表示两者发生难易程度相当。

在炸药制作过程中,既要考虑炸药发生爆轰反应的可靠性,同时要兼顾炸药的安全性。由式(6-11)可知,可以通过调整乳化炸药敏化气泡尺寸和气体类型,设计出起爆可靠性高且安全性好的乳化炸药。

设环境温度 T_0,则敏化气泡受到绝热压缩后气体的温度:

$$T = T_0 + \Delta T = T_0 + \frac{3Q_{\mathrm{吸}}}{4\pi r_{\mathrm{d}}^3 C_V \rho_{\mathrm{d}}} \tag{6-13}$$

由于热点在敏化气泡与乳化基质的交界面处形成,所以敏化气泡受到绝热压缩形成热点时气体的最低温度可近似认为是热点形成的临界温度,即

$$T = T_0 + \Delta T = T_0 + \theta \tag{6-14}$$

因此可以认为

$$\Delta T = \theta \tag{6-15}$$

从而可以得到

$$\theta = \frac{3Q_{\mathrm{吸}}}{4\pi r_{\mathrm{d}}^3 C_V \rho_{\mathrm{d}}} \tag{6-16}$$

敏化气泡绝热压缩形成热点吸收的热量

$$Q_{\mathrm{吸}} = \frac{4}{3}\pi r_{\mathrm{d}}^3 C_V \rho_{\mathrm{d}} \theta \tag{6-17}$$

其中,r_{d} 为敏化气泡的尺寸,C_V 为敏化气泡中气体的定容比热,敏化气泡中气体密度为 ρ_{d},θ 为热点形成的临界温度相对于周围炸药温度的增加值。

6.1.1.6 热点处乳化炸药爆轰过程

乳化炸药热点的成长过程一般可分为四个阶段:

（1）热点的初步形成阶段：敏化气泡受到绝热压缩，气泡内部的温度急剧升高，然后通过热传递将热量传给了敏化气泡与乳化基质交界面处的乳化基质，当温度达到热点形成所需的临界温度时形成热点。

（2）热点的燃烧阶段：热点的温度升高到一定值后，热点周围的乳化基质会发生燃烧现象，随着燃烧的进行热点的温度继续升高，从而使燃烧的速度增加。

（3）燃烧转爆轰阶段：由于热点处炸药的快速燃烧导致温度急剧上升，炸药的分解反应速率也随之加快，从而导致燃烧产物的压力增加，当压力增加到某个极限值时燃烧便转为了低速爆轰。

（4）低速爆轰转高速爆轰阶段：低速爆轰导致炸药分解反应速率的进一步加快，从而使低速爆轰转变为更高爆速的稳定爆轰阶段。

6.1.2　玻璃微球型乳化炸药爆轰反应数学模型

玻璃微球是乳化炸药常用的物理敏化剂，它的作用是在乳化基质中引入均匀分布的微小空气泡，当冲击波掠过乳化炸药时压缩空气泡形成"热点"从而使乳化炸药发生爆轰反应。由于炸药爆轰的瞬时性和高温高压特性，使得实验手段测量炸药爆轰过程中炸药内部的爆轰参数非常困难。本节通过建立玻璃微球敏化的乳化炸药爆轰反应模型，从微观力学角度对玻璃微球敏化的乳化炸药进行研究，理论计算了爆压、爆速、爆轰反应区长度以及爆轰反应时间等爆轰参数。

6.1.2.1　乳化炸药热点起爆模型选择

国内外关于热点起爆的理论模型很多，其中具有代表性的有：初始冲击波绝热压缩空气泡形成热点机理；固相炸药中空穴受到冲击波作用向内破裂形成热点机理；固相炸药的黏弹塑性热点机理；固相炸药中晶体间相互摩擦形成热点机理。由于乳化基质是液态的，因此空气泡绝热压缩形成热点的机理比固相炸药的热点形成机理更适合玻璃微球敏化的乳化炸药。

6.1.2.2　玻璃微球型乳化炸药爆轰反应机理

在玻璃微球型乳化炸药爆炸过程中，玻璃微球外壳受到初始冲击波作用首先垮塌破坏，随后玻璃微球中的空气形成的小气泡受到后续冲击波的绝热压缩作用，使小气泡内部温度急剧升高从而形成热点，当热点的温度达到乳化基质的燃点时，热点处的乳化基质开始燃烧。

如图 6-2 所示（灰色阴影部分代表乳化基质，黑色圆圈代表燃烧面），乳化炸药的燃烧反

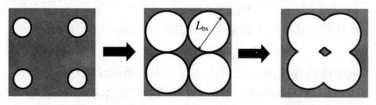

图 6-2　乳化炸药内部热点（"燃烧球"）周围乳化基质燃烧过程

应经历了三个阶段：① 热点周围乳化基质小面积燃烧的初始阶段；② 热点周围的乳化基质燃烧面积达到最大的阶段；③ C-J 面爆轰后小面积的燃烧阶段。随着热点周围乳化基质的燃烧，炸药内部的温度和压力持续升高，导致乳化基质加速反应并转为爆轰。

6.1.2.3　乳化炸药特征参数的计算

本节理论计算中涉及的部分参数见表 6-3。

表 6-3　计算中涉及的初始参数值

参数	数值
$\rho_{bulk}\,(\mathrm{kg/m^3})$	120
$\rho_0\,(\mathrm{kg/m^3})$	1100
$\rho_e\,(\mathrm{kg/m^3})$	1450
$\rho_w\,(\mathrm{kg/m^3})$	2460
$d_{exp}\,(\mathrm{mm})$	50.8
$d_{mb}\,(\mu\mathrm{m})$	90
τ_0	0.95
m_{bulk}	0.57
n	3.5
β	6.9
γ	1.4
σ	0.085

玻璃微球有效密度（玻璃微球间无孔隙）ρ_{mb} 定义为

$$\rho_{mb} = \rho_{bulk} / m_{bulk} \tag{6-18}$$

其中，ρ_{bulk} 表示堆积密度，m_{bulk} 表示孔隙度。

玻璃微球型乳化炸药密度 ρ_0 与乳化基质密度 ρ_e 和玻璃微球有效密度 ρ_{mb} 的关系为（m_{mb} 表示乳化炸药中玻璃微球的体积分数）：

$$\rho_0 = (1 - m_{mb})\rho_e + m_{mb}\rho_{mb} \tag{6-19}$$

由式(6-19)可以得到乳化炸药中玻璃微球的体积分数：

$$m_{mb} = \frac{\beta - \rho_0/\rho_{mb}}{\beta - 1} \tag{6-20}$$

其中，$\beta = \rho_e/\rho_{mb}$ 表示乳化基质密度与玻璃微球有效密度的比值。

乳化炸药单位体积玻璃微球个数 n_{mb} 由下式求得：

$$n_{mb} = 6m_{mb}/(\pi d_{mb}^3) \tag{6-21}$$

乳化炸药热点处乳化基质最大燃烧半径（如图 6-2 所示的第二阶段）：

$$L_{bs} = d_{mb}\,(\tau_0/m_{mb})^{1/3} \tag{6-22}$$

其中，d_{mb} 表示玻璃微球的直径；m_{mb} 表示乳化炸药中玻璃微球的体积分数；τ_0 是乳化炸药热点燃烧面积最大（如图 6-2 所示的第二阶段）时"燃烧球"的体积分数，大小为 0.52~1.0，大小可由其与爆速的关系，并结合爆速实验值确定。本节计算中参数 τ_0 取 0.95。

6.1.2.4　乳化炸药爆热的计算

炸药的爆炸性能(如爆速、猛度、作功能力)与炸药的爆热成正比,为避免问题复杂化,在诸多炸药示性量中选择爆热作为最优化目标。决定工业炸药性能的内在因素配方与爆热之间存在一定关系,即 $q = F(x_1, x_2, \cdots, x_n)$。

玻璃微球视为惰性物质,不考虑玻璃微球对爆热的贡献值,因此本节计算得到的玻璃微球型乳化炸药单位质量的爆热值等于单位质量的乳化基质爆热 q,本节计算中按照 $q = 3296\ \text{kJ/kg}$。

本章由于从微观角度研究乳化炸药,因此考虑玻璃微球体积和质量的影响,所以单位质量玻璃微球型乳化炸药释放的总热量:

$$Q = \pi n_{\text{mb}}(L_{\text{bs}}^3 - d_{\text{mb}}^3)q/6 \tag{6-23}$$

由式(6-22)和式(6-23)变换可得:

$$Q = (\tau_0 - m_{\text{mb}})q \tag{6-24}$$

6.1.2.5　炸药爆速和爆压的计算

根据热点起爆模型,并依据 C-J 爆轰理论可得爆速的计算公式如下:

$$D_0 = F_{\text{in}}\sqrt{2(n^2 - 1)Q} \tag{6-25}$$

其中,F_{in} 表示添加惰性物质后的修正系数,n 表示乳化炸药爆轰前后气体的绝热指数,Q 表示单位质量的乳化炸药释放的总热量。

玻璃微球型乳化炸药中的玻璃微球视为惰性物质,F_{in} 可由下式求得:

$$F_{\text{in}} = g\sqrt{(1 - m_{\text{mb}})/(1 - \sigma m_{\text{mb}})} \tag{6-26}$$

其中

$$g = \beta/[\beta - (\beta - 1)m_{\text{mb}}] \tag{6-27}$$

$$\sigma = \rho_{\text{mb}}/\rho_w \tag{6-28}$$

由式(6-26)~式(6-28)可得玻璃微球型乳化炸药的理论爆速:

$$D_0 = \frac{\beta(1 - m_{\text{mb}})\sqrt{2q(n^2 - 1)(\tau_0 - m_{\text{mb}})}}{[\beta - (\beta - 1)m_{\text{mb}}]\left(1 - \dfrac{\rho_{\text{mb}}}{\rho_\omega}m_{\text{mb}}\right)} \tag{6-29}$$

其中,ρ_{mb} 表示玻璃微球的有效密度;ρ_w 表示玻璃微球壳材料的密度;q 表示单位质量的乳化基质的爆热;n 表示乳化炸药爆轰前后气体的绝热指数;τ_0 是乳化炸药热点燃烧面积最大(如图 6-2 所示的第二阶段)时"燃烧球"的体积分数;m_{mb} 表示乳化炸药中玻璃微球的体积分数;β 表示乳化基质密度与玻璃微球有效密度的比值。

由于炸药实际爆轰过程中需要考虑装药半径的影响,是非理想爆轰。爆轰波不是一个严格的强间断面,它存在一个有一定厚度的反应区,如图 6-3 所示,在反应区内存在复杂的反应,根据 Eyring 公式可得非理想爆轰情况下炸药爆速为

$$D = D_0\left(1 - C\frac{x_*}{d_{\text{exp}}}\right) \tag{6-30}$$

其中,D_0 是炸药理想爆轰的爆速;C 是经验常数,取 1;x_* 是化学反应区宽度;d_{exp} 是炸药的装药直径。

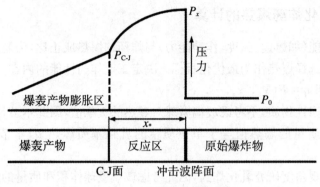

图 6-3　ZND 爆轰波模型

炸药爆轰过程中 C-J 面的压力 P_{CJ} 大小为

$$P_{CJ} = \frac{\rho_0 D^2}{n+1} \tag{6-31}$$

化学反应区的压力 P_x 大小可以由下式计算得到：

$$P_x = 2(n-1)\rho_0 Q \tag{6-32}$$

6.1.2.6　气泡压缩和热点处炸药反应时间计算

乳化炸药中的玻璃微球受初始冲击波压缩垮塌破坏,其中的气体在乳化基质中形成气泡,气泡受到后续冲击波压缩,从初始半径压缩到最小半径的时间(气泡破坏)为

$$t_c = \sqrt{\frac{3\rho_e R_0}{2P_x}} \int_{r_c}^{1} \frac{r^{3/2}}{\sqrt{F(r)}} \mathrm{d}r \tag{6-33}$$

其中

$$F(r) = \frac{P_0}{P_x} \frac{1}{\gamma-1} \left[1 - r^{-3(\gamma-1)}\right] + (1-r)^3 \tag{6-34}$$

其中,$r = R/R_0$ 表示运动气泡当时的半径 R 与初始半径的比值 R_0($R_0 = d_{mb}/2$);γ 为敏化气泡中气体的比热容;r_c 是公式 $F(r) = 0$ 的实数根;ρ_e 是乳化基质的密度;P_0 为乳化炸药爆炸前炸药气泡内部的压力,P_x 为化学反应区的峰值压力。

气泡压缩到最小的临界直径：

$$R_c = r_c R_0 \tag{6-35}$$

乳化炸药反应速率 W 可以通过乳化炸药燃烧的线速度 u_b 来表示,由文献可知：

$$u_b = \frac{m'}{\pi \tau_0 d_{mb}^2 \rho_e} = \frac{1}{\tau_0 d_{mb}^2 \varphi_b} \tag{6-36}$$

其中,m' 表示炸药质量减少速率;φ_b 是常数,约等于 8.6886×10^5 s/m³。

由式(6-36)可得：

$$m' = \frac{\pi \rho_e}{\varphi_b} \tag{6-37}$$

气泡沿径向压缩的特征速度：

$$v_b = \frac{3m'}{(4\pi \rho_e R_c^2)} \tag{6-38}$$

热点周围乳化基质反应时间：

$$t_b = \left[\left(\frac{R_{bs}}{R_c} \right)^3 - 1 \right] \frac{R_c}{v_b} \qquad (6\text{-}39)$$

6.1.2.7　爆轰反应时间和化学反应区宽度的计算

由文献可知,玻璃微球受初始冲击波作用而塌陷破坏的时间要比气泡压缩时间和热点周围乳化基质反应时间小好几个量级,因此可以忽略,所以爆轰反应时间:

$$t_* = t_c + t_b \qquad (6\text{-}40)$$

化学反应区的宽度可近似由下式表示:

$$x_* = (D - u_{CJ}) t_* \qquad (6\text{-}41)$$

爆轰反应粒子速度:

$$u_{CJ} = D/(n + 1) \qquad (6\text{-}42)$$

由式(6-41)和式(6-42)可得化学反应区宽度的计算公式为

$$x_* = \frac{n}{n + 1} D t_* \qquad (6\text{-}43)$$

由表 6-4 可知,通过理论计算得到的爆速值 D 与文献中的爆速值 D 误差小于 6%,并且,计算得到的物质速度 u_{CJ}、爆轰反应时间 t_*、化学反应区宽度 x_* 与文献中的数据非常接近。

表 6-4　爆轰参数计算结果与实验值比较

ρ_0(kg/m³)	m_{mb}	D(km/s)	D(km/s)	P_x(GPa)	P_{CJ}(GPa)	u_{CJ}(km/s)	t_c(μs)	t_b(μs)	t_*(μs)	x_*(mm)
800	0.5238	3.527	3.625	5.722	2.34	0.81	3.98	1.07	5.05	14.22
805	0.5198	3.484	3.698	5.806	2.45	0.82	4.07	1.12	5.19	14.94
957	0.3971	4.337	4.501	8.666	4.31	1.00	2.89	1.31	4.20	14.70
963	0.3923	4.294	4.537	8.789	4.41	1.01	30.5	1.39	4.44	20.10
1101	0.2809	4.818	4.979	11.892	6.07	1.11	2.73	1.65	4.38	16.95
1269	0.1461	4.975	4.895	16.291	6.76	1.10	2.45	3.57	6.02	22.85
1311	0.1122	4.262	4.363	17.498	6.06	1.01	3.06	4.72	7.78	28.64

6.1.2.8　分析与讨论

乳化炸药爆轰反应区宽度和爆轰反应时间随着装药密度的增加而增加,这也是导致乳化炸药爆速不随装药密度线性增加的主要原因;本节中从微观角度理论计算得到的玻璃微球型乳化炸药爆轰参数与实验值非常接近,该方法可为后期储氢型复合乳化炸药爆轰反应模型的建立提供理论指导。

6.1.3　储氢型乳化炸药敏化反应物理模型

"敏化"是乳化炸药研究的主要内容,如何合理、可靠、安全地实现乳化炸药的敏化是本书的研究重点。本书对于储氢型复合乳化炸药敏化方式的研究分为三个阶段,即水解敏化、复合敏化和动态敏化。

6.1.3.1　水解敏化

水解敏化是通过储氢材料水解产生 H_2，产生敏化气泡，敏化气泡作为"热点"起到使乳化基质具有雷管感度的作用。与玻璃微球型乳化炸药的区别是敏化气泡的载体不同，玻璃微球中含有的气体为 N_2，而氢气泡中含有的气体是 H_2。由6.1.2.7节的讨论可知，玻璃微球型乳化炸药中的玻璃微球在爆轰反应过程中的塌缩时间可忽略不计，因此储氢型化学敏化复合乳化炸药的爆轰反应物理模型与玻璃微球型乳化炸药相似，不同之处是敏化气泡尺寸、敏化气泡的气体热力学性质以及 H_2 作为含能材料参与爆轰反应增加了爆轰能量。

6.1.3.2　复合敏化

储氢型复合敏化乳化炸药的研究是储氢型乳化炸药研究的过渡阶段，储氢型乳化炸药的最终目标是实现动态敏化，但是由于现有储氢材料的局限性，其动态敏化效果不佳，因此需借助玻璃微球增强敏化效果，提高爆轰稳定性。复合敏化是利用玻璃微球和储氢材料共同起到敏化效果，实验表明，仅使用包覆的储氢材料其动态敏化效果不显著，采用复合敏化技术的储氢型乳化炸药的热点可认为大部分由玻璃微球提供，玻璃微球周围的储氢材料参与了部分敏化过程，但主要是作为含能材料参与爆轰反应，储氢型复合敏化乳化炸药爆轰反应数学模型可参考玻璃微球型复合乳化炸药。

6.1.3.3　动态敏化

以"动态敏化"的方式实现乳化基质的"实时"敏化是本书研究工作的最终目标。"动态敏化"定义如下：在炸药爆轰过程中，储氢材料受到冲击绝热压缩作用分解产生 H_2，在乳化炸药中形成敏化气泡，其敏化过程发生在爆轰过程中，故将其称为"动态敏化"（图 6-4）。

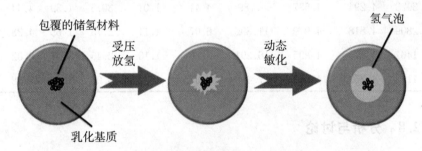

图 6-4　储氢材料动态敏化的物理模型

动态敏化热点形成过程如下：起爆雷管爆炸形成的冲击波在包含储氢材料的基质内传播，压缩储氢材料释放 H_2，近雷管处的炸药释放 H_2 后首先形成热点并被起爆，形成向外传播的爆轰波，在爆轰波前方有前导冲击波，前导冲击波压缩储氢材料释放 H_2，释放的 H_2 在随后到来的爆轰波作用下形成热点，使周围的乳化炸药发生爆轰，该过程不断向外循环，实现炸药的动态敏化和爆轰。与玻璃微球型乳化炸药形成热点的过程相比，储氢型动态敏化乳化炸药形成热点增加了储氢材料释放 H_2 形成氢气泡这一过程，建立储氢型动态敏化乳化炸药爆轰过程的数学模型涉及储氢材料在爆轰反应的超高温高压条件下的放氢反应动力学问题、黏性液体中气泡流体力学特性等问题。后期研究的重心是寻找动态敏化效果良好的储氢材料,研究具有优异爆轰性能的储氢型动态敏化乳化炸药,借助数值模拟和实验手段,结合玻璃微球型乳化炸药爆轰反应数学模型,研究储氢型动态敏化乳化炸药爆轰反应数学模型。

6.2　储氢型乳化炸药的爆轰特性

乳化炸药作为一种含水胶状炸药,水的加入虽然提高了其安全性,但同时也降低了爆炸威力,严重制约其应用与发展。因此,为提高乳化炸药的爆炸威力,研究人员通常将金属粉末、军用炸药和储氢材料等高能物质加入到炸药中来提高其爆轰性能。为了提高乳化炸药的爆炸威力和安全性,课题组首次将储氢材料引入到乳化炸药的研制当中,发明了储氢型复合乳化炸药。储氢型复合乳化炸药的敏化过程主要发生在炸药爆轰反应过程中,具有"动态敏化"特点。在一定条件下,乳化基质中的储氢材料水解释放出 H_2,在乳化基质中形成均匀分布的敏化气泡,起到敏化作用;同时 H_2 是含能物质,参与爆轰反应从而提高乳化炸药爆炸威力。通过向乳化基质中添加储氢材料来提高乳化炸药爆炸威力,对乳化基质没有特殊要求,因而具有很好的应用前景。

6.2.1　储氢材料选择

课题组前期主要以 MgH_2 和 TiH_2(图 6-5)这两种具有代表性的储氢材料为对象,研究储氢型复合乳化炸药爆轰性能。实验所用 MgH_2 平均粒度为 20 μm、晶粒尺寸在 10 nm 左右的灰黑色固体粉末,储氢量为 7.6%,在空气中能瞬间着火,和水、无水乙醇剧烈反应,常压下催化合成的活性氢化镁在 330 ℃放氢反应速度很快;实验用 TiH_2 为黑色固体粉末,平均粒度为 30 μm,储氢量为 3.8%,较难溶于水,TiH_2 的分解速率随着温度的升高而逐步提高,TiH_2 的热分解反应为多级反应,第 1 个放热峰出现在 550~600 ℃,第 2 个放热峰出现在 680~730 ℃。

(a) MgH_2　　　　　　　　(b) TiH_2

图 6-5　储氢材料

储氢材料在反应过程中会释放出氢气,而氢的能量密度是液态碳氢燃料的 3 倍,并且同氧气反应后水是唯一产物,不会产生任何污染,对保护环境有利。因此,储氢材料是一种理想的含能材料。

6.2.2 不同 TiH₂ 含量的乳化炸药爆轰性能测试

空中爆炸实验是评估炸药做功能力的常用方式之一,采用空中爆炸实验法测试相同粒径不同含量 TiH₂ 型储氢型乳化炸药的爆炸超压、温度场。传感器距离装药中心 70 cm。利用,爆热弹测量乳化炸药的爆热。每一组样品的质量为 20 g,配方如表 6-5 所示。

表 6-5 乳化炸药的组成成分

乳化炸药样品	质 量 分 数		
	乳化基质	玻璃微球	TiH₂
样品 A	96%	4%	0%
样品 B₁	94%	4%	2%
样品 B₂	92%	4%	4%
样品 B₃	90%	4%	6%
样品 B₄	88%	4%	8%

由图 6-6 可知,乳化炸药的冲击波峰值压力随着 TiH₂ 添加量的增加,呈先升高后降低的趋势。出现这种现象的原因可归结为:每组乳化炸药样品的质量为 20 g,TiH₂ 的加入会造成炸药中乳化基质的含量降低。当添加的 TiH₂ 过少时,TiH₂ 对乳化炸药的爆炸冲击波压力的促进作用不明显,炸药中减少的乳化基质对爆炸冲击波压力的削弱作用会抵消 TiH₂ 的促进作用;然而,当添加的 TiH₂ 过量时,过量的 TiH₂ 会改变乳化炸药的氧平衡导致爆炸冲击波压力下降。通过对降噪后的冲击波压力曲线进行计算,得到了每组乳化炸药样品对应的正压持续时间和正相冲量数据,如表 6-6 所示。通过表 6-6 可以发现,随着乳化炸药中 TiH₂ 含量的增加,乳化炸药的爆炸冲击波正压持续时间不断增大。出现该现象的原因是:TiH₂ 作为储氢材料在炸药爆炸过程中会释放氢气,而释放的氢气会参与炸药爆轰反应,从而增加炸药的爆炸威力并延缓冲击波的衰减。此外,当 TiH₂ 的添加量为 6% 时(样品 B₃),乳化炸药的冲击波峰值压力和正相冲量达到最大值,分别为 73.0 kPa 和 13.4 Pa·s,相比样品 A(空白乳化炸药)分别提高了 38.3% 和 42.6%。空中爆炸实验结果表明:加入不同 TiH₂ 含量的乳

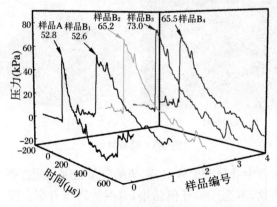

图 6-6 空中爆炸实验的爆炸超压-时间曲线

化炸药的爆炸冲击波压力变化情况与爆炸温度场的变化情况相吻合。

表 6-6　乳化炸药样品空中爆炸参数

乳化炸药样品	P_m (kPa)	t_+ (μs)	I_+ (Pa·s)
样品 A	52.8	429.1	9.4
样品 B_1	52.6	442.0	10.8
样品 B_2	65.2	450.6	11.3
样品 B_3	73.0	485.4	13.4
样品 B_4	65.5	497.4	12.6

利用比色测温技术测量了乳化炸药爆炸的瞬态温度场如图 6-7（彩图）和表 6-7 所示。由图 6-7 可知：除空白乳化炸药（样品 A）的爆炸平均温度的变化趋势为一直下降外，其他引入 TiH_2 粉体的储氢乳化炸药的爆炸平均温度整体变化情况呈先上升后下降趋势，该结果表明 TiH_2 的引入会提高乳化炸药的爆炸温度并延缓其衰减。此外，各组乳化炸药样品 A、B_1、B_2、B_3 和 B_4 的最高爆炸平均温度和爆炸火球持续时间分别为 2154 K、3040 K、3072 K、3095 K、3074 K 和 40.6 μs、52.2 μs、63.8 μs、69.6 μs、81.2 μs。TiH_2 粉体的含量在 0～8% 的范围内，乳化炸药样品的爆炸平均温度和火球持续时间分别在 TiH_2 含量为 6% 与 8% 时达到最大值 3095 K、81.2 μs。产生该现象的原因可归纳为：TiH_2 粉体作为高能储氢合金粉末，一方面会参与乳化炸药的爆轰反应，提高炸药爆炸温度；另一方面在炸药爆炸后，炸药中的储氢合金粉末会发生强烈的后燃反应，从而延缓爆炸火球温度的衰减。此外，当引入的 TiH_2 粉末较少时，乳化炸药爆炸温度随着 TiH_2 含量的增加而逐渐上升，当引入的 TiH_2 粉末过多时，其会改变乳化炸药的氧平衡，导致炸药爆炸温度下降。

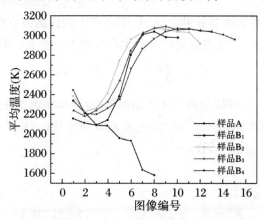

图 6-7　不同氢化钛含量的乳化炸药爆炸平均温度-时间曲线

表 6-7　乳化炸药爆炸温度场测量

乳化炸药样品编号	平均温度（K）	火球持续时间（μs）
样品 A	2154	40.6
样品 B_1	3040	52.2
样品 B_2	3072	63.8
样品 B_3	3095	69.6
样品 B_4	3074	81.2

6.2.3 不同 MgH₂含量的乳化炸药的爆轰性能测试

6.2.3.1 水下爆炸参数的计算

对于水中爆炸，通常用冲击波超压、衰减时间、比冲量、能流密度、比冲击波能、比气泡能、冲击波总能量等参数来全面表征炸药在水中爆炸的性能。

1. 比冲量

炸药水中爆炸比冲量是冲击波压力对时间的积分，即

$$I(t) = \int_0^t P(t)\mathrm{d}t \tag{6-44}$$

其中，$P(t)$ 为实验记录的压力，$P(0)$ 为传感器放置在水中的初始压力。一般的初始压力比冲击波压力小的多，可忽略不计，积分时间一般取 5θ，其中 θ 为冲击波衰减时间。

2. 能流密度

能流密度是衡量冲击波能量输出的重要参数，一般将能流密度定义在 5 倍时间常数内对 $P^2(t)$ 的积分，并考虑水的蠕变流动，可得

$$E = \frac{1}{\rho_0 c_0}(1 - 2.422 \times 10^{-4} P_\mathrm{m} - 1.031 \times 10^{-8} P_\mathrm{m}^2)\int_0^{5\theta} P^2(t)\mathrm{d}t \tag{6-45}$$

其中，θ 为衰减时间常数，即取冲击波压力从峰值 P_m 衰减到 P_m/e 的时间(s)；$\rho_0 c_0$ 为水的声阻抗(MPa/(m/s))。

3. 比冲击波能

一般认为水中冲击波由两部分组成：一是炸药产生的爆轰波在爆轰产物与水的界面透射形成冲击波波头，二是产物气泡加速膨胀运动产生冲击波波头。根据水中爆炸相似率有

$$E_\mathrm{s} = \frac{4\pi R^2}{W\rho_\mathrm{w} c_\mathrm{w}}\int_0^{6.7\theta} P^2(t)\mathrm{d}t \tag{6-46}$$

其中，E_s 为冲击波能(kJ/kg)；R 为药包离传感器的距离(m)；W 为装药量(kg)；ρ_w 为水的密度(g/cm³)；c_w 为水中音速(m/s)；θ 为冲击波衰减时间常数(μs)，$P(t)$ 为距爆压中心 R 处爆炸冲击波超压随时间变化的函数。

4. 比气泡能

比气泡能 E_b 由下式计算：

$$E_\mathrm{b} = (\sqrt{1 + 4Ct_\mathrm{b}} - 1)^3/(8C^3 k_1^3 W) \tag{6-47}$$

$$k_1 = \frac{1.135\rho^{1/2}}{p_\mathrm{h}^{5/6}} \tag{6-48}$$

其中，E_b 为比气泡能(MJ/kg)；t_b 是气泡第一次脉动周期(s)；ρ 为水的密度(kg/m³)；p_h 是测点处流体静水压(Pa)；C 是校正系数，C 值由经验方法确定。

5. 水下爆炸总能量

冲击波水下爆炸总能量：

$$E = K_\mathrm{f}(\mu E_\mathrm{s} + E_\mathrm{b}) \tag{6-49}$$

其中，E 为水下爆炸总能量(MJ/kg)；μ 为冲击波损失系数；K_f 为炸药的形状参数，对于球形

取 1.00,对于非球形取 1.02~1.10。

6.2.3.2　储氢型水解敏化乳化炸药爆炸特性

将储氢材料 MgH_2（平均粒径为 $20~\mu m$）和 TiH_2（平均粒径为 $100~\mu m$）按比例分别加入到乳化基质中制成乳化炸药,对其爆轰性能进行了初步验证,并与玻璃微球敏化的乳化炸药进行比较。利用水下爆炸实验测试系统,研究储氢型复合乳化炸药做功能力以及水下爆炸冲击波相关参数。

本次实验所用乳化基质为安徽舜泰化工厂生产,为了排除乳化基质质量不同造成的影响,实验中炸药样品所含乳化基质的质量都为 50 g,制成的乳化炸药均在常温下发泡 24 h 后起爆。乳化炸药常用的敏化方式是玻璃微球敏化。已有研究表明:当玻璃微球含量为 4% 时,乳化炸药的输出能量最大;在乳化炸药中添加铝粉,能够增加炸药的爆热,从而提高炸药的做功能力。为了更好地体现储氢型乳化炸药的性能,对不同材料敏化的乳化炸药进行水下爆炸实验,比较其能量输出特性。为了排除乳化基质含量的影响,样品所含乳化基质的质量均为 50 g。对于玻璃微球型乳化炸药,乳化炸药和玻璃微球的质量配比为 100∶4;对于玻璃微球-Al 粉型乳化炸药,乳化炸药、玻璃微球及 Al 粉的质量比为 100∶4∶4;对于 MgH_2 储氢型乳化炸药,乳化炸药和 MgH_2 的质量配比为 100∶2。

利用水下爆炸实验来评估 MgH_2 型储氢型乳化炸药的爆轰性能,乳化炸药为球形装药,装药位置位水面以下 2.5 m 处与传感器距离为 1.25 m,得到的实验结果如表 6-8 所示。相对于 GMs 型乳化炸药 MgH_2 储氢型乳化炸药在冲击波超压、比冲量、比冲击波能、比气泡能及比总能量等能量输出参数上增加显著,其中冲击波超压提高了 20.5%,比冲击波能增加了 31.0%。铝粉的加入,使 GMs 型乳化炸药的水下爆炸比总能量增加了 11.0%,却使爆压降低了 1.6%。

表 6-8　种乳化炸药水下爆炸能量输出参数

乳化炸药样品	ΔP(MPa)	$\theta(\mu s)$	I(Pa·s)	e_s(J/g)	e_b(J/g)	e_t(J/g)
玻璃微球型	10.35	37.08	588.34	1031.32	893.79	2727.88
玻璃微球-Al 粉型	10.18	44.68	641.23	1073.17	1126.84	3027.85
MgH_2 型	12.47	37.89	684.45	1237.57	1303.78	3573.52

图 6-8 为 3 种乳化炸药距爆源 1.25 m 处的比冲击波能时程曲线。从图 6-8 可以看出,水下爆炸实验中 MgH_2 储氢型乳化炸药的比冲击波能明显高于 GMs 型和 GM-Al 型乳化炸药,并且 MgH_2 储氢型乳化炸药的比冲击波能上升速率最快。GMs 型乳化炸药在加入铝粉后,比冲击波能的上升速率开始减缓,但是最终的比冲击波能却明显增加。这一现象可以从含铝炸药的爆轰机理解释:铝粉在炸药爆轰时没有参加 C-J 面上的反应或远未完全反应,在反应动力学上对反应物的浓度起稀释作用,同时吸热并消耗一部分能量,从而降低爆轰反应区的能量,使爆压降低,但是随后铝粉的燃烧提高了爆炸场的温度和持续时间,增加了乳化炸药的爆热,延缓了冲击波的衰减。

综上所述,MgH_2 能够明显改善乳化炸药的爆炸性能,使乳化炸药的冲击波超压和水下爆炸总能量显著增加。铝粉的加入虽然能够提高炸药的爆热,增强炸药的做功能力,但是却

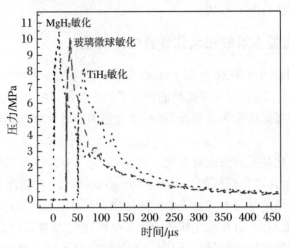

图 6-8　三种乳化炸药压力时程曲线

使炸药的爆压降低,并且铝粉在空气中容易氧化成 Al_2O_3,大大降低铝粉的利用率。此外,Al_2O_3 是有毒物质,人体吸入含有大量 Al_2O_3 颗粒的气体后,会对身体造成伤害。与铝粉相比,MgH_2 不易与空气发生氧化反应,并且它在乳化炸药中的含量较少,与炸药反应后生成的爆炸产物 MgO 对人体无害。从保护环境角度看,MgH_2 也优于 Al 粉。

6.2.4　含能微囊敏化的乳化炸药爆轰性能测试

传统高能乳化炸药主要由乳化基质、敏化剂和含能添加剂三部分组成。乳化基质主要成分为硝酸铵(NH_4NO_3)、硝酸钠($NaNO_3$)、石蜡($C_{18}H_{38}$)、柴油($C_{12}H_{26}$)、乳化剂($C_{24}H_{44}O_6$)和水(H_2O),密度为 1.34 g/cm^3,各组分的质量分数见表 6-9。含能中空微囊(EHMs)是球形复合微球,平均粒径为 110 μm。微囊内含有戊烷气体和 TiH_2 颗粒。微囊的堆积密度为 1.2 g/cm^3,微囊内的 TiH_2 含量为 33%。

表 6-9　乳化基质的组成成分

组成	NH_4NO_3	$NaNO_3$	$C_{18}H_{38}$	$C_{12}H_{26}$	$C_{24}H_{44}O_6$	H_2O
质量分数	75%	8%	4%	1%	2%	10%

1. 乳化炸药配方

前期研究工作中,已表明 GMs 和 TiH_2 颗粒在乳化炸药中的质量比均为 4% 时,GMs-TiH_2 共同敏化的乳化炸药爆轰性能最佳。但是,当乳化炸药中的 TiH_2 含量从 2% 增加到 4% 时,炸药的冲击波能、比气泡能和冲击波总能量只略微增加(分别增加了 2.4%、1.2% 和 1.4%)。考虑到炸药的爆炸威力和乳化炸药的成本,GMs-TiH_2 共同敏化的乳化炸药中 GMs 和 TiH_2 粉的最佳质量比分别为 4% 和 2%。由于含能微囊中 TiH_2 的含量比为 33%,所以样本 A_3 中 6% 的含能微囊含有 2% 的 TiH_2,因此样品 A_2 和 A_3 含有相同质量的 TiH_2。三种乳化炸药的配方如表 6-10 所示。

表 6-10　三种类型的乳化炸药

样品	质 量 分 数			
	乳化基质	GMs	TiH$_2$	EHMs
A$_1$	96%	4%	0	0
A$_2$	94%	4%	2%	0
A$_3$	94%	0	0	6%

2. 乳化炸药样品制备

GMs 敏化乳化炸药样品 A$_1$ 的制备：将乳化基质在恒温箱 50 ℃条件下加热 50 min 后，在乳化基质中加入质量分数为 4%的玻璃微球，在常温下搅拌均匀，制得玻璃微球敏化的乳化炸药。

TiH$_2$-GMs 复合敏化储氢型乳化炸药样品 A$_2$ 的制备：将乳化基质在恒温箱 50 ℃条件下加热 50 min 后，在乳化基质中按比例加入混合均匀的 TiH$_2$ 粉末和玻璃微球，在常温下搅拌均匀，制得 TiH$_2$-GMs 复合敏化高能乳化炸药，如图 6-9（a）所示，TiH$_2$ 和玻璃微球在乳化基质中均匀分布。

含能中空微囊敏化的储氢型乳化炸药的样品 A$_3$ 制备：将乳化基质在恒温箱 50 ℃条件下加热 50 min 后，加入 6%的含能中空微囊，在常温下搅拌均匀，最后制得微囊敏化的高能乳化炸药，如图 6-9（b）所示为含能中空微囊在乳化基质中均匀分布。

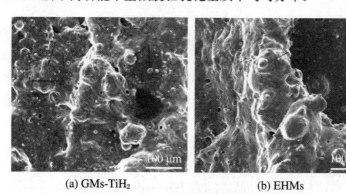

(a) GMs-TiH$_2$　　　　　　　　(b) EHMs

图 6-9　两种类型的乳化炸药的 SEM 图

1. 猛度测试

猛度和爆速是研究炸药爆轰性能的重要参数。利用猛度和爆速测量实验，研究 EHMs 敏化的乳化炸药的猛度和爆速，并与 GMs-TiH$_2$ 共同敏化的乳化炸药进行了比较，每种样品做三次实验。猛度和爆速实验均在如图 6-10 所示的爆炸碉堡中进行。

乳化炸药的爆炸威力可以用猛度表示，猛度通常用铅铸压缩量来表示。如图 6-11 所示，是铅铸压缩法实验装置示意图。如图所示，将 50 g 制备好的乳化炸药样品装入纸筒中，样品的直径和铅铸的直径相同，均为 40 mm，未压缩铅铸的初始的高度 60 mm。并在炸药样品和铅铸之间放置一块 10 mm 厚的钢板，目的是使炸药爆轰产生的能量均匀地向铅铸传递。

图 6-10 空中爆炸实验碉堡

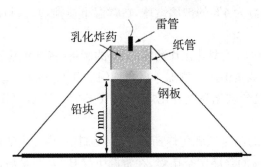

图 6-11 铅铸压缩法示意图

2. 爆速测试

除了采用铅柱压缩法来测量乳化炸药的猛度以外,还采用探针法测量炸药的爆速,如图 6-12 所示,是炸药爆速测量实验装置示意图。具体操作步骤如下:首先将乳化炸药样品装入长度为 350 mm、直径为 40 mm 的 PVC 管中,然后在 PVC 管上每隔 50 mm 打一个孔,将自制的压电探针插入孔中,然后将被测炸药置于爆炸碉堡中,最后进行起爆并利用多段智能爆速测量仪测量乳化炸药的爆速。

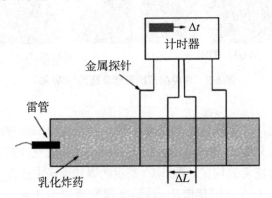

图 6-12 爆速测量示意图

图 6-13 为三种乳化炸药的猛度实验结果,表 6-11 为不同乳化炸药的猛度和爆速测得参数。如图 6-13 和表 6-11 所示,含能中空微囊敏化的乳化炸药的猛度和爆轰速度分别是 23.5 mm 和 4797 m/s,与玻璃微球敏化的乳化炸药相比,含能中空微囊敏化的乳化炸药的猛度提高了 45%,这是由于含能微囊内的 TiH_2 作为含能添加剂提高了炸药的爆热和爆轰反

应度;与 GMs-TiH₂ 敏化的乳化炸药相比,含能微囊敏化乳化炸药的密度从 $1.13\ g/cm^3$ 增加到 $1.25\ g/cm^3$,猛度和爆速分别提高了 3% 和 138 m/s。这是由于含能微囊独特的空心结构可以节省高能添加剂 TiH₂ 单独加入所占据的体积,提高了炸药的装药密度,从而提高乳化炸药的爆轰性能。

图 6.13　三种乳化炸药的猛度实验结果

表 6-11　三种类型的乳化炸药的爆轰参数

样品	密度(g/cm^3)	铅柱压缩量(mm)	爆速(m/s)
A₁	1.18	16.1 ± 0.3	4534 ± 25
A₂	1.13	22.8 ± 0.6	4659 ± 35
A₃	1.25	23.5 ± 0.4	4797 ± 47

6.3　储氢型乳化炸药的不同敏化方式介绍

6.3.1　储氢合金水解敏化乳化炸药

乳化炸药的是一种油包水型微观结构的胶状乳胶基质,但乳胶基质通常没有雷管感度,需要经过物理或化学敏化的方法加入热点后制成乳化炸药才能使其具有雷管感度并能被雷管起爆。敏化剂的作用是在乳化基质中引入均匀分布的小气泡,当冲击波掠过乳化炸药时,压缩空气泡形成"热点","热点"周围的乳化炸药加速反应并转为爆轰,为后续爆炸的乳化炸药提供能量,从而使炸药爆轰反应持续下去。需要指出的是,无论是物理敏化中的玻璃微球敏化法,还是加入发泡剂的化学敏化法,敏化过程中所添加的物质主要起到增加乳化基质内"热点"的作用,对乳化炸药的爆轰能量没有增强效果;另一方面,乳化炸药虽然具有优异的做功能力,其猛度甚至高于 TNT 炸药,但是水下爆炸实验表明,它的爆炸冲击波峰值、冲量、能量等指标较小,说明乳化炸药在能量输出方面略显不足。MgH₂ 是一种新型含能材料,为晶粒尺寸约 10 nm、粒度为 1~3 μm 的灰黑色固体粉末,其理论含氢量高达 7.6%,常温下与水和无水乙醇剧烈反应。若将 MgH₂ 加入到乳化炸药中,则在一定条件下乳化基质中的 MgH₂ 会释放出氢,起到敏化作用;氢气具有较高的能量密度,是液态碳氢燃料的 3 倍,因此

MgH_2还起到了增加炸药爆炸威力的作用；此外，氢气与氧气反应时，唯一的产物是水，不产生任何污染。本研究针对MgH_2敏化储氢型乳化炸药及传统敏化方式敏化的乳化炸药，通过理论计算和水下爆炸实验，对比研究MgH_2储氢型乳化炸药在冲击波超压、比冲量、比冲击波能、比气泡能等爆炸特性参数，初步分析其爆轰反应机理。

乳化炸药由乳化基质和敏化剂两种组分组成，乳化基质呈弱酸性，当在乳化基质中加入MgH_2或TiH_2等的储氢合金后他们会和乳化基质中的水发生反应并生成H_2。将他们与乳化基质完全混合并静置等待他们发生反应24 h左右。此时乳化基质便具有了雷管感度。这种利用储氢材料的水解反应对乳化基质进行敏化的现象称为水解敏化现象，如图6-14为储氢材料水解敏化物理模型。

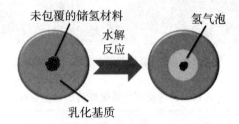

图6-14　储氢材料水解敏化物理模型

6.3.2　储氢合金复合敏化乳化炸药

复合敏化是指采用包覆储氢材料和玻璃微球对乳化炸药进行敏化，是研究动态敏化型储氢乳化炸药的过渡阶段，是为了实现最终的动态敏化。

6.3.2.1　玻璃微球和储氢材料复合敏化

由于目前储氢材料的敏化效果不佳，因此，在加入储氢材料的同时，选择玻璃微球增强乳化炸药敏化效果。如图6-15为玻璃微球和储氢材料复合敏化的物理模型，在储氢合金复合敏化乳化炸药起爆过程中，可认为热点大部分是由玻璃微球中气体压缩形成的，而储氢材料只参与部分敏化的过程，其主要作为含能材料参与爆轰反应，提高炸药爆轰性能。后文将对玻璃微球和TiH_2复合敏化即玻璃微球－TiH_2型复合敏化的乳化炸药安全性进行研究。

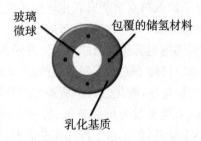

图6-15　玻璃微球和储氢材料复合敏化的物理模型

6.3.2.2　包覆储氢材料动态敏化

前文所介绍MgH_2型水解敏化储氢炸药虽然具有优异的爆轰性能和抗压特性，但是由于储氢材料的水解反应特征,存在发泡后效和敏化过程难以有效控制的问题。研究发现,可以通过包覆技术对储氢材料进行包覆处理,抑制其发泡作用,从而解决 MgH_2 型储氢复合乳化炸药的发泡后效和敏化过程难以有效控制的问题。

对储氢材料进行包覆的方法通常有球磨包覆法、溶胶凝胶法、重结晶包覆法、物理气相沉积法等。乳化炸药的主要成分为乳化基质,为解决发泡后效和敏化过程难以有效控制的问题,要求包覆后的储氢材料在加入乳化基质中不发生水解反应,且乳化基质是一种弱酸性乳状液,因此,要求储氢材料包覆膜具有防弱酸和防水功能,保证储氢材料与乳化基质的相容性;同时为了保证储氢材料的储存稳定性,要求包覆膜能够使储氢材料隔绝空气;并且保证储氢材料在爆轰过程中能够释放出 H_2,保证 H_2 可以通过包覆膜。如图 6-16 为储氢材料动态敏化物理模型,图6-17为储氢材料包覆膜功能示意图。

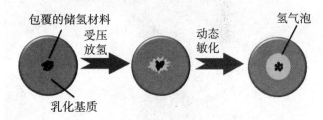

图 6-16　储氢材料动态敏化的物理模型

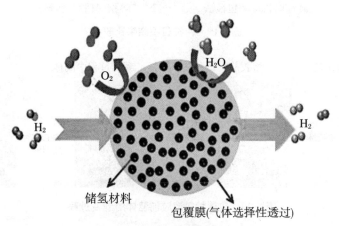

图 6-17　储氢材料包覆膜功能示意图

包覆材料的选择方面,石蜡和硬脂酸是炸药中常用的黏结剂和钝化剂,且都具有不溶于水的特性,因此选择石蜡和硬脂酸作为包覆膜的备选材料,以期达到防水和降感的双重目的,石蜡和硬脂酸如图 6-18 所示。

包覆膜制备工艺的选择,如图 6-19(a)所示,为球磨机湿磨包覆法得到的包覆储氢材料,此方法工艺复杂,耗时长,且制得的包覆储氢材料容易结块;如图6-19(b)所示,为"溶胶-凝胶"包覆法得到的包覆储氢材料,其防水效果好,且粒径小。因此,选择"溶胶-凝胶"包覆法制备储氢材料包覆膜。"溶胶-凝胶"包覆法是利用相似相溶原理将石蜡和硬脂酸溶解到有机溶剂中,为了缩短溶解时间可以适当加热,然后向溶液中加入 MgH_2 粉末并搅拌均匀,制成溶胶前驱体,并放在真空干燥箱中烘干,具体制作过程如图 6-20 所示。

为了验证不同包覆材料的包覆效果,利用溶胶-凝胶法分别制得了石蜡和硬脂酸包覆的

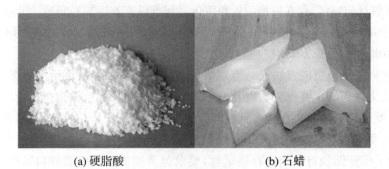

(a) 硬脂酸   (b) 石蜡

图 6-18　包覆材料

(a) 球磨机湿磨包覆法   (b) "溶胶–凝胶"包覆法

图 6-19　两种包覆结果比较

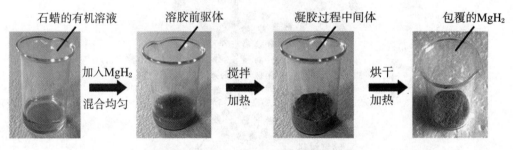

图 6-20　包覆材料溶胶前驱体的制备过程

MgH_2 样品,包覆膜的厚度可以通过包覆材料的比例进行调节,利用扫描电镜对未包覆、石蜡包覆以及硬脂酸包覆的 MgH_2 样品微观结构进行表征和比较,如图 6-21 所示。从图中可以看出,采用溶胶–凝胶法能够实现 MgH_2 的均匀包覆,石蜡包覆膜的表面有纳米级的缝隙,硬

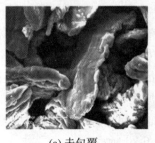 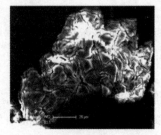 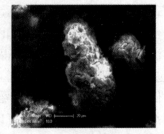

(a) 未包覆   (b) 石蜡包覆   (c) 硬脂酸包覆

图 6-21　MgH_2 的微观结构图

脂酸包覆膜表面致密,且石蜡和硬脂酸都能均匀地将储氢材料包覆起来。

　　包覆膜的防水性能是解决 MgH_2 型水解敏化乳化炸药发泡后效、提高炸药储存稳定性的重要性能。包覆膜制作完成后,对包覆膜的防水性能进行测试,如图6-22所示,为未包覆 MgH_2 与包覆的 MgH_2 防水性能比较实验。从图中可以看出,向水中加入未包覆的 MgH_2,会形成乳浊液,同时有大量气泡生成,说明未包覆的 MgH_2 遇水发生水解反应;而向水中加入包覆的 MgH_2 后,其悬浮在水面上,说明包覆的 MgH_2 与水不发生反应,具有很好的防水性,能够提高炸药储存稳定性。且通过"溶胶-凝胶"包覆法制得不同配比硬脂酸包覆和不同配比石蜡包覆的 MgH_2,分别记为石蜡5%、石蜡8%和硬脂酸5%、硬脂酸8%。将这些包覆后的储氢材料加入到乳化基质中观察发泡效果,通过观察乳化基质溢出管子的高度判断抑制发泡效果的好坏,PVC 的底部密封,溢出得越少则抑制发泡效果越好。为保证实验的均一性,所有加入乳化基质中的包覆储氢材料质量相等,实验所用的发泡见证管直径均为16 mm,长度为60 mm。在发泡45天后,观察乳化基质溢出 PVC 管的高度,实验发现,8%石蜡包覆的 MgH_2 抑制发泡效果优于5%石蜡包覆的 MgH_2,而5%硬脂酸包覆的 MgH_2 抑制发泡效果优于硬脂酸8%包覆的。因此,采用包覆技术混合敏化的方法,利用少量未包覆的 MgH_2 产生敏化气泡,将大部分的 MgH_2 包覆起来,可以有效解决 MgH_2 水解敏化储氢乳化炸药的发泡后效和发泡过程难以有效控制的问题,且包覆材料石蜡和硬脂酸在含量分别为8%和5%时抑制发泡效果最好。

(a) 未包覆　　　　　　　　　　　(b) 包覆后

图 6-22　MgH_2 的防水性能测试

6.3.3　储氢合金含能微囊敏化乳化炸药

　　储氢合金含能微囊敏化是指储氢合金含能微囊的中空结构对乳化炸药进行敏化,储氢合金含能微囊在乳化炸药中起到含能添加剂和物理敏化剂的双重作用。

6.3.3.1　固体膨胀剂制备的含能中空微囊

　　本节提出一种通用简单的方法用于合成具有中空结构的含能微囊,首先采用 AC(偶氮二甲酰胺)球磨包覆 TiH_2 颗粒,然后用预聚合的 PMMA(聚甲基丙烯酸甲酯)包覆球磨后的 AC-TiH_2 形成含能微囊,再通过热膨胀形成 PMMA/TiH_2 含能中空微囊,最后对所获得的含能中空微囊表面形貌、粒度、微观结构进行了表征。

本节采用改进的悬浮聚合制备可膨胀的含能中空微囊。如图 6-23 所示,该方法分为四个步骤:TiH_2 颗粒表面改性、AC 颗粒球磨包覆 TiH_2、悬浮聚合形成复合含能微囊和热膨胀形成中空含能微囊。图 6-24 为球磨前后的 TiH_2 颗粒和含能微囊的粒度分布,球磨前 TiH_2 的颗粒的平均粒径是 32 μm,粒度分布更宽。而球磨后形成的 AC-TiH_2 的平均粒径变小,大约是 23 μm。因此在球磨的过程中形成 AC 包覆 TiH_2 颗粒的同时,TiH_2 颗粒的粒径也在进一步减小。原因归结如下,球磨过程中颗粒间相互碰撞导致 TiH_2 破碎,TiH_2 的粒径变小,分布变窄。使用 PMMA 包覆 TiH_2 后形成的复合含能微囊与原材料 TiH_2 的粒径分布曲线差别很大,从图 6.24 中可以看到,TiH_2 的粒径范围为 $0.1{\sim}105$ μm,而多核中空含能微囊的粒径范围为 $58{\sim}180$ μm,平均粒径为 105 μm。

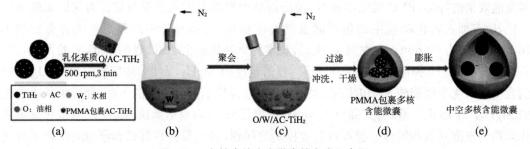

图 6-23　多核含能中空微囊的合成示意图

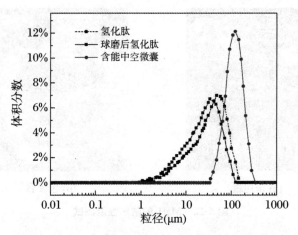

图 6-24　TiH_2、球磨后的 TiH_2 和含能微囊的粒度分布图

为了揭示含能微囊的形貌和表面结构,采用 SEM 和 OM 对 MMA(甲基丙烯酸甲酯)/TiH_2 比值为 2/1 的样品进行表征。从图 6-25(a)可以看到,实验制备的含能微囊呈球形,且颗粒大小均匀、未发生团聚。图 6-25(b)中含能微囊的膜是白色透明的,通过透明的膜可以看到微囊内部含有多个黑色的 TiH_2 颗粒。微囊内部和壳层之间的亮度不同表明了微囊是核壳结构。因此,微囊的光学显微图像(图6-25(b))可以证明成功制备了 PMMA 包覆的 AC-TiH_2 核壳结构复合微囊。

为了进一步确定 PMMA/TiH_2 含能热膨胀微囊的核壳结构,MMA/TiH_2 比为 2∶1 制备的复合含能微囊在 250 ℃条件下发泡 2 min,随后冷却至室温后将样品压碎,对其进行了 SEM 分析。观察断裂面,并拍摄 SEM 图像如图 6-26 所示。高倍率的 SEM 图像清楚地显示了含能微囊内部具有明显的中空结构,微囊的壳层厚度在 2 μm 左右。微囊封装 TiH_2 颗粒

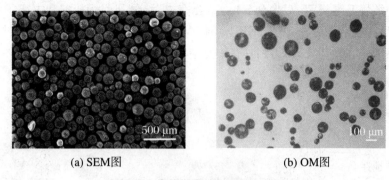

|(a) SEM 图|(b) OM 图|

图 6-25　含能微囊的 SEM 和 OM 图

后,一部分 TiH_2 包封在微囊核内,另一部分嵌入微囊的膜层中。

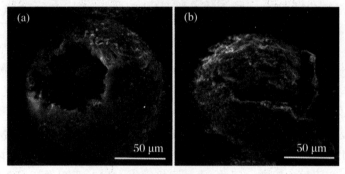

图 6-26　压碎后的含能微囊的 SEM 图

6.3.3.2　液体膨胀剂制备的含能中空微囊

本小节以 MMA(甲基丙烯酸甲酯)为单体,TEGDMA(乙二醇二甲基丙烯酸酯)为交联剂,低沸点烷烃为发泡剂,TiH_2 为核材料,通过一步悬浮聚合法直接将膨胀剂和 TiH_2 封装到 PMMA 微囊中,不需要球磨和预聚合。当微囊被加热到高于核液体的沸点和壳体材料的玻璃化转变温度时,芯材(核液体)的蒸气压将微囊膨胀成充满气体的微囊。当温度降至环境温度时,形成含有 TiH_2 颗粒的空心微囊。利用激光粒度测量系统对微囊的粒度及其分布进行了测试,研究了分散时间和分散速度对微囊粒度分布的影响;采用 OM 和 SEM 观察了含能微囊的膨胀体积变化和初始膨胀温度,研究了膨胀剂类别和含量对含能微囊热膨胀率的影响;利用 SEM 研究了分散剂、核壳比和压力对含能微囊表面形貌的影响因素;通过 TGA 测量了不同核壳比条件下形成的微囊热失重曲线,研究了核壳比对微囊热稳定性和包封效率的影响。

采用悬浮聚合法制备热膨胀含能中空微囊,主要包括乳化聚合和热膨胀两个阶段。

如图 6-27 所示,为液体膨胀剂制备含能中空微囊示意图。首先在 100~200 份去离子水中依次加入 10~20 份 NaOH、30~60 份 $MgCl_2 \cdot 6H_2O$、2~5 份 1% SDS(十二烷基硫酸钠)水溶液,剧烈搅拌 1 h 后形成稳定的悬浮保护液;然后,将 20~40 份单体 MMA、1~2 份引发剂 AIBN(偶氮二异丁腈)、0.2~0.5 份交联剂 EGDMA、10~20 份戊烷和 10~30 份 TiH_2 混合溶解形成混合油相;随后将油相倒入水相,均化一段时间后可获得稳定的水包油(O/W)乳液,其中油相液滴中含有 TiH_2 颗粒;立刻将悬浮溶液注入高压反应釜,在一定压力的氮气气氛中缓慢升温至 75 ℃聚合 5 h。聚合完成后,分别用稀盐酸和去离子水重复洗涤复合微囊,然后将复合微囊在 30 ℃下干燥 24 h,以便做进一步分析。最后,通过干燥后的复合微囊做加热膨胀和冷却处理,得到具有中空结构的含能微囊。

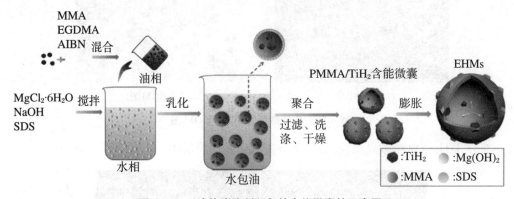

图 6-27　以液体膨胀剂制备的含能微囊的示意图

图 6-28 是不同核壳比条件下形成的 PMMA/TiH$_2$ 含能微囊的扫描电镜图片。PMMA/TiH$_2$ 含能微囊作为核壳结构复合材料,TiH$_2$ 的含量对微囊的形貌有重要的影响,如图 6-28 所示在相同的乳化条件下,微囊的核壳比从 0∶1 增加到 2∶1,形成的含能微囊都具有良好的球形形貌,且无团聚现象。但是,随着 MMA/TiH$_2$ 比例的降低,由于 PMMA/TiH$_2$ 比值太小,聚合物膜 PMMA 不能对核材料 TiH$_2$ 进行有效封装,更多的 TiH$_2$ 颗粒附着在微囊的表面上,使微囊表面变得更加粗糙。因此,通过调整优化 MMA/TiH$_2$ 配比,可制备良好球形形貌的 PMMA/TiH$_2$ 含能微囊。

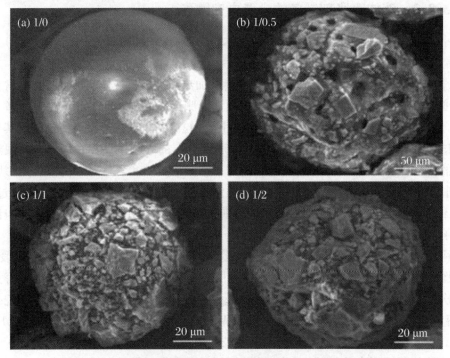

图 6-28　不同核壳比形成的 PMMA/TiH$_2$ 含能微囊的 SEM 图片

6.4　储氢乳化炸药的抗动压减敏机理

乳化炸药因其优良的爆轰性能与抗水性能在矿山爆破中有着极其广泛的应用,毫秒延期起爆技术是常用的技术之一,这样的起爆方式可减小共振,降低爆破地震效应、减小噪声、提高爆破效果等优点,在工程爆破中有着极其广泛的应用。但若采取这种爆破方式进行爆破时,已经装填好炮孔中的乳化炸药会受到先起爆药包的冲击波、应力波等外界动态压力载荷的作用,其起爆感度与爆轰性能严重下降。先起爆药包的应力波会预先压缩后起爆药包,使其发生拒爆或不完全爆轰的现象,我们称这种现象为压力减敏现象。在炮孔间距较小、水下爆破等条件下压力减敏现象。

压力减敏现象可分为动压减敏和静压减敏两种。乳化炸药的静压减敏现象主要出现在深水或深孔爆破作业中。由于静水压力和炸药自身重力等作用,导致乳化炸药药包密度增加,爆轰感度、冲击波感度、雷管感度等均会下降。此外,乳化炸药药包在受压过程中,其内部气泡会遭到破坏或者逃逸,从而使乳化炸药中产生"热点"的结构减少,致使爆轰性能降低。而动压减敏现象主要出现在前文提及的矿山爆破中。乳化炸药是个热力学不稳定的体系,在受到外界冲击波、应力波和压力脉冲等动态外力作用时,其内部颗粒结构容易产生聚结、析晶、破乳和变形。同时,敏化气泡和气泡载体在外力作用下会发生逃逸、迁移和破裂,气泡尺寸和数量也会发生严重变化,导致乳化炸药的爆轰性能下降,出现动压减敏现象。通过调查发现,乳化炸药动压减敏的影响因素主要有动态载荷大小、敏化方式和乳化剂。

乳化炸药的压力减敏程度可称之为减敏率,减敏率可由爆轰峰值压力、爆轰能量、爆速、猛度等来表征,具体如下:

乳化炸药发生压力减敏现象时,其冲击波峰值压力会介于未受压乳化炸药和单发雷管(此时乳化炸药产生了拒爆现象)的峰值压力之间。减敏率 η_i 可用下式表示:

$$\eta_i = (P - P_i)/(P - P_c) \tag{6-50}$$

其中,P 为未受压乳化炸药的冲击波峰值压力(MPa);P_i 为受压乳化炸药的冲击波峰值压力(MPa);P_c 为相同实验条件下的单发工业雷管得到爆炸冲击波峰值压力(MPa)。

以炸药冲击波能量来计算乳化炸药的压力减敏程度方法与式(6-50)类似,但需要将冲击波的峰值压力换成炸药爆炸产生的冲击波能量。减敏率 η_i 可用下式表示:

$$\eta_i = (E - E_i)/(E - E_c) \tag{6-51}$$

其中,E 为未受压乳化炸药爆炸产生的冲击波总能量(J);E_i 为未受压乳化炸药爆炸产生的冲击波总能量(J);E_c 为单发雷管产生的冲击波总能量(J)。

根据爆速计算乳化炸药压力减敏程度时,其减敏率 η_i 可用下式表示:

$$\eta_i = (D - D_i)/D \tag{6-52}$$

其中,D 为未受压乳化炸药的爆速(m/s);D_i 为受压乳化炸药的爆速(m/s)。

根据猛度计算乳化炸药压力减敏程度时,其减敏率 η_i 可用下式表示:

$$\eta_i = (H - H_i)/H \tag{6-53}$$

其中,H 为未受压乳化炸药的铅柱压缩量(mm);H_i 为受压乳化炸药的铅柱压缩量(mm)。

下文将从储氢型乳化炸药的抗动压减敏影响以及储氢型乳化炸药的抗动压减敏机理两个方面来阐述储氢型乳化炸药的抗动压性能。

6.4.1　储氢乳化炸药抗动压减敏性能

水解敏化的 MgH_2 型储氢乳化炸药属于化学敏化，但是由于 MgH_2 水解不完全，乳化基质中含有 MgH_2 颗粒，颗粒又起到了物理敏化的作用。为了更好地研究 MgH_2 型水解敏化储氢乳化炸药抗冲击波动压性能，实验将 MgH_2 型水解敏化储氢乳化炸药与 $NaNO_2$ 型乳化炸药（化学敏化）和玻璃微球型乳化炸药（物理敏化）的抗冲击波动压减敏性能进行了对比。乳化炸药抗压力减敏实验中，乳化炸药采用前期研究中各炸药爆轰性能最佳的配方。由于水下爆炸实验的动压影响相比于空中爆炸更为明显，因此本节采用文献中水下爆炸实验来研究 MgH_2 型乳化炸药的抗动压性能。

如图 6-29 实验用乳化炸药样品中基质均为 30 g，从而排除乳化基质的质量不同而造成的影响，MgH_2 与 $NaNO_2$ 敏化的乳化炸药实验前在恒温箱中某温度下发泡一小时，促进化学敏化。乳化基质本身不具有雷管感度，需要加入敏化剂制成乳化炸药后才能被起爆。玻璃微球属于物理敏化剂，它通过向乳化基质中直接引入敏化气泡使乳化炸药具有雷管感度；$NaNO_2$ 和 MgH_2 属于化学敏化剂，它们通过与乳化基质反应生成敏化气泡，从而使乳化基质敏化。

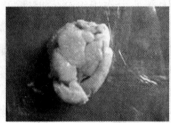

图 6-29　乳化基质与实验用恒温箱

实验所用玻璃微球平均粒径为 55 μm，堆积密度为 0.25 g/cm^3，由美国 3M 公司生产；$NaNO_2$ 极易溶于水，密度为 2.17 g/cm^3，购于国药集团上海化学试剂有限公司；MgH_2 平均粒径为 20 μm，纯度为 98%，堆积密度为 1.45 g/cm^3，购于美国阿尔法公司；乳化基质密度为 1.31 g/cm^3，购于安徽舜泰化工有限公司，样品如图6-30所示。

图 6-30　实验敏化材料（左至右）：玻璃微球、$NaNO_2$、MgH_2

6.4.1.1 水下爆炸特性

图 6-31 是三种乳化炸药的水下爆炸特性曲线,由比冲量公式可计算得到每种乳化炸药的水下爆轰参数,每种乳化炸药配方取 3 组有效数据平均值如表 6-12 所示。

表 6-12 三种乳化炸药水下爆轰能量输出参数平均值

乳化炸药	P_k(MPa)	$\theta(\mu s)$	I(Pa·s)	E(J/kg)
玻璃微球型	13.6	32.5	560.4	2480.7
$NaNO_2$ 型	13.3	43.4	532.6	2512.0
MgH_2 型	15.4	42.4	646.8	3240.2

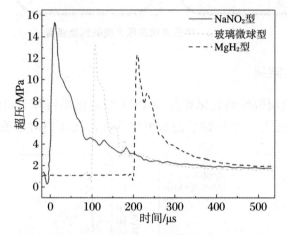

图 6-31 三种乳化炸药水下爆炸压力－时程曲线

综上,当乳化炸药未受压时,MgH_2 型水解敏化的储氢型乳化炸药的爆轰性能要优于玻璃微球型乳化炸药和 $NaNO_2$ 型乳化炸药。

6.4.1.2 主发装药的制备

本实验通过冲击波动态压力减敏装置,如图 6-32 所示,模拟乳化炸药在工程应用中因受到冲击波动压作用而产生的压力减敏现象。

压装 RDX 质量为 10 g,密度为 1.65 g/cm³,由 RDX 和石蜡按质量百分比 100∶5 压装而成。实验用压装 RDX 和乳化炸药样品使用聚乙烯塑料套包裹,然后用防水胶布缠紧,封口处涂抹凡士林,以达到防水的目的。如图 6-32 所示,主发药用来产生冲击波,对乳化炸药试样进行动压加载。

实验将主发药(压装 RDX)固定在矩形钢架的中央,用铁丝将乳化炸药样品捆绑在距离主发药不同距离的框架上(图 6-32 左图)并置于水面以下。通过引爆主发药,在水中产生冲击波使不同距离的乳化炸药受到不同程度的冲击波动态压力作用,得到乳化炸药受压试样。最后通过水下爆炸测试系统将受压后的乳化炸药样品在水下爆炸塔中用雷管引爆,受压乳化炸药样品与传感器的距离为 70 cm,并用示波器记录乳化炸药水下爆炸冲击波信号。通过对比乳化炸药受压前后爆轰性能的变化,研究压力减敏对乳化炸药爆轰性能的影响。其中,实验使用的压力减敏装置和冲击波压力测试装置均需放在水下爆炸塔中进行,并置于水面以下。

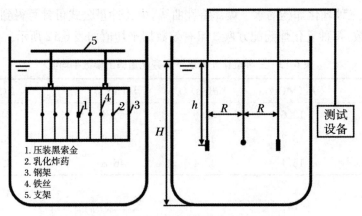

图 6-32　冲击波动态压力减敏实验装置

6.4.1.3　实验结果

图 6-33 分别是玻璃微球型乳化炸药、$NaNO_2$ 型乳化炸药和 MgH_2 型水解敏化储氢乳化炸药在不同距离处受冲击波压缩后的水下爆炸冲击波压力时程曲线,图中只列出了典

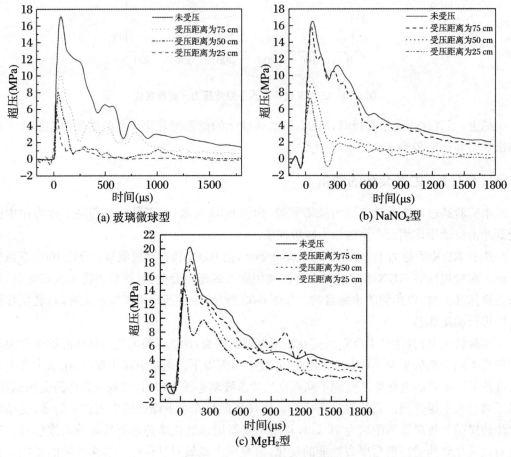

图 6-33　受压乳化炸药压力时程曲线

型受压距离的压力时程曲线。从图中可以看出:三种乳化炸药受到冲击波动态压力压缩后,水下爆炸冲击波峰值压力下降,并且降低程度与受压距离成反比;同时随着受压距离减小,三种乳化炸药水下爆炸冲击波波宽亦减小。

表 6-13 为三种乳化炸药在不同距离受压后,水下爆炸冲击波压力峰值。为了清晰地表示乳化炸药不同距离受压后,其水下爆炸冲击波压力峰值随受压距离的变化趋势,我们将表6-13 中的数据用受压距离与受压乳化炸药冲击波压力峰值的关系图表示出来(图 6-34),误差棒表示某一组有效实验数据与平均有效实验数据的偏离量。

表 6-13　不同距离受压后乳化炸药水下爆炸冲击波压力峰值

受压距离	冲击波峰值压力(MPa)					
	25 cm	40 cm	50 cm	60 cm	75 cm	未受压
玻璃微球型	4.5	5.9	6.6	7.1	8.0	13.6
$NaNO_2$ 型	5.7	6.0	7.2	8.8	12.1	13.3
MgH_2 型	10.7	13.8	14.5	14.7	14.5	15.4

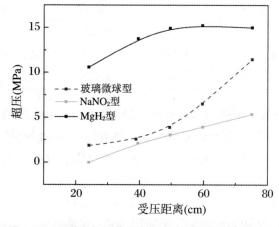

图 6-34　三种乳化炸药冲击波压力与受压距离的关系

为了更好表示乳化炸药受到外界压力作用后爆炸性能降低的程度,文中引入了"减敏率"这一参数,"减敏率"的引入使得乳化炸压力减敏作用从定性分析变成了定量分析,从而更好地反映乳化炸药的抗压性能。乳化炸药"减敏率"值越小,说明乳化炸药爆轰性能受外界压力影响越小,从而表明乳化炸药抗压性能越强,其中减敏率可用前文提及下式表示,即

$$\eta_i = (P - P_i)/(P - P_c) \tag{6-50}$$

图 6-35 为单发雷管的压力时程曲线,利用水下爆炸实验测得两发雷管的冲击波峰值压力分别为 4.61 MPa 和 4.74 MPa,均值为 4.68 MPa,由式(6-50)计算得表 6-14 中数据,可得到三种乳化炸药不同距离受压后的减敏率。依照上表的数据绘制得到了三种乳化炸药减敏率与受压距离的关系图,如图 6-36 所示。当减敏率介于 0~100% 之间时,表明乳化炸药不同程度的减敏,其值越小则减敏程度越小,乳化炸药的爆轰性能受压力减敏影响越弱;减敏率 η_i 为 0 时炸药完全爆轰;即炸药未受压力减敏作业;但 η_i 等于 100% 时,说明炸药拒爆,此时乳化炸药被压死。

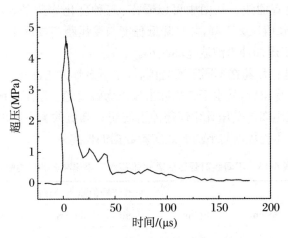

图 6-35　单发雷管相同测试条件下压力时程曲线

表 6-14　乳化炸药不同距离受压后的减敏率

受压距离	减　　敏　　率				
	25 cm	40 cm	50 cm	60 cm	75 cm
玻璃微球型	100%	85.39%	79.02%	72.54%	62.17%
NaNO$_2$型	87.85%	84.14%	71.06%	52.43%	13.66%
MgH$_2$型	43.67%	15.46%	8.47%	6.70%	8.10%

从图 6-36 可知,当受压距离为 25 cm 时,玻璃微球型乳化炸药的减敏率达到 100%,此时炸药被压死,NaNO$_2$型乳化炸药的减敏率也高达 87.85%,而 MgH$_2$型储氢复合乳化炸药的减敏率仅为 43.67%;当受压距离超过 50 cm 时,MgH$_2$型储氢复合乳化炸药的减敏率接近 8% 并趋于平衡,然而玻璃微球型乳化炸药的减敏率仍然高达 79.02%,且当受压距离为 75 cm 时减敏率依然高达 62.17%;NaNO$_2$型乳化炸药在受压距离为 50 cm 时减敏率为 71.06%,但当受压距离为 70 cm 时减敏率为 13.66%,说明此时乳化炸药爆轰性能受压力减敏的影响较小。综上所述,MgH$_2$型储氢复合乳化炸药抗冲击波动压减敏能力是三种乳化炸药中最强的。

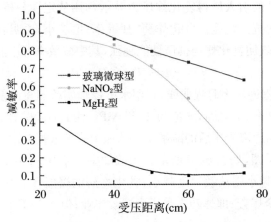

图 6-36　三种乳化炸药减敏率与受压距离的关系

6.4.2　储氢乳化炸药"压力减敏"影响因素

乳化炸药受压后会出现爆轰性能下降的情况,我们将其称为"压力减敏"。研究表明,乳化质的破乳和"热点"的减少是乳化炸力减敏的主要影响因素。因此,本节以 MgH_2 型水解敏化储氢乳化炸药为对象,对其"压力减敏"现象与这两种影响因素之间的关系进行研究。利用前文的压力减敏装置,得到乳化炸药试验受压后的乳化基质和乳化炸药,在宏观和微观两方面观察其受压前后的结构变化,并进行对比研究。图 6-37 是乳化炸药在不同距离受压后样品的实验照片,可以看到乳化基质表面存在白色斑点,证明有 NH_4NO_3 晶体的析出,乳化基质发生了破乳现象。

图 6-37　乳化炸药不同距离受压后宏观图

图 6-38 是不同配方的乳化炸药试验受压后的实验图片,由于玻璃微球敏化的乳化炸药呈白色,因此从外观上不能看出炸药破乳现象,但玻璃微球敏化的乳化炸药受压后变硬且呈粉状,说明有大量硝酸铵晶体析出,因此乳化炸药发生了严重破乳;MgH_2 型水解敏化储氢乳化炸药、$NaNO_2$ 型乳化炸药以及乳化基质受压后能够看到炸药的周围出现很多白色斑点,说明也发生了破乳。

图 6-38　不同配方的乳化炸药 50 cm 处受压后宏观图

本节上文从宏观条件下观察了乳化炸药的破乳析晶现象,下面将从微观角度分析乳化炸药的减敏机理。利用扫描电子显微镜(SEM),研究了乳化基质和乳化炸药在 50 cm 处的受压前后微观结构变化。由图 6-39(a)可知,乳化基质受压前粒子分布均匀,具有完整的油包水(W/O)结构,当受到冲击波动压作用后,乳化基质油包水结构遭到破坏,出现了破乳现象;由图 6-39(b)可知,玻璃微球型乳化炸药样品受压前玻璃微球均匀分布在乳化基质中,受压后破乳现象明显且部分玻璃微球被压碎;由图 6-39(c)可知,$NaNO_2$ 型乳化炸药样品受压前基质中分布着尺寸大小不均但形状较规则（圆形或圆形）的敏化气泡，受压后出现破乳现象并且敏化气泡被严重挤压变形；由图 6-39(d)可知，MgH_2 型水解化乳化炸受压前敏化气泡尺寸较小且均匀，受压后出现了少量破乳现象，但敏化气泡只有轻微的变形。

敏化气泡是乳化炸药爆轰过程中形成"热点"的最主要结构，而根据工业炸药起爆的"热点"理论，如果微小空心颗粒或气泡产生较大位移、变形或破坏，则形成有效热点的尺寸、温度和数量将会受到影响，这种情况对乳化炸药爆轰反应的激发和传播是不利的。因此，敏化气泡的破坏将直接导致爆轰过程中形成"热点"的结构减少。综上所述，乳化炸药在外界的动态压力作用下，会导致破乳和热点结构的消失。

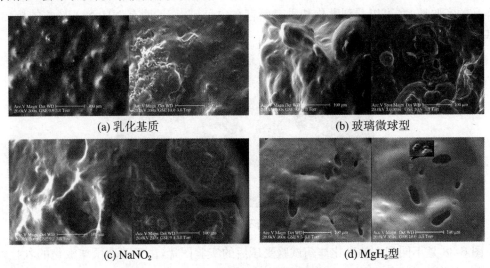

(a) 乳化基质   (b) 玻璃微球型

(c) $NaNO_2$ (d) MgH_2 型

图 6-39　乳化炸药受压前后微观图

6.4.2.1 "破乳"的影响

当乳化炸药受到外界冲击波动态压力作用后，会产生破乳现象。因此，本节以 MgH_2 型水解敏化储氢乳化炸药与玻璃微球型乳化炸药为研究对象，研究破乳对乳化炸药爆轰性能的影响。为了排除乳化炸药受压后"热点"结构损失对"压力减敏"作用的影响，我们将本章 6.3.1 节中不同距离受压后的两种乳化炸药做如下处理：受压后的玻璃微球型乳化炸药和 MgH_2 型水解敏化储氢乳化炸药分别重新加入相同质量比的玻璃微球和 MgH_2 混合均匀。然后利用上节介绍的水下爆炸测试系统，测量重新制作后的受压乳化炸药压力时程曲线，每种乳化炸药受压样品测试 3 次。表 6-15 是重新制作后的两种不同距离受压的乳化炸药水下爆炸冲击波压力峰值。

表 6-15　重新制作后不同距离受压的乳化炸药水下爆炸冲击波压力峰值

受压距离(cm)	冲击波压力峰值(MPa)					
	25	40	50	60	75	未受压
玻璃微球型受压乳化炸药(MPa)	13.32	13.73	13.54	13.60	13.69	14.23
MgH_2 型储氢受压乳化炸药(MPa)	14.43	14.30	14.79	15.20	15.40	16.16

根据表 6-15 中数据，经式(6-50)计算，可得到重新制作后两种不同距离受压的乳化炸药

减敏率,如表 6-16 所示。

表 6-16   重新制作后不同距离受压的乳化炸药减敏率

受压距离	减 敏 率					
	25 cm	40 cm	50 cm	60 cm	75 cm	未受压
玻璃微球型	9.54%	5.30%	7.25%	6.60%	5.70%	0
MgH_2 型	15.05%	16.20%	11.93%	8.41%	6.58%	0

根据表 6-16 中的数据,绘制"减敏率-受压距离"关系图,如图 6-40 所示,图中的误差棒表示其中某一组实验值与三组平行实验平均值的偏差。由图 6-40 和表 6-16 可知,经过重新制作后的两种受压乳化炸药的减敏率都很低,且随受压距离的变化很小。重新制作后的受压玻璃微球型乳化炸药减敏率低于 10%,并且重新制作后的受压 MgH_2 型水解敏化储氢乳化炸药减敏率也很低,但是当受压距离小于 50 cm 时其减敏率略高于重新制作后的玻璃微球型乳化炸药。分析认为:由于乳化基质受到冲击压缩后会"破乳",从而析出 NH_4NO_3,并且由于敏化剂 MgH_2 颗粒与乳化基质交界面处自由水有限,从而影响了重新加入后 MgH_2 水解敏化作用;而受压玻璃微球型乳化炸药重新加入的玻璃微球是通过在乳化基质中直接引入敏化气泡,因此其敏化作用受"破乳"影响较小。同一敏化剂敏化的乳化炸药,受压后与相应的重新制作后的乳化炸药"破乳"量相同,不同的是乳化炸药爆轰过程能够形成"热点"结构,受压后乳化炸药"热点"结构会受到破坏,而其重新制作后的乳化炸药基本可排除"热点"损失的影响。

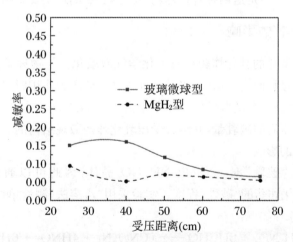

图 6-40   重新制作后乳化炸药减敏率与受压距离的关系

为了进一步研究"破乳"对乳化炸药压力减敏的影响,本文将不同距离受压后的玻璃微球型和 MgH_2 型水解敏化储氢乳化炸药,与各自相对应(相同受压距离)的重新制作的乳化炸药"减敏率"进行了对比,如图 6-41 所示。由图 6-41(a)可知,重新制作后的玻璃微球型受压乳化炸药的"减敏率"只有"5%~10%",乳化炸药受压距离越小受到的冲击波强度越大,则"破乳"越严重,然而其"减敏率"随受压距离的变化很小,因此可以得出"破乳"是玻璃微球型乳化炸药压力减敏的影响因素,但不是最主要的因素;受压玻璃微球型乳化炸药与其相应的重新制作后的乳化炸药"减敏率"差别非常明显,重新制作的受压乳化炸药"减敏率"远小于初始受压乳化炸药,这说明"热点"是玻璃微球型乳化炸药压力减敏最主要的影响因素。

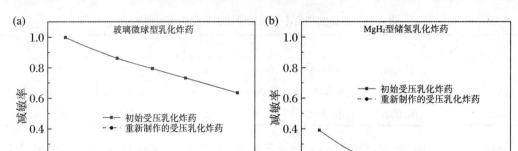

图 6-41　受压乳化炸药与相应重新制作后乳化炸药减敏率

MgH_2 型水解敏化储氢乳化炸药与玻璃微球型乳化炸药呈现出完全不同的特征,由图 6-60(b)可知,当受压距离为 25 cm 时,由于受到的冲击波压力大,"破乳"严重,然而重新制作的 25 cm 处受压的乳化炸药"减敏率"却远小于初始受压乳化炸药;不同距离受压的乳化炸药重新制作后,其"减敏率"随受压距离的变化不大,维持在 6%~16% 之间。由此可见,"破乳"的确会影响 MgH_2 型水解敏化储氢乳化炸药的爆轰性能,但不是其"压力减敏"的最主要影响因素。综上所述,乳化基质的"破乳"会影响玻璃微球型和 MgH_2 型水解敏化储氢乳化炸药的爆轰性能,但不是这两种乳化炸药"压力减敏"的最主要影响因素。

6.4.2.2　"热点"的影响

MgH_2 和 $NaNO_2$ 敏化的乳化炸药都属于化学气泡敏化。与物理敏化剂不同,化学敏化的气泡与乳化基质的接触面为自由面,当受到外界冲击波压力作用时,这些敏化气泡可以起到缓冲的作用,减小乳化炸药的"破乳"。本节通过测量 $NaNO_2$ 型乳化炸药和 MgH_2 型水解敏化储氢乳化炸药受压后的破乳量,并结合受压乳化炸药微观结构的分析,研究"热点"对两种乳化炸药爆轰性能的影响。

当乳化基质发生"破乳"时,会析出 NH_4NO_3 晶体,因此可以通过测量受压炸药中 NH_4NO_3 量来表示乳化炸药的"破乳"程度。实验采用"水溶法"测量单位质量乳化炸药受压后的"破乳"量,实验原理如下:

$$4NH_4NO_3 + 6HCHO \longrightarrow (CN_2)_6N_4 + 4HNO_3 + 6H_2O$$

$$HNO_3 + NaOH \longrightarrow NaNO_3 + H_2O$$

单位质量乳化炸药受压后的 NH_4NO_3 析出量称为"破乳率",可以通过 NaOH 的消耗量计算得到,乳化炸药的破乳程度用"破乳率"表示。实验所用化学试剂包括质量浓度为 37% 的酚酞、甲醛溶液以及 3 mol/L 的 NaOH 溶液,实验器材包括烧杯、碱式滴定管、玻璃棒等。

图 6-42 是 MgH_2 型水解敏化储氢乳化炸药和 $NaNO_2$ 型乳化炸药不同距离受压后,"破乳率"与受压距离的关系。当受到不同强度冲击波冲击后,MgH_2 型水解敏化储氢乳化炸药的"破乳率"介于"0.4108~0.5040 g/g",$NaNO_2$ 型乳化炸药的"破乳率"介于"0.4061~0.4076 g/g",两种乳化炸药的"破乳率"范围比较接近,在受压距离为 25 cm 和 40 cm 时,

MgH_2 型水解敏化储氢乳化炸药的"破乳率"甚至要略高于 $NaNO_2$ 型乳化炸药。然而,由图 6-41 可知,MgH_2 型水解敏化储氢乳化炸药相同受压距离的"减敏率"却远低于 $NaNO_2$ 型乳化炸药。因此,"破乳"不是 MgH_2 型水解敏化储氢乳化炸药抗压性能优于 $NaNO_2$ 型乳化炸药的主要原因。从图 6-39(c)和(d)可以看到,MgH_2 型水解敏化储氢乳化炸药敏化气泡较 $NaNO_2$ 型乳化炸药尺寸小且均匀,受压后敏化气泡变形远小于 $NaNO_2$ 型乳化炸药,因此能够形成"热点"结构的损失小,这与图 6-42 表现出的结果一致。综上所述,"热点"损失是 MgH_2 型水解敏化储氢乳化炸药和 $NaNO_2$ 型乳化炸药"压力减敏"的最主要影响因素。

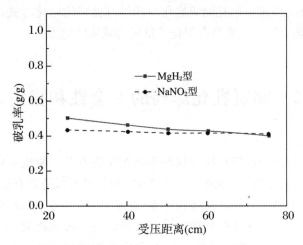

图 6-42　乳化炸药破乳率与受压距离的关系

6.4.2.3　"热点"和破乳的影响程度

由 6.3.2.1 和 6.3.2.2 节的实验结果和分析可知,"热点"损失对乳化炸药爆轰性能的影响程度远高于破乳的影响程度。这是因为,虽然乳化基质"破乳"会影响炸药的爆轰性能,但是由于析出的 NH_4NO_3 仍然可以参与爆轰反应而不是惰性物质,因此"破乳"对乳化炸药爆轰性能的影响不大;根据"热点"起爆理论,炸药的爆轰从"热点"处的炸药发生燃烧转爆轰反应开始,继而引爆整个炸药,因此"热点"直接影响乳化炸药的起爆和爆轰能量的输出。

6.4.3　储氢乳化炸药抗动压减敏机理

由上节的分析可知,"破乳"不是乳化炸药压力减敏的最主要因素,热点的损失才是乳化炸药压力减敏的最主要因素。水下爆炸实验结果表明,MgH_2 型水解敏化储氢乳化炸药抗压力减敏能力优于玻璃微球型乳化炸药和 $NaNO_2$ 型乳化炸药。这是因为当受到相同强度冲击波冲击后,MgH_2 型水解敏化储氢乳化炸药中的"热点"结构损失量远小于玻璃微球型乳化炸药和 $NaNO_2$ 型乳化炸药,MgH_2 型水解敏化储氢乳化炸药采用 MgH_2 敏化,MgH_2 在乳化基质中水解产生均匀分布的氢气泡从而起到敏化作用。MgH_2 型水解敏化储氢乳化炸药体系中存在大量微气泡,使整个乳化炸药体系具有弹性和柔性,当体系受到动态压力作用时,大量的微气泡会吸收冲击波能量,起到了气泡帷幕的作用,因而乳化炸药的"破乳"量小。

由图 6-39(d)的右图可以看到 MgH_2 粉末完全反应,这是因为乳化基质 W/O 型结构含有的游离水分子少,且随着反应的进行生成的 $Mg(OH)_2$ 会抑制水解反应。然而,这些未反应的 MgH_2 粉末在增强储氢型复合乳化炸药抗压力减敏性能上起到了重要作用。当敏化氢气泡受到外界冲击波压缩时,氢气泡由于受到绝热压缩作用会导致气泡内部的温度和压力升高,当温度和压力达到一定程度时,未反应的 MgH_2 粉末会释放出氢气,抵消部分因冲击波作用而导致气泡收缩的影响,并可能形成新的敏化氢气泡,从而使形成"热点"结构的减少程度降到最低,起到了动态敏化的作用。同时,MgH_2 型水解敏化储氢乳化炸药中的敏化气泡尺寸小,当受到外界冲击波压力作用时,产生的变形也很小,从而使形成"热点"的结构损失小。综上所述,MgH_2 型水解敏化储氢乳化炸药具有独特的敏化方式,使其在受到冲击波作用后损失的有效"热点"少,因而具有更强的抗压力减敏的能力。

6.5　储氢乳化炸药的安全性和稳定性

乳化炸药的稳定性是指保持其物理状态和爆炸性能不发生明显变化的能力,即乳化炸药在常温常压条件下储存过程中不发生分层、变型、破乳以及保持原有爆炸性能所经历的时间。乳化炸药的不稳定性可以用乳化多相体系(乳状液)的分层、絮凝、奥氏熟化、变型和破乳这五种方式进行表示。乳化炸药的稳定性被破坏即发生破乳现象,也就是乳状液被完全破坏。一般情况下,乳化基质破乳有两个步骤,分别是絮凝和聚结。在絮凝过程中,分散相(水相)的液珠聚集成团,但各液珠仍然存在,这些成团过程常常是可逆的。在聚结过程中,絮凝形成的团合成为一个大液滴,导致液滴的数目减少,乳状液最终完全破乳,此过程是不可逆的。影响乳化炸药稳定性的因素很多,按照乳化炸药生产过程可以将其分为原材料选择、乳化工艺参数和敏化方式三类。在原材料选择方面,乳化剂、油相、添加剂和水相的选择都会对乳化炸药稳定性造成影响,特别是水相材料的选择,对其影响较大。在乳化工艺参数方面,搅拌速度、剪切强度、乳化温度、乳化时间都会对乳化炸药稳定性造成一定程度的影响。在敏化方式方面,一般来说,疏松物质敏化的乳化炸药比发泡物质敏化的稳定性更好。

6.5.1　MgH_2 的储存稳定性

前期的研究中,储氢型复合乳化炸药表现出了优异的爆轰性能和抗压力减敏性能,其中敏化剂 MgH_2 起到了极其重要的作用。如何保证 MgH_2 储存稳定性,对 MgH_2 的存储和 MgH_2 储氢型乳化炸药的爆轰性能至关重要,同时这也影响到储氢型复合乳化炸药的生产和推广。因此,研究 MgH_2 的储存稳定性具有重要的实际意义。

1. MgH_2 包覆膜的微观结构

前期实验中发现,石蜡包覆膜能够起到抑制 MgH_2 发泡的作用。本章利用扫描电镜,对石蜡膜的微观结构进行了研究。

图 6-43 为石蜡包覆的 MgH_2 和未包覆 MgH_2 在标尺为 $20~\mu m$ 时的微观结构(SEM 图),按照颗粒尺寸大小可知,包覆的 MgH_2 中应包含有若干个 MgH_2 微粒。从图 6-43(a)可以看

到,石蜡膜能够均匀地将 MgH_2 包覆起来,并且包覆膜上有纳米量级的缝隙。

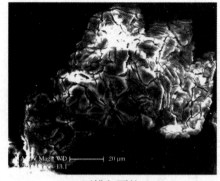
(a) 石蜡包覆的MgH_2

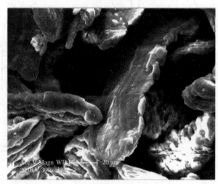
(b) 未包覆的MgH_2

图 6-43　微观结构图

2. 防水实验

防水性能保证是储氢材料 MgH_2 的储存稳定性的重要性能之一,MgH_2 容易与空气中的 H_2O 分子反应生成 $Mg(OH)_2$,从而使储氢材料的性质发生改变。为了验证石蜡包覆 MgH_2 的防水性能,实验将其与未包覆的 MgH_2 进行了对比。当未包覆的 MgH_2 加入到水中以后,会形成乳浊液,同时有大量的气泡形成,而当石蜡包覆 MgH_2 加入到水中后悬浮于水面上,说明不溶于水。防水实验说明石蜡包覆膜能够增强 MgH_2 的防水性能,提高了 MgH_2 的储存稳定性。

6.5.1.1　MgH_2 型储氢乳化炸药抗氧化实验

抗氧化性能是影响储氢材料 MgH_2 的另一个重要因素,MgH_2 容易和 O_2 反应生成 MgO,从而降低了 MgH_2 的储存稳定性。为了研究石蜡包覆膜对 MgH_2 抗氧化性能的影响,实验将石蜡包覆的 MgH_2 在常温下敞开存放,并与相同条件下未包覆的 MgH_2 进行对比。X 射线能量色散谱分析方法是电子显微技术最基本和一直使用的具有成分分析功能的方法,通常称为 X 射线能谱分析法,简称 EDS 或 EDX 方法。利用能谱仪(energy dispersive spectrometer,EDS),可以在 10 s 以内把试样里所含的浓度在 10%(重量百分比)以上所有能量高于 1 keV 的元素分析出来,并可以在 100 s 之内把微量到 0.5% 的元素分析出来。

利用特征 X 射线能量不同来展谱的能量色散谱仪。EDS 本身不能独立工作,而是作为附件安装在 SEM 上。它由探测器、前置放大器、脉冲信号处理单元、模数转换器、多道分析器、小型计算机及显示记录系统组成,实际上是一套复杂的电子仪器。EDS 方法的工作原理如图 6-44 所示,X 射线经过薄铍窗进入一个反向偏压的被浸在液氮里冷却的锂漂移硅晶体,这个晶体把 X 射线能量转换成电荷脉冲,电荷脉冲由前置放大器转换成电压脉冲,放大后通过电缆把脉冲信号送到脉冲处理器中,在处理器中进一步放大,放大后的信号由模/数转换器转换成数字信号,并被送入多道分析器,由荧光屏显示出来,经多道分析器的信号同时经电脑处理,成为所需要的数据。

EDS 的制样及装入与 SEM 相同,但对于样品的制备有较高的要求:① 样品要尽量平;② 样品需能导电;③ 非导电样品,需要喷镀金膜的,要确保金或铂在谱图上的峰位,不会影响样品本身所含元素的峰位。EDS 可以对所选区域进行点、面扫描,线扫描和面分布:

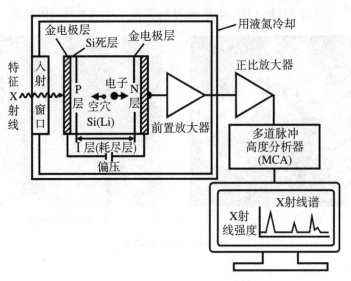

图 6-44　扫描电镜 EDS 方法的工作原理

① 点、面扫描分析,所选区域中所有未知元素(主要是原子序数在 Na 和 U 之间的元素),在该区域中的含量百分比(半定量);② 线扫描和面分布是对已知元素所做的分析,线扫描分析,是在一条水平线上各已知元素的含量变化情况,面分布分析是在整个图像上(不能选定区域),各已知元素的分布位置。

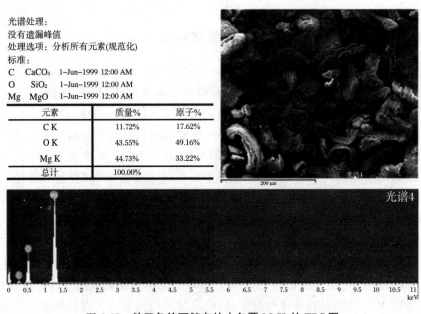

图 6-45　敞开条件下储存的未包覆 MgH₂ 的 EDS 图

　　本书采用扫描电镜 EDS 方法,将两种常温下敞开储存的 MgH_2 存储 30 天后,利用扫描电镜得到两种 MgH_2 的 EDS 点扫描图,并与密闭环境下未包覆的 MgH_2 的 EDS 点扫描图进行对比,如图 6-45 和图 6-46 所示分别是敞开条件下储存的未包覆 MgH_2 和石蜡包覆 MgH_2 的 EDS 图。EDS 图中的 C 元素一般由于实验操作中的杂质引人的,O 元素的质量比可以反映两种 MgH_2 的氧化程度。由图 6-45 和图 6-46 的实验数据可知,在常温下敞开储存 30 天后,石蜡包覆的 MgH₂ 和未包覆的 MgH₂ 氧化程度都很严重,石蜡膜起到了一定抗氧化作用,但是不太明显。

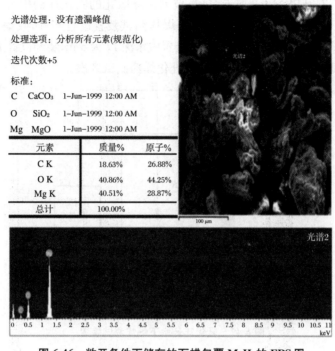

光谱处理:没有遗漏峰值

处理选项:分析所有元素(规范化)

迭代次数+5

标准:

C　CaCO₃　1-Jun-1999 12:00 AM

O　SiO₂　1-Jun-1999 12:00 AM

Mg　MgO　1-Jun-1999 12:00 AM

元素	质量%	原子%
C K	18.63%	26.88%
O K	40.86%	44.25%
Mg K	40.51%	28.87%
总计	100.00%	

图 6-46　敞开条件下储存的石蜡包覆 MgH₂ 的 EDS 图

6.5.1.2　结论与讨论

石蜡包覆膜能够显著提高 MgH₂ 的防水性能,但是其增强 MgH₂ 的抗氧化性能不佳,后期将在包覆材料选择和包覆工艺上继续改进,以期获得防水性能好、抗氧化性强的储氢材料包覆膜,提高储氢材料的储存稳定性。

6.5.2　MgH₂ 型储氢乳化炸药储存稳定性

乳化炸药的储存稳定性是衡量乳化炸药质量的一项重要指标,它决定着乳化炸药的生产规模、适用范围和应用情况。研究乳化炸药储存稳定性最直接、最可靠、最客观的方法是自然储存法,即将炸药在常温下进行储存,一段时间后对其爆轰性能进行研究,将数据与原乳化炸药爆轰数据进行对比,分析该炸药的储存稳定性。但这种方法试验周期较长,受环境温度自然气候影响较大。因此,在实验室内研究人员也通常采用高低温循环法、水溶法、电导率法等对乳化基质的稳定性进行表征。考虑到乳化炸药是民用炸药,其从生产到使用环节时间间隔较短,一般不超过 5 个月。因此,选择自然储存法分别对玻璃微球型乳化炸药、MgH₂ 水解敏化乳化炸药和 MgH₂ 复合敏化乳化炸药储存稳定性进行研究,储存时间为 5 个月,5 个月后对其爆轰性能变化情况进行测试,进而分析储氢乳化炸药的储存稳定性。

水解敏化和复合敏化中的 MgH₂ 起着敏化剂和高能添加剂的双重作用,且复合敏化中采用石蜡包覆 MgH₂ 的方法对发泡过程进行有效控制。实验中,复合敏化的 MgH₂ 型储氢乳化炸药的配方为乳化基质：$MgH_2 = 100 : 2$，其中未经石蜡包覆的 MgH_2 占炸药总质量的 0.5%，其余 MgH_2 均使用石蜡进行包覆；水解敏化的 MgH_2 型储氢乳化炸药的配方为乳化基质：$MgH_2 = 100 : 2$，其中 MgH_2 均未包覆；玻璃微球敏化的乳化炸药配方为乳化基质：玻璃微球 $= 100 : 2$。利用如图 6-47 所示的水下爆炸测试装置进行实验，收集三种乳化炸药储存 5 个月前后的水下爆炸压力数据。该测试装置中水深 H 为 5 m，装药位置 H 为水下 2.5 m，电荷与传感器之间的距离 R 为 0.7 m，每种乳化炸药测试 3 次。

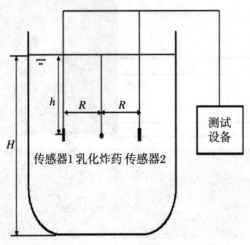

图 6-47 乳化炸药水下爆炸测试装置

图 6-48 为三种乳化炸药储存前后冲击波压力时程曲线。通过冲击波压力峰值的变化可以定性分析三种乳化炸药的储存稳定性，将其各峰值压力数据统计计算列于表 6-17 中。

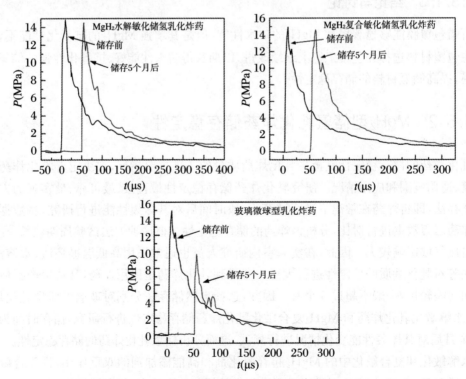

图 6-48 三种乳化炸药储存前后水下爆炸压力时程曲线

表 6-17　三种乳化炸药储存前后冲击波峰值压力变化

乳化炸药	玻璃微球型乳化炸药	MgH₂水解敏化乳化炸药	MgH₂复合敏化乳化炸药
储存前（MPa）	14.1	15.0	14.6
储存 5 个月后（MPa）	9.7	14.8	14.5
峰值压力降低率	31.13%	1.20%	1.09%

由图 6-48 和表 6-17 可知,玻璃微球敏化乳化炸药储存 5 个月后,冲击波峰值压力由 14.1 MPa 降低至 9.7 MPa,比储存前减少 31.13%,而 MgH_2 水解敏化和 MgH_2 复合敏化乳化炸药在储存 5 个月后冲击波峰值压力仅下降 1% 左右。因此,玻璃微球敏化的乳化炸药储存时间较短,储存稳定性较差,而 MgH_2 水解敏化和复合敏化的储氢乳化炸药具有较高的储存稳定性。

第 7 章　储氢合金在军用炸药中的应用

随着国民经济的大力发展以及生产需求,炸药这种特殊能源不仅仅只运用在军事国防领域,在诸多生产活动中也常能见到各种各样的炸药,而安全又高能的炸药则是炸药设计研究领域的风向标。炸药是战斗部的爆炸能源,经过实战过程的选择、发展与考验,弹丸以及战斗部的种类与用途对炸药的性能提出了更为"苛刻"的要求。显然,现有的单质炸药并不能同时满足这些要求,因此绝大部分炸药必须根据用途制成混合炸药。为了提高混合炸药的能量和威力,目前主要的技术途径是通过改善混合炸药的氧平衡、提高主体炸药的性能等,通常选择向炸药中添加高能金属粉末。金属氢化物具有高能量密度、化学活性以及高储氢能力,在燃烧过程中能够释放大量的热量,可作为高能添加剂加入到炸药中提高炸药的爆炸威力,具有十分光明的前景,近年来逐渐成为竞相追逐的研究热点。

7.1　储氢型军用炸药的爆轰性能

7.1.1　单质金属储氢合金的影响

为提高含能材料的性能,许多学者采用向含能材料中加入添加剂的方法,其中,金属氢化物因具有反应活性高、质量热值大等特点,近年来逐渐成为竞相追逐的研究热点。三氢化铝的高含氢量、高燃烧热、无毒无污染等优良特性,使得它可以应用在高能材料领域;而且为了提高高能材料的能量性能,三氢化铝正逐步代替目前广泛使用的铝颗粒。早在 20 世纪 70 年代,美国、俄罗斯及其他欧洲国家就开始了对三氢化铝的研究。有报道表明,三氢化铝与大多数的含能黏结剂及添加剂的相容性良好,与黑索金相比,三氢化铝具有较低的摩擦感度和撞击感度。SPLab 实验室曾经对三氢化铝的高能材料配方进行了燃速的测量实验。实验结果表明,三氢化铝在燃烧过程中的稳定燃速和表面温度比相应的铝配方更高;并且,随着三氢化铝加入的含量增加,高能燃料的压强指数减小且点火更为容易。三氢化铝具有较高的储氢/储能能力、较好的稳定性和较低的脱氢温度,作为高能添加物加入到炸药中具有广泛的应用。将铝粉、镁粉、以及氢化铝、氢化镁添加入硝酸铵、RDX 和 5,7-四硝基-1,3,5,7-四氮杂环辛烷(HMX)基混合炸药中,金属粉末和金属氢化物粉末对高能炸药爆轰参数的影响有显著差异,在相对密度、绝对密度以及添加剂含量相同的情况下,氢化铝粉末在爆速方面比金属粉末具有更加良好的性能。由于三氢化铝粉末具有较高的生成焓,导致分解时氢和 Al 瞬间生成,纳米铝粉增加了比表面积,铝粉继续燃烧生成 Al_2O_3,在爆炸瞬间参与了反应区二次反应,产生的爆热和爆炸威力远远大于纯 HMX,从而大大提高了炸药的爆炸威力,为武器的小型化和有效杀伤提供了条件。

与传统 Mg 粉进行比较,MgH_2 粉末具有储氢密度高、反应活性高、质量热值高、产气量大等特点,其储氢密度理论上可达到 7.6%,在相同体积条件下,MgH_2 可以储存更多的氢气,是一种良好的含能添加剂。MgH_2 的加入对 DAP-4 的分解具有催化作用,导致热分解温度显著降低。此外,随着 MgH_2 添加比的增加,DAP-4/MgH_2 复合材料的热分解性能呈现先增加后降低的趋势。DAP-4/MgH_2 复合材料的燃烧过程也表现出类似的趋势,当 MgH_2 添加量为 5% 时,峰值燃烧压力、助推率和火焰强度均有所增加,燃烧更加剧烈。随着 MgH_2 添加量的增加,峰值压力和增压率降低,燃烧时间延长,燃烧过程更加稳定。将 MgH_2 粉末加入硝化棉中可显著提高硝化棉体系的燃烧热,其增量与 MgH_2 的添加量成正比。加入质量分数为 5% 的 MgH_2 后,硝化棉体系的燃烧热提高了 6.5%。然而,随着 MgH_2 添加量的增多,硝化棉体系的燃烧效率呈先上升后下降趋势,当 MgH_2 质量分数为 2% 时,该体系的燃烧效率最高。

在 HMX 炸药中加入 Al 或 LiH,爆炸火球直径垂直于地面方向增大,而水平方向减小。同时,加入 LiH 粉末的 HMX 基炸药的爆炸超压较传统 TNT/HMX 和含铝炸药有所提高,在起爆点 2 m 处的脉冲可提高 32.8%,3 m 处的冲击波峰值超压增加了近 40%,但其爆炸持续时间却有所降低。一般来说,高热量的铝金属提高了爆炸能量,同时,二次反应机理也使炸药爆轰时间延长,在一定程度上分散了爆轰能量,降低了炸药的瞬时破坏力。与铝相比,LiH 的点火温度较低,有利于缩短加热时间,可有效提高炸药的瞬时毁伤功率。并且,在炸药爆轰产生的高温高压条件下,氢原子迅速从 LiH 中分离出来,并随着冲击波迅速扩散,累积的氢增加了冲击波的熵、能量密度和超压,同时在爆轰区与氧化剂快速反应,释放出巨大的能量,进一步增加冲击波的总能量。由于脱氢和氢化活化,金属锂粉会被氧化,延长爆轰时间,从而进一步提高能量输出的总效应。因此,含 LiH 混合炸药的爆炸威力大于或等于含铝混合炸药的爆炸威力。

TiH_2 是一种典型的储氢合金材料,具有高燃烧热值、高储氢量等特点,同时可与 $KClO_4$ 保存 20 年以上不发生分解,具有良好的稳定性,是一种具有良好应用前景的含能添加剂。在充满空气的试验室内,50 g 含 Al、ZrH_2 和 TiH_2 的 RDX 基混合炸药爆炸产生的热量使爆炸产物的温度升高到 2500~3000 K,并在 2000 K 以上至少维持 300 ms。因此熔化的金属液滴在气态 RDX 爆轰产物和大气的氧中燃烧,形成锆和钛氧化物的球状颗粒。在惰性气氛下爆炸,温度高于 2000 K 持续约 20 ms,只有在铝化炸药被引爆时才达到。在不考虑爆炸室内气氛的情况下,含铝炸药的 QSP 值和温度值最高,添加 TiH_2 粉末 RDX 混合炸药的 QSP 值和温度值最低。同时,三种混合炸药的能量均高于 RDX 本身,Al 对总能量释放呈现正作用,而 TiH_2 是这三种添加剂中反应性最低的添加剂。

7.1.2 配位储氢合金的影响

$Mg(BH_x)_y$ 是一种储氢密度高、污染小的含能材料,在高温高压下可释放大量的热,同时体系中的高热值燃料 B 和 Mg 燃烧释放能量,其对炸药爆轰性能的提升略高于纳米金属材料。从理论和实验两方面研究含 $Mg(BH_4)_2$ 的 RDX 与 TNT 基混合炸药燃烧热与爆轰热,发现 $Mg(BH_4)_2$ 可以提升 RDX 和 TNT 基炸药的能量,混合炸药的燃烧热与爆轰热随着 $Mg(BH_4)_2$ 含量的增加而升高,燃烧效率却随着 $Mg(BH_4)_2$ 含量的增加而降低。对于 RDX/ $Mg(BH_4)_2$/Al/AP 混合炸药,其爆轰过程大致分为以下几个过程:① 主体炸药钝化 RDX 冲击起爆;② 钝化 RDX 爆轰产生高温高压环境促使强氧化剂高氯酸铵进行热分解反应;③ $Mg(BH_4)_2$ 在爆轰过程中分解并发生氧化反应生成硼氧化物;④ 爆轰产物在冲击波作用下向周围扩散;⑤ Al 粉与 RDX 的爆轰产物以及高氯酸铵提供的氧进行反应,释放出热量并加速硼粉表面氧化层的分解;⑥ Al 粉的低级氧化物 Al_2O 进一步氧化形成Al_2O_3;⑦ 由凝聚的反应产物 Al_2O_3 以及 B_2O_3 向膨胀的气体产物传热。将$Mg(BH_x)_y$ 添加到硝酸酯炸药中,炸药在外界刺激下发生爆轰反应释放出能量,使得$Mg(BH_x)_y$ 在高温高压环境下发生分解放氢反应,H、B 和 Mg 等迅速被点燃并释放出大量能量。B 在爆轰过程中其表面易形成液态氧化硼膜,抑制 B 的氧化还原反应。然而,H 燃烧生成的水蒸气会与液态氧化硼膜反应,促进 B 的进一步燃烧。有研究表明,在水下爆炸试验中,与添加同比例的含铝炸药相比,添加$Mg(BH_x)_y$混合炸药的冲击波压力提高了 6.5%,冲击波能提高了 5.9%,气泡能提高了 20.6%,总能量提高了 17.56%,说明 $Mg(BH_x)_y$ 可有效提高硝酸酯炸药的能量并改善其后燃效应。

7.1.3 复合含能添加剂的影响

Al 粉自 20 世纪初开始被添加到炸药中,由于其具有较高的热值,可以提高反应温度,提高爆炸和燃烧效果,目前仍被广泛用作炸药和推进剂中的金属添加剂。与 Al 粉相比,B 粉具有更高的热值,是一种潜在的含能材料添加剂。然而,B 粉的点火和燃烧困难是其应用的障碍。在某种程度上,这是由于 B 粉在 2450 K 和 3931 K 时的极高熔化和沸腾温度,以及 B 粉颗粒表面形成沸点相对较高的液态B_2O_3层,沸点为 2316 K,导致低效燃烧。MgH_2 的燃烧可以提高 B 的燃烧效率,并且 MgH_2 的燃烧生成 H_2O,可以改善 B 的点火和燃烧。将 B 和 MgH_2 加入到含铝炸药中,两种添加剂的加入对爆轰压力没有显著影响,但具有较强的后燃效应。在爆轰反应过程中,MgH_2 释放出大量热量和水蒸气,有利于 B 粉表面氧化物的去除,使得硼粉能够快速参与反应,释放热量。

在 Al 粉中添加高能组分可以提高铝粉的能量释放,由 70% Al 粉、15% MgH_2 粉以及 15% B 粉球磨制备了一种铝基贮氢复合燃烧剂,理论燃烧热值高达 34.8 MJ/kg。将铝基贮氢复合燃烧剂等量代替铝粉制得 RDX 基混合炸药,利用水下爆炸测试其爆轰性能。结果表明,通过复合的方式将 B 引入金属化炸药中能够有效提高 B 的释能速率,改善 B 的加入导致金属化炸药比冲击波能大幅降低的问题。与含铝炸药相比,添加铝基贮氢复合燃烧剂的混合炸药比冲击波能降低了 3.0%,比气泡能提高了 9.5,总能量提高了 7.6%。将 Mg-Al-B、TiH_2-Al-B 和 ZrH_2 复合储氢材料添加入炸药中制得储氢型温压炸药,其爆热分别为 7587 kJ/kg,6416 kJ/kg 以及 3951 kJ/kg。此外,通过水下爆炸试验可知,此三种混合炸药的气泡能分别达到 2.17、1.78 以及 0.86 倍 TNT 当量,Mg 系储氢合金混合炸药的爆轰能量最大,而锆系储氢合金混合炸药的爆轰能量最小,不适用于温压炸药配方。这是由于储氢材料在化学反应区的反应释能不同,对于冲击波的影响也不尽相同,Mg 基储氢材料参与的反应贡献最大,Ti 基储氢材料略小,而纯的 ZrH_2 的反应贡献最小。其原因是 MgH_2 的活性最大,更容易激发储氢材料中惰性物质硼的反应。储氢材料和传统的铝粉相似,相对于炸药是惰性物质,在反应动力学上对反应物的浓度起稀释作用,导致爆速、爆压及波阵面上的化学能降低。

在由乙醚和硝酸异丙酯组成的液体燃料中添加高能储氢合金粉末,可提高延时二次点火器燃料空气炸药(FAE)的能量水平。Al 粉的燃烧火焰温度为 3727 ℃,远高于其沸点 2518 ℃,因此 Al 粉的燃烧反应符合 Glassman 准则,即金属在气态燃烧时的火焰温度(等于氧化物的沸点)必须远高于金属的沸点。在较高的温度条件下,Al 粉可以以气态形式燃烧,反应更彻底。此外,Al 粉能与二氧化碳、水等爆炸产物发生反应,有效促进爆炸效果。用 B 粉或 MgH_2 粉置换 30% 的 Al 粉后,混合物的冲击波压力进一步增大。B 的高燃烧热和 MgH_2 释放的氢气可以有效提高混合物的爆炸效果。B 粉的燃烧热约为 Al 粉的 2 倍,但其较高的着火温度和较慢的反应动力学使其在凝聚相炸药中的应用不理想。而燃料空气炸药的特殊反应方式适合于 B 的能量释放。FAE 本身不含氧,反应氧来自空气。液体燃料与 Al 粉爆炸形成的高温高压环境也能有效触发 B 反应,同时,FAE 爆炸反应时间比凝聚相炸药长。上述条件使得在 Al 粉中加入 B 粉可以显著提高 FAE 的爆炸效果。氢化镁作为储氢材料,在高温下释放其储存的氢,有利于爆炸反应,提高爆炸效果。同时,镁也是一种高燃烧热的金属,可以增加系统的爆炸热。因此,在铝粉中加入氢化镁后,冲击波超压增大。

7.1.4 理论计算

在理论计算方面,国内外研究人员对金属氢化物与含能材料之间的表界面作用、分子反应机制开展了一系列的研究工作,但在微观结构与炸药宏观性能的关系方面研究尚不够深入。炸药爆轰过程反应迅速,难以跟踪捕捉微反应及其中间产物,对混合炸药进行反应分子动力学模拟对其反应机理的探讨具有重要意义。利用第一性原理研究了 RDX 在 MgH_2 的表面作用,结果发现这 12 种在 MgH_2(110)晶面上的吸附均为化学吸附,具有高放热性,在所有 12 种化学吸附中,RDX 分子通过 4 种机制分解,包括双硝基单—N—O 键断裂、单硝基单—N—O 键断裂、单硝基双—N—O 键断裂和单—N—O$_2$ 键断裂,其中 V 型吸附主要诱导不同 N—O 键断裂分解 RDX,而 P 型吸附通过 N—NO$_2$ 键的断裂促进 RDX 分解,垂直 Mg 顶位置(V1)是最稳定的吸附构型。其次,在费米能级附近,态密度最强的 RDX 区域的态密度与 MgH_2(110)晶面几乎完全重合,说明两者的轨道在这里容易发生混合和杂化,RDX 与 MgH_2(110)晶面之间直接存在强相互作用。接近费米能级的态密度主要由 RDX 的硝基 O 原子和环 N 原子以及 MgH_2(110)晶面的 Mg 原子贡献,这三种原子也是化学吸附和分解反应的活性中心。最后,MgH_2(110)晶面第一层的 Mg 原子与 RDX 中的硝基 O 原子之间存在明显的电荷转移现象。同时,V 构型的 O 和 Mg 原子的电荷变化大于 P 构型,说明 V 构型的 RDX 与 MgH_2(110)晶面的相互作用更强,因此 V 构型的 RDX 更容易分解,V 构型代表了更好的吸附模式。利用第一性原理研究了 CL-20 和 FOX-7 分子在 MgH_2(110)晶体表面的吸附和分解。含能分子中被吸附的硝基在吸附后化学键断裂或拉长,分别对应于化学吸附或物理吸附。所有相关构型的负吸附能表明 CL-20 和 FOX-7 分子的放热稳定吸附。CL-20 的五元环上的硝基(B 型硝基)比 CL-20 的六元环上的硝基(A 型硝基)更容易吸附在 MgH_2(110)表面。对于 B 型硝基,当对应的硝基键平行于 MgH_2(110)表面而不是

垂直于 $MgH_2(110)$ 表面时,吸附更容易进行。另一方面,FOX-7 比 CL-20 更不容易发生化学键断裂的化学吸附,并且垂直于 $MgH_2(110)$ 表面吸附硝基的构型更容易发生分解。高能分子(CL-20 或 FOX-7)在 $MgH_2(110)$ 表面的吸附和分解与 $MgH_2(110)$ 表面的 Mg 原子与氧之间的强电荷转移以及高能分子吸附硝基中氮原子之间的强电荷转移密切相关。同时,通过 Mg、O 和 N 的 DOS,我们发现在费米能级附近很可能发生轨道杂化,这促进了高能分子在 MgH_2 表面的吸附(110)和随后的键断裂。CL-20 在 $MgH_2(110)$ 表面共有 5 种分解机理,其中主要涉及 $N—NO_2$ 单键断裂,主要产物为 NO_2、氧原子和高能分子碎片。而对于 FOX-7/$MgH_2(110)$ 吸附,FOX-7 在 12 种吸附构型下有 3 种分解机理,主要产物为氧原子、OH 和 FOX-7 片段。

采用新参数化的 ReaxFF 力场研究纳米 AlH_3 颗粒对高能炸药 RDX 爆炸特性的影响。在模拟开始时,RDX 分子数量急剧减少,表明 RDX 在 AlH_3 颗粒上发生了化学吸附。在反应中发现了一种新的 H_2 生成和消耗机理。反应的第一阶段由 AlH_3 生成 H_2。然后 H_2 增强了 $NO_2 + H_2 \longrightarrow NO + H_2O$ 和 $CO_2 + H_2 \longrightarrow CO + H_2O$ 的正向反应,导致 H_2 的消耗,生成 H_2O、CO 和 NO。此外,AlH_3 颗粒越小,RDX 在体系中的分解越彻底。当 AlH_3 纳米颗粒半径从 1.10 nm 减小到 0.68 nm 时,生成的 H_2O 和 CO_2 分子数分别增加了 10.38% 和 56.85%。最终产物 N_2、H_2O、CO_2 和 CO 的生长率服从 logistic 函数。AlH_3 粒径越小,模拟结束时 H_2O、CO_2 和 N_2 的量越大。随着 AlH_3 粒径的减小,含有 Al 的残渣团簇上沉积了更多的碳原子,O 与 Al 原子结合减少。在反应过程中,小的 AlH_3 颗粒聚集成较大的颗粒。计算得到的均方位移和原子扩散系数验证了 AlH_3 纳米颗粒体积越小,活性越高,对 RDX 热分解的贡献越大。采用带 CHONAl 参数的 ReaxFF 低梯度反应力场模拟 1,3,5,7-四硝基-1,3,5,7-四氮杂环辛烷(HMX)与 AlH_3 复合材料的热分解过程。构建完美的 AlH_3 和表面钝化的 AlH_3 颗粒与 HMX 混合。模拟结果表明,氢化铝改变了 HMX 分子的初始分解机制。HMX 首先吸附在氢化铝颗粒表面,然后通过 N—O 键和 C—N 键的新方式进行分解。铝对氧的强吸引力和对氮的中等吸引力是 HMX 初始分解机制发生变化的主要原因,在含铝炸药的演化过程中 O—Al 和 N—Al 键的增加证实了这一观点。在氢化铝颗粒氧化过程中,大量的氧原子和少量的 N 原子渗透到氢化铝颗粒内部。氢化铝的铝原子向外展开,氢化铝内部结构被破坏,形成氢气聚集腔。随着温度的升高,氢突破外层氧化层,参与中间反应。由于 H_2 能够竞争氧原子,HMX/AlH_3 体系的 H_2O 产率提高,CO_2 产率降低。绝热模拟结果表明,HMX/AlH_3 体系的能量释放和温度升高幅度远大于 HMX 体系。表面钝化的 AlH_3 颗粒只影响 HMX 的初始分解速率。在 HMX 和 AlH_3 复合材料中,AlH_3 中 Al 对 O 的强吸引力和 H_2 对中间反应的激活使得 HMX 快速分解。

采用反应分子动力学方法和反应力场,研究了纳米 AlH_3/TNT 和纳米 AlH_3/(六硝基六氮杂异伍兹烷)CL-20 复合材料的热分解及反应特性。将部分钝化的 Al 纳米颗粒与 TNT、RDX、HMX 和 CL-20 晶体混合,加热至高温使炸药完全分解。模拟结果表明,含铝炸药的热分解过程主要分为"吸附期"(0~20 ps)、"扩散期"(20~80 ps)和"形成期"(80~210 ps)三个阶段。这些阶段依次是 Al 与周围炸药分子之间的化学吸附($R—NO_2—Al$ 键合)、炸药的分解和 O 原子扩散到 Al 纳米颗粒中,以及最终产物的形成。在反应的第一阶段(0~20 ps),部分钝化的 Al 纳米粒子与周围硝基炸药分子之间存在很强的 $R—NO_2—Al$ 键相互作用,这诱导了炸药分子在纳米铝颗粒上的化学吸附,相互作用强度的大小顺序为

CL-20＞RDX＞HMX＞TNT。Al 纳米粒子分别降低了 RDX(1.90 kJ/g)、HMX(1.95 kJ/g)和 CL-20(1.18 kJ/g)的分解反应势垒,将 TNT 的分解反应势垒从 2.99 kJ/g 降低到 0.29 kJ/g。随着爆炸分子的分解(20~80 ps),自由的 O 原子迅速扩散到 Al 纳米颗粒中,这个阶段释放出大量的能量。与 RDX、HMX 和 CL-20 晶体相比,第二阶段的能量释放增加了 4.73~4.96 kJ/g。在模拟的第三阶段(80~210 ps),羟基在 Al 纳米颗粒表面生成,随后与自由的 C 原子结合,导致形成比纯炸药更多的 H_2O 分子和更少的 CO_2 分子,H_2O 分子数增加 25.27%~27.81%,CO_2 分子数减少 47.73%~68.01%。

7.1.5　TiH_2 含量和粒径对 RDX 爆轰性能的影响

7.1.5.1　对混合炸药爆速的影响

爆速是衡量炸药爆轰能量的重要指标之一,与空中爆炸冲击波参数密切相关。实验测量了添加不同含量和粒径 TiH_2 粉末的 RDX 基混合炸药的爆速,结果如图 7-1 所示。样品 A 为纯 RDX 炸药,作为空白对照组;样品 A1-A4 分别为添加 2.5%、5%、7.5% 和 10% TiH_2 粉末的($D_{50} = 16.4$ μm)的混合炸药样品;样品 $B_1 \sim B_4$ 分别为添加 $D_{50} = 16.4$ μm、33.7 μm、50.1 μm、112.0 μm TiH_2 粉末的(添加量为5%)的混合炸药样品。由图 7-1 可知,当 TiH_2 粉末含量从 0 增加到 10% 时,RDX 基混合炸药的爆速值分别为 7736 m/s、7707 m/s、7509 m/s、7374 m/s、7143 m/s,爆速值与 TiH_2 的含量呈线性负相关。产生该现象的原因如下:首先,TiH_2 理化性质较为稳定,需吸收 RDX 爆轰反应释放的能量,达到活化状态以后才参与反应;其次,TiH_2 作为含能材料添加到 RDX 炸药中,整个反应过程包括 RDX 爆轰和 TiH_2 二次反应两个阶段,RDX 炸药具有较高的爆轰速度,其反应速度远高于微米级 TiH_2 粉,故而只有 RDX 初始爆轰阶段对炸药爆速做贡献;此外,在 RDX 基混合炸药爆轰过程中,TiH_2 粉很少或不参与 C-J 锋面的反应,其热分解反应还会吸收、消耗部分能量,从而在爆轰反应动力学上起到稀释作用。因此,当 RDX 基混合炸药中 TiH_2 含量不断增大时,爆速值不断降低。此外,由图 7-1 可知,当 TiH_2 粉末的粒径由 16.4 μm 增加到 112.0 μm 时,RDX 基混合炸药的爆速值分别为 7736 m/s、7509 m/s、7428 m/s、7401 m/s、7244 m/s,爆速值随

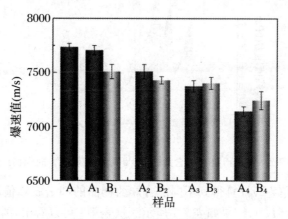

图 7-1　RDX 混合炸药爆速值

着TiH_2粒径的增加不断降低。这是因为相对于小粒径 TiH_2 颗粒,大粒径的 TiH_2 颗粒反应活性低、反应速率慢,在爆轰过程中会吸收更多的爆轰能量,从而降低了 RDX 基混合炸药的爆速。

7.1.5.2 对混合炸药冲击波参数的影响

炸药爆炸后对周围介质形成的冲击波峰值压力、正相持续时间和正冲量等冲击波参数是衡量和评定武器弹药杀伤效应的重要指标。利用空中爆炸实验,研究了添加不同含量 TiH_2 粉末的 RDX 基混合炸药爆轰特性。采用 Modified-Friedlander 方程对压力数据进行降噪处理:

$$p(t) = \Delta p_{max}\left(1 - \frac{t}{t_+}\right)\exp\left(-\frac{\alpha t}{t_+}\right) \tag{7-1}$$

其中,Δp_{max} 为冲击波峰值压力(kPa);t 为时间(s);t_+ 为正相持续时间(s);α 为冲击波衰减系数。

对降噪后的压力时程曲线计算得到正相持续时间,并且通过下式得到正冲量:

$$I_+ = \int_0^{t_+} p(t)\mathrm{d}t \tag{7-2}$$

图 7-2 为添加不同 TiH_2 含量 RDX 基混合炸药的典型压力时程曲线图,随着 TiH_2 粉末含量的增加,RDX 基混合炸药的冲击波超压呈先上升后下降趋势。RDX基混合炸药的总质量保持 10 g 不变,随着 TiH_2 粉末含量的增加,RDX 的含量在不断减少。当 TiH_2 粉末含量适量时,TiH_2 颗粒对冲击波的促进作用大于因 RDX 含量减少的削弱作用,冲击波峰值压力随着 TiH_2 含量的增加而增加;当 TiH_2 含量过量时,混合炸药的负氧平衡加剧,TiH_2 颗粒燃烧对冲击波的促进作用小于因 RDX 含量减少的削弱作用,冲击波峰值压力随着 TiH_2 含量的增加而减少。此外,由于 RDX 和 TiH_2 颗粒的物理性质差距大,其爆轰服从混合反应机理,过量的 TiH_2 粉末会降低混合炸药中各组分之间的均匀性,也会导致混合炸药冲击波峰值压力不断下降。

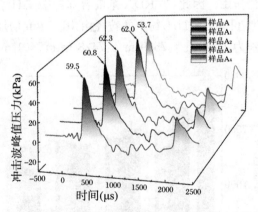

图 7-2 添加不同 TiH_2 含量的 RDX 混合炸药压力-时间曲线图

利用式(7-1)和式(7-2)计算得到不同混合炸药样品的冲击波峰值压力(ΔP_{max})、正相持续时间(t_+)和正冲量(I_+),结果如表 7-1 所示。从表 7-1 可以看出,随着 TiH_2 含量的增加,添加不同含量 TiH_2 粉末的 RDX 基混合炸药冲击波正相持续时间、正冲量和峰值压力变化规律相同,都呈先上升后下降趋势。当 TiH_2 添加量为 5%(样品 A_2)时,混合炸药的冲击波峰值压力、正相持续时间和正冲量分别达到最大值 62.3 kPa、542.4 μs 和 12.38 Pa·s。与纯 RDX 相比较,添加 5%TiH_2 混合炸药的冲击波峰值压力、正相持续时间和正冲量分别提升了 4.7%、10.4% 和 9.1%,这主要是由于适量的 TiH_2 粉末参与混合炸药的爆轰反应和后燃效应,增强了冲击波的强度并延缓了冲击波的衰减。

表 7-1　添加不同 TiH_2 含量的 RDX 混合炸药冲击波参数

RDX 复合炸药样品	ΔP_{max}(kPa)	t_+(μs)	I_+(Pa·s)
样品 A	59.5	491.2	11.35
样品 A_1	60.8	496.0	11.84
样品 A_2	62.3	542.4	12.38
样品 A_3	62.0	519.3	11.76
样品 A_4	53.7	480.2	11.54

利用空中爆炸实验,研究了 TiH_2 粉末粒径对 RDX 基混合炸药冲击波参数的影响,典型的压力时程曲线如图 7-3(彩图)所示。从图 7-3 可以看出,添加不同粒径 TiH_2 粉末的混合炸药的冲击波峰值压力皆高于纯黑索金(样品 A),分别为 62.3 kPa、61.9 kPa、59.8 kPa 和 57.2 kPa,随着 TiH_2 粒径的增加冲击波峰值压力不断降低,并在 TiH_2 粒径为 16.4 μm 时(样品 B_1)达到最大值。空中爆炸冲击波参数结果如表 7-2 所示,RDX 基混合炸药的冲击波峰值压力、正相持续时间和正冲量皆随着 TiH_2 粒径的增加而降低。这种现象的可归因于小粒径的 TiH_2 颗粒反应活性更高、反应速率更快,能够更早和更多地参与反应,从而提高爆轰反应的输出能量,对冲击波峰值压力、正相持续时间和正冲量的提升更为明显;而大粒径的 TiH_2 颗粒反应速率小,主要参与后燃反应,其在爆轰反应区还会吸收热量而稀释爆轰反应动力学效应,导致添加 $D_{50} = 112$ μm TiH_2 粉末的 RDX 基混合炸药的冲击波峰值压力、正相持续时间和正冲量甚至低于纯 RDX 炸药。

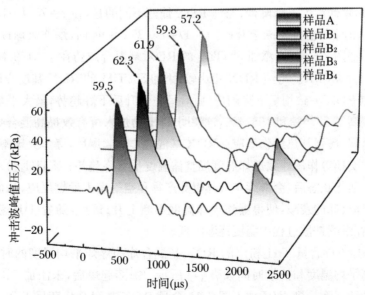

图 7-3　添加不同 TiH_2 粒径的 RDX 混合炸药压力－时间曲线图

表 7-2　添加不同 TiH_2 粒径的 RDX 混合炸药冲击波参数

RDX 混合炸药样品	P_m(kPa)	t_+(μs)	I_+(Pa·s)
样品 A	59.5	491.2	11.35
样品 B_1	62.3	542.4	12.38
样品 B_2	61.9	532.8	11.53
样品 B_3	59.8	482.4	11.68
样品 B_4	57.2	468.4	11.01

7.1.5.3　对混合炸药瞬态温度场的影响

爆炸温度是评判炸药热毁伤效应的关键参数。为了探究 TiH_2 粉末对 RDX 基混合炸药爆轰温度场的影响,利用比色测温方法重构了纯 RDX 和添加不同含量 TiH_2 粉末的 RDX 基混合炸药爆炸瞬态温度场。图 7-4(彩图)和 7-5 分别为纯 RDX(样品 A)和添加 5% TiH_2 的 RDX 基混合炸药(样品 A_2)的爆炸温度分布图。为了方便描述,将高速相机拍摄的第一张图片记为 0 时刻,每张图片的时间间隔记为 5.8 μs。炸药起爆后爆炸产物向四周扩散并与外界环境进行热交换,爆炸火球不断增大并通过压缩空气对外做功,整个爆轰过程中能量以热、光、声等形式耗散到周围环境中直至爆炸火球熄灭。从图 7-4 中可以看出,在 $t=0\sim$ 58 μs时,RDX 炸药在起爆后爆轰产物迅速扩散,爆炸火球呈"蘑菇"状不断增长;在 $t=58\sim$ 110.2 μs 时,爆炸火球破裂直至最后熄灭。如图 7-6 所示,在整个过程中纯 RDX 炸药爆炸平均温度不断下降,$t=0$ μs 时最大平均温度 $T_{max}=2436$ K,与文献中理论计算钝化 RDX 爆轰温度 2423 K 接近,进一步验证了比色测温方法的准确性。

图 7-5(彩图)为添加 5% TiH_2 的 RDX 基混合炸药(样品 A_2)爆炸温度分布云图。当 $t=0\sim75.4$ μs 时,添加 5% TiH_2 的 RDX 基混合炸药在起爆后爆炸火球同样呈"蘑菇"状不断扩大直至破裂,爆炸温度不断降低;与纯 RDX 炸药不同的是,在 $t=75.4\sim179.8$ μs 内,爆炸火球开始破裂,但平均温度不断上升;在 $t=179.8\sim295.8$ μs 内,爆炸火球逐渐熄灭,爆炸温度不断下降。如图 7-6 所示,添加 5% TiH_2 的 RDX 基混合炸药在 $t=179.8$ μs 时达到最大平均温度 $T_{max}=3374$ K。与纯 RDX 相比较,添加 5% TiH_2 的 RDX 基混合炸药平均温度在反应初期与纯 RDX 一致均呈下降趋势,而后呈先上升后下降趋势,最大平均温度和火球持续时间分别提高了 38.5% 和 168.4%,这说明 TiH_2 的加入可有效提高混合炸药的爆炸温度和火球持续时间,增强其热毁伤效应。RDX 基混合炸药起爆后,爆炸火球不断向外扩散,对外界做功和热交换等作用导致爆炸温度场整体温度呈下降趋势;当 TiH_2 粉末吸收爆轰释放出的能量达到活化状态后,会继续与气体爆炸产物和空气发生后燃反应,从而释放出大量热量,减缓了爆炸火球的衰减,使得爆炸火球温度不断上升;最后,随着 TiH_2 粉末后燃反应减弱,爆炸火球在继续扩散过程中温度逐渐降低。

图 7-6 是添加不同含量 TiH_2 粉末的 RDX 基混合炸药爆炸平均温度的时程曲线,对应的爆炸火球最高平均温度和持续时间如表 7-3 所示。炸药起爆后,未添加 TiH_2 的 RDX 炸药平均温度呈持续下降趋势,而添加不同 TiH_2 含量 RDX 基混合炸药呈下降-上升-下降趋

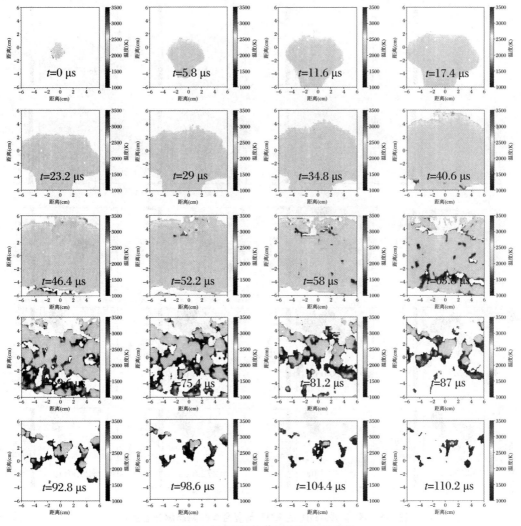

图 7-4　纯 RDX 炸药瞬态爆炸温度场

势，TiH_2 粉末的加入能够提高混合炸药爆炸火球的温度和持续时间。此外，当混合炸药中
TiH_2 粉末含量从 0 增加到 10% 时，最大平均温度（T_{max}）和火球持续时间分别为 2436 K、
3212 K、3374 K、3221 K、2973 K 和 110. 2 μs、237. 8 μs、295. 8 μs、284. 2 μs、266. 8 μs，均随
TiH_2 粉末含量的增加呈先上升后下降趋势。值得注意的是，RDX 基混合炸药的最大平均
温度和火球持续时间在 TiH_2 粉末含量为 5%（样品 A_2）时达到最大值分别为 3374 K 和
295. 8 μs，较纯 RDX 炸药提高了 38. 5% 和 168. 4%，与最佳空中爆炸冲击波参数的 TiH_2 粉
末含量一致。如前所述，混合炸药中适量的 TiH_2 粉末参与后燃反应，会提高混合炸药的爆
炸温度和爆炸火球持续时间；但随着 TiH_2 含量的不断增加，混合炸药中的 RDX 含量减少且
负氧平衡加剧，导致爆炸温度和火球持续时间随 TiH_2 粉末含量的增加而不断下降。

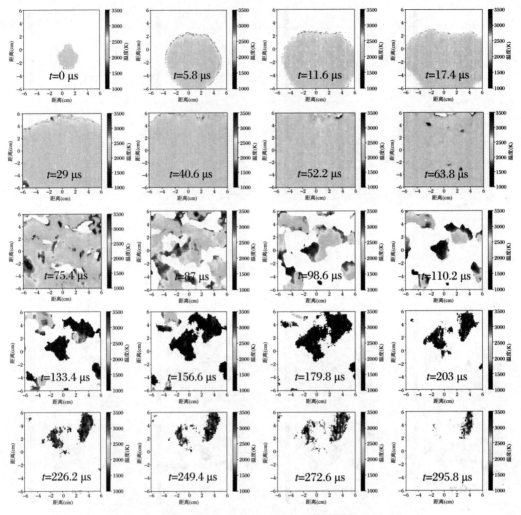

图 7-5 添加 5% TiH₂ 的 RDX 基混合炸药瞬态爆炸温度场

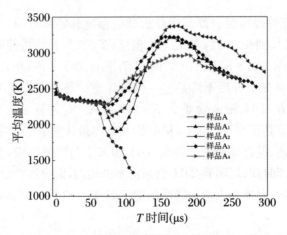

图 7-6 添加不同 TiH₂ 含量的 RDX 混合炸药爆炸平均温度曲线图

表 7-3　添加不同 TiH₂ 含量 RDX 混合炸药瞬态温度参数

RDX 混合炸药	T_{max}(K)	火球持续时间(μs)
样品 A	2436	110.2
样品 A₁	3212	237.8
样品 A₂	3374	295.8
样品 A₃	3221	284.2
样品 A₄	2973	266.8

利用比色测温方法研究了 TiH₂ 粒径大小对 RDX 基混合炸药爆轰温度场的影响。图 7-7(彩图)为添加 112.0 μm TiH₂ 粒径(5%)的 RDX 基混合炸药爆炸温度分布云图。在 $t=0\sim52.2$ μs 内,RDX 基混合炸药爆炸火球同样呈"蘑菇"状增大后逐渐破裂,平均温度不断降低;在 $t=52.2\sim156.6$ μs 内,TiH₂ 粉末发生后燃反应,平均温度不断上升;在 $t=156.6\sim203$ μs 内,爆轰反应和后燃效应反应结束,平均温度不断下降。在整个爆轰反应过程中,混合炸药在 $t=156.6$ μs 时达到最大爆轰温度 $T_{max}=2872$ K。与添加 16.4 μm TiH₂ 粉末(5%)的 RDX 基混合炸药(样品 B₁)的爆炸温度云图相比,添加 112.0 μm TiH₂ 粉末(5%)的 RDX 基混合炸药(样品 B₄)的爆炸火球持续时间更短、火球温度更低,这是由于大粒径的 TiH₂ 比表面积小、反应活性低导致其后燃效应不完全造成的。

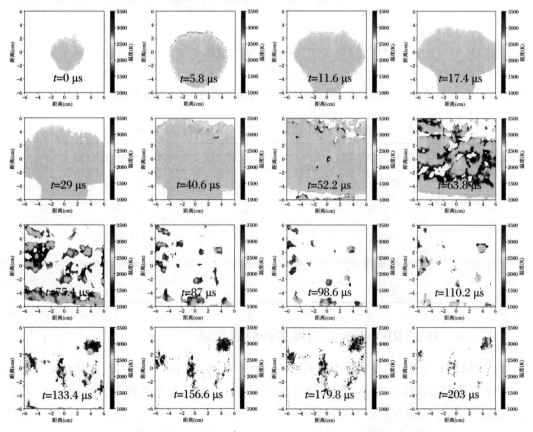

图 7-7　添加 5%、112.0 μmTiH₂ 的 RDX 基混合炸药瞬态爆炸温度场

图 7-8 是添加不同粒径 TiH$_2$ 粉末的 RDX 基混合炸药爆炸平均温度的时程曲线,对应的爆炸火球最高平均温度和持续时间如表 7-4 所示。TiH$_2$ 粉末粒径显著影响混合炸药的爆炸热毁伤效应,当添加粒径从 16.4 μm 增加到 112.0 μm 时,RDX 基混合炸药的最大平均温度和火球持续时间均随粒径的增大而降低,分别为 2436 K、3374 K、3221 K、2963 K、2872 K 和 110.2 μs、295.8 μs、255.2 μs、232 μs、208.8 μs。在 TiH$_2$ 含量均为 5% 的情况下,TiH$_2$ 粉末粒径的大小是爆炸温度的主要影响因素。在后燃反应中,大粒径的 TiH$_2$ 颗粒反应活性低,需吸收更多的能量才能达到活化状态;其次,较大的 TiH$_2$ 颗粒比表面积小、传热慢,导致 TiH$_2$ 粉末后燃反应不充分;此外,大粒径的 TiH$_2$ 颗粒较小粒径放氢起始温度高、放氢速率慢,降低了爆轰反应的能量释放速率,在一定时间内能释放出的热量更少。因此,在混合炸药中 TiH$_2$ 的后燃效应可显著提高混合炸药的爆炸温度,同时,爆炸火球温度和持续时间随 TiH$_2$ 粒径的增加不断降低。

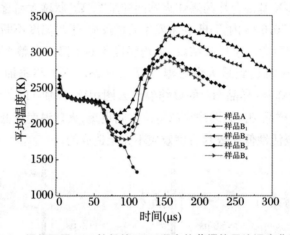

图 7-8　添加不同 TiH$_2$ 粒径的 RDX 混合炸药爆炸平均温度曲线图

表 7-4　添加不同 TiH$_2$ 粒径的 RDX 混合炸药瞬态温度参数

RDX 混合炸药	T_{max}(K)	火球持续时间(μs)
样品 A	2436	110.2
样品 B$_1$	3374	295.8
样品 B$_2$	3221	255.2
样品 B$_3$	2963	232
样品 B$_4$	2872	208.8

7.1.5.4　H$_2$ 对 RDX 混合炸药爆轰参数的影响

为了研究 H$_2$ 对 RDX 基混合炸药的影响,将纯 RDX 炸药作为空白样,对比研究了添加 5% TiH$_2$ 粉末和 5%Ti 粉末混合炸药能量输出规律。实验中每个炸药配方质量均为 10 g,每个样品测试 3 次以上,实验结果如表 7-5 所示。

表 7-5　不同 RDX 混合炸药空中爆炸参数

RDX 复合炸药	$T_{max}(K)$	$P_m(kPa)$	$t_+(\mu s)$	$I_+(Pa \cdot s)$
样品 A	2436	59.5	491.2	11.35
样品 B_1	3374	62.3	542.4	12.38
样品 C	2790	56.0	506.8	11.54

与纯 RDX 样品相比较,添加 Ti 粉的 RDX 基混合炸药冲击波峰值压力下降了 5.9%,而最大平均温度、冲击波正相持续时间和正冲量分别为提升了 14.5%、3.2% 和 1.7%。与添加 Ti 粉末的 RDX 基混合炸药相比,添加 TiH_2 粉末的 RDX 基混合炸药的最大平均温度、冲击波峰值压力、正相持续时间和正冲量分别提升了 20.9%、11.3%、7.0% 和 7.3%,其对 RDX 的热毁伤效应和爆轰威力的提升均明显优于 Ti 粉末。分析认为,Ti 粉末主要参与 RDX 爆轰 C-J 面后的反应,其前期的吸热效应对炸药爆轰反应动力学起到稀释作用,使得冲击波峰值压力降低,但其后续后燃反应能够减缓冲击波衰减并提高爆炸温度。与 Ti 粉末不同,TiH_2 粉末是一种储氢材料,氢化钛中的氢主要以固溶体的形式存在,其热分解服从收缩核模型,炸药爆轰提供的高温使得固溶体内核迅速收缩形成单质 Ti 并释放出 H_2,生成的 H_2 参与化学反应区以提高爆轰压力、单质 Ti 参与后燃反应来减缓冲击波的衰减并提高爆炸温度。因此,添加 TiH_2 比添加 Ti 粉的 RDX 基混合炸药表现出更佳的爆轰性能。

7.2　储氢军用炸药的安全性和稳定性

将金属氢化物引入炸药中具有很大的优势,但也存在一些技术挑战,例如金属氢化物与高能组分混合物的安全性。炸药在储存过程中易受到温度、湿度等因素的影响,在这些因素的干扰之下,炸药组分及结构会发生变化,与其他含能材料复合后会对材料的整体性能产生一定的影响,从而导致混合炸药的物理化学性能、安全性能以及使用性能发生改变,增大炸药使用过程中的不可靠性。在炸药中添加储氢合金提高其爆轰能力的同时也会降低炸药的稳定性,这是因为储氢合金本身具有较高的反应活性,与炸药中的其他成分产生较强的化学反应。这种反应可能导致炸药中的其他成分分解、析出有害物质、释放热量等。某些部件在相互接触时会发生剧烈反应,在制造或存储过程中会引起极大的安全问题。因此,了解不同组分之间的相互作用对包括金属氢化物在内的混合炸药的发展至关重要。我们可以对炸药样品进行初步实验,测量其对热、火焰和机械作用的敏感度,实验类型有撞击感度实验、摩擦感度实验、差示扫描量热实验以及炸药老化试验等。

7.2.1　炸药的机械感度

感度是衡量炸药安全性能的一项重要指标,主要包括撞击感度、摩擦感度、冲击波感度、热感度、静电感度等。炸药的机械感度直接关系到其在储存、运输和使用过程中对意外冲击的抵抗力。储氢合金是一种能够吸附和储存大量氢气的材料,其作为氢能储存材料的应用已经被广泛研究。近年来,研究人员开始探索在炸药中添加储氢合金对炸药的机械感度产生的影响。通常情况下能量越高的炸药感度也越高,为了协调安全性与炸药的能量,感度可分为两种:一种是实用感度,它能反映炸药在使用过程中发生爆轰行为的难易程度,可用超音速刺激因素如冲击波感度试验测试;另一种是危险感度,它表示在制造、运输及存储过程中的危险程度,可用亚音速刺激,例如,撞击感度、摩擦感度、电火花感度等。除热刺激外,机械刺激(撞击和摩擦)是造成事故最多的能量形式之一。为了模拟炸药在制造及运输过程中受到撞击、摩擦和剪应力等,国内常常采用测试撞击感度和摩擦感度的方式来评价炸药的安全性。

7.2.1.1 撞击感度

目前国内关于撞击感度测试方法主要参照 GJB772A 炸药试验方法,其中涉及的主要试验方法有爆炸概率法、特性落高法、12 型工具法、苏珊实验法等。爆炸概率法和特性落高法的试验标准主要参考炸药试验方法中的 601.1 和 601.2,具体的试验方法、药量、测试条件以及爆炸概率合格范围见表 7-6。在试验进行前需要将配方均匀散布在厚度不超过 3 mm 的表面皿内,在 60 ℃条件下烘干 2 h 以上,直至样品的质量不再发生变化,烘干后应放入干燥器内在室温条件下冷却 1~2 h。试验室室温应在 10~35 ℃之间,湿度不能大于 80%,因此不宜选择雨天湿度大时进行试验。爆炸概率法和特性落高法均采用如下方法判断是否发生爆炸:当爆炸较为激烈,通常观察爆炸声、发光、冒烟、爆炸气体产物的气味等判定炸药爆炸;当爆炸比较不明显,若出现试样变色、与试样接触的击柱表面有爆炸痕迹等现象,也判定为爆炸,否则判为不爆炸。

表 7-6 撞击感度实验标准

试验方法	锤重(kg)	落高(mm)	药量(mg)	适用范围	合格范围
	10	500	50±1	顿感炸药试样	28%~48%
爆炸概率法	10	250	50±1	一般炸药试样	40%~56%
	2	250	30±1	高感度炸药试样	4%~20%
	2	—	30±1	敏感炸药试样	43±8 cm
特性落高法	5	—	50±1	一般炸药试样	25±6 cm
	10	—	50±1	顿感炸药试样	27±6 cm

炸药为片状、棒状或颗粒状,撞击感度与晶体形态有关,具体来说,分子堆积紧密的晶体形态能够减少内部缺陷,降低热点形成的可能性,从而降低热量的积累和燃烧的速度,使得炸药的撞击感度降低。这是因为在强氢键分子中,分子之间的相互作用力较强,使得分子间距离变小,能量储存更为紧密,增加燃烧的难度,降低撞击感度。在晶体中,分子间的距离越近,撞击时分子间的能量传递也就越困难,因此撞击感度越低。此外,强氢键分子的结构也决定了其稳定性较高,不易被撞击引发爆炸反应。不规则晶型的单质炸药在粒度降低后,其撞击感度可能降低也可能增加。这一机理可能是因为不规则形态导致晶体无法紧密堆积,形成了许多空洞,容易形成热点。此外,不规则形态还会影响炸药的流动性,使其在受到撞

击时容易产生应力集中,从而导致裂纹或破碎,进一步形成热点。因此,这类炸药一般具有较高的感度。炸药孔隙率高,无论是单质炸药还是混合炸药,通常都具有较高的撞击感度。然而,通过充分地包覆剂(如蜡、高分子材料等),可以明显降低炸药的撞击感度。此外,温度对炸药的撞击感度有显著影响。对于某种炸药来说,存在一个最低撞击感度的温度值。当温度升高或降低时,炸药的撞击感度也会相应增加。对比分析 MgH_2 和 $Mg(BH_4)_2$ 对 TNT、AN、RDX 等几种传统炸药机械感度的影响,结果发现含 MgH_2 的混合炸药对于机械刺激更加敏感,这可能是因为 MgH_2 中含有大量游离氢,更容易形成热点。通过人工混合对加入不同比例 $Mg(BH_4)_2$ 对 RDX 机械感度和爆热进行研究,结果发现随着 $Mg(BH_4)_2$ 加入量的增加,混合炸药的爆热变高,机械感度也越高,且存在较高危险性,不利于生产、存储及运输,当 $Mg(BH_4)_2$ 的含量到达 26% 时,爆热达到最大值。

表 7-7　撞击实验结果

样　品	比例	爆炸概率		H_{50} cm
		10 kg, 500 mm	10 kg, 250 mm	2 kg
D－RDX	100/0	100%	44%	—
D－RDX/Mg(BH₄)₂简单物理 混合	90/10	爆炸剧烈	100%	17.8
	80/20	爆炸剧烈	100%	—
D－RDX/Mg(BH₄)₂造型粉	90/10	13%	0%	75
	80/20	53%	0%	25.2
D－RDX/Mg(BH₄)₂/Al 造型粉	80/0/20	100%	32%	—
D－RDX/Mg(BH₄)₂/Al 造型粉	80/10/10	100%	60%	—
D－RDX/Mg(BH₄)₂/Al 造型粉	80/15/5	100%	24%	—
D－RDX/AP/Al/Mg(BH₄)₂造型粉	40/35/10/15	100%	12%	—
D－RDX/AP/Al/Mg(BH₄)₂造型粉	40/35/10/15	100%	48%	—
D－RDX/AP/Al/Mg(BH₄)₂造型粉	40/35/0/25	100%	40%	—

测试采用造型粉炸药制备工艺制得的钝化 $RDX/Mg(BH_4)_2$、钝化 $RDX/Mg(BH_4)_2/$Al、钝化 $RDX/Mg(BH_4)_2/Al/AP$ 等三个体系混合炸药的撞击感度,其中以简单物理混合的钝化 $RDX/Mg(BH_4)_2$ 混合炸药的撞击感度测试结果与采用造型粉炸药制备工艺制得的钝化 $RDX/Mg(BH_4)_2$ 撞击感度测试结果做对比,以此来评估造型粉炸药制备工艺以及添加剂对混合炸药撞击安全性能的作用。由表 7-7 可知,原材料钝化 RDX 在 10 kg 落锤,500 mm 落高测试条件下撞击爆炸概率为 100%,降低测试条件为 10 kg,250 mm 后撞击爆炸概率为 44%。这代表即使是经过钝化的 RDX,仍然具有较高的感度,但是试验过程中未出现爆炸剧烈现象,每发测试结束后须仔细检查是否有爆炸痕迹。在此基础上引入 $Mg(BH_4)_2$,通过简单物理混合的方式配制了钝化 $RDX/Mg(BH_4)_2$ 比例为 90/10 和 80/20 的配方,根据测试结果,向钝化 RDX 引入 $Mg(BH_4)_2$ 后,在 10 kg 落锤、500 mm 落高测试条件下爆炸较为激烈,在测试了 10 发后由于连续出现炸坏套筒现象,立即停止该条件下的测试并降低测试条件为 10 kg 落锤、250 mm 落高。然而,在该条件下虽然未出现爆炸剧烈现象,但撞击爆炸概

率仍为 100%，且偶尔有炸坏套筒现象，据此可以判断引入 $Mg(BH_4)_2$ 后，主体炸药钝化 RDX 的撞击爆炸概率大幅提升，撞击刺激使得钝化 RDX 危险感度增大。使用了造型粉炸药制备工艺后，在 10 kg 落锤、500 mm 落高测试条件下 90/10 和 80/20 两种比例的钝化 $RDX/Mg(BH_4)_2$ 混合炸药的撞击爆炸概率分别为 13% 和 53%，均符合表 7-6 中撞击爆炸合格范围且 $Mg(BH_4)_2$ 加入量越多，撞击爆炸概率越大。在 10 kg 落锤、250 mm 落高测试条件下两种比例混合炸药的撞击爆炸概率均为 0。为了更加直观地比较简单物理混合和造型粉炸药制备工艺之间的差异，还运用特性落高法测试了两种比例混合炸药在撞击刺激下爆炸概率为 50% 时的落高，在钝化 $RDX/Mg(BH_4)_2$ 比例为 90/10 时，简单物理混合制备的炸药的特性落高为 17.8 cm，造型粉制备工艺制备的混合炸药的特性落高为 75 cm。与同比例的简单物理混合配制的炸药撞击感度测试结果相比可以发现，造型粉炸药制备工艺十分有效地降低了混合炸药的撞击爆炸概率，提高了混合炸药的撞击安全性能。

7.2.1.2 摩擦感度

摩擦感度的测试主要参照 GJB772—97 中的 602.1，与撞击感度测试一样也是采用爆炸概率法，爆炸记为"1"，不爆炸记为"0"。摩擦感度测试的原理是限制在俩光滑硬表面间的试样，在恒定的挤压压力和外力作用下经受滑动摩擦作用，观测计算其爆炸概率，表征试样的摩擦感度。摩擦装置主要由上、下滑柱、滑柱套组成，试验装置的清洁以及保存方式同撞击感度测试相同，实验室环境温度及湿度以及样品烘干要求也同撞击感度相同。摩擦感度既与炸药粒度有关，也与晶体形态有关。对于类似于球形的单质炸药，粒度越小，摩擦感度越低，而孔隙率高的炸药，摩擦感度较高。采用可充分包覆的包覆剂（如蜡、高分子材料），以及可增加导热性或润滑性的助剂可有效降低炸药的摩擦感度；共晶有利于降低炸药的摩擦感度，共晶材料常常比两种原材料的摩擦感度都低。

表 7-8 为添加 MgH_2 和 $Mg(BH_4)_2$ 混合炸药摩擦感度试验结果。绝对干燥的 RDX 在 96° 摆角、4.9 MPa 压力的条件下具有 56% 的摩擦爆炸概率，该数值随着 RDX 的含水量的增加而降低。在同等条件下分别测试了 10 发 RDX/MgH_2 和 $RDX/Mg(BH_4)_2$ 混合物的摩擦感度，结果爆炸均发生且伴随巨大响声，对套筒和击柱造成非常大的损伤。由这一点已经可以看出无论 MgH_2 还是 $Mg(BH_4)_2$ 的加入都大大增加了 RDX 的摩擦感度。为了给出更加具体的感度数值，进一步降低摩擦感度的测试摆角和压力至 66° 和 2.45 MPa。在该条件下，不同配化的 RDX/MgH_2 混合物的摩擦爆炸概率均为 100%，$RDX/5\%Mg(BH_4)_2$ 混合物的摩擦爆炸概率也是 100%，将添加的 $Mg(BH_4)_2$ 增加至 10%，爆炸概率降低至 96%。而同等条件下，纯品 RDX 的摩擦爆炸百分数仅为 4%。虽然 66° 摆角和 2.45 MPa 压力是炸药摩擦感度测定中能量最低的条件，但为了进一步了解 RDX 和这两种金属氢化物混合物的摩擦感度值，这里借用了烟火药剂摩擦感度的测试条件：50° 摆角和 0.65 MPa 压力，测得 $RDX/5\%MgH_2$ 混合物的摩擦爆炸概率是 12%，$RDX/5\%Mg(BH_4)_2$ 混合物的摩擦爆炸概率是 0%。MgH_2 比 $Mg(BH_4)_2$ 对 RDX 的摩擦感度影响更大。金属氢化物加入后，混合物的效应、活化能等都是影响感度的可能原因。加入 MgH_2 或 $Mg(BH_4)_2$ 后，金属氢化物在炸药中分散不好，混合物的一致性变低。这种均匀性较差、不同颗粒形状的物质堆积在一起，导致空气隙或气泡增多，当炸药受外界撞击或摩擦力时，作用力无法沿炸药的颗粒表面迅速传递，更容易形成热点。

表 7-8　摩擦感度试验结果

样　品	配比	爆　炸　概　率			
		50° 0.64 MPa	66° 2.45 MPa	90° 3.92 MPa	96° 4.9 MPa
TNT	—	—	—	—	4%
TNT/MgH₂	90/10	—	100%	100%	100%
TNT/Mg(BH₄)₂	90/10	—	—	—	36%
RDX	—	—	4%	—	—
	95/5	16%	100%	—	—
RDX/MgH₂	90/10	—	100%	—	—
	60/40	—	100%	—	—
RDX/Mg(BH₄)₂	95/5	0%	100%	—	—
	90/10	—	96%	—	—
钝化 RDX	—	—	0	—	—
钝化 RDX/MgH₂	90/10	12%	100%	—	—
钝化 RDX/ Mg(BH₄)₂	90/10	0%	12%	—	—
AN	—	—	0%	0%	0%
AN/MgH₂	90/10	—	0%	72%	100%
AN/Mg(BH₄)₂	90/10	—	0%	0%	0%

7.2.2　热稳定性

7.2.2.1　TG-DSC 测试

在同一升温速率下,取粒度分别为 1.99 μm 和 8.63 μm 的氢化锆,含量为 50% 时, ZrH_2-PETN 炸药的 DSC 曲线如图 7-9 所示。 ZrH_2-PETN 炸药的吸热峰峰温、放热峰起始温度以及放热峰峰温均随氢化锆粒度的增大而增大。不同升温速率下,氢化锆粒度为 1.99 μm 的吸热过程比粒度为 8.63 μm 的吸热过程时间更长,而氢化锆粒度为 1.99 μm 的放热过程比粒度为 8.63 μm 的放热过程时间更长,且放热结束温度基本不变,表明 8.63 μm 的氢化锆具有更强的热稀释作用,不同粒度的氢化锆不会改变 ZrH_2-PETN 炸药的热分解过程。

结合热重傅里叶红外光谱(TG-FTIR)和热重光电离质谱(TG-MS)技术,比较了 RDX、RDX/LiAlH₄(4∶1)和 RDX/LiAlH₄(1∶1)的主要热解气体产物,分析了 LiAlH₄ 对 RDX主要热解路径的影响。从图 7-10 可以看出,纯 RDX 的 DSC 曲线在 205.4 ℃ 和 239.8 ℃ 出现两个峰值。第一个明显的吸热峰对应于 RDX 的熔化过程。熔化后立即发生分解,在239.8 ℃ 观察到一个广泛的放热峰。纯 LiAlH₄ 的 DSC 图有两个放热峰和两个吸热峰。第一个放热峰(164.7 ℃)之前被指定为 LiAlH₄ 与表面羟基杂质的相互作用。第一个吸热峰

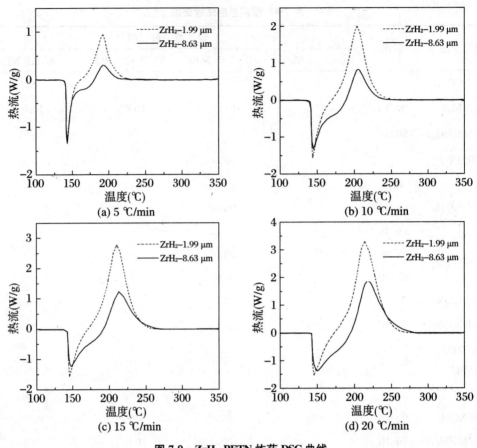

(a) 5 ℃/min

(b) 10 ℃/min

(c) 15 ℃/min

(d) 20 ℃/min

图 7-9　ZrH₂-PETN 炸药 DSC 曲线

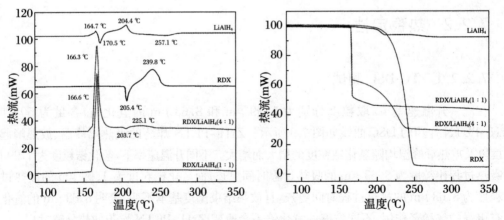

图 7-10　RDX、LiAlH₄、RDX/LiAlH₄（4∶1）、RDX/LiAlH₄（1∶1）的 TG-DSC 曲线

（170.5 ℃）对应于 LiAlH₄ 的熔化。接下来的两个峰对应着液体 LiAlH₄ 的两个分解过程，分别是 LiAlH₄ 分解形成 Li₃AlH₆（204.4 ℃），Li₃AlH₆ 继续分解形成 LiH（257.1 ℃）。RDX/LiAlH₄（4∶1）的 DSC 曲线有两个放热峰和一个吸热峰。通过与 RDX 的 DSC 曲线对比可知，RDX 的第一个急剧的放热峰（166.3 ℃）对应于与 LiAlH₄ 协同的 RDX 的快速分解过程。第一个吸热峰（203.7 ℃）和第二个放热峰（225.1 ℃）分别对应剩余 RDX 的熔化和分

解。进一步分析 RDX/LiAlH$_4$（4∶1）的 TG 曲线发现，RDX/LiAlH$_4$（4∶1）的第一步热分解速率非常快，且 TG 曲线几乎垂直于横坐标，说明 LiAlH$_4$ 存在时，RDX 可能发生爆炸分解。随着 LiAlH$_4$ 在样品中所占比例的增加，在 RDX/LiAlH$_4$（1∶1）的 DSC 曲线上，只有一个明显的放热峰，且该峰的位置（166.6 ℃）与 RDX/LiAlH$_4$（4∶1）几乎重合。这说明对于 RDX/LiAlH$_4$（1∶1），RDX 和 LiAlH$_4$ 的反应在 166.6 ℃ 完成，没有剩余的 RDX 存在。从 RDX/LiAlH$_4$（1∶1）的 TG 曲线可以看出，TG 曲线几乎垂直于横坐标，说明 RDX/LiAlH$_4$（1∶1）发生了爆炸分解。从 RDX/LiAlH$_4$（1∶1）和 RDX/LiAlH$_4$（4∶1）的 TG-DSC 曲线可以看出，热解温度从 239.8 ℃ 下降到 166.4 ℃ 左右，说明 LiAlH$_4$ 与 RDX 在热分解过程中存在较强的协同作用。

7.2.2.2　TG-FTIR 测试

采用 TG-FTIR 探讨 LiAlH$_4$ 对 RDX 热分解过程中气态产物的影响并进行了气态产物的识别。设置温度范围为 35～350 ℃，加热速率为 10 ℃/min。RDX、RDX/LiAlH$_4$（4∶1）和 RDX/LiAlH$_4$（1∶1）热分解过程中析出气体的 TG-FTIR 光谱如图 7-11 所示。对于 RDX，大多数气体在 202 ℃ 和 255 ℃ 之间出现，相比之下，RDX/LiAlH$_4$（4∶1）在 151～166 ℃ 和 210～240 ℃ 处均有红外吸收，这证实了 RDX/LiAlH$_4$（4∶1）的 TG-DSC 数据具有两阶段分解过程。对于 RDX/LiAlH$_4$（1∶1），只有在 151～161 ℃ 左右才能分辨出几个明显的吸收带。这说明这个阶段 RDX 与 LiAlH$_4$ 的反应已经完成，没有剩下 RDX。图 7-11 为典型温度下的 TG-FTIR 光谱分析结果，我们可以在 202.3 ℃ 处观察到 RDX 初始分解时 N$_2$O（1269 cm^{-1}、1304 cm^{-1}、2203 cm^{-1} 和 2239 cm^{-1}）和 NO$_2$（1630 cm^{-1} 和 1597 cm^{-1}）的特征吸收峰（图 7-11（a））。随着温度的升高，HCN（3337 cm^{-1}、3273 cm^{-1} 和 714 cm^{-1}）、CH$_2$O（2800 cm^{-1}、1746 cm^{-1}）、NO（1909 cm^{-1}、1844 cm^{-1}）和 H$_2$O（3500～3800 cm^{-1}）的表观吸收峰出现在 217.1 ℃。当温度达到 236.8 ℃ 时，所有气体产物的吸收峰都达到最强，RDX 的分解产物包括 HCN、N$_2$O、NO$_2$、CH$_2$O、NO、CO$_2$ 和 H$_2$O。

RDX/LiAlH$_4$（4∶1）在分解过程中不同温度下的红外光谱如图 7-11（b）所示。结合 TG-DSC 数据，将 RDX/LiAlH$_4$ 制气过程分为两个阶段。第一阶段为 LiAlH$_4$ 协同作用下 RDX 的快速分解过程。释放气体的吸收强度在 156.1 ℃ 达到峰值状态。结果表明，RDX/LiAlH$_4$（4∶1）在第一分解阶段的主要气态产物为 HCN（3337 cm^{-1}、3273 cm^{-1}、714 cm^{-1}）、NH$_3$（965、930 cm^{-1}）、N$_2$O（1269 cm^{-1}、1304 cm^{-1}、2203 cm^{-1}、2239 cm^{-1}）、NO$_2$（1630 cm^{-1}、1597 cm^{-1}）、NO（1909 cm^{-1}、1844 cm^{-1}）、CO（2113 cm^{-1}）、CO$_2$（2359 cm^{-1}）、CH$_4$（3016 cm^{-1}）、H$_2$O（350～3800 cm^{-1}）。与纯 RDX 的分解过程相比，RDX/LiAlH$_4$（4∶1）的第一分解阶段出现了两种新物质 NH$_3$ 和 CH$_4$，CH$_2$O 的吸收峰消失。此外，其他物质的吸收强度也发生了变化。首先，NO$_2$ 的吸附强度明显减弱；其次，HCN 和 NO 的吸收强度明显增强，HCN 的红外吸收波段最强。这说明 LiAlH$_4$ 的存在影响了 RDX 的分解反应。下面将讨论可能的机制。对于 RDX/LiAlH$_4$ 的第二分解阶段（4∶1），这一阶段产生的物质与纯 RDX 分解产生的物质相同，因此可以得出第二分解阶段对应于剩余 RDX 的分解。RDX/LiAlH$_4$（1∶1）分解过程中不同温度下的 FTIR 光谱（图 7-11（c））表明，RDX/LiAlH$_4$ 只有一个分解阶段。这一阶段的主要气态产物与 RDX/LiAlH$_4$ 第一分解阶段（4∶1）相同。各气体产物红外吸收峰的强度比与 RDX/LiAlH$_4$ 几乎相同（4∶1）。这说明，增加 LiAlH$_4$ 的比例

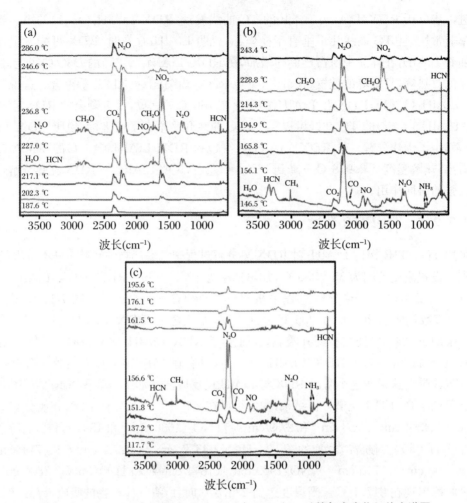

图 7-11　RDX、RDX/LiAlH₄（4∶1）、RDX/LiAlH₄（1∶1）的气态产物红外光谱图

并没有改变 LiAlH₄ 促进 RDX 分解的过程。这一阶段，在 LiAlH₄ 的协同作用下，所有的 RDX 都快速分解。

7.2.2.3　加速量热法测试

采用加速量热法（ARC）研究 2，4，6-三硝基甲苯（TNT）、TNT/MgH₂ 和 TNT/Mg(BH₄)₂ 的热性能，结果如图 7-12 所示。相比于 TNT 炸药，TNT/MgH₂ 和 TNT/Mg(BH₄)₂ 的反应温度有所降低，对 TNT 的热分解机理进行了深入研究，认为在较低温度（800～900 ℃）时，TNT 的热分解以甲基的氧化反应为主，而在较高温度（800～900 ℃）时，C—NO₂ 键的断裂主导了反应的进行。TNT 在 DSC 和 ARC 中的分解曲线大致遵循上述过程。MgH₂ 是通过超细镁粉加氢制备的，相变引起的晶格畸变会导致粉末颗粒产生强烈的裂纹。结果表明，晶体胞表面间隙中存在大量的氢原子。MgH₂ 或 Mg(BH₄)₂ 的加入可将还原氢引入反应体系，降低—CH₃ 的氧化概率。在密封坩埚内留有少量空气的惰性氮气气氛下进行 DSC 测试。然而，在 ARC 测试中，样品完全暴露在空气中。在 DSC 坩埚和 ARC 容器中，样品与空气的体积比分别为 1∶30 和 1∶135。因此，—CH₃ 在 DSC 坩埚中的氧化更多依赖于苯乙烯环上的硝基，氢气的引入对其在 DSC 坩埚中的分解影响更大。另一方面，

DSC 测试中样品质量相对较小不利于热积累,且产物中还存在少量的镁,有利于散热。此外,MgH₂ 或 Mg(BH₄)₂ 的存在可能有利于 N—O 键的断裂,这导致 TNT/MgH₂ 或 TNT/Mg(BH₄)₂ 的表观活化能值较低,而与纯 TNT 相比,其反应活性较高。

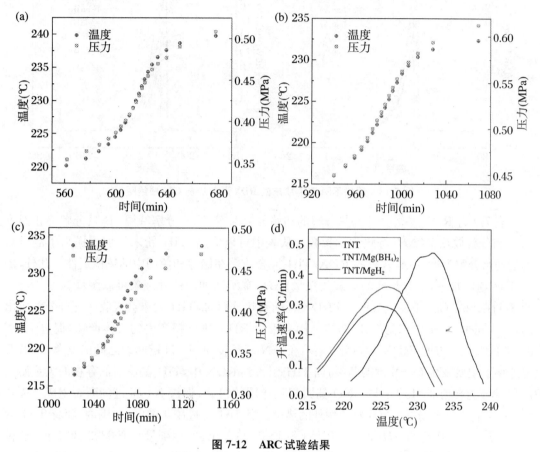

图 7-12　ARC 试验结果

(a) TNT;(b) TNT/MgH₂;(c) TNT/Mg(BH₄)₂;(d) 对应的升温速率

7.2.2.4　C80 测试

样品 A 为纯 RDX 炸药,作为空白对照组;样品 $A_1 \sim A_4$ 分别为添加 2.5%、5%、7.5% 和 10% TiH₂ 粉末的($D_{50} = 16.4\ \mu m$)的混合炸药样品;样品 $B_1 \sim B_4$ 分别为添加 D_{50} 为 16.4 μm、33.7 μm、50.1 μm、112.0 μm TiH₂ 粉末的(添加量为 5%)的混合炸药样品,样品 C 为添加 $D_{50} = 18.4\ \mu m$ Ti 粉末(添加量为 5%)的混合炸药样品。为了探究 TiH₂ 对 RDX 基混合炸药的热分解特性的影响,利用 C80 微量热仪对不同配方的 RDX/TiH₂ 混合炸药进行了热分析实验。图 7-13(彩图)是纯 RDX 和不同 RDX/TiH₂ 混合炸药样品在升温速率为 1 ℃/min 下的热流曲线图。在动态升温过程中,RDX 的分解存在相变过程,即先熔融吸热再分解放热。然而,图 7-13 中 RDX 炸药的热流曲线中仅在 200～230 ℃ 范围内存在一放热峰,这是由于 RDX 的熔融吸热和分解放热存在耦合现象,在低升温速率情况(1 ℃/min)下吸放热耦合现象更加明显,分解放热峰强度超过了熔融吸热峰,故在热流曲线中只表现为一个放热峰。此外,从添加不同 TiH₂ 含量和粒径的热流曲线可以看出,RDX 基混合炸药分解曲线仍为一个放热峰,峰形并未发生明显变化。

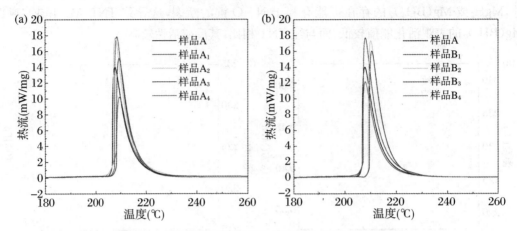

图 7-13　添加不同 TiH₂ 粉末的 RDX 混合炸药 C80 曲线图

表 7-9 为 RDX 基混合炸药热分解的初始分解温度(T_s)、分解峰温(T_p)、分解终止温度(T_e)和分解放热量(ΔH)等热力学参数。从表中可以看出,TiH₂ 粉末的加入提高了混合炸药的初始分解温度,可有效提高 RDX/TiH₂ 混合炸药在储存和使用中的热稳定性。此外,随着 TiH₂ 粉的加入,混合炸药的分解放热量(ΔH)有所增加。这种现象可以解释为:一方面,TiH₂ 粉在 300 ℃ 内不发生分解,当 RDX 开始受热分解时,TiH₂ 粉末会吸收一部分分解放出的热量,同时,TiH₂ 粉末的 CaF₂ 晶体结构会吸附 RDX 热分解产生的气体产物,促进 RDX 的热分解;另一方面,RDX 的热分解存在 C—N 键断裂和 N—N 键断裂之间的竞争,在低升温速率下主要发生 C—N 键的断裂,当 TiH₂ 引入到 RDX 中,TiH₂ 晶胞表面存在的大量游离 H 原子可能会增加 H 原子与—NO 基团相互作用的机会,促进 N—N 键的断裂生成强氧化剂 NO₂,并与 TiH₂ 粉发生反应释放额外的热量。当 TiH₂ 含量在 0～10% 范围内,随着 TiH₂ 含量的增加,混合炸药的 ΔH 呈先上升后下降趋势,并在 5% 时达到最大值 6393.38 J/g。这种下降趋势是由于 TiH₂ 含量过多时,TiH₂ 对放热产生的促进作用小于 RDX 含量的减少对放热的削弱作用。此外,小粒径的 TiH₂ 与 RDX 炸药接触面积更大,传热性能更好,能够更快地达到活化温度发生反应,因而 ΔH 随 TiH₂ 粒径的减小而逐渐增大。

表 7-9　RDX 混合炸药 C80 热力学参数

样品	T_s(℃)	T_p(℃)	T_e(℃)	ΔH(J/g)
样品 A	206.67	207.83	214.53	5201.74
样品 A₁	207.31	208.58	214.80	5964.95
样品 A₂	207.03	208.00	214.42	6393.38
样品 A₃	208.30	209.44	215.79	5178.84
样品 A₄	208.20	209.58	216.31	4335.36
样品 B₁	207.03	208.00	214.42	6393.38
样品 B₂	209.10	210.13	216.35	5721.49
样品 B₃	209.48	210.54	216.73	5303.25
样品 B₄	206.70	207.98	214.50	4494.98

7.2.3　储氢军用炸药的储存稳定性

为了巩固国防,应对随时可能发生的恐怖袭击或敌对势力的干扰,国家必须存有一定数量的武器弹药以备战时需要。这些弹药不会在制造出来后就立即投入使用,一般将其封存在仓库中,在有需要的时候取出来使用即可。含金属炸药在长期储存过程中,受环境温度、湿度的影响,单质炸药和黏结剂等组分会发生缓慢的热分解效应,其中的金属成分受到氧化作用,炸药的组成发生变化,导致炸药的安全性、爆炸性能等出现改变,影响炸药使用的可靠性。由于武器弹药造价昂贵,在仓库中封存还要考虑到经济方面的因素,这就要求弹药必须具有长时间储存的能力,一般从几年到几十年不等。然而我国军事发展与发达国家相比较晚,在弹药的贮存方面还没有系统的研究。因此,开展武器弹药的长储稳定性评估是一项至关重要的课题。我国目前对于炸药长储失效的判断标准采用《GJB 1054A—2006 火炸药贮存安全规程》,以炸药真空安定性测试中放气量低于 2 mL/g 为炸药失效的评判标准。炸药的稳定性评估作为一个重要的研究领域,目前国内外并未形成统一的试验标准,一般都是参考国军标中关于火工品和推进剂方面的老化研究方法,主要有自然环境试验法和加速老化法。

7.2.3.1　自然环境试验法

炸药自然环境试验法是一种测试和评估炸药在自然环境中性能和稳定性的方法。这种试验法通常包括将炸药样品暴露在不同的自然环境条件下,并进行观察和记录,考察储存时间对炸药的安定性、爆炸性能、力学性能等的影响,根据一定的标准,评估炸药的长储稳定性。自然环境试验法使用了炸药长期储存过程中的真实环境,与其他老化方法相比,试验结果更加准确、可靠。但是自然环境试验法测试时间太长,难以对材料进行长时间的跟踪、监测,一般用来与其他老化方法作对比,验证其他试验方法的可靠性。通过这种试验法,可以评估炸药在不同环境条件下的稳定性,并为使用和储存炸药提供参考和指导。

1. 表面外观形貌

含 TiH_2 和 MgH_2 粉末的 RDX 混合药柱在开放环境内进行了为期两年的自然存储实验,存储环境的温度和湿度随室内条件变化而变化,未做进一步的处理。不同老化时间 RDX 基氢化钛、氢化镁混合炸药药柱的外观变化如图 7-14 所示,经过半年的室内环境条件存储后,RDX/TiH_2 药柱没有发生明显变化,其体积微小的增加可能是压装后应力缓慢释放导致,而质量的微量减小则是称量等操作过程导致的损耗;而 RDX/MgH_2 药柱则发生明显的膨胀,表面布满细微裂纹,并且力学强度下降明显,其中 RDX/MgH_2 药柱体积平均增加了 50.7%,而且重量平均增加了 7.7%。经过 2 年的存储后,RDX/TiH_2 药柱依然没有明显变化,而 RDX/MgH_2 药柱的表面则破损严重,裂纹尺寸相较半年存储时扩大明显,其力学强度进一步降低,且存储过程中发生了表面和边角炸药的剥落。由于轻微的夹取操作都会导致药柱的破损,所以无法计算其体积和重量的变化。

2. 老化后药柱爆轰性能

老化药柱表观等参数的变化表明,RDX/MgH_2 混合炸药(MHR)的存储稳定性较差,而

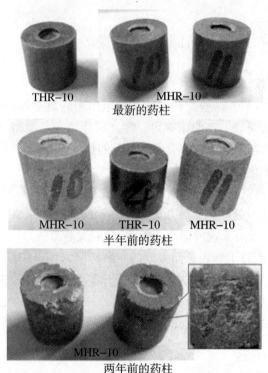

THR-10 　　MHR-10
最新的药柱

MHR-10　　THR-10　　MHR-10
半年前的药柱

MHR-10
两年前的药柱

图 7-14　不同存储期老化药柱照片

RDX/TiH$_2$混合炸药(THR)的存储性能更加稳定。由于老化 RDX/MgH$_2$药柱力学强度较低,且安全隐患较大等原因,因此未对其进行爆炸性能测试。采用水下爆炸实验方法测试了存储性能相对较好的 RDX/TiH$_2$药柱,结果如表7-10所示。水下爆炸实验结果对比表明,除气泡脉动能量随着存储时间增加而下降外,其他参数没有明显变化,其中两年期老化的 RDX/TiH$_2$药柱的比气泡能相对初始药柱下降约 2.4%。因此,RDX 基氢化钛混合炸药不但有较好的物化存储稳定性,且爆炸性能随着存储时间的增加变化较小。由于实际应用中混合炸药的存储寿命要求更长,因此后续需要进一步研究 RDX/TiH$_2$混合炸药的全寿命存储性能。

表 7-10　RDX 基 TiH$_2$、MgH$_2$混合炸药水下爆炸性能

样品	$\rho(\text{g/cm}^3)$	$P_m(\text{MPa})$	$I(\text{Pa·s/g})$	$E_s(\text{kJ/g})$	$\rho·E_s(\text{kJ/cm}^3)$	$E_b(\text{kJ/g})$	$\rho·E_b(\text{kJ/cm}^3)$
RDX	1.61	13.215	53.938	1.238	1.993	2.241	3.608
THR-10	1.71	13.255	54.897	1.237	2.110	2.302	3.928
0.5-yr-Aged-THR-10	1.70	13.205	54.975	1.207	2.050	2.266	9.848
2-yr-Aged-THR-10	1.70	13.328	54.491	1.230	2.090	2.248	3.817

7.2.3.2　加速老化法

加速老化试验法是国内外广泛采用的一种含能材料老化寿命评估方法。这种方法所需时间短,弥补了自然储存法试验周期长的缺点,并且成本低廉,在近些年得到了充分的发展并取得了一定的研究成果。该试验方法主要是在较短的周期内将试验温度提升,获得高温下的试验数据然后根据热力学规律推导出炸药在常温贮存下性能随时间变化的规律。含金属炸药在长期储存过程中,受环境温度、湿度的影响,单质炸药和黏结剂等组分会发生缓慢的热分解效应,其中的金属成分受到氧化作用,炸药的组成发生变化,导致炸药的安全性、爆炸性能等出现改变,影响炸药使用的可靠性。国内外对炸药的长储寿命评估并未形成统一的试验标准,研究人员为了探究含镁基贮氢合金 ABM-2 温压炸药的长储特性,采用高低温循环刺激老化法开展含 ABM-2 炸药的加速老化试验,考察高低温老化前后炸药的机械感度、成分、爆炸性能等性质变化情况。采用造型粉压装法制备含镁基贮氢合金温压炸药药柱。制备过程首先配制高聚物黏结剂溶液,然后将单质炸药、ABM-2 和其他固体组分混合均匀,在一定温度下将混合物加入到黏结剂溶液中,搅拌升温使溶剂挥发,黏结剂包覆在炸药颗粒表面,烘干制备造型粉。将烘干的造型粉加入到模具当中,通过液压机压制成药柱。炸药组分具体参数如下:36% RDX,20% AP,镁基贮氢合金 35% ABM-2,4.5%石蜡,3.5%黏结剂,1%石墨。

1. 表面外观形貌

采用高低温老化试验对含镁基贮氢合金 ABM-2 温压炸药开展两个周期的高低温循环加速老化,老化试验过程如下(一个周期 14 天):

(1)将药柱在常温环境中放置 1 h,然后在 -54 ℃ 环境中放置 6 h。将药柱取出常温放置 1 h,再放入 71 ℃,95% RH 的试验箱中 16 h。

(2)重复步骤(1)3 次。

(3)将药柱取出常温放置 1 h,然后在 -62 ℃ 环境中放置 72 h,再在 -54 ℃ 条件下继续存储 6 h。

(4)将药柱从低温箱中取出,在室温条件下存储 1 h 后放入温度为 71 ℃、相对湿度为 95%的环境试验箱中,存储 16 h;再将药柱取出,在室温条件下存储 1 h。

(5)重复步骤(3)~(4)3 次。

(6)将药柱在 -54 ℃ 条件下存储 6 h,取出在室温条件下存储 1 h;再将药柱放入温度为 71 ℃、相对湿度为 95%的环境试验箱中,存储 64 h。

(7)对每个药柱进行连续两个周期的加速老化试验,并在每个周期老化结束后取样分析,考察老化前后药柱的质量、高度、机械感度、爆速和成分的变化情况。

含镁基贮氢合金 ABM-2 温压炸药药柱高低温循环老化两个周期后,药柱表面形貌变化如图 7-15 所示。含 ABM-2 炸药药柱经过高低温循环老化后,药柱表面析出白色晶体状物

图 7-15 高低温循环后药柱表面外观形貌

质,老化时间越长,析出的白色结晶越多。分析认为析出的这些白色晶体为炸药组成中的高氯酸铵。炸药压装成型进行高低温循环加速老化试验时,首先从常温环境转移进入 -54 ℃低温环境中,受低温影响,药柱表面会凝结固态水。药柱随后放置于常温和 71 ℃环境中老化,固态水液化并溶解药柱表面未完全包覆的高氯酸铵颗粒,当药柱再次放入低温环境时,溶解的高氯酸铵在低温下重新结晶,粘在药柱表面。经过多次高低温循环刺激后,固态水液化后溶解的高氯酸铵增多,药柱表面析出的白色晶体随之增多。

2. 老化后药柱机械感度

对炸药的安全性能进行检测是炸药应用的前提条件,在探究含 ABM-2 温压炸药老化前后理化性能和爆轰性能的变化情况之前,需对炸药老化前后样品的机械感度进行测试,本节采用 HGZ 型撞击感度仪和 BM-B 型 20Z126 摩擦感度仪对含 ABM-2 炸药老化前后样品的撞击感度和摩擦感度进行测试,结果如表 7-11 所示。

表 7-11　高低温老化实验周期后撞击感度的变化

项目	原样	周　期		测试条件
		一个周期	两个周期	
撞击感度	14%	16%	18%	5 kg, 50 cm
摩擦感度	18%	22%	22%	90°, 3.92 MPa

由表 7-11 可知,含 ABM-2 炸药老化后机械感度升高,其中撞击感度老化每周期升高 2%,摩擦感度老化一个周期后提高 4%且不再改变。根据润滑效应,炸药组成中的黏结剂是带有长链分子的高聚物,拥有自润滑特性,能够在炸药表面形成柔性膜达到降感效果。炸药中的黏结剂老化后受热胀冷缩作用发生断裂,致使炸药表面的柔性膜破裂,炸药中的氧化剂和单质炸药组分无法受到黏结剂的包覆作用而暴露出来。此外,炸药药柱受热胀冷缩作用会形成裂纹,机械感度测试过程中,裂纹中的气体受到绝热压缩作用产生高温热点,热点的扩散加速炸药的分解导致炸药老化后机械感度升高。

第8章 储氢合金在推进剂中的应用

固体推进剂是一种具有特定性能的含能复合材料,是导弹、空间飞行器等各类固体发动机动力源,其能量特性和燃烧性能是影响固体火箭发动机性能的最重要因素。需要开发新的材料,以提高固体推进剂的能量和燃烧性能。目前,提高推进剂能量特性的途径主要包括添加含能氧化剂、含能黏合剂增塑剂、高能添加剂以及提高固体含量等,其中金属燃料作为高能添加剂被广泛应用于固体推进剂中。金属氢化物作为储氢材料、还原剂和产氢材料受到了广泛的关注,由于"氢能"的引入,其燃烧热比相应的金属要高,同时提供金属氧化产生的高能量和低气体分子质量,可作为一种高能添加剂应用于固体推进剂领域。近年来,人们对金属氢化物作为推进剂固体燃料的潜力进行了大量的评估,主要包括氢化铝、氢化镁、氢化锆、氢化锂及其配位金属氢化物。

8.1 氢化铝在推进剂中的应用

铝(Al)粉末常被用作复合固体推进剂的燃料添加剂,以提高固体火箭发动机的比冲。Al 粉具有密度大、燃烧热高、耗氧量低、成本低等优点,因此成为固体推进剂中应用最广泛的高能燃料。然而,在固体推进剂燃烧过程中,Al 粉末燃烧,表面熔化结块,最终凝聚成更大的颗粒,尺寸为 $10\sim1000~\mu m$。这导致推进剂的比冲和燃烧效率降低。同时,它还会造成两相流损耗、喷嘴侵蚀、绝热层烧蚀等影响。这些问题在一定程度上限制了铝粉在固体推进剂中的应用。氢化铝(AlH_3)由于金属氧化而具有高能量,由于氢而具有低分子量,为提高推进剂的燃烧性能和能量性能提供了新的可能性。

8.1.1 含 Al/AlH_3固体推进剂的能量性能分析

研究使用的含 Al/AlH_3固体推进剂的配方如表 8-1 所示。样品♯1 是基础配方。样品♯2~♯6 在金属燃料中添加不同质量分数的 AlH_3,分别为 5%、10%、25%、50%和 100%。每个样品的固体组分由氧化剂和金属燃料两部分组成,占样品总量的 85%。氧化剂由粗粒高氯酸铵(AP)和细粒高氯酸铵(AP)按 7∶3 的比例组成,粗粒高氯酸铵的粒径为 318 μm,细粒高氯酸铵的粒径为 60 μm。黏结系统由黏结剂端羟基聚丁二烯(HTPB)、增塑剂癸二酸二辛酯(DOS)和固化剂二异佛尔酮二异氰酸酯(IPDI)组成。DOS 约占 HTPB 质量的30%,IPDI 用量满足固化参数 R =1.15。HTPB 末端羟基(—OH)与 IPDI 的异氰酸酯基(—NCO)固化形成氨基甲酸酯基(NHCOO—)的碱性反应(图 8-1)。固化参数 R 是体系中

—NCO 基与—OH 基摩尔比的量度。

表 8-1   固体推进剂配方中的 Al/AlH₃ 含量

样品	AP	Al	AlH₃	HTPB	DOS	IPDI
♯1	68	17.00	0.00	11	3.3	0.7
♯2	68	16.15	0.85	11	3.3	0.7
♯3	68	15.30	1.70	11	3.3	0.7
♯4	68	12.75	4.25	11	3.3	0.7
♯5	68	8.50	8.50	11	3.3	0.7
♯6	68	0.00	17.00	11	3.3	0.7

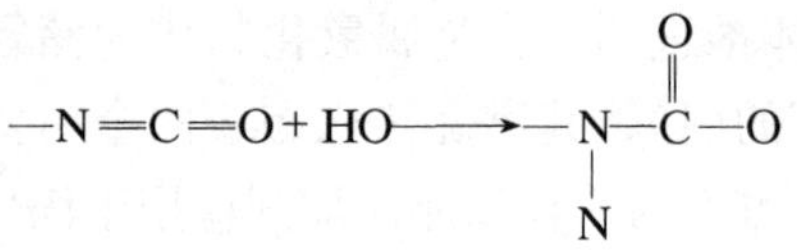

图 8-1   —NCO 与—OH 反应生成—NHCOO—的分子式

8.1.1.1   实测密度与理论密度

固体推进剂的能量特性是固体推进剂发展中需要考虑的一个关键问题,而密度可以在一定程度上提供其体积能量特性的信息。使用式(8-1)计算了表 8-1 中 6 种不同 Al/AlH₃ 配比的固体推进剂样品的实际密度(ρ_A),每个样品测试 3 次,结果取平均值。根据测得的密度和样品中各组分的含量,用式(8-2)计算了 6 种样品的理论最大密度,这里记为 ρ_T。

$$\rho_A = m_A / V_A \tag{8-1}$$

$$\rho_T = 1/\sum_{i=1} m_i\%/\rho_i \tag{8-2}$$

其中 m_A 表示所制备推进剂的实际质量(g);V_A 表示制备推进剂的实际体积(cm³)。$m_i\%$ 表示推进剂中每种成分的质量分数;ρ_i 表示每种成分的密度(g/cm³)。6 种推进剂样品的实际密度值 ρ_A 和理论最大密度值 ρ_T 的结果如图 8-2 所示。

推进剂内部微小孔隙的存在导致了 ρ_A 和 ρ_T 之间的差异,此差异($\Delta\rho$)使用式(8-3)定义。6 种推进剂样品的 $\Delta\rho$ 值列于表 8-2 中。

$$\Delta\rho = 100 \times \frac{\rho_A - \rho_T}{\rho_T}(\%) \tag{8-3}$$

表 8-2   含 Al/AlH₃ 固体推进剂的 ρ_A 和 ρ_T 值之间的差异

样品	♯1	♯2	♯3	♯4	♯5	♯6
$m_{(AlH_3)}$	0%	5%	10%	25%	50%	100%
$\Delta\rho$	1.78	4.15	4.81	4.74	5.04	5.39

由图 8-2 可以看出,样品♯1 和样品♯6 的密度分别为 1.71 g/cm³ 和 1.51 g/cm³,与 Trache 和 DeLuca 测得的纯 Al 和纯 AlH₃ 推进剂的密度相近。样品♯1 的浆液流动性最好,因为铝颗粒是规则的球体,黏结剂对其表面有良好的润湿作用。样品♯1 的实测密度与理论密度

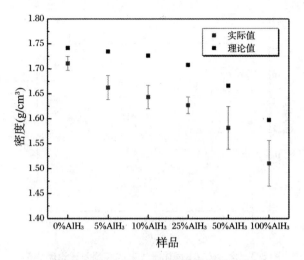

图 8-2 含 Al/AlH₃ 的固体推进剂的密度

非常接近,偏差小于 2%(表 8-2),说明该样品内部相对均匀,黏结剂与固体颗粒黏结良好。在推进剂的制备过程中,发现当加入颗粒形状更加不规则的 AlH₃ 粉末时,浆液的流动性明显降低。含 AlH₃ 推进剂(样品♯2～♯6)的实测密度与理论密度之间的差异更为明显(> 4%),这表明这些样品内部存在一定量的气泡,导致推进剂燃烧速率增加。

8.1.1.2 燃烧热和燃烧效率

使用通用式氧弹量热仪测定了 6 种推进剂样品在 2.3 MPa 氧气氛围下的燃烧热,进一步评估了 AlH₃ 的加入对推进剂能量性能的影响。所测得的放热量记为 Q_t。根据推进剂的组成和各组分的热值,计算出 6 种推进剂样品的理论燃烧质量热 Q_M 和理论燃烧体积热 Q_V,分别由下式可得:

$$Q_M = \sum_{i=1} (Q_{M,i} \cdot m_i\%) \tag{8-4}$$

$$Q_V = \sum_{i=1} (Q_{V,i} \cdot m_i\%/\rho_i) / \sum_{i=1} (m_i\%/\rho_i) \tag{8-5}$$

其中,$Q_{M,i}$ 表示每个组分的理论燃烧质量热(kJ/g)。$Q_{V,i}$ 表示每种组分的理论燃烧体积热(kJ/cm³)。ρ_i 表示每种成分的密度(g/cm³)。$m_i\%$ 表示每种成分的质量分数。Q_t、Q_M 和 Q_V 的计算结果如图 8-3 所示。

由图 8-3 可以看出,推进剂样品的 Q_M 和 Q_V 随着 AlH₃ 含量的增加而增加。当 AlH₃ 完全取代 Al 时,Q_M 达到 14.14 kJ/g,比纯 Al 推进剂(样品♯1)提高了 13.12%。相应地,Q_V 从 21.74(样品♯1)增加到 22.56 kJ/cm³(样品♯6),增加了约 3.77%。由于样品燃烧不完全,量热法测得推进剂的 Q_t 值略低于 Q_M 值,但两者随 AlH₃ 含量的增加呈现相同的趋势,这对所得结果提供了一定程度的验证。

从图 8-3 中可以根据 Q_t/Q_M 比值估算出当前条件下 6 种推进剂样品的燃烧效率,计算结果如表 8-3 所示。总体而言,随着样品中 AlH₃ 含量的增加,样品的燃烧效率逐渐提高。纯 Al 推进剂(样品♯1)的燃烧效率最低(64.85%),而纯 AlH₃ 推进剂(样品♯6)的燃烧效率最高(93.14%)。进一步的比较表明,在 Al/AlH₃ 混合体系中 AlH₃ 含量较低(5%)时,推进剂燃烧效率的提高不太明显;当 AlH₃ 含量增加到 10% 时,推进剂的燃烧效率显著提高。

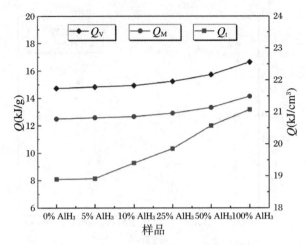

图 8-3　含 Al/AlH₃ 固体推进剂的实测和理论燃烧热

表 8-3　含 Al/AlH₃ 固体推进剂的燃烧效率

样品	♯1	♯2	♯3	♯4	♯5	♯6
$m_{(AlH_3)}$	0%	5%	10%	25%	50%	100%
燃烧效率	64.85%	64.80%	73.44%	80.16%	90.17%	93.14%

8.1.1.3　能量特性的理论计算

对 6 种推进剂的能量特性进行了理论计算。计算忽略了推进剂样品中小组分(增塑剂和固化剂)的影响,将黏结系统视为纯 HTPB,计算结果如表 8-4 所示。样品♯1 的比冲计算结果与 Guo 等的计算结果相似,说明本文计算中使用的参数和方法是合理的,计算结果是可信的。由表 8-4 可以看出,用 AlH₃ 代替推进剂中的 Al 对推进剂的能量特性有显著的影响。在燃烧温度方面,随着推进剂中的 Al 被 AlH₃ 完全取代,燃烧室温度从 3315 K 降低到 2957 K。这种温度降低(约 10.8%)对发动机的结构安全性极为有利。在比冲方面,AlH₃ 的加入使推进剂的理论比冲 I_{sp} 有一定程度的提高。用 AlH₃ 完全替代推进剂中的 Al 后,理论比冲由 2584 N·s/kg 增加到 2642 N·s/kg,增加了约 2.2%。

表 8-4　含 Al/AlH₃ 固体推进剂的计算能量特性

样品	AlH₃	ρ (kg/m³)	T_c(K)	I_{sp}(N·s/kg)	I_p(kN·s/m³)	M_w
♯1	0%	1740	3315	2584	4496	25.54
♯2	5%	1727	3297	2589	4470	25.28
♯3	10%	1715	3279	2593	4445	25.02
♯4	25%	1681	3225	2604	4377	24.28
♯5	50%	1634	3135	2620	4281	23.14
♯6	100%	1563	2957	2642	4130	21.14

注:T_c 是发动机燃烧室温度,I_{sp} 是理论比冲,I_p 是容积比冲,M_w 是平均分子量。

根据比冲计算式(8-6)可知,理论比冲的取值主要受推进剂燃烧温度和燃烧气体平均分子质量的影响;特别是,它与发动机燃烧室温度 T_c 成正比,与 M_w 成反比。由表 8-4 可以看出,AlH_3 的加入降低了推进剂的燃烧温度。然而,AlH_3 的燃烧会释放出大量的氢气,导致燃烧气体的平均分子质量下降。由于平均分子质量的下降大于燃烧温度的下降,推进剂的理论比冲最终增大。

$$I_{sp} = \left\{ \frac{2}{g} \frac{k}{(k-1)} \frac{R}{M_g} T_c \left[1 - \left(\frac{P_e}{P_c} \right)^{\frac{k-1}{k}} \right] \right\}^{\frac{1}{2}} \tag{8-6}$$

其中,T_c 为发动机燃烧室温度(K);P_e 为发动机喷管出口压力(MPa);P_c 为燃烧室内压(MPa);M_g 为燃烧气体的平均相对分子质量;k 为恒熵指数(比热比);g 是重力加速度(m/s^2);R 是通用气体常数。AlH_3 的加入虽然在一定程度上提高了推进剂的理论比冲,但由于 AlH_3 的密度与 Al 的密度差异巨大,降低了推进剂的容积比冲。

8.1.2　Al/AlH$_3$固体推进剂的燃烧与团聚特性

8.1.2.1　燃烧火焰和发射光谱

图 8-4 是 6 种含 Al/AlH$_3$ 固体推进剂样品在 1.0 MPa 下的典型燃烧火焰图。随着 AlH$_3$ 含量的增加,推进剂燃烧火焰中白色区域的大小逐渐减小,火焰的整体亮度也随之降低。纯 AlH$_3$ 推进剂(样品♯6)的火焰亮度明显低于纯 Al 推进剂(样品♯1)。这是由于 AlH$_3$ 的绝热燃烧温度较低。相关研究表明,在 1.0 MPa 空气中,AlH$_3$ 的绝热燃烧温度为 3310 K,而在相同条件下,Al 的绝热燃烧温度高达 3912 K。另一方面,每个样品的燃烧火焰中肉眼可见的明亮颗粒都是由未完全反应的铝液滴组成的,说明 6 种推进剂燃烧表面都有一定程度的铝颗粒聚集。但对比图 8-4(a)和(f)可以看出,纯 AlH$_3$ 推进剂火焰中明亮颗粒物质的数量明显少于其他推进剂火焰,说明推进剂中 AlH$_3$ 颗粒的团聚特性与 Al 颗粒的不同。

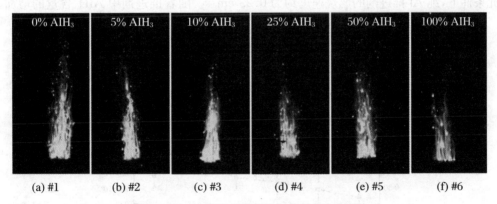

图 8-4　含 Al/AlH$_3$ 固体推进剂的燃烧火焰图像

8.1.2.2　燃烧特性参数

为了更好地分析每种推进剂样品的燃烧情况,使用双色高温计记录每种样品的最高燃烧温度,结果如图 8-5 所示。从图中可以看出,在本实验条件下,纯 Al 推进剂(样品♯1)的最高燃烧温度最高(约为 2510.5 K)。随着 AlH₃ 逐渐取代推进剂中的 Al,样品的最高燃烧温度降低。纯 AlH₃ 推进剂(样品♯6)的最高燃烧温度最低(2232.5 K)。比纯铝推进剂(样品♯1)的最高燃烧温度低约 11.07%。虽然实验燃烧温度低于理论计算得到的推进剂燃烧温度(表 8-4),但随着 AlH₃ 含量的增加,两者表现出相同的趋势,这也证实了纯 AlH₃ 推进剂燃烧火焰亮度较低的原因。

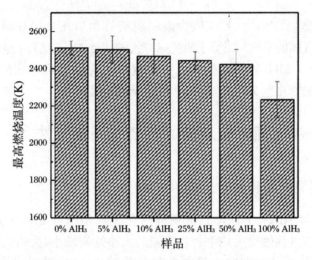

图 8-5 含 Al/AlH₃ 固体推进剂的最高燃烧温度

为了从定量的角度更准确地比较样品的燃烧特性,根据每种固体推进剂燃烧面位置随时间的变化拟合了不同推进剂的线性燃烧速率。通过对光谱强度曲线进行积分,得到各样品在 486 nm(AlO)处的全时光谱强度,结果如图 8-6 所示。从图中可以看出,随着 AlH₃ 取代推进剂中的 Al,推进剂的整体燃烧强度降低。纯 Al 推进剂(样品♯1)与纯 AlH₃ 推进剂(样品♯6)的燃烧强度相差约为 49.27%。AlH₃ 的加入对推进剂的燃烧速率也有显著影响。在此条件下,纯 Al 推进剂的燃烧速度约为 0.29 cm/s。随着推进剂中 AlH₃ 含量的增加,燃

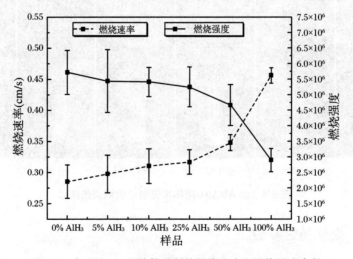

图 8-6 含 Al/AlH₃ 固体推进剂的燃烧速率和燃烧强度参数

烧速度增加,纯 AlH₃ 推进剂的燃烧速度达到 0.46 cm/s。这一趋势与 DeLuca 等的报道一致。

8.1.2.3 微观燃烧团聚特性

图 8-7 为 Al/AlH₃ 复合推进剂的燃烧表面,虚线表示燃烧面位置。由图可知,本研究中,AlH₃ 含量较低的固体推进剂(样品♯1~♯3)燃烧表面颜色较深。另一方面,AlH₃ 含量较高的固体推进剂(样品♯4~♯6)燃烧表面的团聚颗粒数量和整体亮度逐渐上升。这说明 AlH₃ 的加入对提高推进剂的燃烧表面温度是有效的,这与之前的相关报道一致。燃烧表面温度的升高必然导致燃烧速率的增加(图 8-6),从而导致金属颗粒在燃烧表面停留的时间变短。另一方面,AlH₃ 的快速析氢产生了具有高比表面积的孔隙状结构,导致燃烧表面温度更高,这使得推进剂燃烧表面的 AlH₃ 比 Al 更快地熔化和点燃。因此,AlH₃ 的加入抑制了金属颗粒的团聚。然而,图 8-7 也表明,纯 AlH₃ 推进剂(样品♯6)燃烧表面的金属颗粒团聚现象似乎比纯 Al 推进剂(样品♯1)燃烧表面的金属颗粒团聚现象更为明显。

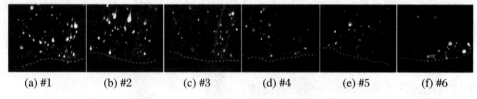

(a) #1   (b) #2   (c) #3   (d) #4   (e) #5   (f) #6

图 8-7 含 Al/AlH₃ 固体推进剂的燃烧表面

为了研究造成这种现象的主要原因,通过扫描电镜对实验中使用的 Al 和 AlH₃ 的粒径进行了测量。发现,本研究使用的 AlH₃ 颗粒的初始尺寸明显大于 Al 颗粒的初始尺寸,如图 8-8 所示。虽然在相同粒径甚至更小的粒径下,AlH₃ 的点火燃烧性能明显优于 Al,但 AlH₃ 释氢后的燃烧特性更接近于 Al。在推进剂燃烧产生的高温高压环境中,AlH₃ 的氢气释放几乎是瞬时的(时间尺度在 100 μs 左右)。因此,燃烧表面附近的 AlH₃ 颗粒可以认为与同等尺寸的 Al 颗粒相似,唯一的区别是前者的着火温度较低。相关研究表明,团聚体尺寸随着 Al 粒度的增大而增大。综上所述,考虑到金属颗粒在推进剂燃烧表面的团聚,使用 AlH₃ 粉末时应适当选择粒度,以获得更好的推进剂点火和燃烧性能。

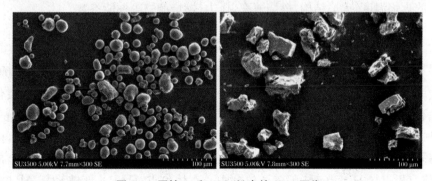

图 8-8 原始 Al 和 AlH₃ 粉末的 SEM 图像

8.2 氢化镁在推进剂中的应用

相对于镁粉,氢化镁具有较高的能量密度、体积密度和储氢密度。在固体推进剂中掺杂氢化镁可有效提高体系的燃烧热、改善点火效果、增强其爆轰和燃烧性能、显著提高其能量密度和能量释放率、降低推进剂的黏度,从而有助于夹带辅助燃烧,提高燃料回归速率。因为金属氢化物的体积氢密度是液氢的 2 倍,且金属氢化物的热分解温度远低于火箭燃料的燃烧温度,所以金属氢化物是有效的释氢材料。对于传统混合燃料的回归率较低这个问题,提出的相对应化学方法为:将固体燃料与氢化镁掺杂,以改善燃料/氧化剂组合动力学,增加燃烧放热,从而提高火焰温度,最后增加固体燃料的密度,提高火箭发动机的密度比冲量。此外,添加剂的尺寸、性状对固体燃料的回归速率也有影响。MgH_2 对 AP(高氯酸铵,一种复合固体推进剂燃料的主要成分)热分解的加速作用明显强于 Mg。在含有 MgH_2 的 AP/Al/HTPB 复合推进剂中,通过催化 AP 分解,可降低热分解温度,提高反应热,加入 1.3% MgH_2 可提高 13.9% 的燃烧速度。使用金属氢化物作为推进剂的高能添加剂可提高固体燃料能量密度,延长点火和燃烧时间。相对于金属铝,使用氢化镁作为高能添加剂可通过减少喷嘴中的氧化剂种类来降低对喷嘴处的侵蚀。

氢化镁提高推进剂能量的能力仅次于氢化铝,能量释放速率高于氢化钛和氢化锆。然而,氢化镁虽具有较高的热稳定性,但其与含能材料的相容性存在问题。且氢化镁脱氢温度高、吸氢率低也是其作为固态储氢介质实际应用的主要障碍。

8.2.1 含镁基储氢合金的复合固体推进剂燃烧性能

镁基储氢合金在燃烧过程中可以释放出氢气并促进氧化剂的燃烧,具有优异的燃烧性能、点火性能和能量释放性能,被认为是固体推进剂中重要的候选燃料之一。为了分析镁基储氢合金对固体推进剂燃烧性能和燃烧反应机理的影响,研究了镁基储氢合金推进剂的燃烧过程中的火焰温度、火焰结构、燃烧速率、压力、燃烧产物等性能参数。

8.2.1.1 含氢化镁的高氯酸铵基分子钙钛矿固体推进剂

由于分子钙钛矿材料具有较好的稳定性、较强的爆发性能、合成简单、成本低廉等优点,引起广大学者重点关注。它有无机钙钛矿一样的 ABX_3 立方结构,通过将无机氧化剂与有机燃料结合,开发出新型含能材料 $(H_2dabco)[M(ClO_4)_3]$ 具有出色的性能。高氯酸铵(AP)在固体推进剂中具有含氧量高、生成焓高等优点,作为氧化剂被广泛应用。然而,由于能量释放速率较慢和高吸湿性等问题,它的有效性逐渐降低。通过构建 NH_4^+ 和 ClO_4^- 的阴离子框架,并将有机燃料 H_2dabco^{2+} 阳离子放到中心客体位点,DAP-4 能够修复 AP 的缺陷,实现氧化剂和还原剂的分子水平组装。然而,DAP-4 增强的热分解阈值,延长了点火时间,限制了其在推进剂系统中的应用。鉴于储氢合金是储存氢的特殊材料,在燃烧过程中具有明显的比冲量,促进氧化剂燃烧。因此,研究储氢材料 MgH_2 对分子钙钛矿材料

（H₂dabco）[NH₄（ClO₄）₃]、DAP-4 的燃烧特性，分析含 MgH₂ 的 DAP-4 复合材料的燃烧过程，火焰结构、压力特性和燃烧固体产物。

图 8-9（彩图）分别是不同含量 MgH₂ 的高氯酸铵基分子钙钛矿（DAP-4）在大气压密闭环境下的燃烧特性实验结果，纯 DAP-4 的燃烧峰值压力为 257.5 kPa，压力上升速率为 31.96 MPa/s。但是，当添加了 5% MgH₂ 的 DAP-4 的燃烧峰值压力上升到 345.3 kPa，压力上升速率加快到 39.26 MPa/s，与纯 DAP-4 相比，燃烧峰值压力和压力上升速率分别增加了 87.8 kPa 和 7.3 MPa/s。较低的 MgH₂ 含量加快了 DAP-4 的燃烧，导致燃烧过程快速且剧烈，反应时间缩短，并且由于释放了更多的气体出现更高的峰值压力。与纯 DAP-4 的燃烧峰值压力和压力上升速率相比，当添加了 10% 和 20% MgH₂ 的 DAP-4 的燃烧峰值压力分别降至 212.8 kPa 和 164.9 kPa，压力上升速率分别降至 18.35 MPa/s 和 10.19 MPa/s。这是由于 MgH₂ 的比例增加，在氢气分离过程中需要更多的热量和氧气，导致燃烧时间更长，压力上升速率降低，燃烧过程中的剧烈程度降低。

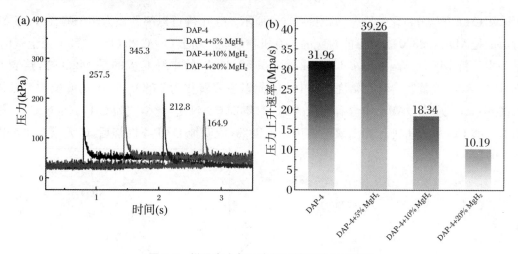

图 8-9　样品在大气压密闭环境下的燃烧特性

图 8-10 是添加了不同含量 MgH₂ 的 DAP-4 高能复合材料在大气压密闭环境中观察到的相应的点火和燃烧特性。由结果可知，纯 DAP-4 表现出较高的能级和强大的氧化能力，使得 MgH₂ 自燃和燃烧，这一结果表明 DAP-4 具有作为推进剂燃料的潜力。在机械铣削过程中加入 MgH₂ 粉末后，整个样品的点火和燃烧性能都发生了改变。具体来说，加入 5% MgH₂ 导致 DAP-4/MgH₂ 样品燃烧更剧烈，产生更亮的黄白色火焰，在 66 ms 时达到峰值火焰强度，比纯 DAP-4 样品早 76 ms。持续燃烧时间延长到 262 ms，与图 8-9（a）所示的压力-时间曲线分析一致，这一发现表明，添加少量的 MgH₂ 可以显著增强 DAP-4 的燃烧过程，从而促进火焰燃烧和能量释放。然而，当 MgH₂ 的含量增加到 10% 和 20% 时，DAP-4/MgH₂ 体系的燃烧变得不那么剧烈且更加均匀。因此，火焰强度降低，而持续时间增加。添加 10% 和 20% 的 MgH₂ 火焰持续时间延长到 304 ms 和 795 ms，与纯 DAP-4 相比，火焰持续时间分别延长了 49 ms 和 540 ms。出现这种现象的原因是 MgH₂ 的含量增加会导致分馏氢的温度和速度降低以及耗氧量增加，从而使整个体系的燃烧时间更长，剧烈燃烧的时间变短。

为了进一步深入研究 DAP-4/MgH₂ 高能复合材料的燃烧过程，采用 XPS 方法分析燃烧后的固体产物，结果如图 8-11 所示。由于 DAP-4/MgH₂ 燃烧后固体产物组成的不确定性，

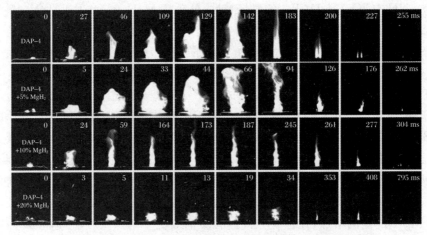

图 8-10　添加不同含量 MgH₂ 的 DAP-4 复合材料点火和燃烧过程

可以从 O 1s 开始分析化学价态，如图 8-11(a)所示。O 1s 峰可以解卷积为两个峰：531.75 eV 对应的是 MgO，533.07 eV 可能对应的是有机物燃烧产物中 O—C 和 O＝C 键不完全氧化。进一步分析 Mg 2p 峰，如图 8-11(b)所示，在 50.1 eV 的主峰对应的是 MgO 峰，这表明 DAP-4/MgH₂ 高能复合材料燃烧过程中 Mg 元素主要转化为 MgO。C 1s 的峰值拟合结果如图 8-11(c)所示，DAP-4 中含有大量的 C—C 键和 C—N 键，化学式为 $C_6H_{18}O_{12}N_3C_{13}$。根据炸药的 CO 生成机理计算出氧平衡为 -0.38%，说明纯 DAP-4 燃烧后，C 元素几乎会以

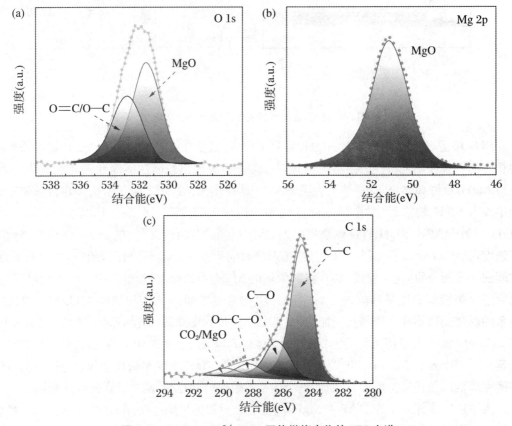

图 8-11　DAP-4＋20％ MgH₂ 固体燃烧产物的 XPS 光谱

CO、CO_2 气体的形式挥发，炭黑等固体残留物较少。DAP-4/MgH_2 高能复合材料燃烧后，固体残渣的 XPS 扫描分析表明，C 元素占 43.64%。这表明 MgH_2 优先被氧化为氧化镁，部分 C 元素未被氧化并转化为炭黑。峰值 284.7 eV 对应 C—C 键，峰值 286.41 eV 对应 C＝O 键，峰值 288.33 eV 对应 O—C＝O 键，这可能来自固体产物的不完全燃烧和不可避免的有机碳污染 XPS 样品室。此外，在 289.86 eV 处的峰值对应于氧化镁（CO_2/MgO）上的二氧化碳。

8.2.1.2　含镁基储氢材料的高氯酸铵基复合固体推进剂

镁和镁基合金是储存氢气最显著的材料之一，因为它们的杂化反应可以在相对较低的温度下进行。镁和镁基合金的另一个因素是高氢含量，MgH_2 的氢含量约为 7.6%，Mg_2NiH_4 的氢含量约为 3.6%，Mg_2CuH_3 的氢含量为 2.6%，超过了所有已知的可逆金属储氢材料。MgH_2 的理论燃烧热明显高于 Mg，MgH_2 由于其高燃烧热和良好的点火性能，是固体推进剂中常用的金属燃料。因此，研究 MgH_2，Mg_2NiH_4 和 Mg_2CuH_3 对高氯酸铵基固体推进剂的燃烧性能，对其在推进剂中实际应用具有重要的参考价值。

燃烧速率是衡量推进剂燃烧性能的重要指标之一。推进剂的配方如表 8-5 所示，测量了推进剂 I、推进剂 II（MgH_2、Mg_2CuH_3、Mg_2NiH_4）和推进剂 III（MgH_2）的燃烧速率，实验结果如表 8-6。从实验结果可看出，镁基储氢材料的加入会明显提升高氯酸铵（AP）基复合推进剂的燃烧速率。在推进剂 II 中，使用 MgH_2、Mg_2CuH_3、Mg_2NiH_4 作为推进剂的燃烧促进剂，氢在燃烧过程发挥极其重要的作用，其他金属元素（如 Ni、Cu）也会促进推进剂的燃烧。因此镁基储氢材料提高了推进剂的燃烧速率。

表 8-5　推进剂的配方

	配方	高氯酸铵	铝	储氢材料	端羟基聚丁二烯	癸二酸二辛酯	甲苯二异氰酸酯	三乙醇胺
含量	推进剂 I	65%	15%	0	13%	5%	0.6%	0.1%
	推进剂 II	65%	15%	1.3%	13%	5%	0.6%	0.1%
	推进剂 III	65%	0	15%	13%	5%	0.6%	0.1%

MgH_2 和 Mg_2CuH_3 的作用相似，但是这些都要高于 Mg_2NiH_4，这是由于 MgH_2 的储氢量更高，Cu 对 Mg_2CuH_3 的促进作用要高于 Mg_2NiH_4 中的 Ni。结果表明，MgH_2、Mg_2CuH_3、Mg_2NiH_4 可以提高 AP 基复合固体推进剂的燃烧性能。

表 8-6　推进剂的燃烧速率

样品	推进剂 I	推进剂 II（MgH_2）	推进剂 II（Mg_2CuH_3）	推进剂 II（Mg_2NiH_4）	推进剂 III（MgH_2）
燃烧速率(mm/s)	7.52	8.91	9.06	8.02	9.85

为了进一步研究，还对 MgH_2、Al、Mg_2CuH_3 和 Mg_2NiH_4 的燃烧热和推进剂 III（MgH_2）爆炸热进行测量，结果如表 8-7 所示。由表可知，MgH_2 的燃烧热明显是要高于 Mg_2CuH_3、Mg_2NiH_4 和 Al 粉（粒径为 26 μm，含量为 98%）的燃烧热，这些结果表明，在推进剂中使用

MgH₂ 代替 Al 粉,可以提高高氯酸铵基复合固体推进剂的爆炸热。实验制备了推进剂Ⅲ,将所有的铝都用 MgH₂ 代替,并测量其爆炸热。结果表明,推进剂Ⅲ的爆炸热与推进剂Ⅰ的基本一致,所以高氯酸铵基复合固体推进剂的爆炸热并不会因 MgH₂ 代替 Al 而增加,但是燃烧率明显要比推进剂Ⅰ和推进剂Ⅱ更高。

表 8-7　燃烧热和爆炸热

样品	MgH_2	Al	Mg_2NiH_4	Mg_2CuH_3	推进剂Ⅲ（MgH_2）	推进剂Ⅰ
燃烧热（kJ/kg）	30270.6	26032.3	20386.2	19352.8	/	/
爆炸热（kJ/kg）	/	/	/	/	6339.7	6345.8

综上所述,使用 MgH_2、Mg_2CuH_3 和 Mg_2NiH_4 作为燃烧促进剂,可以明显提高高氯酸铵基复合固体推进剂的燃烧速率,结果表明这些材料对高氯酸铵基复合固体推进剂的热解离有明显的促进作用。同时,在推进剂中使用 MgH_2 代替 Al 粉并没有增加推进剂的爆炸热。固体推进剂的燃烧速率对其热分解特性明显敏感。一方面,镁基储氢材料对固体火箭推进剂的分解作用明显增强,对固体火箭推进剂的燃烧速率有明显的提高作用。另一方面,在足够的氧气气氛中测量了 MgH_2、Mg_2CuH_3 和 Mg_2NiH_4 的燃烧热,产物为完全燃烧的氧化物。但在高真空条件下测量了爆炸热,在推进剂燃烧过程中,镁基储氢材料与高氯酸铵释放的 O_2 发生反应。推进剂配方中的各组分含量是固定的,推进剂配方中的氧含量也是固定的。根据推进剂配方,有足够的氧气使 Al 粉进行完全氧化和燃烧反应,而 MgH_2 不能完全氧化,因为 MgH_2 需要比 Al 粉更多的氧气才能完全氧化。同时,储氢材料也与其他反应物质如 ClO_3、ClO、H_2O、Cl 等发生反应,这些物质在推进剂的燃烧过程中也从高氯酸铵中释放出来。因此,MgH_2、Mg_2CuH_3 和 Mg_2NiH_4 在推进剂的爆炸热测量过程中发生了不完全燃烧。虽然 MgH_2 燃烧热实际上高于 Al 粉,但高氯酸铵基复合固体推进剂的爆炸热并没有通过使用 MgH_2 代替推进剂中 Al 粉而增大。

8.2.1.3　含氢化镁的 RDX 基推进剂的燃烧性能

采用激光烧蚀实验平台对两种镀铝 RDX 激光烧蚀过程进行研究,样品的配方见表 8-8,同时对激光烧蚀成像和发射光谱进行时间分辨观测,更好地表征烧蚀反应过程,并且区分高氯酸铵(AP)和 AP/B/MgH₂ 对空气中激光烧蚀和燃烧的影响。图 8-12 是由高速相机拍摄的 AH 和 BH 的发光图像。对于 AH 来说,发光区起源于样品表面,然后再显影到空气中。观察到具有明显边界和复杂涡旋几何形状的发光区直到 40 μs,在此期间内发光区面积随时间的增加而不断变大,并且呈现出蘑菇形结构。随后,因为亮度不断下降,发光区边界逐渐模糊,蘑菇状结构也逐渐减弱直至消失,发光区在 95 μs 后消失。对于 BH 来说,发光区也从样品表面升起,并逐渐变大。然而,直到 60 μs 都能观察到明显的边界和复杂的涡旋几何形状,这比 AH 长的多,并且蘑菇状结构不是总出现。60 μs 后边界逐渐模糊,发光区逐渐消退,直到 140 μs 后消失。

表 8-8　样品的配方

样品	RDX	AP	Al	B	MgH₂
AH	40	22	38	—	—
BH	40	22	26.6	3.8	7.6

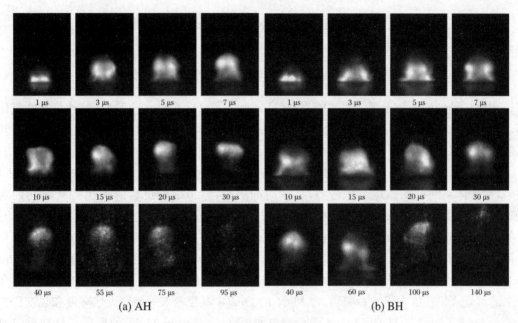

图 8-12　样品激光蚀烧的发光图像

总之，AH 和 BH 的发光持续时间和强度差异很大。为了更好地解释这一点，绘制了 AH 和 BH 的持续时间和发光强度曲线，如图 8-13 所示。AH 和 BH 之间有着明显的差异，但是在激光烧蚀后，两种材料的发光强度都迅速下降。一方面，AH 中存在明显的反应和燃烧，使其在 3~30 μs 之间的发光比 BH 更高，这可能是 AH 中的铝含量比较高导致的。另一方面，由于 BH 中存在 B 和 MgH₂ 使得 BH 持续燃烧和反应，反光持续时间延长到 140 μs。

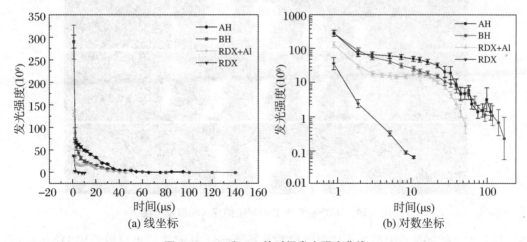

图 8-13　AH 和 BH 的时间发光强度曲线

所以,在 BH 中加入 B 和 MgH₂ 对点火没有影响,但在早期时间范围(3~30 μs)内,燃烧强度较低,燃烧时间较长。

如图 8-13(b)所示,与 RDX 和镀铝 RDX 相比,AH 和 BH 具有更强的发光强度和更长的发光持续时间。因为它们添加了 AP,会显著改善了 AH 和 BH 的点火和燃烧性能。此外,MgH₂ 并不会增加样品的点火能,但是可以延长样品的燃烧持续时间。

8.2.2　含不同储氢合金的固体推进剂的燃烧性能比较

8.2.2.1　含不同储氢合金的高氯酸铵基分子钙钛矿固体推进剂

利用一种新型的分子钙钛矿高能材料(H₂dabco)[NH₄(ClO₄)₃](DAP-4)作为高能氧化剂,研究基于储氢合金(MH₂, M = Mg, Ti 和 Zr)的高能复合材料的点火和燃烧性能,对其高能复合材料燃烧后的产物进行分析。

图 8-14 是纯 DAP-4 整个燃烧过程的火焰持续时间为 149 ms。当 MgH₂ 添加到 DAP-4 中时,整个体系的火焰燃烧更加激烈,持续时间更长,整个燃烧过程的火焰持续时间约为 191 ms,比纯 DAP-4(149 ms)的长 42 ms 左右。同时,纯 DAP-4 的火焰生长过程的持续时间为 85 ms,而含 MgH₂ 的 DAP-4 混合粉末的火焰生长过程的持续时间为 110 ms,火焰呈亮白色。含 TiH₂ 的 DAP-4 和含 ZrH₂ 的 DAP-4 混合粉末的燃烧火焰持续时间分别为 270 ms 和 207 ms,燃烧火焰生长过程的持续时间分别为 185 ms 和 143 ms。含 MH₂ 的 DAP-4 混合粉末的燃烧火焰强度大于纯 DAP-4,含 MgH₂ 的 DAP-4 混合粉末的燃烧火焰亮度和强度比含 TiH₂ 的 DAP-4 和含 ZrH₂ 的 DAP-4 混合粉末的更强,这是由于 MgH₂ 的反应活性和反应速率高于 TiH₂ 和 ZrH₂,且形貌规则均匀的 MgH₂ 更有利于火焰燃烧。

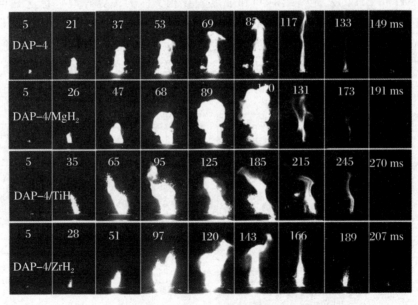

图 8-14　DAP-4 和 DAP-4/MH₂ 的点火和燃烧过程

样品点火燃烧过程中最大火焰温度如图 8-15 所示。从实验结果可以看出 DAP-4 的最大火焰温度高达 1074.0 ℃,这是因为 DAP-4 具有更集中的能量释放过程,所释放的能量会在点火区域周围迅速积累,温度很快达到最大值。但是,含 MH_2 的 DAP-4 混合粉末的最大火焰温度明显低于纯 DAP-4,这与它们的燃烧时间有关,在含 MH_2 的 DAP-4 混合粉末燃烧过程中,首先将 DAP-4 加热并点燃,由此产生的空气压力将 MH_2 喷射到空气中。MH_2 吸收了 DAP-4 燃烧所释放的部分能量,MH_2 粒子被诱导开始分解和燃烧,导致其点火和燃烧产生强烈的火焰。在图 8-14 中燃烧的火焰周围可以看到大量亮点,这是被喷射到空中的 MH_2 燃烧所导致。MH_2 的燃烧过程延长了整个体系燃烧的时间,且温度没有急剧升高,含 MH_2 的 DAP-4 混合粉末的最大火焰温度明显低于纯 DAP-4。

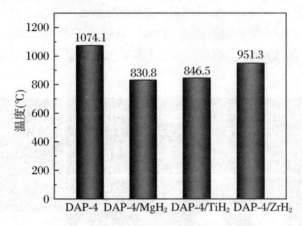

图 8-15 样品燃烧过程中的最大火焰温度

图 8-16 研究了大气压下样品的燃烧压力特征。纯 DAP-4 的燃烧生长过程中的燃烧压力和增压速率分别为 345.5 kPa 和 39.71 MPa/s。随着 MH_2 的引入,燃烧压力略有下降,增压速率也略有降低。对含 MgH_2 的 DAP-4 混合粉末来说,其燃烧压力和增压速率分别为 291.4 kPa 和 36.94 MPa/s。与纯 DAP-4 相比,它们分别降低了 51.4 kPa 和 2.77 MPa/s。另外两种 MH_2 的下降更为明显,这表明 MH_2 的加入会导致混合粉末的燃烧压力特性降低。

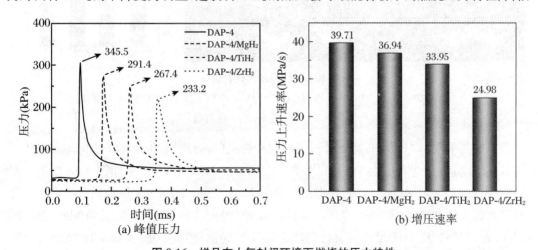

图 8-16 样品在大气封闭环境下燃烧的压力特性

为了进一步研究含有氟橡胶和储氢合金的 DAP-4 复合材料的燃烧特性,对含不同储氢合金和氟橡胶的 DAP-4 的燃烧过程进行深入分析。复合材料样品的燃烧特性如图 8-17 所示,图 8-17(a)～(d)分别是 DAP-4/F、DAP-4/F/MgH$_2$、DAP-4/F/TiH$_2$ 和 DAP-4/F/ZrH$_2$ 复合材料的燃烧过程。氟橡胶使钙钛矿分子高能材料 DAP-4 的粒子紧密相连,降低了粒子间的反应距离。DAP-4/F/MH$_2$ 的燃烧强度比 DAP-4/MH$_2$ 更稳定稳定。当 DAP-4/F 复合材料被点燃时,氧化剂 DAP-4 作为唯一的燃料来源,与氟橡胶燃烧并发出明亮的黄色火焰。最高火焰温度维持在 1004.2 ℃左右,燃烧速率为 0.70 cm/s,如图 8-17(f)所示。随着 MH$_2$ 的加入,燃烧火焰的亮度和强度明显增加。在燃烧过程中,MH$_2$ 为主要燃料,DAP-4 作为能量氧化剂,DAP-4/F/MH$_2$ 复合材料燃烧的火焰高度和宽度明显大于 DAP-4/F,图 8-17(f)中的燃烧速率也有显著提高。例如,DAP-4/F/MgH$_2$ 复合材料的燃烧速率达到最大值 1.88 cm/s,比 DAP-4/F 复合材料快 1.18 cm/s。DAP-4 的燃烧导致温度急剧上升到 MgH$_2$ 的反应温度阈值,然后分解释放出氢气和金属。然后,金属与氧化剂 DAP-4 分解产生的氧发生反应。来自聚合物黏合剂的氟橡胶和周围空气中的更多氧气也增强了燃烧过程,增加了火焰的强度和亮度。

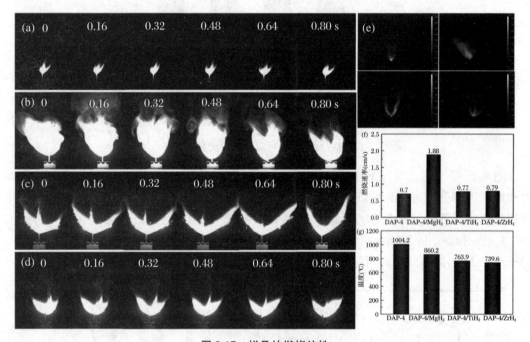

图 8-17　样品的燃烧特性

(a) DAP-4/F;(b) DAP-4/F/MgH$_2$;(c) DAP-4/F/TiH$_2$;(d) DAP-4/F/ZrH$_2$;
(e) 样品对应的红外图像;(f) 燃烧速率;(g) 样品的最高火焰温度

　　为了探究 DAP-4/F/MH$_2$ 复合材料的燃烧产物成分,分别对 DAP-4/F/MgH$_2$、DAP-4/F/TiH$_2$ 和 DAP-4/F/ZrH$_2$ 复合材料的燃烧产物进行了 XPS 测试,结果如图 8-18 所示。图 8-18(a)为 DAP-4/F/MgH$_2$ 复合材料燃烧产物的 XPS 光谱。XPS Mg 1s 的高分辨率光谱可以被解卷积成两个峰,位于 1303.2 eV 和 1304.1 eV 处的峰分别为 Mg^{2+} 键和 Mg^{4+} 键。图 8-18(b)为 DAP-4/F/TiH$_2$ 复合材料燃烧产物的 XPS 光谱,燃烧产物的 XPS Ti 2p 谱可以解卷积成两个峰。高分辨率光谱和低分辨率光谱分别对应于 Ti 2p$_{3/2}$ 和 Ti 2p$_{1/2}$ 峰。图 8-18(c)为 DAP-4/F/ZrH$_2$ 复合材料燃烧产物的 XPS 光谱,燃烧产物的 XPS Zr 3d 谱可以解卷积成两个峰。DAP-4/F/ZrH$_2$ 复合材料与 Zr 3d$_{5/2}$ 和 Zr 3d$_{3/2}$ 峰结合的燃烧产物结合能分别为 182.2 eV 和 184.5eV。

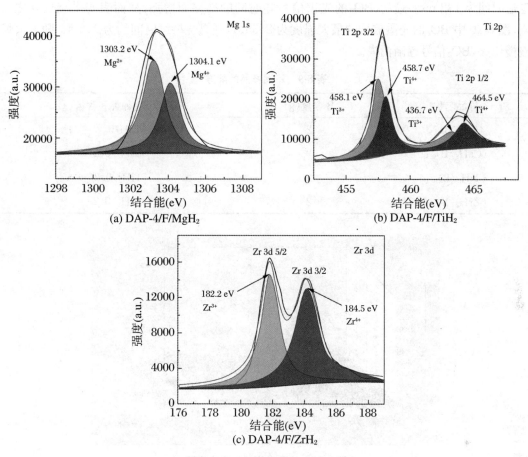

图 8-18　样品燃烧产物的 XPS 光谱

8.2.2.2　含不同储氢合金的硼基固体推进剂的燃烧性能

硼元素(B)作为固体推进剂的燃料,一直以来备受广大学者关注。在所有的化学元素中,B 具有最高的体积燃烧热(140 kJ/cm³)和第三高的质量燃烧热(59 kJ/g³),仅次于 H₂ 和 Be。虽然 B 的性能非常优异,但它作为燃料或燃料添加剂的潜力未能完全实现,部分原因是 B 难以完全燃烧。大多数 B 颗粒的外表面都附有一层氧化膜。因此,B 的点火受到其表面氧化膜的阻碍,氧化膜在相对较低的温度(在 0.1 MPa 时为 450 ℃)下液化,并减缓氧化剂对内部 B 的影响。此外,B 还具有较高的蒸发温度(在 0.1 MPa 时为 3727 ℃)。氧化膜的熔点远低于内部 B 颗粒的熔点(在 0.1 MPa 时为 2077 ℃)。在加热时,B 粒子上的氧化物壳在固体核之前熔化,从而通过熔融壳启动扩散控制过程。因此,许多研究旨在促进 B 的点火和燃烧。

B 作为推进剂固体燃料,向其加入四种不同储氢合金粉末(LiH、CaH₂、TiH₂ 和 ZrH₂),研究四种不同储氢合金对 B 粉末的燃烧性能的影响,分析不同样品燃烧过程中的 BO₂ 光谱信号的点火延迟时间和最大强度,样品配方如表 8-9 所示。图 8-19 为纯硼燃烧的三维光谱图,Z 轴表示二维光谱图的序列号,每隔 3 ms 共获得 1000 张光谱图。最初,没有观察与到

BO₂发射相对应的波段,然而,它们首次在第 44 个光谱图中被首次检测到。因此,纯 B 点火延迟时间为 132 ms。最初,BO₂的光谱信号随时间的推移而增强,从而表明燃烧也随之加剧,图 8-20 中 BO₂的光谱信号的最大强度为 2533.1,强燃烧持续时间约为 1.5 s。随着火焰慢慢熄灭,BO₂信号逐渐消失。

表 8-9 不同样品的配方

样品名称	B 含量(g)	储氢合金种类和含量(g)
$(LiH/B)_{0.1}$	2	$LiH/0.2$
$(CaH_2/B)_{0.1}$	2	$CaH_2/0.2$
$(TiH_2/B)_{0.1}$	2	$TiH_2/0.2$
$(ZrH_2/B)_{0.1}$	2	$ZrH_2/0.2$

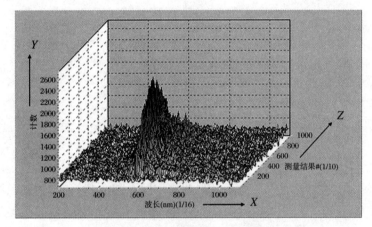

图 8-19 纯硼燃烧的三维光谱图

图 8-20 显示了不同 B 样品的 BO₂光谱信号的点火延迟时间和最大强度。可以看出,纯 B 的点火延迟时间为 132 ms,但是在硼中加入储氢合金可以明显减少这段时间。$(LiH/B)_{0.1}$ 样品的最小点火延迟时间为 87 ms,相比于纯硼的减少了 34.1%。其他三种储氢合金也是硼

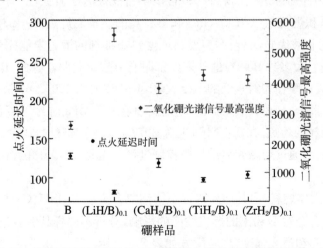

图 8-20 显示了不同硼样品的 BO₂光谱信号的点火延迟时间和最大强度

氧化的有效助剂。CaH_2、TiH_2 和 ZrH_2 可以将硼的点火延迟时间从 132 ms 降低到 123 ms、102 ms 和 108 ms 左右。相应地比纯硼的减少的百分比分别约为 6.8%、22.7% 和 18.2%。此外，储氢合金会加剧硼的燃烧。纯硼的 BO_2 光谱信号的最大强度约为 2532.1，但随着 LiH 的加入，该强度约增加到 5512.1（约增加了 117.6%），CaH_2、TiH_2 和 ZrH_2 也可以将 BO_2 光谱信号的最大强度分别提高到约 3724.4、4171.3 和 4022.4。

从图 8-20 可以看出，四种储氢合金在促进 B 燃烧的过程中表现出不同的点火延迟时间和最大强度。这可能与金属氢化物的稳定性有关。对金属氢化物分解反应的热力学分析表明，点火延迟时间可能与开始为负吉布斯自由能 ΔG（LiH < TiH_2 < ZrH_2 < CaH_2）有关，最大强度可能与较低的正焓变 ΔH（LiH < TiH_2 < CaH_2 = ZrH_2）有关。

以上结果表明，加入金属氢化物能有效地促进硼的点火和燃烧。这一发现的原因如下：首先，金属氢化物是不稳定的，当温度足够高时，它们可以分解成金属和氢，并可以燃烧生成金属氧化物和水蒸气，而金属氢化物燃烧释放的热量可以提高 B 的温度，促进 B 的燃烧。其次，金属氢化物燃烧也产生水蒸气，这有助于去除 B 颗粒表面的氧化物，并且有助于 B 的点火和燃烧。此外，金属氢化物燃烧产生金属氧化物，这可能是 B 氧化的活性催化剂。金属氧化物的催化作用包括金属氧化物的循环还原和合成金属的再氧化。

8.3　氢化锆在推进剂中的应用

氢化锆（ZrH_2）是一种过渡金属氢化物，其密度较高（5.6 g/cm³），在推进剂中引入 ZrH_2 能够在不降低密度的情况下提供高能量和低气态分子质量的同时，增加推进剂密度，有利于提高其密度比冲，进一步提高推进剂的能量特性。因此，ZrH_2 在提高推进剂能量特性方面具有很大潜力。当推进剂体积与发动机空结构的质量之比小于 1.0～1.4 L/kg，几乎对于所有复合固体推进剂，用 ZrH_2 代替传统 Al 都提高了导弹速度。由于 ZrO_2 的热熔 0.49 J/(g·K) 小于 Al_2O_3 的热熔 1.05 J/(g·K)，Zr 燃烧产物含量小于 Al 的燃烧产物，因此在两相流损失中 ZrH_2 < Al。在含量相同（15%）的 Al 和 ZrH_2 推进剂中，含 ZrH_2 推进剂燃烧速率高于含 Al 推进剂。含 ZrH_2 推进剂燃烧对压力更加敏感，当压力高于 10 MPa 时，ZrH_2 燃速随着压力增加而快速增长。

端羟基聚丁二烯推进剂简称丁羟推进剂，是以端羟基聚丁二烯（HTPB）为黏合剂，与无机氧化剂、能量添加剂、异氰酸酯固化剂和键合剂等组成的复合推进剂。众所周知，金属燃料的组成、化学性质和含量与固体推进剂的燃烧性能密切相关。图 8-21 展现出了在 4～15 MPa 下测定的含有不同金属燃料的所制备的 HTPB 推进剂的燃烧速率。实验结果表明四种样品推进剂的燃烧速率均随着压力的升高而增加。基本配方为含有 15% 的 Al 作为金属燃料的配方，在测试压力范围内燃烧速率为 7.87～14.16 mm/s；用 5% 或 10% 的 ZrH_2 取代部分 Al 时，燃烧速率略有提高。此外，可以注意到这两种含有不同质量分数样品推进剂到在不同压力下具有几乎相同的燃烧速率。这一现象表明，对于同时含有 Al 和 ZrH_2 两种配方的推进剂，ZrH_2 的含量对燃速的影响不大。这种现象的原因是在燃烧过程中 ZrH_2 发生脱氢反应进而形成 Zr 和 Al 之间相互作用，这可能导致形成 Zr-Al 合金作为新的金属燃

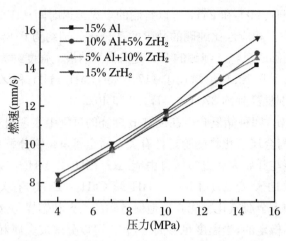

图 8-21　含不同金属燃料的 HTPB 推进剂燃烧速率

料。在 4～15 MPa 的压力下,含 15% ZrH_2 的推进剂燃速最高,在 4 MPa 下的燃烧速率为 8.47 mm/s,当压力升高到 15 MPa 时,燃烧速率达到 15.61 mm/s。显然,ZrH_2 比 Al 更能有效地提高推进剂的燃速。对于仅含 ZrH_2 的样品推进剂,燃烧速率随压力的增加在高于 10 MPa 的压力下加速。这与含金属 Al 的推进剂的燃烧行为明显不同,表明当配方中金属燃料为金属氢化物 ZrH_2 而不是金属 Al 时,燃烧对压力的敏感性更高。计算燃烧速率的压力指数如表 8-10 所示,也进一步证实了这一点。仅含 ZrH_2 的推进剂对压力的较高敏感性意味着气相中发生的燃烧反应成为限速步骤,当金属 Al 被氢化物 ZrH_2 取代时,燃烧行为的这种改变可能表明氢在推进剂燃烧中起到关键作用。在以 ZrH_2 为金属燃料、高氯酸铵(AP)为氧化剂的丁羟推进剂燃烧过程中,ZrH_2 不会被 AP 直接氧化。相反,ZrH_2 脱氢释放 H_2 并生成金属 Zr,这被认为是非常有利的提高推进剂的理论比冲,具有作为高能固体推进剂燃料的潜力。另一方面,由于气态反应物附着在 ZrH_2 表面,AP 高温分解阶段 NO 的生成增强。此外,ZrH_2 释放出的氢气通过促进气相扩散和反应而有效促进燃烧,对丁羟推进剂的燃烧起着至关重要的作用。

表 8-10　含不同金属燃料的丁羟推进剂的压力指数

编号	Al	ZrH_2	Zr	压　力　指　数			
				4～7 MPa	7～10 MPa	10～13 MPa	13～15 MPa
1	15%	0%	0%	0.37±0.01	0.43±0.01	0.53±0.01	0.57±0.01
2	10%	5%	0%	0.34±0.01	0.50±0.01	0.53±0.01	0.57±0.01
3	5%	10%	0%	0.30±0.01	0.49±0.01	0.61±0.01	0.50±0.01
4	0%	15%	0%	0.31±0.01	0.45±0.01	0.73±0.01	0.62±0.01
5	0%	0%	15%	0.36±0.01	0.33±0.01	0.47±0.01	0.40±0.01

　　双基推进剂(DB),是由硝化纤维素(亦称硝化棉)和多元醇硝酸酯(通常指硝化甘油)为基本能量成分所组成的一种均质推进剂。ZrH_2 经测定具有良好的耐硝化纤维素和硝化甘油氧化性,为了研究其作为双基固体推进剂的燃烧性能,将 5.5% 的 ZrH_2 引入双基推进剂配方中。此外,Al 粉是固体推进剂最广泛采用的金属燃料,还制备了含有 5.5% Al 的样品推进剂用于比较,具体配方如表8-11所示。

表 8-11　双基推进剂主要成分

组分组分	含量	含量
NC/NG（黏合剂/增塑剂）	88%	88%
DINA（增塑剂）	5%	5%
Al（金属燃料）	5.5%	0%
ZrH$_2$（金属燃料）	0%	5.5%
凡士林	1.5%	1.5%

　　图 8-22 显示了在 2～20 MPa 下测定含有 ZrH$_2$ 和 Al 的双基推进剂的燃烧速率。实验结果可知在 2 MPa、6 MPa、10 MPa、16 MPa 和 20 MPa 压力下，DB 推进剂中使用 ZrH$_2$ 代替 Al 作为燃料的燃速比单纯用 Al 作为燃料的要低，DB-ZrH$_2$ 推进剂的较低燃速被认为是由于 ZrH$_2$ 的燃烧热（约 12 MJ/kg）明显低于 Al（约30 MJ/kg）。此外，还计算了含铝配方的燃速压力指数（0.42 ± 0.01），ZrH$_2$ 被确定为一个较高的压力指数（0.54 ± 0.01）。较高的压力指数意味着含有 ZrH$_2$ 的配方的燃烧反应对压力更敏感，表明气相中的扩散和化学反应对含有 ZrH$_2$ 的推进剂的燃烧更关键。

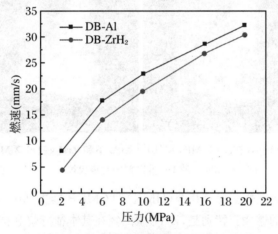

图 8-22　不同压力下双基推进剂的燃烧速率

　　含有不同金属燃料的推进剂的燃烧火焰进行了研究分析，实验结果如图8-23所示。在双基推进剂的燃烧过程中，ZrH$_2$ 与传统的 Al 燃料相比表现出完全不同的行为，在不同压强下，Al 粒子从推进剂燃烧表面喷出，进入明焰区燃烧，形成典型的暗焰区。相比之下，对于含有 ZrH$_2$ 的配方，暗焰区消失了，燃料的燃烧发生在燃烧表面上，这显然是有利于热反馈到推进剂和燃料，提高了推进剂的燃烧效率。在含 ZrH$_2$ 推进剂的淬火表面上发现了 ZrO$_2$ 微球，这表明金属 Zr 发生了熔化以及后续的氧化，这证实了 ZrH$_2$ 在燃烧期间不被直接氧化。因此，它表明推进剂中的 ZrH$_2$ 的燃烧开始于释放氢，然后是新形成的 Zr 在燃烧表面上的熔化和随后的燃烧。研究结果验证了 ZrH$_2$ 作为一种供氢燃料在双基推进剂中，可以降低气体的相对分子质量，提高推进剂的能量输出潜力。综上，当 ZrH$_2$ 作为金属燃料添加到双基推进剂中时，其燃烧发生脱氢反应，生成 H$_2$ 和 Zr，随后新生成的 H$_2$ 和 Zr 又会继续参与推进剂的燃烧，其中，Zr 在高温下熔化后，在表面燃烧，这一点更有利于热量反馈到推进剂上。

　　复合改性双基推进剂，简称 CMDB，其最基本组分是硝纤维素、高氯酸铵、铝粉和硝胺炸

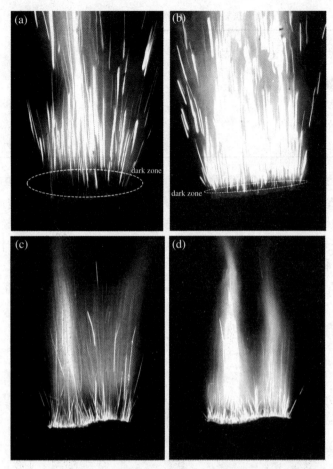

图 8-23　Al 在(a) 2 MPa 和(b) 4 MPa 下和 ZrH₂ 在(c) 2 MPa 和
(d) 4 MPa 下的 DB 推进剂的燃烧火焰

药,将 ZrH₂ 应用于含高能炸药奥克托今(HMX)的 CMDB 推进剂中,ZrH₂ 能够有效地促进 HMX-CMDB 推进剂的燃烧。特别是,ZrH₂ 中的氢在其本征燃烧和推进剂燃烧过程中都起着至关重要的作用。点火时,ZrH₂ 脱氢生成 Zr 和 H₂,随后分解产物再进行进一步燃烧。有趣的是,H₂ 的释放也会导致颗粒破碎,促进氢化物的燃烧。对于含 ZrH₂ 的推进剂燃烧,在凝聚相中 H$^{\delta+}$ 和 H$^{\delta-}$ 相互作用促进了 HMX 的热分解,从而提高了反应速率。ZrH₂ 在推进剂中的燃烧同样始于放氢过程,随后燃烧表面新生成的金属 Zr 熔化燃烧,热反馈大大加强,进一步加快了凝聚相的反应速率,另一种脱氢产物 H₂ 参与气态燃烧反应。

8.4　氢化锂在推进剂中的应用

　　氢化锂(LiH)的储氢密度相对较高,达到 12.5%,但是其化学性质不稳定,在潮湿环境下极易潮解,且因其毒性较高、价格昂贵,目前没有广泛使用 LiH 作为高能添加剂来提高推进剂的燃烧性能。在推进剂中引入 LiH 可有效提高能量和降低分子量,在放热过程释放大量的热,有助于提高燃料回归速率,且热分解过程中释放的氢增强了燃烧性能,LiH 适用于液体推进剂系统。LiH 可增强推进剂的耐热解性,从而提高其产碳率。LiH 燃烧产生的强辐射热具有提高理论火焰温度的潜力。有研究指出,LiH 可以通过与推进剂形成复杂的分子而表现出不同的氧化态,形成的金属配合物分子可以从反应的过渡态提供或接受电子,从而促进反应的发生。向端羟基聚丁二烯橡胶(HTPB)中添加 LiH 对主要燃烧机理和燃烧的压力依赖性具有一定影响。当氧化剂质量流量递增时,燃烧机理从与压力无关的扩散控制的燃烧向与压力有关的动力学控制的燃烧转变。如此一来,燃料颗粒内粒径较大的氢化锂扩大了转变范围,降低了燃烧的压力敏感性。

为了验证添加 LiH 对 B/JP-10 悬浮燃料点火和燃烧特性的促进作用,利用 CO_2 激光点火系统研究了添加 LiH 和不添加 LiH 的 B/JP-10 悬浮燃料在不同氧浓度下的燃烧过程。考虑到燃烧过程中可能会出现极高的局部温度,B 与 N_2 的反应是不可忽视的。因此,研究采用惰性气体 Ar 代替 N_2,与 O_2 混合形成气体环境。

B 悬浮燃料的完全燃烧过程包括点火、蒸发燃烧和团聚燃烧三个阶段,不完全燃烧可能导致某些燃烧阶段的缺失。实验发现,无论是否添加 LiH,当氧浓度大于 20%(体积分数)时,燃料液滴都存在着点火和蒸发燃烧这两个阶段。这意味着添加 LiH 对 B 悬浮燃料液体成分的点火特性影响不大,但在团聚燃烧过程中存在显著的差异。对于未添加 LiH 的 B 悬浮燃料,只有在氧浓度大于 80%(体积分数)时才会发生团聚燃烧,说明 B 点火难度较大。当添加 LiH 时,在较低的氧浓度(40%,体积分数)下就会发生团聚燃烧阶段,这证明了 LiH 对 B 悬浮燃料的能量释放有促进作用。由此可以得出,氧浓度为 40%(体积分数)时出现临界条件。因此,进一步讨论了临界氧浓度为 40%(体积分数)时 B 悬浮燃料的燃烧特性,其动态燃烧过程如图 8-24 所示。

由图 8-24(A)可以看出,在不添加 LiH 的情况下,B/JP-10 悬浮燃料的燃烧过程只包括点火和蒸发燃烧阶段。在点火阶段(图 8-23(A)a),当 CO_2 激光到达液滴表面时,液滴被迅速加热并被辐射点燃,液滴表面出现绿光,这是液滴中 B 粒子点火产生的 BO_2。随后,JP-10 蒸汽被高温 B 颗粒点燃,产生清晰的爆燃黄色火焰,这是由 JP-10 燃烧产生的热炭黑颗粒引起的。另一项研究证明,液滴中固体夹杂物的物质对液体燃料的点火起着重要的促进作用。高能固体颗粒在氧化过程中释放出大量的热量和活性自由基,从而极大地促进了液体燃料的着火。B 颗粒的加入对液体 JP-10 的增燃效果相似。点火阶段结束后,液滴进入稳定蒸发燃烧阶段(图 8-24(A)b~i),液滴表面绿光消失,黄色火焰逐渐发展稳定。在蒸发燃烧阶段,液滴表面被稳定的黄色扩散火焰包围,偶尔出现微弱的绿光。这是因为 JP-10 蒸发燃烧产生的扩散火焰会极大地消耗液滴周围的氧气,导致液滴周围处于缺氧状态。同时,JP-10 的蒸发吸收了大量的热量,使得液滴内部的温度保持在 JP-10 的沸点,因而液滴中的 B 粒子明显低于其着火温度。在上述两个因素的共同作用下,液滴中的 B 颗粒在蒸发阶段很难被点燃,偶尔小液滴从液滴中飞溅出来,发出绿光。结合现有研究,这是由于液滴内部液体蒸发产生的压力积聚引起的"微爆炸现象"。当内压足够高时,液滴在内外压差的作用下破裂产生子液滴,子液滴中的 B 颗粒在通过 JP-10 扩散火焰时迅速升温。在离开蒸发火焰的缺氧区域后,它们会迅速点火燃烧,产生发出绿光的 BO_2。但随着液滴表面形成壳层,微爆炸现象逐渐消失。蒸发燃烧后期,火焰逐渐减弱,不再出现绿光。因此,参与这一现象的 B 粒子的数量是非常小的。JP-10 燃尽后,蒸发火焰熄灭,燃烧过程结束,固体残渣不再燃烧

图 8-24 B/JP-10 悬浮燃料的动态燃烧过程

（图 8-24（A）j～l）。从以上观察可以发现，B/JP-10 悬浮燃料在燃烧过程中存在固体组分能量释放不完全的明显问题。

添加 10%的 LiH 后，B/JP-10 悬浮燃料的燃烧过程包括点火、蒸发燃烧和团聚燃烧三个阶段，如图 8-24（B）所示。在点火阶段（图 8-24（B）a），液滴周围先出现红光，后出现绿光。由于红光是 Li 的特征发射，绿光是 B 的特征发射，可见在点火阶段液滴中的 LiH 先被点燃，B 后点燃，这是因为 LiH 的着火温度远低于硼粒子的着火温度。因此，添加 LiH 可以有效地促进液滴的快速着火。随后，液滴进入稳定蒸发燃烧阶段（图 8-24（B）b～g）。这一阶段，JP-10 的黄色火焰更加明亮，表明 JP-10 的燃烧强度有所增加。在 JP-10 燃烧产生的黄色蒸发火焰周围可以看到明显的绿光和红光，表明在蒸发燃烧过程中出现了 LiH 和 B 的燃烧。此外，在蒸发燃烧阶段时，还出现了微爆炸燃烧现象，此时可以观察到红光和绿光的子液滴从液滴中飞溅出来，表明 LiH 和 B 颗粒的燃烧。

为了进一步明确燃烧成分，得到了添加 LiH 和未添加 LiH 的 B/JP-10 悬浮燃料在蒸发燃烧过程中的发射光谱，如图 8-25 所示。其中，特征峰的含义见表 8-12。从图 8-25 可以看出，未添加 LiH 的 B/JP-10 悬浮燃料的发射光谱以热辐射为主，仅在 589 nm 和 765 nm 处出现 Na 和 K 的特征峰，这是燃料中的杂质引起的。加入 LiH 后，在发射光谱中可以观察到明显的 Li 特征发射谱线,这是 LiH 中的 Li 原子发出的,说明 LiH 在蒸发燃烧过程中被点燃。这是因为 LiH 与氧反应生成 LiOH,并在高温下存在一个 $H + LiOH \rightleftharpoons Li + H_2O$ 的平衡。随着 LiH 被点燃,LiOH 的浓度不断上升,将推动平衡向前移动,在火焰中产生自由的 Li 原子,并产生其特征发射线。另外,部分 LiH 在高温下会分解生成 Li 和 H_2,这也促成了 Li 的特征发射线。同时,在 $450\sim580$ nm 波长范围内也可以观察到硼燃烧的典型特征峰,这是 B 剧烈燃烧过程中产生的 BO_2 的特征发射峰,说明 B 颗粒在蒸发燃烧阶段燃烧剧烈且持续。与未添加 LiH 的样品相比,可以明显看出,LiH 降低了蒸发燃烧过程中 B 的燃烧难度。另外,在 308.9 nm 附近有一个弱峰,这是 OH 的特征发射峰,表明在燃烧过程中 LiH 氧化产生 OH 自由基。有研究证明,OH 自由基的存在可以有效地剥夺 JP-10 环上的 H 原子,促进 JP-10 裂解氧化的链式反应,从而增加 JP-10 的燃烧强度。因此,LiH 对 JP-10 燃烧的促进机理可以归结为两个因素:一是 LiH 氧化反应促进 B 的燃烧,增加热量的释放,使火焰整体温度升高,从而促进 JP-10 的燃烧;二是 LiH 氧化过程中自由基的生成可以加速 JP-10 分解和氧化。

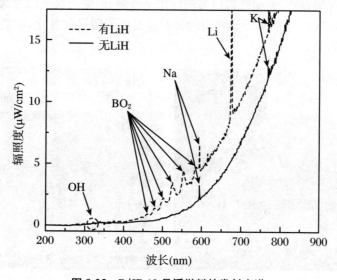

图 8-25　B/JP-10 悬浮燃料的发射光谱

表 8-12　特征峰含义

种类	波长(nm)	备注
OH	308.9	—
BO_2	452	强带
BO_2	471	强带
BO_2	492.9	强带
BO_2	516.9	强带
BO_2	545.8	强带
BO_2	579.1	强带
Na	589	发射线
Li	670	发射线
K	765	发射线

如图 8-24(B)h～l 所示,当蒸发燃烧阶段结束后,JP-10 的蒸发火焰逐渐消失,但在极短的时间后,周围发出微弱的红光,这是由于团块中的 LiH 被点燃。随后,由于 B 的剧烈燃烧,逐渐形成一个明亮的绿色火焰。这说明 LiH 的加入可以促进 B 团块的着火,从而进一步促进悬浮燃料中固体 B 的能量释放。为了进一步分析和量化 LiH 对固相氧化的促进作用,收集了两种样品纤维上的燃烧残渣,并对其形貌和 B 氧含量进行了分析,结果如图 8-26所示。对于未添加 LiH 的样品,残留物表现为无定形 B 颗粒的团块,这是因为当液态 JP-10蒸发时,B 纳米颗粒由于其较大的比表面积而容易发生碰撞。同时残渣中氧的比例仅为3.84%,说明团聚体中的大部分 B 颗粒未被氧化,进一步证明了能量释放不完全。结合对动态燃烧过程的分析可知,由于 JP-10 燃烧的贫氧效应以及颗粒表面存在表面氧化层,B 颗粒难以点燃燃烧,严重限制了 B/JP-10 悬浮燃料的能量释放。然而,当添加 LiH 时,燃烧残渣的形貌发生了明显的变化,与氧化硼明显不同,呈现出致密的固体表面,并带有裂纹。这可能是因为残渣由硼锂氧化物组成,硼锂氧化物在高温下熔化后再结晶,形成致密的金属氧化物表面。随着温度的骤降,表面在内应力的作用下开裂,产生裂纹。同时观察到样品中的氧元素含量高达 63.23%,说明悬浮燃料中的硼颗粒发生了明显的氧化,在燃烧过程中实现了更高程度的能量释放。

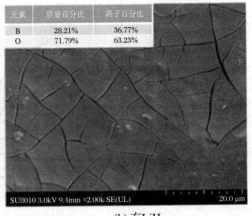

元素	质量百分比	质子百分比
B	94.42%	96.16%
O	5.58%	3.84%

元素	质量百分比	质子百分比
B	28.21%	36.77%
O	71.79%	63.23%

(a) 无LiH

(b) 有LiH

图 8-26　燃烧残渣 SEM 图像

为了进一步分析残渣的组成,对其进行 XRD 分析,结果如图 8-27(彩图)所示。从图 8-27(a)中可以看出,在未添加 LiH 的硼悬浮燃料中,残渣主要由 B_2O_3 组成,表现为由 SiC 纤维氧化反应形成的单一物质或复合物。此外,在残渣中还发现了未燃烧的硼和碳以及碳化硼的痕迹,这表明硼和碳氢化合物燃料的氧化程度都很低。如图 8-27(b)所示,当引入 LiH 时,碳的痕迹消失,而硼仍然被观察到。这说明引入 LiH 后,碳氢燃料的氧化得到明显改善,但由于氧浓度较低,硼的不完全氧化仍然存在。此外,B_2O_3 的峰值降低,在 XRD 曲线上出现了 $Li_2B_6O_{10}$、$Li_2B_8O_{13}$ 这两个硼锂氧化物的新峰,不同种类的硼锂氧化物的出现是由于燃烧过程中燃料液滴内部温度分布不均匀。同时,燃烧残渣中硼锂氧化物的存在也证明了氧化锂与氧化硼之间存在反应生成硼锂氧化物。

基于上述分析,可以得出结论,添加 LiH 可以有效促进 B/JP-10 悬浮燃料的点火和燃烧。随着 LiH 的引入,悬浮燃料中的 B 颗粒在蒸发燃烧阶段可以持续燃烧,其团聚体在凝

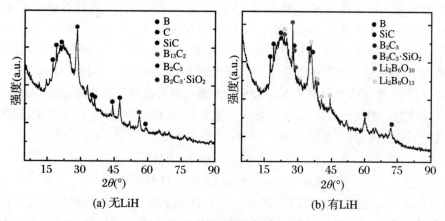

(a) 无LiH   (b) 有LiH

图 8-27 燃烧残渣的 XRD 分析图

聚燃烧阶段可以重新被点燃，进一步释放能量，从而提高 JP-10 的燃烧强度。结合实验结果分析，可以总结出 LiH 对 B/JP-10 悬浮燃料的促进机理，主要通过以下物理化学反应过程实现，如图 8-28 所示。

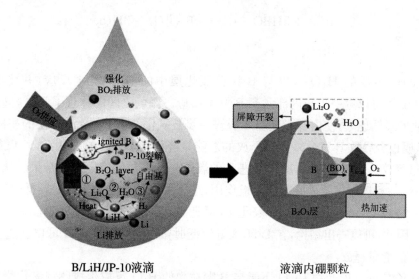

B/LiH/JP-10液滴   液滴内硼颗粒

图 8-28 LiH 对 B/JP-10 悬浮燃料燃烧的促进机制

对于悬浮燃料中固体 B 的燃烧，已知 B 氧化的化学反应为

$$B(s) + O_2(g) \longrightarrow B_2O_3(s,l) \tag{8-7}$$

该反应为典型的放热反应，是实现 B/JP-10 悬浮燃料高热值的关键。然而，由于氧化硼熔点低，沸点高，随着温度的升高，氧化硼会熔化并形成一层液体包裹硼颗粒。基于 B 的 L-W 模型，在点火阶段，悬浮燃料中硼颗粒与氧的反应主要包括以下几个步骤：

$$B(s) + B_2O_3(l) \longrightarrow \frac{3}{n}(BO)_n(l) \tag{8-8}$$

$$\frac{1}{n}(BO)_n(l) + O_2(g) \longrightarrow BO_2(a) + O(a) \tag{8-9}$$

$$BO_2(a) + \frac{1}{n}(BO)_n(l) \longrightarrow B_2O_3(l) \tag{8-10}$$

由于 B 颗粒表面存在氧化层,B 和氧之间的接触受到阻碍。B 需要溶解在硼氧化物中,并扩散到颗粒表面才能与氧反应。因此,氧化层的存在作为一个物理屏障,降低了 B 和氧的传递速率,这将明显减缓液滴内硼颗粒的反应速率。另外,由于 JP-10 的燃烧,液滴表面的氧气会被大量消耗,液滴本身的低温也会共同抑制 B 颗粒的着火。因此,在 B/JP-10 悬浮燃料的燃烧过程中,除了少量 B 颗粒从液滴中溅落被点燃并出现微爆炸现象外,大部分 B 颗粒处于未反应状态。相比之下,LiH 的初始反应温度约为 400 ℃,远低于 B 粒子,因此可以在更低的温度下被点燃,其主要反应为

$$LiH(l) + O_2(g) \longrightarrow LiOH(l) \tag{8-11}$$

$$LiOH(l) \longrightarrow Li_2O(s) + H_2O(g) \tag{8-12}$$

其中,反应(8-11)为典型的放热反应,该反应可在低温下发生,放出的热量可有效提高液滴局部温度,从而使液滴内 B 粒子的温度更接近于 B 的着火温度,同时也提高了悬浮燃料中 B 的着火概率。此外,在较高的温度下,LiOH 会进一步分解形成 Li_2O 和 H_2O。从已有的研究结果可知,LiOH 分解产物中的 H_2O 可与 B 颗粒发生如下反应:

$$H_2O(g) + \frac{3}{2}B_2O_3(l) \longrightarrow 3HBO_2(a) \tag{8-13}$$

$$B(s) + 3HBO_2(a) \longrightarrow B_2O_3(l) + 3H(a) \tag{8-14}$$

$$3H(a) \longrightarrow \frac{3}{2}H_2(g) \tag{8-15}$$

可以发现,生成的 H_2O 可以与 B 颗粒氧化层中的 B_2O_3 发生反应,并将其转化为 HBO_2,而 HBO_2 可以进一步与内部元素 B 发生反应。硼氧之间的物理屏障被打破,可以大大提高硼氧的运输速率,使内部未反应 B 核进一步被氧化。除了去除氧化层的积极作用外,HBO_2 的形成也会导致 B 完全氧化时释放的总能量降低的消极影响。因此,可以得出 H_2O 对 B 的能量释放具有双面效应,能否促进 B 的燃烧是其正负效应耦合的结果。从实验中可以看出,H_2O 的积极作用明显胜过其消极作用,这是因为 LiH 的含量相对较低(只有 10%),仅产生少量的 H_2O,可以有效地破坏氧化层,促进能量释放,而此时降低总能量释放的负面作用有限。因此,可以得出结论,在 LiH 含量较低时,其氧化产物 H_2O 可以促进 B 悬浮燃料中固体 B 的能量释放。

此外,LiOH 的分解产物 Li_2O 还能与 B 颗粒中的 B_2O_3 反应生成硼锂氧化物 Li_2B_6O_{10} 和 Li_2B_8O_{13},这是在残渣的 XRD 分析中被检测到的。其中,Li_2O 可以与硼氧化物反应生成硼锂氧化物,所得的硼锂氧化物在不同温度下可以呈现不同的相。Li_2B_6O_{10} 在低温下更稳定,而 Li_2B_8O_{13} 通常在高温下形成。具体反应可得:

$$Li_2O(s) + 3B_2O_3(l) \longrightarrow Li_2B_6O_{10}(l) \tag{8-16}$$

$$Li_2O(s) + 4B_2O_3(l) \longrightarrow Li_2B_8O_{13}(l) \tag{8-17}$$

$$2LiH \longrightarrow 2Li(l) + H_2(g) \tag{8-18}$$

上述反应的结果可以极大地消耗氧化硼层,从而降低 B 颗粒表面氧化层的厚度,增强氧化层中 $(BO)_n$ 的传输速率。对于形成的硼锂氧化物,据报道其沸点比硼氧化物低 1000 ℃;这使得它在燃烧过程中比硼氧化物更容易蒸发,从而极大地降低了硼颗粒的点火难度。

对于液态 JP-10 燃料的能量释放,随着 LiH 和 B 颗粒的氧化引起局部温度升高,进一步加快其氧化速率,有利于其能量释放。此外,根据前人对 LiH 受热分解行为的研究,在高温

下部分 LiH 会分解生成 Li 和 H_2：

$$2LiH(l) \longrightarrow 2Li(l) + H_2(g) \tag{8-19}$$

在 H_2 的氧化过程中，$\cdot OH$、$\cdot H$、$\cdot HO_2$ 等自由基通过以下反应产生：

$$H_2 + O_2 \longrightarrow \cdot OH \tag{8-20}$$

$$H_2 \longrightarrow 2 \cdot H \tag{8-21}$$

$$H_2 + 2O_2 \longrightarrow 2 \cdot HO_2 \tag{8-22}$$

$$HO_2 \longrightarrow \cdot OH + \cdot O \tag{8-23}$$

随着上述反应的进行，火焰中自由基特别是 OH 的浓度增加，可以通过与 H 原子反应和切割分子中的 C—H 键来促进 JP-10 的分解和氧化，从而促进液态 JP-10 燃料的燃烧和能量释放。在上述因素的综合作用下，在 B/JP-10 悬浮燃料燃烧过程中，LiH 能极大地促进 B 和 JP-10 的能量释放，从而实现 B/JP-10 悬浮燃料更高程度的能量释放。

8.5　配位金属氢化物在推进剂中的应用

对于储氢材料在固体推进剂中的应用，金属氢化物可以有效提高固体推进剂的燃烧性能，但一般来说，它们的含氢量相对较低，并且稳定性较差。与金属氢化物相比，配位金属氢化物通常具有更高的储氢能力，例如 $NaBH_4$（11.8%），$LiBH_4$（18.5%），$LiAlH_4$（10.5%）和 $NaAlH_4$（7.4%）。然而，硼氢化物的脱氢温度通常较高，常见硼氢化物的脱氢温度为 450 ℃（$NaBH_4$）、400 ℃（$LiBH_4$）、250 ℃（$Mg(BH_4)_2$）、320 ℃（$Ca(BH_4)_2$），这就会导致火延迟时间延长。

配位金属氢化物应用于固体推进剂中，表现出较低的黏度，能够促进夹带辅助燃烧；且使其在固相中更加稳定，不容易受飞行载荷的影响。采用 $LiAlH_4$ 作为金属氢化物高能添加剂，可提高回归速率，但由于 Li 化合物氧化不充分，导致 $LiAlH_4$ 添加剂（60%～80%）的燃烧效率较低。与传统聚合燃料相比，加入 $LiAlH_4$ 使回归率提高了 378%，且在固体燃料中加入 $LiAlH_4$ 时，室压对回归速率有很强的依赖性。研究发现掺杂在 FGSPs 固相中使得其更加稳定，增加其热分解稳定性，从而提高产碳量，同时也有助于提高基础燃料的回归速率。此外，在三组分或四组分的 HTPB 复合基推进剂中加入 $LiAlH_4$，发现对其能量性能有一定影响，加入化合物对标准理论比冲的贡献大于 Al，且具有最优的能量特征参数值，因此 $LiAlH_4$ 的正向效应大于 $Mg(AlH_4)_2$。在固体推进剂中加入金属硼氢化物有助于提高其燃烧性能，如在固体推进剂中加入 20% 的 $NaBH_4$，推进剂燃料的燃烧热值能够增加 14.3%，$NaBH_4$ 可以降低推进剂燃烧的灵敏度，提高推进剂的综合性能。

为研究不同金属氢化物对 HTPB 三组元推进剂标准理论比冲的影响规律，选定（$HTPB/AP/M_xH_y$）配方体系进行能量特性计算，获得了 HTPB 黏合剂含量不变时金属氢化物含量与标准理论比冲的关系，如图 8-29 所示。从图 8-29 可以看出，随着金属氢化物含量的增加，标准理论比冲开始呈直线上升趋势，当金属氢化物含量达到一定程度时，标准理论比冲达到最大值，随后呈现下降趋势。按标准理论比冲最佳值大小，金属氢化物排序为 $AlH_3 > LiAlH_4 > Mg(AlH_4)_2 > MgH_2$。另外可以看到，Al 与 MgH_2 曲线之间有交叉，说明

Al 粉作为燃烧剂虽在一定程度上增加了能量,但其增加到一定程度时,对能量水平的贡献低于 MgH₂。

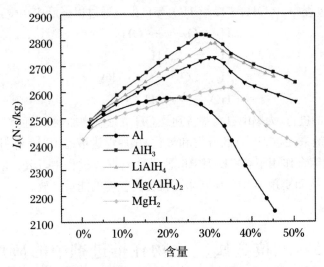

图 8-29　不同含量金属氢化物的 HTPB 三组元推进剂标准理论比冲

为研究不同金属氢化物对 HTPB 四组元推进剂标准理论比冲的影响规律,选定 (HTPB/ AP-RDX/M$_x$H$_y$)配方体系进行能量特性计算,获得了 HTPB 黏合剂含量不变时金属氢化物含量与标准理论比冲的关系,如图 8-30 所示。

从图 8-30 可以看出,随金属氢化物含量的增加,标准理论比冲首先呈线性上升趋势,当金属氢化物含量达到一定程度时,标准理论比冲值出现拐点,随后呈下降趋势。按标准理论比冲最优值大小排序为:AlH₃＞LiAlH₄＞Mg(AlH₄)₂＞Al＞MgH₂。

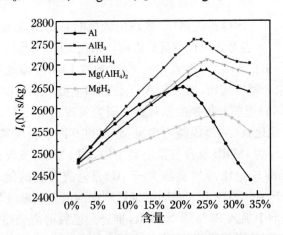

图 8-30　不同含量金属氢化物的 HTPB 四组元推进剂标准理论比冲

刘婷等为了评估与对照组(Mg/PTFE)相比在推进剂中涂覆活性金属氢化物对 Mg/PTFE 推进剂燃烧性能的影响,分别采用加入 KBH₄(第 1 组)、NaBH₄(第 2 组)、LiAlH₄(第 3 组)这三种金属氢化物的 Mg/PTFE 推进剂进行实验,结果如表 8-13 所示。表 8-13 显示了加入添加剂到 Mg/PTFE 基本配方中的推进剂的燃烧性能。其中,添加 NaBH₄ 的组最高燃烧温度的平均值最高,比对照组高 40.8 ℃,并且 NaBH₄ 的平均燃烧温度也最高,比对照组高 41.2 ℃。添加 KBH$_4$ 组的最高燃烧温度平均值比对照组高 31.9 ℃,但平均燃烧温度与对照组基本相同。添加 LiAlH$_4$ 组的最高和平均燃烧温度均低于对照组,分别比对照组低 43.4 ℃和 67.1 ℃。与对照组相比,NaBH$_4$ 和 KBH$_4$ 的质量燃烧速率较高,这使得能量可以在短时间内快速释放,因此它们的燃烧温度高于对照组。而 LiAlH$_4$ 的质量燃烧速率比对照组低,因而导致燃烧温度低于对照组。

表 8-13　添加涂覆活性金属氢化物的 Mg/PTFE 推进剂燃烧性能

组别	平均燃烧温度 (℃)	最高燃烧温度 (℃)	燃烧速率 (mm/s)	质量燃烧速率 (g/(cm² · s))
1-1	1087.4	1387.1	1.76	0.272
1-2	1083.3	1400.1	1.66	0.258
1-3	1024.9	1398.0	2.06	0.308
平均值	1065.2	1395.1	1.83	0.279
2-1	1122.0	1385.2	1.73	0.267
2-2	—			—
2-3	1096.4	1422.8	1.87	0.289
平均值	1109.2	1404.0	1.80	0.278
3-1	1011.4	1266.6	1.33	0.206
3-2	982.9	1343.1	1.39	0.213
3-3	1008.5	1349.6	1.29	0.197
平均值	1000.9	1319.8	1.34	0.205
对照组	1068.0	1363.2	1.70	0.259

推进剂是在火箭中燃烧产生推力的化学混合物,由氧化剂和燃料组成。目前,许多空间推进系统使用 N$_2$O$_4$ 作为氧化剂,它是一种剧毒、易爆物质,需要高度的安全措施。科学家们正在开发环保型推进剂混合物,它是可自燃的,性能水平接近传统推进剂,称为绿色推进剂。研究以硝酸(分析纯,98%)和作为石蜡添加剂的硼氢化钠(NaBH$_4$)作为传统推进剂替代品,对目前用于太空推进的推进剂进行了评价。

8.6　纳米金属氢化物在推进剂中的应用

纳米材料在复合固体推进剂方面表现出非常好的优点,例如改善催化活性,增加反应性,降低熔化温度。纳米颗粒具有较大的比表面积,使得反应活性较高,在较低的点火时间和温度下,能量释放更靠近燃料表面。纳米级金属氢化物具有不稳定的金属氢键,在预热的过程中,纳米粒子会释放出氢原子。因此,纳米材料用作颗粒基质中的填料,有助于热解并促进燃料回归。纳米级铝基氢化物推进剂的燃烧速率和比冲都显著提高。氢化铝纳米颗粒

（AHNPs）首先在表面脱氢，释放的 H_2 分子阻止了气态氧化物与 AHNPs 的碰撞，当 H_2 气泡有足够的动能能够穿破薄膜时，纳米颗粒就会爆炸并产生多个气流，气态氧化物扩散到地下基质，随后纳米颗粒会进一步燃烧。通过掺杂高能的纳米级金属氢化物降低气化热和缓解堵塞现象、提高理论火焰温度来改善燃料的回归行为，增加对颗粒表面的辐射传热导致熔化燃料黏度的降低，从而增强夹带。掺杂有纳米基复合材料的燃料其回归速率显著提高，因为金属氢化物脱氢促进固体颗粒热解，而金属纳米基材料发生放热氧化，从而加强燃料表面的传热。目前，在推进剂燃料中掺杂纳米级金属氢化物的研究甚少，主要是由于纳米级颗粒极易发生团聚现象，不利于推进剂燃料的高效燃烧，使其在推进剂燃料的应用中受到限制。而将纳米颗粒与微米级、亚微米级金属氢化物混合，得到的纳米复合材料的性能可以充分发挥纳米材料的优越性能。

8.7　含储氢合金推进剂的安全性和稳定性

8.7.1　储氢合金对推进剂安全性的影响

8.7.1.1　储氢合金对推进剂热稳定性的影响

储氢合金推进剂的热稳定性是保证其安全应用的关键。在高温环境下，储氢合金会发生热分解反应，这可能导致爆炸或其他危险情况。因此，了解其热分解速率和热分解产物是至关重要的。MgH_2 由于其储氢容量高（$\sim 7.6\%/\sim 110$ kg/m^3）、储量丰富、价格低廉等优点被业界广泛认为是一种极具发展前景的储氢合金。近年来，MgH_2 在含能材料领域也得到了广泛应用，以此来提高其爆轰和燃烧性能。

高氯酸钾（AP）作为一种强氧化剂，常常被用作炸药配合剂和火箭推进剂。大量的试验结果表明，当 MgH_2 等储氢合金加入高氯酸铵基复合固体推进剂后，会使其热分解峰值温度明显降低，并且整个热分解过程会释放出更多的热量，对推进剂的热分解过程有着明显的促进；高氯酸铵基分子钙钛矿（DAP-4）是一种具有优异的爆炸性能和良好稳定性的材料，具有广泛的应用前途，对 DAP-4/MgH_2 的热分解过程进行了分析研究，研究结果表明，MgH_2 的加入会促进 DAP-4 的分解，使其热分解峰值温度降低，起到一定的催化作用。

采用 TG-DTG、DSC 以及动力学方法对含有储氢合金的 AP/HTPB（端羟基聚丁二烯）推进剂进行了热分解性能的分析，实验结果得出较 AP/HTPB 推进剂而言，储氢合金/AP/HTPB 推进剂的热分解温度降低，放热量得到了提高，达到不同温度区间所需活化能也得到了相应的降低。同时储氢合金对 AP/HTPB 推进剂的热分解也有一定的催化作用，这与储氢合金的组成以及合金结构有关。第一，实验用储氢合金为 $Mg_{0.45}Ni_{0.05}B_{0.5}H_x$ 型储氢合金，这种合金中的 B 元素是缺电子的，极易与 AP 中 N 上的孤对电子结合；第二，$Mg_{0.45}Ni_{0.05}B_{0.5}H_x$ 型储氢合金中存在晶格缺陷，位于缺陷处的不饱和金属原子也像 B 元素一样是缺电子的，可以促进 AP 热分解反应的进行；第三，$Mg_{0.45}Ni_{0.05}B_{0.5}H_x$ 型储氢合金中的 Ni 经过氧化后形成的 NiO 是常用的燃速催化剂，对推进剂的热分解以及燃烧过程有着催化的作用；第四，因为 $Mg_{0.45}Ni_{0.05}B_{0.5}H_x$ 型储氢合金中含有高热值的 B，使得其燃烧热高于 Al，提高了凝聚相反应热，进而加速了 AP 和 HTPB 的热分解。这些都是储氢合金提高推进剂性能的体现，但也会由于热分解峰值温度的降低产生一些安全隐患。

8.7.1.2　储氢合金对推进剂感度的影响

在实际的生产使用过程中，可能会由于储氢合金的加入而导致含能材料的感度提高。因此对复合储氢材料加入端羟基聚丁二烯（HTPB）进行包覆改性降低其感度。对使用端羟基聚丁二烯改性后的 MgH_2 测试了最小点火能，包覆后点火能大大增加，提高了安全性。因此对储氢合金进行包覆改性是一种可以提高储氢合金推进剂安全性的可行方法。包覆改性后的 MgH_2 与 Al、B 混合（70% Al，15% MgH_2，15% B）放入 105 ℃、0.02 MPa 的真空干燥箱中干燥 4 h，然后将样品置于相对湿度为 70%、温度为 20 ℃ 的模拟日常使用环境中 48 h，同时设置未包覆改性的储氢合金推进剂样品作为对照组。实验结果表明含有包覆改性后的储氢合金样品在 48 h 的时间内质量仅仅增加了 0.46%，而未进行包覆改性的储氢合金推进剂在 48 h 的时间内质量增加了 2.17%。因此使用端羟基聚丁二烯改性后的 MgH_2 可以有效减少其在空气中发生吸湿，氧化等反应，提高储氢合金推进剂在运输储存过程中的稳定性。

Finholt 利用 LiH 和 $AlCl_3$ 在乙醚溶液中反应首次制得了 AlH_3，作为一种常用的储氢合金，其在室温下具有亚稳态结晶晶体，储氢量为 10.08%，密度 1.48 g/cm^3。因其优异的燃烧性能、比冲、还原性较强以及对环境友好等特点，被广泛应用于各种类型的固体推进剂中，代替部分铝粉以提高推进剂的性能。但 AlH_3 在制造过程中由于工艺条件的约束，其不同批次的 AlH_3 品质有着较大的不同，因而采用撞击感度来衡量不同批次不同品质 AlH_3 型固体储氢合金推进剂安全性。实验所用 AlH_3 型固体储氢合金推进剂组成如表 8-14 所示。

表 8-14　AlH_3 型固体储氢合金推进剂组成

推进剂组分	AP	CL-20	Al	AlH_3	黏合剂	固化剂	功能助剂
质量分数	10%～12%	40%～50%	8%～12%	5%～15%	24%～30%	0.5%～1%	0.5%～1%

将五种不同批次的 AlH_3 替代原有固体推进剂中的 Al 进行撞击感度实验，试验标准按照航天行业标准 QJ 3039—1998。实验结果如表 8-15 所示。对于 AlH_3 自身而言，其撞击感度并不高，但当其应用于固体推进剂时，会使固体推进剂的机械感度大幅度提高，这是因为 AlH_3 会与推进剂中的 GAP、NG/BTTN 等发生反应。AlH_3 会使 GAP 的裂解过程缩短，将原本要经历的亚胺到伯胺阶段变为直接转变为伯胺，同时 AlH_3 还能促进 NG/BTTN 中的 O—NO_2 的断裂以及反应过程中的中间产物的进一步分解。AlH_3 在促进推进剂分解的同时，GAP、NG/BTTN 的存在又会加速 AlH_3 的分解，使其释放氢气的速率提到提升。当 AlH_3 表面缺陷较多且形状不规则时，其与 GAP、NG/BTTN 接触的面积将大大增加，导致 AlH_3 推进剂的感度降低。

表 8-15　含不同批次 AlH₃ 推进剂的安全性能

AlH₃ 批次	撞击感度 I_{50}（J）	摩擦感度
1#	5.2	88%
2#	3.5	100%
3#	4.1	100%
4#	9.3	95%
5#	4.1	100%

实验结果可以得出 4# 批次的 AlH₃ 推进剂的撞击感度最低,由扫描电镜结果得知其颗粒形状为近似球形且表面缺陷较少。由此可以得出储氢合金材料品质越高,其应用于推进剂的安全性能就越好。

8.7.2　含储氢合金推进剂的储存稳定性

含储氢合金推进剂的稳定性体现在多个方面,例如储氢合金与推进剂组分的相容性、推进剂组分对储氢合金稳定性的影响以及储氢合金的释氢性能等。

8.7.2.1　储氢合金与推进剂组分的相容性

对于储氢合金推进剂来说,最重要的指标之一就是推进剂组分和储氢合金两者之间能否具备良好的相容性。储氢合金应用于推进剂的初期,利用差示扫描热（DSC）法,根据相容性标准研究了储氢合金燃烧剂与固体推进剂的常用组分高氯酸铵（AP）、黑索金（RDX）、六硝基六氮杂异伍兹烷（CL-20）、1/1-NG/DEGDN、硝化棉（NC）的相容性。研究结果表明,储氢合金燃烧剂与推进剂的各个组分均相容。

真空安定性实验法是对储氢合金和推进剂组分相容性检测的一种主要测试方法。MgNiB 基储氢合金是一种新型的储氢合金,用于代替推进剂中的传统金属燃料。利用真空安定性标准对 MgNiB 基储氢合金与推进剂组分的相容性进行了分析,实验材料为通过球磨法用 Al 包覆 MgNiB 基储氢合金的材料形成的储氢合金,实验材料为 MgNiBH 质量分数为 30% 的样品 A30,并且设置了 MgNiB 质量分数为 30% 的合金 B30 作为对照组。具体组分含量如表 8-16 所示。

表 8-16　MgNiB 基储氢合金的组成

编号	$Mg_{0.45}Ni_{0.05}B_{0.5}H_x$	$Mg_{0.45}Ni_{0.05}B_{0.5}$	Al	实际储氢量
A30	30%	—	70%	1.064%
B30	—	30%	70%	0

真空安定性实验是一种常用于检测含能材料化学安定性,化学相容性以及其组成成分质量的检测方法。其检测标准是以混合试样的放气量与单一试样的放气量的差值来判断其相容性等级的。将上述的 A30 和 B30 加入传统推进剂 GAP/PET/HTPB/AP 中进行真空安定性实验。表 8-17 为相容性标准,表 8-18 为测试结果。由上述结果可以得出 A30、B30 与 GAP/PET/HTPB/AP 之间均具有良好的相容性,并且相比较而言 B30 与传统推进剂的

相容性要优于 A30。由此可见，MgNiB 基储氢合金可以应用于传统固体推进剂中以此来提高性能。

表 8-17　火药、炸药与接触性材料的相容性标准

反应净整气量（mL）	相容性等级
＜3.0	相容
3.0～5.0	中等反应
＞5.0	不相容

表 8-18　A30、B30 与推进剂组分的相容性结果（实验测试温度：100 ℃）

单一式样放气量（mL/g）		混合实样反应净增放气量（mL/g）		相容性等级
A30	1.5781	—	—	—
B30	0.4658	—	—	—
GAP	1.6618	GAP-A30	2.8631	相容
		GAP-B30	0.8630	相容
PET	0.1925	PET-A30	0.6672	相容
		PET-B30	0.5606	相容
HTPB	0.1797	HTPB-A30	0.6672	相容
		HTPB-B30	0.1048	相容
AP	0.0237	AP-A30	0.1520	相容
		AP-B30	−0.0562	相容

8.7.2.2　推进剂组分对储氢合金稳定性和释氢性能的影响

以目前应用于推进剂中最广泛的 AlH_3 为例，AlH_3 目前为止共发现了 α、α'、β、γ、δ、ε、ζ 七种晶型。其中 α-AlH_3 因其较好的稳定性被视为新一代固体推进剂的理想燃料。但由于 AlH_3 的化学活性较大，易于水解，并且固体推进剂组分中又含有大量不同的有机官能团。因此研究推进剂组分对 AlH_3 的稳定性影响是非常重要的。固体推进剂组分主要包含氧化剂、金属燃料、黏合剂、固化剂等。以上各个组分的常见类型以及大致含量如表 8-19 所示。

表 8-19　固体推进剂组分的常见类型及大致含量

推进剂组分	常 见 类 型	含量
氧化剂	高氯酸铵（AP）、高氯酸锂、二硝酰胺铵（ADN）等	50%～85%
金属燃料	铝粉、镁粉、硼粉等	＜30%
黏合剂	端羟基聚丁二烯（HTPB）、聚乙二醇（PEG）、缩水甘油叠氮聚醚等	＜20%
固化剂	二异氰酸酯、多官能团氧化物、多官能团氮丙啶化合物等	＜5%

通过 TG 热分析实验，研究不同含量、不同类型的推进剂组分对 AlH_3 稳定性的影响。

1．推进剂组分 AP 对 α-AlH_3 稳定性和释氢性能的影响

在固体推进剂中，氧化剂的质量分数高达 50%～85%，AP 是固体推进剂中氧化剂的典型代表，其常温下为白色结晶粉末或无色晶体，空气中易潮解，具有极强的氧化性。因其优

异的热值数据,对环境较为友好以及生产工艺简单成熟等特点,被广泛应用于各类固体推进剂中。因此研究氧化剂 AP 对 α-AlH₃ 稳定性的影响是十分必要的。图 8-31 为 AlH₃ 样品以及 AlH₃ 与氧化剂 AP 混合比例为 2∶1、1∶1、4∶1 样品储存前后的 TG 热分解曲线。具体参数如表 8-20 所示。

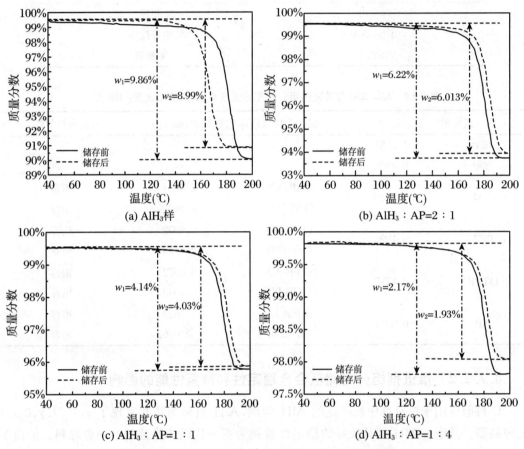

图 8-31 不同比例 AlH₃/AP 储存前后的 TG 曲线图

表 8-20 不同比例 AlH₃/AP 混合样品储存稳定性测试数据

混合比例(AlH₃/AP)	w_1	w_2	δ
纯 AlH₃	9.86%	8.99%	0.87%
2∶1	6.22%	6.01%	0.21%
1∶1	4.14%	4.03%	0.11%
4∶1	2.17%	1.93%	0.24%

通过实验可以得出 AlH₃ 样品的储存分解量为 0.87%,对于混合样品而言,由于 AP 不会发生分解并且还占据样品的总体质量,所以混合样品中 AlH₃ 的分解量需要进行一定比例的换算。经换算后当 AlH₃/AP 为 2∶1 时,AlH₃ 的分解量为 0.21%×1.5 倍＝0.315%;同理可以得出 AlH₃/AP 为 1∶1 时,AlH₃ 的分解量为 0.22%;AlH₃/AP 为 4∶1 时,AlH₃ 的分解量为 1.2%。由上述结果可以得出,氧化剂 AP 对于 AlH₃ 分解释放氢气的影响不大,但是当 AP 含量过多时,会导致 AlH₃ 的储存稳定性变差,并且当 AlH₃/AP 为 1∶1 时,AlH₃ 能够

达到最好的稳定性。

由热分解实验可得,AlH$_3$ 与 AP 的混合样品的分解曲线和 AlH$_3$ 的基本一致,在整个温度区间内仅有一个失重曲线。且在 AlH$_3$ 的分解范围温度内,氧化剂 AP 并未发生分解,不会释放氧气等物质来影响 AlH$_3$ 的分解过程。

2. 推进剂组分 Al 对 α-AlH$_3$ 稳定性和释氢性能的影响

在固体推进剂中加入金属燃料,可以使得推进剂的密度和热量得到进一步的提升,同时可以增大推进剂的比冲以及减少振荡燃烧,能够较好地提高推进剂的性能。Al 作为地壳中含量最多的金属元素,制造成本低,并且燃烧产物对环境较为友好。同时 Al 的燃烧热值高,耗氧量较低,添加到固体推进剂中能够有效提高推进剂的比冲。因此研究金属燃料 Al 对 α-AlH$_3$ 稳定性的影响是十分必要的。图 8-32 为 AlH$_3$ 样品以及 AlH$_3$ 与金属燃料 Al 混合比例为 2:1、1:1、4:1 样品储存前后的 TG 热分解曲线,得出的具体参数如表 8-21 所示。

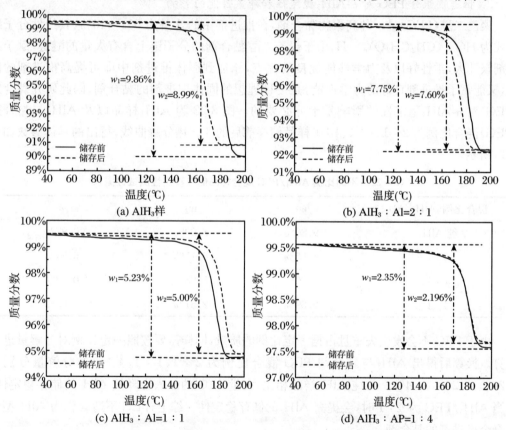

图 8-32 不同比例 AlH$_3$/Al 储存前后的 TG 曲线图

表 8-21 不同比例 AlH$_3$/Al 混合样品储存稳定性测试数据

混合比例(AlH$_3$/Al)	w_1	w_2	δ
纯 AlH$_3$	9.86%	8.99%	0.87%
2:1	7.75%	7.60%	0.15%
1:1	5.23%	5.00%	0.25%
4:1	2.35%	2.20%	0.15%

由于 Al 不会发生失重并且占据一定比例的质量,同样需要按照一定比例对分解量进行换算。换算后得出 AlH$_3$ 与金属燃料 Al 混合比例为 2∶1、1∶1、4∶1 的分解量分别为 0.225%、0.46%、0.75% 均小于纯 AlH$_3$ 样品的 0.87%。由此可以得出金属燃料 Al 的加入可以提高 AlH$_3$ 的储存稳定性,但随着 Al 含量的增加,AlH$_3$ 的储存稳定性会有所减低。

在升温范围为 40~200 ℃ 的热重实验,且为氮气氛围中,金属燃料 Al 并不会发生反应或者分解,因此 AlH$_3$ 与 Al 的混合样品的分解曲线和 AlH$_3$ 的基本一致,在整个温度区间内仅有一个失重曲线。但又因为金属燃料 Al 的热传导会使 AlH$_3$ 更快的吸收热量,使得释氢温度下降,并且加入 Al 后 AlH$_3$ 的释氢峰值温度得到提升,且随着 Al 含量的增加而增大,这是由于 Al 的吸附功能使部分 AlH$_3$ 分解产生的氢气被吸附,导致最大释氢速率延迟出现,相应的释氢峰值温度得到提高。

3. 推进剂组分 PEG 对 α-AlH$_3$ 稳定性和释氢性能的影响

聚乙二醇(PEG)是一种高聚物黏合剂,在推进剂中的含量为 5%~10%,其线性分子结构式为 HO—$(CH_2CH_2O)_n$—H,由于聚乙二醇黏合剂的分子链上含有大量的醚键,赋予黏合剂极性大,柔性好以及力学性能优良的优点,添加到固体推进剂中即可提高推进剂的能量,又能赋予推进剂良好的力学性能,是一种理想的固体推进剂的黏合剂,因此研究黏合剂(PEG)对 α-AlH$_3$ 稳定性的影响是十分必要的。图 8-33 为 AlH$_3$ 样品以及 AlH$_3$ 与黏合剂(PEG)混合比例为 2∶1、1∶1、4∶1 样品储存前后的 TG 热分解曲线,得出的具体参数如表 8-22 所示。

表 8-22　不同比例 AlH$_3$/PEG 混合样品储存稳定性测试数据

混合比例(AlH$_3$/Al)	w_1	w_2	δ
纯 AlH$_3$	9.86%	8.99%	0.87%
2∶1	6.95%	6.11%	0.84%
1∶1	6.30%	5.68%	0.62%
4∶1	2.59%	2.51%	0.08%

由于 PEG 不会发生失重且占据一定比例的质量,同样需要按照一定比例对分解量进行换算。换算后得出 AlH$_3$ 与黏合剂 PEG 混合比例为 2∶1、1∶1、4∶1 的分解量分别为 1.26%、1.24%、0.4%。与纯 AlH$_3$ 样品相比,大量 PEG 的加入会降低 AlH$_3$ 的储存稳定性,但当 AlH$_3$/PEG 为 4∶1 时,会提高 AlH$_3$ 的储存稳定性。综上,PEG 不适合作为 AlH$_3$ 型储氢合金推进剂的黏合剂。

在热重实验中,由于 PEG 在整个升温过程中仅发生物理变化而并未发生化学反应释放杂质气体,并不会影响 AlH$_3$ 的分解过程。但是随着 PEG 含量的增多,AlH$_3$ 的起始释氢温度、释氢峰值温度以及终止释氢温度均下降 5~6 ℃,PEG 的加入降低了 AlH$_3$ 的释氢温度范围,促进了 AlH$_3$ 的分解。

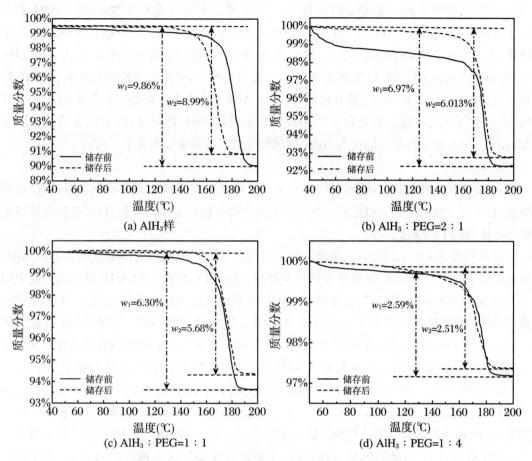

图 8-33　不同比例 AlH_3/PEG 储存前后的 TG 曲线图

8.7.2.3　三氢化铝(AlH_3)稳定性改善方法

由于在储存过程中储氢合金极易发生吸湿、氧化等反应,导致复合推进剂的性能达不到预期,并且可能产生局部热点而导致推进剂的意外燃烧,引发一系列的安全事故。AlH_3 在多年的使用过程中,为了使其能够具有良好的稳定性,采用表面钝化法、离子掺杂法以及表面包覆法成为了最常用的稳定化方法。

1. 表面钝化法

表面钝化法是一种将 AlH_3 置于稀酸溶液(磷酸、硼酸、氢氟酸等)中进行溶解或者用缓冲溶液进行浸泡,以达到去除 AlH_3 晶体中的杂质以及其他不稳定的 AlH_3 晶型(例如 α'、β、γ、δ、ε、ζ 等)。使用不同的稀酸(盐酸、氢氟酸、硫酸、硼酸、磷酸、溴化氢酸等)对 AlH_3 进行了处理,对比发现这些稀酸中最适合用来酸洗 AlH_3 的是盐酸,其最佳的酸洗浓度为 10% V/V,这是因为用盐酸酸洗后的 AlH_3 表面会形成一层 $Al(OH)_3$ 和 Al_2O_3 的氧化膜保护层。根据储氢合金的释氢机理,AlH_3 只有当其表面与空气接触才能够发生释氢。表面形成的氧化物质能够起到一定的隔离作用,使其与空气中的氧气或者水分发生接触的概率大大降低,从而避免发生氧化、吸湿等反应,可以提高 AlH_3 型储氢合金推进剂的热稳定性。另外一种方法是有机物浸泡法,将 AlH_3 浸泡于含有微量水的有机物(肼、烷基肼、烷基胺、醇、烃等)中24 h

以上,此方法能够将 AlH_3 的稳定性提高 3～4 倍。第三种方法是热处理法,将 α-AlH_3 置于 70 ℃左右的空气或者含有活性材料的气体中进行加热处理,经加热处理后,AlH_3 表面发生钝化,大大增强了 AlH_3 的热稳定性。通过水洗、酸洗、溶液浸泡等方法可以使 AlH_3 表面钝化,进而提高其稳定性;将 AlH_3 放置在 70 ℃的真空条件下,采用离子层沉积技术在 AlH_3 颗粒表面沉积纳米厚度的 Al_2O_3 使其钝化,钝化后 AlH_3 的氢含量仅降低了约 5%,这主要是沉积 Al_2O_3 所导致的。通过热老化实验来研究钝化后的 AlH_3 稳定性,得出此方法可使原本 AlH_3 高达 96%的摩擦感度降低为 68%,同时钝化前后的释氢速率几乎一致。

2. 掺杂法

在 AlH_3 的合成过程中,通过添加自由基接受体稳定剂或者金属离子化合物,可以达到增强 AlH_3 稳定性的效果。根据稳定机理的不同可以将掺杂法分为两类:自由基接受体稳定剂掺杂法和离子掺杂法。

自由基接受体稳定剂掺杂法的稳定机理是通过加入自由基接受体稳定剂来抑制 AlH_3 分解反应中间产物的生成,进而使分解反应停止,增强其稳定性。在 AlH_3 的合成过程中加入 2-巯基苯并噻唑和吩噻嗪等稳定剂,在 60 ℃的惰性气氛中进行稳定性测试,未添加稳定剂的 AlH_3 放置 14 天便分解了 7.5%,2-巯基苯并噻唑稳定的 AlH_3,放置 17 天后仅分解 0.6%;吩噻嗪稳定的 AlH_3 放置 27 天后也仅仅分解了 0.97%;在 AlH_3 的合成过程中加入了富勒烯类化合物作为稳定剂,并在 60 ℃的惰性气氛中贮存 3 个月后,AlH_3 分解小于 1%。

离子掺杂法是一种在 AlH_3 的合成或者结晶的过程中,在溶液体系中加入正价的阳离子或者其他的金属离子化合物,这些阳离子通过结晶的过程进入到 AlH_3 晶格中,使 Al—H 键膨胀,AlH_3 晶格的堆砌结构就会变得紧密并且稳定。Hg^{2+} 和 Mg^{2+} 这两种常见的金属阳离子可用于提高 AlH_3 晶格的热稳定性,通过实验表明在添加这两种金属离子后,改变后的 AlH_3 晶格热稳定性提高了 2～3 倍,但又因为这样会引入其他金属离子导致 AlH_3 纯度下降而影响其在固体推进剂中的使用性能。

3. 表面包覆法

表面包覆法是提高 AlH_3 于推进剂组分相容性的比较有效的方法。由于 AlH_3 的分解开始于表面,然后进一步的向内部深入,一些具有电子给体或配体的物质可以起到稳定 Al^{3+} 的作用,他们将 AlH_3 晶体用其自身 0.1%～10%质量分数的稳定剂进行包覆。经过热分解实验的验证,包覆后 AlH_3 样品的热稳定性得到了很大程度的提升;将硬脂酸采用溶剂－非溶剂的方法包覆在 AlH_3 表面,包覆后 AlH_3 的物性结构和晶体形貌并未发生变化,也没有出现严重的脱氢和氧化现象。包覆后 AlH_3 的静电感度 E_{50} 由包覆前的 367 mJ 变为进行 5390 mJ 测试时未见发火,静电感度大幅度降低,这是由于硬脂酸包覆后形成的层状蜡质物质具有物理隔离的作用,从而降低外界静电的影响;采用原位聚合法,包覆材料为丙烯酸甲酯,三乙胺作为催化剂,利用原为聚合构建聚合物的方法包覆 AlH_3,包覆后 AlH_3 的热稳定性以及湿度稳定性得到了显著增强,这是因为包覆后的材料能够交联聚合形成 50 μm 的团聚结构,能够使比表面积降低。

通过以上方法可以使 AlH_3 的稳定性显著加强,应用于含有各种有机官能团的推进剂中仍能保持优异的使用性能和安全性。

第 9 章　储氢合金未来应用前景

9.1　氢动力致动器

金属氢化物储氢是个可逆的化学反应过程,其反应方程式为: $x\mathrm{M} + \dfrac{y}{2}\mathrm{H}_2 \longleftrightarrow \mathrm{M}_x\mathrm{H}_y \pm \Delta H$,该反应包括吸热和放热,吸附过程在吸氢时放出的热量可用于热机,在脱氢过程吸收的热量可以用于制冷机。这种基于金属氢化物热泵冷却性能比传统氢化物高很多,但是这就需要更高的压力和温度,对部分金属氢化物的应用有一定的限制。储氢材料能够减少空调、冰箱中氟利昂等有害物质的使用,大大降低对臭氧层的破坏,在环保上也有一定程度上的改善。如果解决了压力、温度的问题,金属氢化物在空调、冰箱、热泵等方面应用前景将非常理想。

9.2　智　能　窗

部分金属氢化物薄膜具有特殊性质的材料,其可以可逆变色,变色过程能从金属态转化为半导体。金属氢化物薄膜变色是由于金属吸氢或者脱氢,发生的可逆反应,可从透明态变成反射态,实现薄膜对光的调节作用。传统智能窗在透明和深蓝色吸收状态切换,而金属氢化物可以在透明和反射镜状态之间自由切换。复合金属氢化物的耐久性、稳定性比较客观、光学性能很强。因此金属氢化物在一定程度在智能窗价格、性能、结构上得到改善,对未来智能窗的广泛使用提供了一定的支持。

9.3　半　导　体

部分氢化物还具有掺杂性、热敏性、光敏性、负电阻率温度性、整流性等半导体的特性,并且也有半导体的 N 型和 P 型导电性。与传统的微电子材料相比,部分金属氢化物具有宽频带隙,由于金属氢化物内部含有大量的氢,其可以在半导体器材中发挥很好的界面钝化作用,可以作为各种电子器材的透明窗口(如太阳能电池、发光二极管等)。金属氢化物在未来的微电子、电子技术、新型器件等方面的应用极为广泛,预计金属氢化物会对半导体技术带来重大变革。

9.4 核反应堆

金属氢化物(铀、氢化锆)还可运用于核反应堆中,可以利用它的一些优良性能作为屏蔽剂与其他物质一起使用。不但能提升中子屏蔽能力,还能降低所使用屏蔽材料的总质量和屏蔽层的厚度。此外,金属氢化物还可以让快堆中的核废料(微量锕系元素)完全嬗变为低辐射毒性、低衰变热的核素。利用金属氢化物作为中子慢化剂慢化中子,使中子与锕系元素结合更充分,最后生成的核素更加稳定安全。

9.5 太空服生命维护系统

金属氢化物应用于宇航生保系统,传统的冷源为变相储热材料,消耗性的冷源多利用蒸发或升华来散热,需向太空排放产物。而金属氢化物是可再生的,在闭式的系统中氢气不断在两种金属氢化物之间吸附与解吸,不需要向太空排放氢气。若金属氢化物为开放式系统,它从热流体中吸收热量,释放氢气达到降温目的,金属可循环利用消耗的只有氢气,比变相材料的消耗小很多。

参 考 文 献

[1] Al-Qahtani A, Parkinson B, Hellgardt K, et al. Uncovering the true cost of hydrogen production routes using life cycle monetisation[J]. Applied Energy, 2021, 281: 115958.

[2] Sánchez-Bastardo N, Schlögl R, Ruland H. Methane pyrolysis for zero-emission hydrogen production: A potential bridge technology from fossil fuels to a renewable and sustainable hydrogen economy[J]. Industrial & Engineering Chemistry Research, 2021, 60(32): 11855-11881.

[3] Kuo P C, Illathukandy B, Wu W, et al. Energy, exergy, and environmental analyses of renewable hydrogen production through plasma gasification of microalgal biowt [J]. Energy, 2021, 223: 120025.

[4] Abdin Z, Zafaranloo A, Rafiee A, et al. Hydrogen as an energy vector[J]. Renewable and Sustainable Energy Reviews, 2020, 120: 109620.

[5] Meng L, Tsuru T. Hydrogen production from energy carriers by silica-based catalytic membrane reactors[J]. Catalysis Today, 2016, 268: 3-11.

[6] Abdullah B, Abd Ghani N A, Vo D V N. Recent advances in dry reforming of methane over Ni-based catalysts[J]. Journal of Cleaner Production, 2017, 162: 170-185.

[7] Anzelmo B, Wilcox J, Liguori S. Natural gas steam reforming reaction at low temperature and pressure conditions for hydrogen production via Pd/PSS membrane reactor [J]. Journal of Membrane Science, 2017, 522: 343-350.

[8] Sengodan S, Lan R, Humphreys J, et al. Advances in reforming and partial oxidation of hydrocarbons for hydrogen production and fuel cell applications[J]. Renewable and Sustainable Energy Reviews, 2018, 82: 761-780.

[9] Monteiro W F, Vieira M O, Calgaro C O, et al. Dry reforming of methane using modified sodium and protonated titanate nanotube catalysts[J]. Fuel, 2019, 253: 713-721.

[10] Chanthakett A, Arif M T, Khan M M K, et al. Improvement of hydrogen production from coal gasification for power generation application [C]//2020 Australasian Universities Power Engineering Conference (AUPEC). IEEE, 2020: 1-7.

[11] Rajput S K, Verma S, Gupta A, et al. Environmental iMPact assessment of coal gasification in hydrogen production [C]//IOP Conference Series: Earth and Environmental Science. IOP Publishing, 2021, 795(1): 012029.

[12] Sadeghi S, Ghandehariun S, Rosen M A. Comparative economic and life cycle assessment of solar-based hydrogen production for oil and gas industries[J]. Energy, 2020, 208: 118347.

[13] Siddiqui O, Dincer I. A well to pump life cycle environmental iMPact assessment of some hydrogen production routes[J]. International Journal of Hydrogen Energy, 2019, 44(12): 5773-5786.

[14] Li J, Cheng W. Comparative life cycle energy consumption, carbon emissions and economic costs of hydrogen production from coke oven gas and coal gasification[J]. International Journal of Hydrogen Energy, 2020, 45(51): 27979-27993.

[15] SSchneider S，Bajohr S，Graf F，et al. State of the art of hydrogen production via pyrolysis of natural gas[J]. ChemBioEng Reviews，2020，7(5)：150-158.

[16] Kwasi-Effah C，Obanor A，Aisien F. A review on electrolytic method of hydrogen production from water[J]. American Journal of Renewable and Sustainable Energy，2015，1(2)：51-57.

[17] Lee B，Cho H S，Kim H，et al. Integrative techno-economic and environmental assessment for green H_2 production by alkaline water electrolysis based on experimental data[J]. Journal of Environmental Chemical Engineering，2021，9(6)：106349.

[18] Sapountzi F M，Gracia J M，Fredriksson H O A，et al. Electrocatalysts for the generation of hydrogen，oxygen and synthesis gas[J]. Progress in Energy and Combustion Science，2017，58：1-35.

[19] Bareiß K，de-la-Rua C，Möckl M，et al. Life cycle assessment of hydrogen from proton exchange membrane water electrolysis in future energy systems[J]. Applied Energy，2019，237：862-872.

[20] De Fátima Palhares D D A，Vieira L G M，Damasceno J J R. Hydrogen production by a low-cost electrolyzer developed through the combination of alkaline water electrolysis and solar energy use [J]. International Journal of Hydrogen Energy，2018，43(9)：4265-4275.

[21] Kraglund M，Carmo M，Schiller G，et al. Ion-solvating membranes as a new approach towards high rate alkaline electrolyzers[J]. Energy & Environmental Science，2019，12(11)：3313-3318.

[22] Vincent I，Lee E C，Kim H M. Comprehensive impedance investigation of low-cost anion exchange membrane electrolysis for large-scale hydrogen production[J]. Scientific Reports，2021，11(1)：293.

[23] Li C，Baek J B. The promise of hydrogen production from alkaline anion exchange membrane electrolyzers[J]. Nano Energy，2021，87：106162.

[24] Ding P，Meng C，Liang J，et al. NiFe layered-double-hydroxide nanosheet arrays on graphite felt：a 3D electrocatalyst for highly efficient water oxidation in alkaline media[J]. Inorganic Chemistry，2021，60(17)：12703-12708.

[25] Hai Y，Liu L，Gong Y. Iron coordination polymer，Fe (oxalate)(H_2O)$_2$ nanorods grown on nickel foam via one-step electrodeposition as an efficient electrocatalyst for oxygen evolution reaction[J]. Inorganic Chemistry，2021，60(7)：5140-5152.

[26] Liu J，Wang Y，Liao Y，et al. Heterostructured Ni_3S_2-Ni_3P/NF as a bifunctional catalyst for overall urea-water electrolysis for hydrogen generation[J]. ACS Applied Materials & Interfaces，2021，13(23)：26948-26959.

[27] Wondimu T H，Chen G C，Kabtamu D M，et al. Highly efficient and durable phosphine reduced iron-doped tungsten oxide/reduced graphene oxide nanocomposites for the hydrogen evolution reaction[J]. International Journal of Hydrogen Energy，2018，43(13)：6481-6490.

[28] Zhang L，Liu D，Hao S，et al. Electrochemical hydrazine oxidation catalyzed by iron phosphide nanosheets array toward energy-efficient electrolytic hydrogen production from water [J]. ChemistrySelect，2017，2(12)：3401-3407.

[29] Ying Z，Geng Z，Zheng X，et al. Improving water electrolysis assisted by anodic biochar oxidation for clean hydrogen production[J]. Energy，2022，238：121793.

[30] Ping Z，Laijun W，Songzhe C，et al. Progress of nuclear hydrogen production through the iodine-sulfur process in China[J]. Renewable and Sustainable Energy Reviews，2018，81：1802-1812.

[31] Sun Q，Gao Q，Zhang P，et al. Modeling sulfuric acid decomposition in a bayonet heat exchanger in the iodine-sulfur cycle for hydrogen production[J]. Applied Energy，2020，277：115611.

[32] Zhang B, Zhang S X, Yao R, et al. Progress and prospects of hydrogen production: Opportunities and challenges[J]. Journal of Electronic Science and Technology, 2021, 19(2): 100080.

[33] Aakko-Saksa P T, Cook C, Kiviaho J, et al. Liquid organic hydrogen carriers for transportation and storing of renewable energy – Review and discussion[J]. Journal of Power Sources, 2018, 396: 803-823.

[34] Kim S H, Kumar G, Chen W H, et al. Renewable hydrogen production from biowt. and wastes (ReBioH$_2$-2020)[J]. Bioresource Technology, 2021, 331: 125024.

[35] Sivaramakrishnan R, Shanmugam S, Sekar M, et al. Insights on biological hydrogen production routes and potential microorganisms for high hydrogen yield[J]. Fuel, 2021, 291: 120136.

[36] Da Silva Veras T, Mozer T S, da Silva César A. Hydrogen: trends, production and characterization of the main process worldwide[J]. International Journal of Hydrogen Energy, 2017, 42(4): 2018-2033.

[37] Akhlaghi N, Najafpour-Darzi G. A comprehensive review on biological hydrogen production[J]. International Journal of Hydrogen Energy, 2020, 45(43): 22492-22512.

[38] Dahiya S, Chatterjee S, Sarkar O, et al. Renewable hydrogen production by dark-fermentation: Current status, challenges and perspectives[J]. Bioresource Technology, 2021, 321: 124354.

[39] Das S R, Basak N. Molecular biohydrogen production by dark and photo fermentation from wastes containing starch: recent advancement and future perspective[J]. Bioprocess and Biosystems Engineering, 2021, 44: 1-25.

[40] Enamala M K, Enamala S, Chavali M, et al. Production of biofuels from microalgae-A review on cultivation, harvesting, lipid extraction, and numerous applications of microalgae[J]. Renewable and Sustainable Energy Reviews, 2018, 94: 49-68.

[41] Dauptain K, Schneider A, Noguer M, et al. Impact of microbial inoculum storage on dark fermentative H$_2$ production[J]. Bioresource Technology, 2021, 319: 124234.

[42] Zhang T, Jiang D, Zhang H, et al. Comparative study on bio-hydrogen production from corn stover: photo-fermentation, dark-fermentation and dark-photo co-fermentation[J]. International Journal of Hydrogen Energy, 2020, 45(6): 3807-3814.

[43] Karapinar I, Yildiz P G, Pamuk R T, et al. The effect of hydraulic retention time on thermophilic dark fermentative biohydrogen production in the continuously operated packed bed bioreactor[J]. International Journal of Hydrogen Energy, 2020, 45(5): 3524-3531.

[44] Park J H, Chandrasekhar K, Jeon B H, et al. State-of-the-art technologies for continuous high-rate biohydrogen production[J]. Bioresource Technology, 2021, 320: 124304.

[45] 韩利, 李琦, 冷国云, 等. 氢能储存技术最新进展[J]. 化工进展, 2022, 41(S1): 108-117.

[46] 李璐伶, 樊栓狮, 陈秋雄, 等. 储氢技术研究现状及展望[J]. 储能科学与技术, 2018, 7(4): 586-594.

[47] Zheng J, Liu X, Xu P, et al. Development of high pressure gaseous hydrogen storage technologies [J]. International Journal of Hydrogen Energy, 2012, 37(1): 1048-1057.

[48] Aziz M. Liquid hydrogen: A review on liquefaction, storage, transportation, and safety[J]. Energies, 2021, 14(18): 5917.

[49] Ye S, Zheng J, Yu T, et al. Light Weight Design of Multi-Layered Steel Vessels for High-Pressure Hydrogen Storage[C]//Pressure Vessels and Piping Conference. American Society of Mechanical Engineers, 2019, 58967: V005T05A017.

[50] Olabi A G, Abdelghafar A A, Baroutaji A, et al. Large-vscale hydrogen production and storage technologies: Current status and future directions[J]. International Journal of Hydrogen Energy,

2021, 46(45): 23498-23528.

[51] De Miguel N, Cebolla R O, Acosta B, et al. Compressed hydrogen tanks for on-board application: Thermal behaviour during cycling[J]. International Journal of Hydrogen Energy, 2015, 40(19): 6449-6458.

[52] Chang X, Ma T, Wu R. Impact of urban development on residents' public transportation travel energy consumption in China: An analysis of hydrogen fuel cell vehicles alternatives [J]. International Journal of Hydrogen Energy, 2019, 44(30): 16015-16027.

[53] Li X J, Allen J D, Stager J A, et al. Paths to low-cost hydrogen energy at a scale for transportation applications in the USA and China via liquid-hydrogen distribution networks[J]. Clean Energy, 2020, 4(1): 26-47.

[54] Barthélémy H, Weber M, Barbier F. Hydrogen storage: Recent improvements and industrial perspectives[J]. International Journal of Hydrogen Energy, 2017, 42(11): 7254-7262.

[55] Li M, Bai Y, Zhang C, et al. Review on the research of hydrogen storage system fast refueling in fuel cell vehicle[J]. International Journal of Hydrogen Energy, 2019, 44(21): 10677-10693.

[56] Moradi R, Groth K M. Hydrogen storage and delivery: Review of the state of the art technologies and risk and reliability analysis[J]. International Journal of Hydrogen Energy, 2019, 44(23): 12254-12269.

[57] Staykov A, Yamabe J, Somerday B P. Effect of hydrogen gas impurities on the hydrogen dissociation on iron surface[J]. International Journal of Quantum Chemistry, 2014, 114(10): 626-635.

[58] Reddi K, Elgowainy A, Rustagi N, et al. Techno-economic analysis of conventional and advanced high-pressure tube trailer configurations for compressed hydrogen gas transportation and refueling [J]. International Journal of Hydrogen Energy, 2018, 43(9): 4428-4438.

[59] Niaz S, Manzoor T, Pandith A H. Hydrogen storage: Materials, methods and perspectives[J]. Renewable and Sustainable Energy Reviews, 2015, 50: 457-469.

[60] Zhang F, Zhao P, Niu M, et al. The survey of key technologies in hydrogen energy storage [J]. International Journal of Hydrogen Energy, 2016, 41(33): 14535-14552.

[61] Zheng J, Chen L, Wang J, et al. Thermodynamic analysis and comparison of four insulation schemes for liquid hydrogen storage tank[J]. Energy Conversion and Management, 2019, 186: 526-534.

[62] Liu J, Tang Q, Li M, et al. Review and prospect on key technologies of hydroelectric-hydrogen energy storage-fuel cell multi-main energy system[J]. The Journal of Engineering, 2022(2): 123-131.

[63] Wang Q, Li J, Bu Y, et al. Technical assessment and feasibility validation of liquid hydrogen storage and supply system for heavy-duty fuel cell truck [C]//2020 4th CAA International Conference on Vehicular Control and Intelligence (CVCI). IEEE, 2020: 555-560.

[64] Tietze V, Luhr S, Stolten D. Bulk storage vessels for compressed and liquid hydrogen [J]. Hydrogen Science and Engineering: Materials, Processes, Systems and Technology, 2016: 659-690.

[65] Barthélémy H. Hydrogen storage-Industrial prospectives[J]. International Journal of Hydrogen Energy, 2012, 37(22): 17364-17372.

[66] Wieliczko M, Stetson N. Hydrogen technologies for energy storage: A perspective[J]. MRS Energy & Sustainability, 2020, 7: E41.

［67］ 施青. 负载型 Ni 基合金催化剂的设计、合成与催化水合肼分解制氢性能研究［D］. 广州：华南理工大学，2021.

［68］ Mori D，Hirose K. Recent challenges of hydrogen storage technologies for fuel cellvehicles［J］. International Journal of Hydrogen Energy，2009，34(10)：4569-4574.

［69］ Gunter K，Peter H，Franz H. Automotive production of liquid hydrogen storagesystems［R］. Essen：The International German Hydrogen Energy Congress，2004.

［70］ Modisha P，Ouma C，Garidzirai R，et al. The prospect of hydrogen storage using liquid organic hydrogen carriers［J］. Energy & Fuels 2019，33(4)：2778-2796.

［71］ Sharma S，Ghoshal S. Hydrogen the future transportation fuel：From production to applications［J］. Renewable and Sustainable Energy Reviews 2015，43：1151-1158.

［72］ Verevkin S P，Emel'yanenko V N，Heintz A，et al. Liquid organic hydrogen carriers：An upcoming alternative to conventional technologies. Thermochemical Studies［J］. Industrial & Engineering Chemistry Research，2012，51(37)：12150-12153.

［73］ Stark K，Emel'yanenko V N，Zhabina A A，et al. Liquid organic hydrogen carriers：thermophysical and thermochemical studies of carbazole partly and fully hydrogenated derivatives［J］. Industrial & Engineering Chemistry Research，2015，54(32)：7953-7966.

［74］ Emel'yanenko V N，Varfolomeev M A，Verevkin S P，et al. Hydrogen storage：thermochemical studies of N-alkylcarbazoles and their derivatives as a potential liquid organic hydrogen carriers［J］. The Journal of Physical Chemistry C，2015，119(47)：26381-26389.

［75］ Müller K，Stark K，Emel'yanenko V N，et al. Liquid organic hydrogen carriers：thermophysical and thermochemical studies of benzyl-and dibenzyl-toluene derivatives［J］. Industrial & Engineering Chemistry Research，2015，54(32)：7967-7976.

［76］ Abdin Z，Tang C，Liu Y，et al. Large-scale stationary hydrogen storage via liquid organic hydrogen carriers［J］. Iscience，2021，24(9).

［77］ Hu P，Fogler E，Diskin-Posner Y，et al. A novel liquid organic hydrogen carrier system based on catalytic peptide formation and hydrogenation［J］. Nature Communications，2015，6(1)：6859.

［78］ Zhang X，Sun Y，Xia G，et al. Light-weight solid-State hydrogen storage materials characterized by neutron scattering［J］. Journal of Alloys and Compounds，2022，899：163254.

［79］ Salehabadi A，Salavati-Niasari M，Ghiyasiyan-Arani M. Self-assembly of hydrogen storage materials based multi-walled carbon nanotubes（MWCNTs）and $Dy_3Fe_5O_{12}$（DFO）nanoparticles［J］. Journal of Alloys and Compounds，2018，745：789-797.

［80］ Ioannatos G E，Verykios X E. H_2 storage on single- and multi-walled carbon nanotubes［J］. International Journal of Hydrogen Energy，2010，35(2)：622-628.

［81］ Cheng J，Yuan X，Zhao L，et al. GCMC simulation of hydrogen physisorption on carbon nanotubes and nanotube arrays［J］. Carbon，2004，42(10)：2019-2024.

［82］ Bulyarskii S V，Basaev A S. Chemisorption of hydrogen by carbon nanotubes［J］. Technical Physics，2009，54：1612-1617.

［83］ Çakır Ü，Kestel F，Kızılduman B K，et al. Multi walled carbon nanotubes functionalized by hydroxyl and Schiff base and their hydrogen storage properties［J］. Diamond and Related Materials，2021，120：108604.

［84］ Musyoka N M，Ren J，Langmi H W，et al. A comparison of hydrogen storage capacity of commercial and fly ash-derived zeolite X together with their respective templated carbon derivatives［J］. International Journal of Hydrogen Energy，2015，40(37)：12705-12712.

［85］ Czarna-Juszkiewicz D, Cader J, Wdowin M. From coal ashes to solid sorbents for hydrogen storage［J］. Journal of Cleaner Production, 2020, 270: 122355.

［86］ Hassan I A, Ramadan H S, Saleh M A, et al. Hydrogen storage technologies for stationary and mobile applications: Review, analysis and perspectives［J］. Renewable and Sustainable Energy Reviews, 2021, 149: 111311.

［87］ Shao J, Xiao X, Fan X, et al. Enhanced hydrogen storage capacity and reversibility of LiBH$_4$ nanoconfined in the densified zeolite-templated carbon with high mechanical stability［J］. Nano Energy, 2015, 15: 244-255.

［88］ Gil A, Vicente M A. Energy storage materials from clay minerals and zeolite-like structures［M］// Modified Clay and Zeolite Nanocomposite Materials. Elsevier, 2019: 275-288.

［89］ Ali N A, Sazelee N A, Ismail M. An overview of reactive hydride composite (RHC) for solid-state hydrogen storage materials［J］. International Journal of Hydrogen Energy, 2021, 46(62): 31674-31698.

［90］ Jepsen L H, Ley M B, Lee Y S, et al. Boron-nitrogen based hydrides and reactive composites for hydrogen storage［J］. Materials Today, 2014, 17(3): 129-135.

［91］ Demirci U B. Ammonia borane, a material with exceptional properties for chemical hydrogen storage［J］. International Journal of Hydrogen Energy, 2017, 42(15): 9978-10013.

［92］ Von Colbe J B, Ares J R, Barale J, et al. Application of hydrides in hydrogen storage and compression: Achievements, outlook and perspectives［J］. International Journal of Hydrogen Energy, 2019, 44(15): 7780-7808.

［93］ Chen Z, Ma Z, Zheng J, et al. Perspectives and challenges of hydrogen storage in solid-state hydrides［J］. Chinese Journal of Chemical Engineering, 2021, 29: 1-12.

［94］ Gangu K, Maddila S, Mukkamala S, et al. Characteristics of MOF, MWCNT and graphene containing materials for hydrogen storage: A review［J］. Journal of Energy Chemistry, 2019, 30: 132-144.

［95］ Cao Y, Dhahad H, Zare S, et al. Potential application of metal-organic frameworks (MOFs) for hydrogen storage: Simulation by artificial intelligent techniques［J］. International Journal of Hydrogen Energy, 2021, 46(73): 36336-36347.

［96］ Glasby L T, Moghadam P Z. Hydrogen storage in MOFs: Machine learning for finding a needle in a haystack［J］. Patterns, 2021, 2(7): 1-2.

［97］ Xia L, Wang F. Prediction of hydrogen storage properties of Zr-based MOFs［J］. Inorganica Chimica Acta, 2016, 444: 186-192.

［98］ Al Obeidli A, Salah H B, Al Murisi M, et al. Recent advancements in MOFs synthesis and their green applications［J］. International Journal of Hydrogen Energy, 2022, 47(4): 2561-2593.

［99］ 刘红, 韩莹, 程云阶, 等. 储氢合金的性质及发展趋势［J］. 沈阳航空工业学院学报, 2000(1): 38-41.

［100］ Züttel A. Materials for hydrogen storage［J］. Materials today, 2003, 6(9): 24-33.

［101］ Lennard-Jones J E. Processes of adsorption and diffusion on solid surfaces［J］. Transactions of the Faraday Society, 1932, 28: 333-359.

［102］ Reilly J J, Sandrock G D. Hydrogen storage in metal hydrides［J］. Scientific American, 1980, 242 (2): 118-131.

［103］ 申炳泽. 含镁高熵合金的制备及其储氢性能研究［D］. 太原: 太原理工大学, 2021.

［104］ 吴广新. 镁基储氢合金吸放氢热力学和动力学研究［D］. 上海: 上海大学, 2009.

[105] 周承商,刘煌,刘咏,等. 金属氢化物热能储存及其研究进展[J]. 粉末冶金材料科学与工程, 2019,24(5):391-399.

[106] Zhang Y,Yang H,Yuan H,et al. Dehydriding properties of ternary $Mg_2Ni_{1-x}Zr_x$ hydrides synthesized by ball milling and annealing[J]. Journal of Alloys and Compounds,1998,269(1-2): 278-283.

[107] 庞旭. 镁基储氢合金的组织与性能调控[D]. 重庆:重庆大学,2021.

[108] 孙欣,阚洪敏,魏晓冬,等. 镁基储氢合金制备技术的研究进展[J]. 化工新型材料,2019,47(11): 232-235,240.

[109] 姜欢. Mg-Ni-Y 储氢合金的制备方法和组织结构与性能研究[D]. 重庆:重庆大学,2020.

[110] 蔡鑫. A5B19 型 La-Mg-Ni-Co 储氢合金的研究[D]. 镇江:江苏科技大学,2017.

[111] 罗晓东,张静,靳晓磊,等. 储氢材料的研究现状与进展[C]//《材料导报》杂志社,《材料导报》第五届编委会. 2007 高技术新材料产业发展研讨会暨《材料导报》编委会年会论文集. 2007:138-140,155.

[112] Merzhanov A G. Thermal explosion and ignition as a method for formal kinetic studies of exothermic reactions in the condensed phase[J]. Combustion and Flame,1967,11(3):201-211.

[113] Merzhanov A G,Stolin A M,Podlesov V V. SHS extrusion of long sized articles from metalloceramic materials[J]. Journal of the European Ceramic Society,1997,17(2-3):447-451.

[114] 李谦. 镁基合金氢化反应的物理化学[D]. 北京:北京科技大学,2004.

[115] 徐光亮. 镁镍储氢合金的氢化燃烧制备技术及掺杂改性研究[D]. 成都:四川大学,2006.

[116] 尤文建. 熔盐电脱氧制备锆锰基储氢合金的研究[D]. 沈阳:东北大学,2013.

[117] 刘俊. Ti-V 基储氢合金稳定性的亚规则模型[D]. 长沙:湖南师范大学,2011.

[118] 康雪. 熔盐电脱氧法制备稀土系 AB_5 型储氢合金的研究[D]. 沈阳:东北大学,2011.

[119] 陈仕奇,黄伯云. 金属粉末气体雾化制备技术的研究现状与进展[J]. 粉末冶金技术,2004(5): 297-302.

[120] 周煜,雷永泉,罗永春,等. 气体雾化贮氢电极合金 Ml(Ni,Co,Mn,Ti)$_5$ 的活化性能[J]. 金属学报,1996(8):857-861.

[121] 郭宏,张少明,张曙光,等. 气体雾化储氢合金及其 MH/Ni 电池性能[J]. 电池,2000(3): 120-122.

[122] Yuexiang H,Hong Z. Characteristics of a low-cobalt AB_5-type hydrogen storage alloy obtained by a gas-atomization processing[J]. Journal of Alloys and Compounds,2000,305(1-2):76-81.

[123] Yuexiang H,Hui Y,Hong Z. Effects of particle size and heat treatment on the electrode performance of a low-cobalt atomized AB_5-type hydrogen storage alloy[J]. Journal of Alloys and Compounds,2002,330:831-834.

[124] 李星国. 热等离子体方法合成纳米结构储氢材料及其储氢性质研究[C]//中国仪表功能材料学会储能与动力电池及其材料专业委员会. 第七届中国储能与动力电池及其关键材料学术研讨与技术交流会论文集.[出版者不详],2015:52.

[125] 孙海全. 直流电弧等离子体法制备镁基超细复合材料及其储氢性能研究[D]. 上海:上海交通大学,2012.

[126] 赵亚楠. 金属氧化物表面与界面的电子显微学及第一性原理计算研究[D]. 北京:北京科技大学,2023.

[127] Ouyang L,Yang T,Zhu M,et al. Hydrogen storage and electrochemical properties of Pr,Nd and Co-free $La_{13.9}Sm_{24.7}Mg_{1.5}Ni_{58}Al_{1.7}Zr_{0.14}Ag_{0.07}$ alloy as a nickel-metal hydride battery electrode [J]. Journal of Alloys and Compounds,2018,735:98-103.

［128］ 周震，阎杰，宋德瑛，等. 用 HAc-NaAc 缓冲溶液对 AB$_5$ 型储氢合金表面改性的研究［J］. 稀土，1998(4)：32-34.

［129］ Wu M S，Wu H R，Wang Y Y，et al. Surface treatment for hydrogen storage alloy of nickel/metal hydride battery［J］. Journal of Alloys and Compounds，2000，302(1-2)：248-257.

［130］ 李倩，高峰，吉力强，等. 储氢合金表面处理的研究进展［J］. 金属功能材料，2014，21(4)：28-35，42.

［131］ 杨丽玲. 镁镍系储氢合金的机械球磨制备及改性研究［D］. 重庆：重庆大学，2010.

［132］ 李斌强. 光催化剂复合 AB$_3$ 型储氢合金制备及充放电性能［D］. 西安：西安建筑科技大学，2014.

［133］ 吴冉. 碳包覆对 La-Y-Ni 基储氢合金性能的影响研究［D］. 北京：北京有色金属研究总院，2021.

［134］ 樊星. 表面处理对 LaMgNi$_{3.7}$Co$_{0.3}$ 储氢合金电化学性能的影响［D］. 西安：西安建筑科技大学，2010.

［135］ 吴峻青. 纳米碳复合储氢材料制备及储氢机理的研究［D］. 青岛：山东科技大学，2008.

［136］ 刘美佳. 基于碳纳米管改性镁基储氢材料的吸放氢动力学与热力学性能研究［D］. 杭州：浙江大学，2019.

［137］ 袁军. Mg/TMO$_x$（TM = Ti，Nb）薄膜的磁控溅射制备及储氢性能［D］. 广州：华南理工大学，2015.

［138］ 刘敏. 反应球磨法制备镁基复相储氢材料的研究［D］. 太原：太原科技大学，2013.

［139］ 何大亮. 耦合纳米限域和磷元素掺杂对氢化镁储氢性能的影响研究［D］. 上海：上海大学，2016.

［140］ Jeon K J，Moon H R，Ruminski A M，et al. Air-stable magnesium nanocomposites provide rapid and high-capacity hydrogen storage without using heavy-metal catalysts［J］. Nature materials，2011，10(4)：286-290.

［141］ Liu W，Setijadi E，Crema L，et al. Carbon nanostructures/Mg hybrid materials for hydrogen storage［J］. Diamond and Related Materials，2018，82：19-24.

［142］ Fujimoto T，Ogawa S，Kanai T，et al. Hydrogen storage property of materials composed of Mg nanoparticles and Ni nanoparticles fabricated by gas evaporation method［J］. International Journal of Hydrogen Energy，2015，40(35)：11890-11894.

［143］ Xia G，Tan Y，Chen X，et al. Monodisperse magnesium hydride nanoparticles uniformly self-assembled on graphene［J］. Advanced Materials，2015，27(39)：5981-5988.

［144］ Huang Y，Xia G，Chen J，et al. One-step uniform growth of magnesium hydride nanoparticles on graphene［J］. Progress in Natural Science：Materials International，2017，27(1)：81-87.

［145］ Norberg N S，Arthur T S，Fredrick S J，et al. Size-dependent hydrogen storage properties of Mg nanocrystals prepared from solution［J］. Journal of the American Chemical Society，2011，133(28)：10679-10681.

［146］ Hu M，Xie X，Chen M，et al. TiC$_x$-decorated Mg nanoparticles confined in carbon shell：Preparation and catalytic mechanism for hydrogen storage［J］. Journal of Alloys and Compounds，2020，817：152813.

［147］ Janßen S，Natter H，Hempelmann R，et al. Hydrogen diffusion in nanocrystalline Pd by means of quasielastic neutron scattering［J］. Nanostructured Materials，1997，9(1-8)：579-582.

［148］ Bryden K J，Ying J Y. Electrodeposition synthesis and hydrogen absorption properties of nanostructured palladium-iron alloys［J］. Nanostructured Materials，1997，9(1-8)：485-488.

［149］ Orimo S，Fujii H. Effects of nanometer-scale structure on hydriding properties of Mg-Ni alloys：a review［J］. Intermetallics，1998，6(3)：185-192.

［150］ 董会萍. Mg-Ni-Y 储氢合金微结构调控及吸放氢热/动力学研究［D］. 西安：陕西科技大学，2021.

[151] Kalinichenka S, Röntzsch L, Kieback B. Structural and hydrogen storage properties of melt-spun Mg-Ni-Y alloys[J]. International Journal of Hydrogen Energy, 2009, 34(18): 7749-7755.

[152] 林怀俊, 朱云峰, 刘雅娜, 等. 非晶态合金与氢相互作用的研究进展[J]. 物理学报, 2017, 66(17): 60-76.

[153] 张世杰. La-Mg-Ni 系 A_2B_7 型储氢合金的相结构及其电化学性能研究[D]. 焦作: 河南理工大学, 2016.

[154] 陈昇, 蒋利军, 黄倬, 等. 低放氢压的 Ti-Mn 基 Laves 相贮氢合金[J]. 稀有金属, 2001(3): 215-218.

[155] 马建新, 潘洪革, 田清华, 等. 热处理温度对 AB_5 型 $MlNi_{3.60}Co_{0.85}Mn_{0.40}Al_{0.15}$ 贮氢电极合金微结构和电化学性能的影响[J]. 中国有色金属学报, 2001(4): 587-592.

[156] 黄文成. $Mg/NbO_x(x=0\sim2.5)$ 复合薄膜的制备、微观结构与储氢性能[D]. 广州: 华南理工大学, 2017.

[157] Liu H, Wang X, Zhou H, et al. Improved hydrogen desorption properties of $LiBH_4$ by AlH_3 addition[J]. International Journal of Hydrogen Energy, 2016, 41(47): 22118-22127.

[158] Vajo J J, Li W, Liu P. Thermodynamic and kinetic destabilization in $LiBH_4/Mg_2NiH_4$: promise for borohydride-based hydrogen storage[J]. Chemical Communications, 2010, 46(36): 6687-6689.

[159] Yu X B, Grant D M, Walker G S. A new dehydrogenation mechanism for reversible multicomponent borohydride systems—The role of Li-Mg alloys[J]. Chemical Communications, 2006(37): 3906-3908.

[160] Vajo J J, Skeith S L, Mertens F. Reversible storage of hydrogen in destabilized $LiBH_4$[J]. The Journal of Physical Chemistry B, 2005, 109(9): 3719-3722.

[161] Bösenberg U, Doppiu S, Mosegaard L, et al. Hydrogen sorption properties of MgH_2 – $LiBH_4$ composites[J]. Acta Materialia, 2007, 55(11): 3951-3958.

[162] 刘显坤, 张旸, 郑洲, 等. 第一性原理研究 TiH_2 的结构和热力学性质[J]. 中国科学: 物理学 力学天文学, 2011, 41(2): 207-213.

[163] 马李洋, 丁毅, 马立群. 机械合金化法制备 Ti 基储氢合金的进展[J]. 有色金属, 2007(4): 73-77.

[164] Gamo T, Moriwaki Y, Yanagihara N, et al. Formation and properties of titanium-manganese alloy hydrides[J]. International Journal of Hydrogen Energy, 1985, 10(1): 39-47.

[165] Zhu J, Ma L, Liang F, et al. Effect of Sc substitution on hydrogen storage properties of Ti-V-Cr-Mn alloys[J]. International Journal of Hydrogen Energy, 2015, 40(21): 6860-6865.

[166] Liang G. Synthesis and hydrogen storage properties of Mg-based alloys[J]. Journal of Alloys and Compounds, 2004, 370(1-2): 123-128.

[167] Zhao X, Ma L. Recent progress in hydrogen storage alloys for nickel/metal hydride secondary batteries[J]. International Journal of Hydrogen Energy, 2009, 34(11): 4788-4796.

[168] 周超. 合金化对 $ZrFe_2$ 基合金的高压储氢热力学性能调控[D]. 广州: 华南理工大学, 2019.

[169] 王秀丽. 镁基复合储氢材料的制备及气态储氢性能研究[D]. 杭州: 浙江大学, 2006.

[170] Niyomsoan S, Leiva D R, Silva R A, et al. Effects of graphite addition and air exposure on ball-milled Mg-Al alloys for hydrogen storage[J]. International Journal of Hydrogen Energy, 2019, 44(41): 23257-23266.

[171] 黄虹. 锆基储氢合金电极的球磨表面改良方法及其性能[J]. 稀有金属与硬质合金, 2002(4): 48-50.

[172] Lee S M, Lee H, Yu J S, et al. The activation characteristics of a Zr-based hydrogen storage alloy electrode surface-modified by ball-milling process[J]. Journal of Alloys and Compounds,

1999，292(1-2)：258-265.

[173] 杨振飞，史鹏，敖冰云. 锆合金中的氢化物脱附行为研究进展[J]. 材料导报，2020，34（5）：5102-5108.

[174] 鲁东，郭洪范. 以氢化锂或氢化镁为电动汽车能源的经济可行性分析[J]. 科技创新与生产力，2020(8)：41-43,48.

[175] 董鲜峰，李强，刘廷懿，等. 氢化锂粉末特性对水解制氢反应速度的影响[C]//国家仪表功能材料工程技术研究中心，厦门大学，台湾材料科学学会. 第二届海峡两岸功能材料科技与产业峰会（2015)摘要集. [出版者不详]，2015：90.

[176] 王立鹏，江新标，赵柱民，等. 氢化锂热化效应机理研究[J]. 原子能科学技术，2014，48(8)：1375-1380.

[177] Kojima Y. Hydrogen storage materials for hydrogen and energy carriers[J]. International Journal of Hydrogen Energy，2019，44(33)：18179-18192.

[178] 蔡�超. 金属氢化物固态储氢器的安全性研究[D]. 杭州：中国计量大学，2018.

[179] 桂晶晶. NaH 和 CaH$_2$ 用于还原脱卤反应的研究[D]. 苏州：苏州大学，2020.

[180] Kong V C Y，Foulkes F R，Kirk D W，et al. Development of hydrogen storage for fuel cellgenerators. i：Hydrogen generation using hydrolysishydrides[J]. International Journal of Hydrogen Energy，1999，24(7)：665-675.

[181] Iwakura C，Inoue H，Nohara S，et al. Effects of surface and bulk modifications on electrochemical and physicochemical characteristics of MgNi alloys[J]. Journal of Alloys and Compounds，2002，330：636-639.

[182] 伟伟. 新型 La-Mg-Ni 系 A$_2$B$_7$ 型储氢合金的制备及其性能研究[D]. 呼和浩特：内蒙古师范大学，2015.

[183] 黄太仲. TiCr 基合金的储氢性能及相结构研究[D]. 上海：中国科学院研究生院（上海微系统与信息技术研究所），2005.

[184] Tikhonov E，Feng J，Wang Y，et al. High-pressure stability and superconductivity of vanadium hydrides[J]. Physica B：Condensed Matter，2023，651：414603.

[185] 王旭凤. 掺杂 CeO$_2$ 与 Ni 对 Mg$_2$Ni 储氢合金的结构与电化学性能的影响[D]. 呼和浩特：内蒙古大学，2018.

[186] Hongo T，Edalati K，Arita M，et al. Significance of grain boundaries and stacking faults on hydrogen storage properties of Mg$_2$Ni intermetallics processed by high-pressure torsion[J]. Acta Materialia，2015，92：46-54.

[187] Benyelloul K，Bouhadda Y，Bououdina M，et al. The effect of hydrogen on the mechanical properties of FeTi for hydrogen storage applications[J]. International Journal of Hydrogen Energy，2014，39(24)：12667-12675.

[188] Dunlap B D，Viccaro P J，Shenoy G K. Structural relationships in rare earth-transition metal hydrides[J]. Journal of the Less Common Metals，1980，74(1)：75-79.

[189] Nagai H，Kitagaki K，Shoji K. Microstructure and hydriding characteristics of FeTi alloys containing manganese[J]. Journal of the Less Common Metals，1987，134(2)：275-286.

[190] Yang X G，Lei Y Q，Zhang W K，et al. Effect of alloying with Ti，V，Mn on the electrochemical properties of Zr-Cr-Ni based Laves phase metal hydride electrodes[J]. Journal of Alloys and Compounds，1996，243(1-2)：151-155.

[191] Tsukahara M，Takahashi K，Mishima T，et al. Metal hydride electrodes based on solid solution type alloy TiV$_3$Ni$_x$（0≤x≤0.75)[J]. Journal of Alloys and Compounds，1995，226(1-2)：

203-207.

[192] Reilly J J, Wiswall R H. Formation and properties of iron titanium hydride[J]. Inorganic Chemistry, 1974, 13(1): 218-222.

[193] Kim D M, Lee S M, Jang K J, et al. The electrode characteristics of over-stoichiometric $ZrMn_{0.5}V_{0.5}Ni_{1.4+y}$ ($y = 0.0, 0.2, 0.4$ and 0.6) alloys with C15 Laves phase structure[J]. Journal of Alloys and Compounds, 1998, 268(1-2): 241-247.

[194] Ouyang L, Huang J, Wang H, et al. Progress of hydrogen storage alloys for Ni-MH rechargeable power batteries in electric vehicles: A review[J]. Materials Chemistry and Physics, 2017, 200: 164-178.

[195] 马怀营. 镁储氢性能影响因素的研究[D]. 青岛:山东科技大学, 2010.

[196] Yang J, Sudik A, Wolverton C, et al. High capacity hydrogen storage materials: attributes for automotive applications and techniques for materials discovery[J]. Chemical Society Reviews, 2010, 39(2): 656-675.

[197] 陈思, 张宁, 阚洪敏, 等. $LaNi_5$系储氢合金的研究现状及展望[J]. 化工新型材料, 2017, 45(9): 26-28.

[198] Liu Y, Pan H, Gao M, et al. Advanced hydrogen storage alloys for Ni/MH rechargeable batteries[J]. Journal of Materials Chemistry, 2011, 21(13): 4743-4755.

[199] Cuevas F, Joubert J M, Latroche M, et al. Intermetallic compounds as negative electrodes of Ni/MH batteries[J]. Applied Physics A, 2001, 72: 225-238.

[200] Oesterreicher H, Clinton J, Bittner H. Hydrides of La Ni compounds[J]. Materials Research Bulletin, 1976, 11(10): 1241-1247.

[201] 顾巍. 非 AB_5 型 La-Ni 系贮氢合金的相结构与电化学性能[D]. 杭州:浙江大学, 2002.

[202] Wang L, Zhang X, Zhou S, et al. Effect of Al content on the structural and electrochemical properties of A_2B_7 type La-Y-Ni based hydrogen storage alloy[J]. International Journal of Hydrogen Energy, 2020, 45(33): 16677-16689.

[203] Barbosa J C, Gonçalves R, Costa C M, et al. Recent advances on materials for lithium-ion batteries[J]. Energies, 2021, 14(11): 3145.

[204] Kohno T, Yoshida H, Kawashima F, et al. Hydrogen storage properties of new ternary system alloys: La_2MgNi_9, $La_5Mg_2Ni_{23}$, La_3MgNi_{14}[J]. Journal of Alloys and Compounds, 2000, 311(2): L5-L7.

[205] 马春萍. Ce_2Ni_7 型 La-Mg-Ni 基贮氢合金的相转变及电化学性能研究[D]. 秦皇岛:燕山大学, 2017.

[206] 袁小野. 储氢合金罐的传热模拟与优化[D]. 武汉:武汉理工大学, 2015.

[207] 党文强. 掺杂元素对 $LiAlH_4$ 和 $LiBH_4$ 放氢性能影响的第一性原理研究[D]. 兰州:兰州理工大学, 2011.

[208] Howarth A J, Liu Y, Li P, et al. Chemical, thermal and mechanical stabilities of metal-organic frameworks[J]. Nature Reviews Materials, 2016, 1(3): 1-15.

[209] 蔡嘉兴, 臧磊, 赵李鹏, 等. $FeCl_2$掺杂对 $LiBH_4$-$LiAlH_4$体系放氢动力学性能的影响[J]. 南开大学学报(自然科学版), 2020, 53(2): 45-49.

[210] Low P J. 20 Organometallic chemistry of bi-and poly-nuclear complexes[J]. Annual Reports Section "A" (Inorganic Chemistry), 2003, 99: 371-408.

[211] Yusuf T L, Ogundare S A, Pillay M N, et al. Heptanuclear Silver Hydride Clusters as Catalytic Precursors for the Reduction of 4-Nitrophenol[J]. Molecules, 2022, 27(16): 5223.

[212] Staroverov V N, Scuseria G E, Tao J, et al. Comparative assessment of a new nonempirical density functional: Molecules and hydrogen-bonded complexes[J]. The Journal of Chemical Physics, 2003, 119(23): 12129-12137.

[213] Mishra S, Kuo J L, Patwari G N. Hydrogen bond induced enhancement of Fermi resonances in N-H$\cdots$N hydrogen bonded complexes of anilines[J]. Physical Chemistry Chemical Physics, 2018, 20(33): 21557-21566.

[214] Li Q, Zhu L, Wan Y, et al. Accelerating ultrafast processes in hydrogen-bonded complexes under pressure[J]. Applied Physics Letters, 2023, 122(6): 061110.

[215] Cardoso K R, Roche V, Jorge A M, et al. Hydrogen storage in MgAlTiFeNi high entropy alloy[J]. Journal of Alloys and Compounds, 2021, 858: 158357.

[216] Amiri A, Shahbazian-Yassar R. Recent progress of high-entropy materials for energy storage and conversion[J]. Journal of Materials Chemistry A, 2021, 9(2): 782-823.

[217] Akhter M Z, Hasan M A. Ballistic and thermomechanical characterisation of paraffin-based hybrid rocket fuels loaded with light metal hydrides[J]. Acta Astronautica, 2021, 178: 370-381.

[218] Wu Xing-Liang, Xu Sen, Pang Ai-Min, et al. Hazard evaluation of ignition sensitivity and explosion severity for three typical MH_2(M = Mg, Ti, Zr) of energetic materials[J]. Defence Technology, 2021, 17(4): 1262-1268.

[219] Gao S-J, Huang L-J. Hydrogen absorption and desorption by Ti, Ti-5Cr and Ti-5Ni alloys[J]. Journal of Alloys and Compounds, 1999, (293-295): 412-416.

[220] Takasaki A, Furuya Y, Ojima K, et al. Hydride dissociation and hydrogen evolution behavior of electrochemically charged pure titanium[J]. Journal of Alloys and Compounds, 1995, 224(2): 269-273.

[221] Chen Y, Williams J S. Formation of metal hydrides by mechanical alloying[J]. Journal of Alloys and Compounds, 1995, 217(2): 181-184.

[222] Martin M, Gommel C, Bokhart C, et al. Absorption and desorption kinetics of hydrogen storage alloys. Journal of Alloys and Compounds, 1996, 238(1-2): 193-201.

[223] Zhang Q, Cheng Y, Zhang B, et al. Deflagration characteristics of freely propagating flames in magnesium hydride dust clouds[J]. Defence Technology, 2024, 31: 471-483.

[224] Tsai Y T, Huang G T, Zhao J Q, et al. Dust cloud explosion characteristics and mechanisms in MgH_2-based hydrogen storage materials[J]. AIChE Journal, 2021, 67(8): e17302.

[225] Wagemans R W P, van Lenthe J H, de Jongh P E, et al. Hydrogen storage in magnesium clusters: quantum chemical study[J]. Journal of the American Chemical Society, 2005, 127(47): 16675-16680.

[226] Konarova M, Tanksale A, Beltramini J N, et al. Effects of nano-confinement on the hydrogen desorption properties of MgH_2[J]. Nano Energy, 2013, 2(1): 98-104.

[227] Varin R A, Czujko T, Wronski Z. Particle size, grain size and γ-MgH_2 effects on the desorption properties of nanocrystalline commercial magnesium hydride processed by controlled mechanical milling[J]. Nanotechnology, 2006, 17(15): 3856.

[228] Shang C X, Guo Z X. Effect of carbon on hydrogen desorption and absorption of mechanically milled MgH_2[J]. Journal of Power Sources, 2004, 129(1): 73-80.

[229] Kong Q, Zhang H, Yuan Z, et al. Hamamelis-like $K_2Ti_6O_{13}$ synthesized by alkali treatment of Ti_3C_2 MXene: catalysis for hydrogen storage in MgH_2[J]. ACS Sustainable Chemistry & Engineering, 2020, 8(12): 4755-4763.

[230] Li J, Wang S, Du Y, et al. Catalytic effect of Ti_2C MXene on the dehydrogenation of MgH_2[J]. International Journal of Hydrogen Energy, 2019, 44(13): 6787-6794.

[231] Kissinger H E. Reaction kinetics in differential thermal analysis[J]. Analytical chemistry, 1957, 29(11): 1702-1706.

[232] Chen M, Xiao X, Zhang M, et al. Excellent synergistic catalytic mechanism of in-situ formed nanosized Mg_2Ni and multiple valence titanium for improved hydrogen desorption properties of magnesium hydride[J]. International Journal of Hydrogen Energy, 2019, 44(3): 1750-1759.

[233] Ren C, Fang Z Z, Zhou C, et al. Hydrogen storage properties of magnesium hydride with V-based additives[J]. The Journal of Physical Chemistry C, 2014, 118(38): 21778-21784.

[234] Yang T, Yuan Z M, Bu W G, et al. Evolution of the Phase Structure and Hydrogen Storage Thermodynamics and Kinetics of $Mg_{88}Y_{12}$ Binary Alloy[J]. International Journal of Hydrogen Energy, 2016, 41: 2689-2699.

[235] Yartys V A, Gutfleisch O, Panasyuk V V, et al. Desorption characteristics of rare earth (R) hydrides (R = Y, Ce, Pr, Nd, Sm, Gd and Tb) in relation to the HDDR behaviour of R-Fe-based-compounds[J]. Journal of Alloys and Compounds, 1997, 253: 128-133.

[236] Luo F P, Wang H, Ouyang L Z, et al. Enhanced reversible hydrogen storage properties of a Mg-In-Y ternary solid solution[J]. International Journal of Hydrogen Energy, 2013, 38 (25): 10912-10918.

[237] Li Z, Liu X, Jiang L, et al. Characterization of Mg-20 wt.% Ni-Y hydrogen storage composite prepared by reactive mechanical alloying[J]. International Journal of Hydrogen Energy, 2007, 32 (12): 1869-1874.

[238] Kalinichenka S, Röntzsch L, Baehtz C, et al. Hydrogen desorption kinetics of melt-spun and hydrogenated $Mg_{90}Ni_{10}$ and $Mg_{80}Ni_{10}Y_{10}$ using in situ synchrotron, X-ray diffraction and thermogravimetry[J]. Journal of Alloys and Compounds, 2010, 496(1-2): 608-613.

[239] Na X, Ying W U, Wei H A N, et al. Improved hydrogenation-dehydrogenation characteristics of nanostructured melt-spun Mg-10Ni-2Mm alloy processed by rapid solidification[J]. Progress in Natural Science: Materials International, 2010, 20: 49-53.

[240] Liang G, Huot J, Boily S, et al. Catalytic effect of transition metals on hydrogen sorption in nanocrystalline ball milled MgH_2-Tm(Tm = Ti, V, Mn, Fe and Ni) systems[J]. Journal of Alloys and Compounds, 1999, 292(1-2): 247-252.

[241] Fernandez J F, Sanchez C R. Simultaneous TDS-DSC measurements in magnesium hydride[J]. Journal of Alloys and Compounds, 2003, 356: 348-352.

[242] Zhang Y, Yuan Z, Yang T, et al. Gaseous hydrogen storage thermodynamics and kinetics of RE-Mg-Ni-based alloys prepared by mechanical milling. Journal of Central South University, 2017, 24 (4): 773-781.

[243] Ouyang L Z, Cao Z J, Yao L, et al. Comparative investigation on the hydrogenation/dehydrogenation characteristics and hydrogen storage properties of Mg_3 Ag and Mg_3 Y[J]. International Journal of Hydrogen Energy, 2014, 39(25): 13616-13621.

[244] Zhong H C, Wang H, Liu J W, et al. Altered desorption enthalpy of MgH_2 by the reversible formation of Mg (In) solid solution[J]. Scripta Materialia, 2011, 65(4): 285-287.

[245] Wang H, Zhong H, Ouyang L, et al. Fully reversible de/hydriding of Mg base solid solutions with reduced reaction enthalpy and enhanced kinetics[J]. The Journal of Physical Chemistry C, 2014, 118(23): 12087-12096.

[246] Zhu M, Lu Y, Ouyang L, et al. Thermodynamic tuning of Mg-based hydrogen storage alloys: a review[J]. Materials, 2013, 6(10): 4654-4674.

[247] Li Q, Lin Q, Chou K C, et al. A mathematical calculation of the hydriding characteristics of $Mg_{2-x}AxNi_{1-y}B_y$ alloy systems[J]. Journal of Alloys and Compounds, 2005, 397(1-2): 68-73.

[248] Li Q, Jiang L, Chou K, et al. Effect of hydrogen pressure on hydriding kinetics in the $Mg_{2-x}Ag_x$ Ni-H($x = 0.05, 0.1$) system[J]. Journal of Alloys and Compounds, 2005, 399(1-2): 101-105.

[249] Takahashi Y, Yukawa H, Morinaga M. Alloying effects on the electronic structure of Mg_2Ni intermetallic hydride[J]. Journal of Alloys and Compounds, 1996, 242(1-2): 98-107.

[240] Sakintuna B, Lamari-Darkrim F, Hirscher M. Metal hydride materials for solid hydrogen storage: a review[J]. International Journal of Hydrogen Energy, 2007, 32(9): 1121-1140.

[251] Liu H, He P, Feng J C, et al. Kinetic study on nonisothermal dehydrogenation of TiH_2 powders [J]. International Journal of Hydrogen Energy, 2009, 34(7): 3018-3025.

[252] Erk K A, Dunand D C, Shull K R. Titanium with controllable pore fractions by thermoreversible gelcasting of TiH_2[J]. Acta materialia, 2008, 56(18): 5147-5157.

[253] Lehmhus D, Rausch G. Tailoring titanium hydride decomposition kinetics by annealing in various atmospheres[J]. Advanced engineering materials, 2004, 6(5): 313-330.

[254] Bhosle V, Baburaj E G, Miranova M, et al. Dehydrogenation of TiH_2[J]. Materials Science and Engineering: A, 2003, 356(1-2): 190-199.

[255] Jiménez C, Garcia-Moreno F, Pfretzschner B, et al. Decomposition of TiH_2 studied in situ by synchrotron X-ray and neutron diffraction[J]. Acta Materialia, 2011, 59(16): 6318-6330.

[256] Ershova O G, Dobrovolsky V D, Solonin Y M, et al. Hydrogen-sorption and thermodynamic characteristics of mechanically grinded $TiH_{1.9}$ as studied using thermal desorption spectroscopy[J]. Journal of Alloys and Compounds, 2011, 509(1): 128-133.

[257] Borchers C, Khomenko T I, Leonov A V, et al. Interrupted thermal desorption of TiH_2[J]. Thermochimica Acta, 2009, 493(1-2): 80-84.

[258] Matijasevic-Lux B, Banhart J, Fiechter S, et al. Modification of titanium hydride for improved aluminium foam manufacture[J]. Acta Materialia, 2006, 54(7): 1887-1900.

[259] Fernandez J F, Cuevas F, Sanchez C. Simultaneous differential scanning calorimetry and thermal desorption spectroscopy measurements for the study of the decomposition of metal hydrides[J]. Journal of Alloys and Compounds, 2000, 298(1-2): 244-253.

[260] Cheng Y, Meng X, Ma H, et al. Flame propagation behaviors and influential factors of TiH_2 dust explosions at a constant pressure[J]. International Journal of Hydrogen Energy, 2018, 43(33): 16355-16363.

[261] 曹杰义, 肖平安, 戴坤良, 等. TiH_2脱氢规律与动力学计算[J]. 中国有色金属学报, 2014, 24(3): 733-738.

[262] 王耀奇, 张宁, 任学平, 等. 氢化钛的动态分解行为与规律[J]. 粉末冶金材料科学与工程, 2011, 16(6): 795-798.

[263] Homma S, Ogata S, Koga J, et al. Gas-solid reaction model for a shrinking spherical particle with unreacted shrinking core[J]. Chemical Engineering Science, 2005, 60(18): 4971-4980.

[264] Zhou P, Cao Z, Xiao X, et al. Development of Ti-Zr-Mn-Cr-V based alloys for high-density hydrogen storage[J]. Journal of Alloys and Compounds, 2021, 875: 160035.

[265] Taizhong H, Zhu W, Baojia X, et al. Influence of V content on structure and hydrogen desorption performance of TiCrV-based hydrogen storage alloys[J]. Materials Chemistry and

Physics, 2005, 93(2-3): 544-547.

[266] Ali W, Hao Z, Li Z, et al. Effects of Cu and Y substitution on hydrogen storage performance of $TiFe_{0.86}Mn_{0.1}Y_{0.1-x}Cu_x$ [J]. International Journal of Hydrogen Energy, 2017, 42 (26): 16620-16631.

[267] Finholt A E, Bond Jr A C, Schlesinger H I. Lithium aluminum hydride, aluminum hydride and lithium gallium hydride, and some of their applications in organic and inorganic chemistry[J]. Journal of the American Chemical Society, 1947, 69(5): 1199-1203.

[268] Connell Jr T L, Risha G A, Yetter R A, et al. Combustion of alane and aluminum with water for hydrogen and thermal energy generation[J]. Proceedings of the Combustion Institute, 2011, 33 (2): 1957-1965.

[269] Young G, Piekiel N, Chowdhury S, et al. Ignition behavior of α-AlH_3[J]. Combustion Science and Technology, 2010, 182(9): 1341-1359.

[270] Young G, Risha G, Miller A G, et al. Combustion of alane-based solid fuels[J]. International Journal of Energetic Materials and Chemical Propulsion, 2010, 9(3): 249-266.

[271] Graetz J, Reilly J J. Thermodynamics of the α, β and γ polymorphs of AlH_3[J]. Journal of Alloys and Compounds, 2006, 424(1-2): 262-265.

[272] Savić M, Radaković J, Batalović K. Study on electronic properties of α-, β-and γ-AlH_3—The theoretical approach[J]. Computational Materials Science, 2017, 134: 100-108.

[273] Ismail I M K, Hawkins T. Kinetics of thermal decomposition of aluminium hydride: I-non-isothermal decomposition under vacuum and in inert atmosphere (argon)[J]. Thermochimica Acta, 2005, 439(1-2): 32-43.

[274] Paraskos A, Hanks J, Lund G. Synthesis and characterization of Alpha Alane[EB/OL]. (2020-08-25). https://ndiastorage. blob. core. usgovcloudapi. net/ndia/2007/im _ em/ABriefs/4AParaskos. pdf.

[275] Tarasov V P, Muravlev Y B, Bakum S I, et al. Kinetics of formation of metallic aluminum upon thermal and photolytic decomposition of aluminum trihydride and trideuteride as probed by NMR [C]//Doklady Physical Chemistry. Kluwer Academic Publishers-Plenum Publishers, 2003, 393: 353-356.

[276] Weiser V, Eisenreich N, Koleczko A, et al. On the oxidation and combustion of AlH_3 a potential fuel for rocket propellants and gas generators[J]. Propellants, Explosives, Pyrotechnics: An International Journal Dealing with Scientific and Technological Aspects of Energetic Materials, 2007, 32(3): 213-221.

[277] Peng H, Guan J, Yan Q, et al. Kinetics and mechanism of hydrogen release from isothermal decomposition of AlH_3[J]. Journal of Alloys and Compounds, 2023, 960: 170677.

[278] Bogdanović B, Felderhoff M, Streukens G. Hydrogen storage in complex metal hydrides[J]. Journal of the Serbian Chemical Society, 2009, 74(2): 183-196.

[279] Abdalla A M, Hossain S, Nisfindy O B, et al. Hydrogen production, storage, transportation and key challenges with applications: A review[J]. Energy Conversion and Management, 2018, 165: 602-627.

[280] Ashby E C, Kobetz P. The direct synthesis of Na_3AlH_6[J]. Inorganic Chemistry, 1966, 5(9): 1615-1617.

[281] Orimo S, Nakamori Y, Eliseo J R, et al. Complex hydrides for hydrogen storage[J]. Chemical Reviews, 2007, 107(10): 4111-4132.

[282] Bogdanović B, Sandrock G. Catalyzed complex metal hydrides[J]. MRS Bulletin, 2002, 27(9): 712-716.

[283] Liu Y, Ren Z, Zhang X, et al. Development of catalyst-enhanced sodium alanate as an advanced hydrogen-storage material for mobile applications[J]. Energy Technology, 2018, 6(3): 487-500.

[284] Durbin D J, Malardier-Jugroot C. Review of hydrogen storage techniques for on board vehicle applications[J]. International Journal of Hydrogen Energy, 2013, 38(34): 14595-14617.

[285] Gao Q, Xia G, Yu X. Confined $NaAlH_4$ nanoparticles inside CeO_2 hollow nanotubes towards enhanced hydrogen storage[J]. Nanoscale, 2017, 9(38): 14612-14619.

[286] Bogdanović B, Schwickardi M. Ti-doped alkali metal aluminium hydrides as potential novel reversible hydrogen storage materials[J]. Journal of Alloys and Compounds, 1997, 253: 1-9.

[287] Schüth F, Bogdanovic ć B, Felderhoff M. Light metal hydrides and complex hydrides for hydrogen storage[J]. Chemical Communications, 2004 (20): 2249-2258.

[288] Rusman N A A, Dahari M. A review on the current progress of metal hydrides material for solid-state hydrogen storage applications[J]. International Journal of Hydrogen Energy, 2016, 41(28): 12108-12126.

[289] Barkhordarian G, Klassen T, Dornheim M, et al. Unexpected kinetic effect of MgB_2 in reactive hydride composites containing complex borohydrides[J]. Journal of Alloys and Compounds, 2007, 440(1-2): L18-L21.

[290] Graetz J. New approaches to hydrogen storage[J]. Chemical Society Reviews, 2009, 38(1): 73-82.

[291] Ding Z, Li S, Zhou Y, et al. $LiBH_4$ for hydrogen storage-new perspectives[J]. Nano Materials Science, 2020, 2(2): 109-119.

[292] Callini E, Borgschulte A, Hugelshofer C L, et al. The role of Ti in alanates and borohydrides: catalysis and metathesis[J]. The Journal of Physical Chemistry C, 2014, 118(1): 77-84.

[293] Zhou L. Progress and problems in hydrogen storage methods[J]. Renewable and Sustainable Energy Reviews, 2005, 9(4): 395-408.

[294] Kovac A, Paranos M, Marcius D. Hydrogen in energy transition: A review[J]. International of Hydrogen Energy, 2021, 46(1):10016-10035.

[295] Guo M, Yuan H, Liu Y, et al. Effect of Sm on the cyclic stability of La-Y-Ni-based alloys and their comparison with RE-Mg-Ni-based hydrogen storage alloy[J]. International of Hydrogen Energy, 2021, 46(10):7432-7441.

[296] Karmakar A, Mallik A, Gupta N, et al. Studies on 10 kg alloy wt. metal hydride based reactor for hydrogen storage[J]. International of Hydrogen Energy, 2021, 46(7):5495-5506.

[297] Bacha S, Pighin S A, Urretavizcaya G, et al. Hydrogen generation from ball milled Mg alloy waste by hydrolysis reaction[J]. Journal of Power Sources, 2020, 479:228711.

[298] Cheng Y, Su J, Liu R, et al. Influential factors on the explosibility of the unpremixed hydrogen/magnesium dust[J]. International Journal of Hydrogen Energy, 2020, 45(58):34185-34192.

[299] Bulat P V, Volkov K N, Ilyina T Y. Interaction of a shock wave with a cloud of particles[J]. Mathematics Education, 2016, 11(8):2949-2962.

[300] Susanti N, Grosshans H. Measurement of the deposit formation during pneumatic transport of PMMA powder[J]. Advanced Powder Technology, 2020, 31(8):3597-3609.

[301] Mei X, Zhang T, Wang S. Experimental investigation of jet-induced resuspension of indoor deposited particles[J]. Aerosol Science and Technology, 2016, 50(3):230-241.

[302] Balladore F J, Benito J G, Uñac R O, et al. Mineral dust resuspension under vibration: Onset conditions and the role of humidity[J]. Particuology, 2020, 50:112-119.

[303] Song Y, Zhang Q. Multiple explosions induced by the deposited dust layer in enclosed pipeline [J]. Journal of Hazardous Materials, 2019, 371:423-432.

[304] Semenov I, Utkin P, Markov V. Numerical modelling of dust-layered detonation structure in a narrow tube[J]. Journal of Loss Prevention in the Process Industries, 2013, 26(2):380-386.

[305] Khmel T A, Fedorov A V. Role of particle collisions in shock wave interaction with a dense spherical layer of a gas suspension[J]. Combustion, Explosion, and Shock Waves, 2017, 53:444-452.

[306] 林柏泉, 孙豫敏, 朱传杰, 等. 爆炸冲击波扬尘过程中的颗粒动力学特征[J]. 煤炭学报, 2014, 39(12):2453-2458.

[307] Ejtehadi O, Rahimi A, Karchani A, et al. Complex wave patterns in dilute gas-particle flows based on a novel discontinuous Galerkin scheme[J]. International Journal of Multiphase Flow, 2018, 104:125-151.

[308] Hauge S B, Balakin B V, Kosinski P. Dust lifting behind rarefaction waves [J]. Chemical Engineering Science, 2018, 191:87-99.

[309] Prasad S, Schweizer C, Bagaria P, et al. Effect of particle morphology on dust cloud dynamics [J]. Powder Technology, 2021, 379:89-95.

[310] Zhang Gongyan, Zhang Yansong, Huang Xingwang, et al. Effect of pyrolysis and oxidation characteristics on lauric acid and stearic acid dust explosion hazards[J]. Journal of Loss Prevention in the Process Industries, 2020, 63:104039.

[311] 甘波, 高伟, 张新燕, 等. 不同粒径 PMMA 粉尘云火焰温度特性研究[J]. 爆炸与冲击, 2019, 39(1):140-147.

[312] 文虎, 杨玉峰, 王秋红, 等. 矩形管道中微米级铝粉爆炸实验[J]. 爆炸与冲击, 2018, 38(5):993-999.

[313] 喻健良, 侯玉洁, 闫兴清, 等. 密闭空间内聚乙烯粉尘爆炸火焰传播特性的实验研究[J]. 化工学报, 2019, 70(3):1227-1235.

[314] Liu W, Bai C, Liu Q, et al. Effect of metal dust fuel at a low concentration on explosive/air explosion characteristics[J]. Combustion and Flame, 2020, 221:41-49.

[315] Yu X, Yu J, Zhang X, et al. Combustion behaviors and residues characteristics in hydrogen/aluminum dust hybrid explosions[J]. Process Safety and Environmental Protection, 2020, 134:343-352.

[316] Zhang X, Gao W, Yu J, et al. Flame propagation mechanism of nano-scale PMMA dust explosion[J]. Powder Technology, 2020, 363:207-217.

[317] Cloney C T, Ripley R C, Pegg M J, et al. Role of particle diameter in laminar combustion regimes for hybrid mixtures of coal dust and methane gas[J]. Powder Technology, 2020, 362:399-408.

[318] Han D, Sung H. A numerical study on heterogeneous aluminum dust combustion including particle surface and gas-phase reaction[J]. Combustion and Flame, 2019, 206:112-122.

[319] Nematollahi M, Sadeghi S, Rasam H, et al. Analytical modelling of counter-flow non-premixed combustion of coal particles under non-adiabatic conditions taking into account trajectory of particles[J]. Energy, 2020, 192:116650.

[320] Jiang H, Bi M, Li B, et al. Inhibition evaluation of ABC powder in aluminum dust explosion[J].

Journal of Hazardous Materials，2019，361：273-282.

[321] Wang Q，Shen Z，Jiang J，et al. Suppression effects of ammonium dihydrogen phosphate dry powder and melamine pyrophosphate powder on an aluminium dust cloud explosion[J]. Journal of Loss Prevention in the Process Industries，2020，68：104312.

[322] Jiang H，Bi M，Peng Q，et al. Suppression of pulverized biowt. dust explosion by NaHCO₃ and NH₄H₂PO₄[J]. Renewable Energy，2020，147：2046-2055.

[323] Wang Z，Meng X，Yan K，et al. Inhibition effects of Al(OH)₃ and Mg(OH)₂ on Al-Mg alloy dust explosion[J]. Journal of Loss Prevention in the Process Industries，2020，66：104206.

[324] Xu W，Jiang Y. Combustion Inhibition of Aluminum-Methane-Air Flames by Fine NaCl Particles [J]. Energies，2018，11(11)：3147.

[325] Nakahara K，Yoshida A，Nishioka M. Experiments and numerical simulation on the suppression of explosion of propane/air mixture by water mist[J]. Combustion and Flame，2021，223：192-201.

[326] Li G，Wang X，Xu H. Experimental study on explosion characteristics of ethanol gasoline-air mixture and its mitigation using heptafluoropropane[J]. Journal of Hazardous Materials，2019，378：120711.

[327] 邓军，屈姣，王秋红，等. ABC/MCA 粉体对铝金属粉爆炸特性的影响[J]. 西安科技大学学报，2020，40(1)：18-23.

[328] Huang C，Chen X，Yuan B，et al. Insight into suppression performance and mechanisms of ultrafine powders on wood dust deflagration under equivalent concentration[J]. Journal of Hazardous Materials，2020，394：122584.

[329] Yuan C，Cai J，Amyotte P，et al. Fire hazard of titanium powder layers mixed with inert nano TiO₂ powder[J]. Journal of Hazardous Materials，2018，346：19-26.

[330] Bonebrake J M，Ombrello T M，Blunck D L. Effect of CO₂ dilution on forced ignition and development of CH₄/air ignition kernels[J]. Combustion and Flame，2020，222：242-251.

[331] Li M，Xu J，Li Q，et al. Explosion mitigation of methane-air mixture in combined application of inert gas and ABC dry powders in a closed compartment[J]. Process Safety Progress，2020，39 (2)：e12101.

[332] Wang L，Lian Y，Hu Y，et al. Synergistic suppression effects of flame retardant，porous minerals and nitrogen on premixed methane/air explosion[J]. Journal of Loss Prevention in the Process Industries，2020，67：104.

[333] 王楠，玄洪文，李德华，等. 光热偏转光谱法测量煤油火焰内的速度分布[J]. 光谱学与光谱分析，2020，40(11)：3353-3357.

[334] 韩昕璐，朱燕群，季然，等. PRF90＋空气热流量法层流火焰速度测量与动力学分析[J]. 燃烧科学与技术，2021，27(6)：585-590.

[335] 常彦，王端阳，张锦萍，等. 火焰图像法计算气体层流燃烧反应动力学参数[J]. 燃烧科学与技术，2013，19(4)：371-376.

[336] Ferros A M，Susa A J，Davidson D F，et al. High-temperature laminar flame speed measurements in a shock tube[J]. Combustion and Flame，2019，205：241-252.

[337] Otsuka T，Saitoh H，Mizutani T，et al. Hazard evaluation of hydrogen-air deflagration with flame propagation velocity measurement by image velocimetry using brightness subtraction[J]. Journal of Loss Prevention in the Process Industries，2007，20(4-6)：427-432.

[338] Gao W，Mogi T，Shen X，et al. Experimental study of flame propagating behaviors through

titanium particle clouds. Science and technology of energetic materials[J]. Journal of the Japan Explosives Society, 2014, 75(1): 14-20.

[339] Hindasageri V, Vedula R P, Prabhu S V. Thermocouple error correction for measuring the flame temperature with determination of emissivity and heat transfer coefficient[J]. Review of Scientific Instruments, 2013, 84(2): 024902.

[340] Rittel D. Transient temperature measurement using embedded thermocouples[J]. Experimental Mechanics, 1998, 38(2): 73-78.

[341] Hornbeck G A. Optical methods of temperature measurement[J]. Applied Optics, 1966, 5: 179-186.

[342] Sun J, Hossain M M, Xu C, et al. Investigation of flame radiation sampling and temperature measurement through light field camera[J]. International Journal of Heat and wt. Transfer, 2018, 121: 1281-1296.

[343] Molodetsky I E, Vicenzi E P, Dreizin E L, et al. Phases of titanium combustion in air[J]. Combustion and Flame, 1998, 112(4): 522-532.

[344] 刘庆明, 白春华. 应用比色测温仪测量燃料空气炸药爆炸过程温度响应[J]. 兵工学报, 2009, 30(4): 425-430.

[345] 洪途, 赵猛, 秦天令, 等. 基于成像光谱的温度场重建[J]. 哈尔滨工程大学学报, 2022, 43(7): 1036-1042.

[346] Chang P J, Mogi T, Dobashi R. An investigation on the dust explosion of micron and nano scale aluminium particles[J]. Journal of Loss Prevention in the Process Industries, 2021, 70: 104437.

[347] Kuhn P B, Ma B, Connelly B C, et al. Soot and thin-filament pyrometry using a color digital camera[J]. Proceedings of the Combustion Institute, 2011, 33(1): 743-750.

[348] Larsen R D. The Planck radiation functions[J]. Journal of Chemical Education, 1985, 62(3): 199.

[349] Yan R, Xiaomin Z, Li F. Survey of dual waveband colorimetric temperature measurement technology[C]//The 26th Chinese Control and Decision Conference (2014 CCDC). IEEE, 2014: 5177-5181.

[350] Adams Jr J E, Hamilton Jr J F. Adaptive color plane interpolation in single sensor color electronic camera[J]. New York, 1997, 5652621.

[351] De lzarra C, Gitton J M. Calibration and temperature profile of a tungsten filament lamp[J]. European Journal of Physics, 2010, 31(4): 933.

[352] Yu J L, Zhang X Y, Zhang Q, et al. Combustion behaviors and flame microstructures of micro- and nano-titanium dust explosions[J]. Fuel, 2016, 181: 785-792.

[353] Muravyev N V, Monogarov, K A, Zhigach A N, et al. Exploring enhanced reactivity of nanosized titanium toward oxidation[J]. Combustion and Flame, 2018, 191: 109-115.

[354] Wu H C, Chang R C, Hsiao H C. Research of minimum ignition energy for nano Titanium powder and nano Iron powder[J]. Journal of Loss Prevention in the Process Industries, 2009, 22(1): 21-24.

[355] 陈金健, 胡立双, 胡双启, 等. 钛粉尘云最小点火能及抑制技术研究[J]. 消防科学与技术, 2015, 34(5): 566-569.

[356] 董海佩, 程贵海, 李晓泉, 等. 钛粉尘云的爆炸特性[J]. 中国粉体技术, 2018, 24(4): 32-36.

[357] Boilard S P, Amyotte P R, Khan F I, et al. Explosibility of micron- and nano-size titanium powders[J]. Journal of Loss Prevention in the Process Industries, 2013, 26(6): 1646-1654.

[358] 王中华. 钛及其氢化物粉尘云的火焰传播特性及温度分布特征研究[D]. 淮南：安徽理工大学，2022.

[359] Ichinose K，Mogi T，Dobashi R. Effects of particle size and agglomeration on flame propagation behavior in dust clouds[J]. Proceedings of the Ninth International Seminar on Fire and Explosion Hazards，2019，56：411-417.

[360] Christensen M G，Adler-Nissen J. Proposing a normalized Biot number：For simpler determination of Fourier exponents and for evaluating the sensitivity of the Biot number[J]. Applied Thermal Engineering，2015，86：214-221.

[361] Rowe P N，Claxton K T，Lewis J B. Heat and wt. transfer from a single sphere in an extensive flowing liquid[J]. Transaction of Institute Chemical Engineering，1965，43：14-31.

[362] Bidabadi M，Xiong Q G，Harati M，et al. Study on the combustion of micro organic dust particles in random media with considering effect of thermal resistance and temperature difference between gas and particles[J]. Chemical Engineering and Processing-Process Intensification，2018，126：239-247.

[363] Bergman T L，Lavine A S，Incropera F P，et al. Fundamentals of heat and wt. transfer seventh edition[M]. New York：John Wiley & Sons，2011：283-285.

[364] Hanai H，Kobayashi H，Niioka T. A numerical study of pulsating flame propagation in mixtures of gas and particles[J]. Proceedings of the Combustion Institute，2000，28(1)：815-822.

[365] Tang Y，Kong C D，Zong Y C，et al. Combustion of aluminum nanoparticle agglomerates：From mild oxidation to microexplosion[J]. Proceedings of the Combustion Institute，2017，36(2)：2325-2332.

[366] Wainwright E R，Lakshman S V，Leong A F T，et al. Viewing internal bubbling and microexplosions in combusting metal particles via X-ray phase contrast imaging[J]. Combustion and Flame，2019，199：194-203.

[367] Wainwright E R，Schmauss T A，Lakshman S V，et al. Observations during Al：Zr composite particle combustion in varied gas environments[J]. Combustion and Flame，2018，196：487-499.

[368] Dreizin E L. Phase changes in metal combustion[J]. Progress in Energy and Combustion Science，2000，26(1)：57-78.

[369] Huang J Q，Li S，Sanned D，et al. A detailed study on the micro-explosion of burning iron particles in hot oxidizing environments[J]. Combustion and Flame，2022，238：111755.

[370] Gao W，Zhang X Y，Zhang D W，et al. Flame propagation behaviours in nano-metal dust explosions[J]. Powder Technology，2017，321：154-162.

[371] Glotov O G. Ignition and combustion of titanium particles：experimental methods and results[J]. Physics-Uspekhi，2019，62(2)：131-165.

[372] 卢国菊，于丽雅，高彩军. 铝粉及铝镁混合粉的爆炸特性[J]. 粉末冶金工业，2022，32(6)：82-85.

[373] 凤文桢，熊新宇，高凯，等. 点火延迟时间对镁粉尘云爆炸特性影响研究[J]. 消防科学与技术，2021，40(1)：25-28.

[374] 陈金健，胡双启，胡立双，等. 镁粉尘云最低着火温度及抑制技术的实验研究[J]. 科学技术与工程，2015，15(16)：96-100.

[375] 项国，王继仁，刘天奇. 基于20 L球形装置的镁粉爆炸压力特性[J]. 辽宁工程技术大学学报（自然科学版），2018，37(3)：508-511.

[376] Kuai N，Li J，Chen Z，et al. Experiment-based investigations of magnesium dust explosion characteristics[J]. Journal of Loss Prevention in the Process Industries，2011，24(4)：302-313.

[377] Lomba R, Bernard S, Gillard P, et al. Comparison of combustion characteristics of magnesium and aluminum powders[J]. Combustion Science and Technology, 2016, 188(11-12): 1857-1877.

[378] Mittal M. Explosion characteristics of micron-and nano-size magnesium powders[J]. Journal of Loss Prevention in the Process Industries, 2014, 27: 55-64.

[379] Nifuku M, Koyanaka S, Ohya H, et al. Ignitability characteristics of aluminium and magnesium dusts that are generated during the shredding of post-consumer wastes[J]. Journal of Loss Prevention in the Process Industries, 2007, 20(4-6): 322-329.

[380] Choi K, Sakasai H, Nishimura K. Minimum ignition energies of pure magnesium powders due to electrostatic discharges and nitrogen's effect[J]. Journal of Loss Prevention in the Process Industries, 2016, 41: 144-146.

[381] Maghsoudi P, Lakzayi H, Bidabadi M. Analytical investigation of magnesium aerosol combustion based on the asymptotic model of flame structure[J]. Sustainable Energy Technologies and Assessments, 2021, 43: 100914.

[382] Dreizin E L, Hoffmann V K. Experiments on magnesium aerosol combustion in microgravity[J]. Combustion and Flame, 2000, 122(1-2): 20-29.

[383] Huang X, Xia Z X, Huang L Y, et al. Experimental study on the ignition and combustion characteristics of a magnesium particle in water vapor[J]. Science China Technological Sciences, 2012, 55(9): 2601-2608.

[384] Feng Y C, Xia Z X, Huang L Y, et al. Experimental investigation on the ignition and combustion characteristics of a single magnesium particle in air[J]. Combustion, Explosion, and Shock Waves, 2019, 55(2): 210-219.

[385] Lim J, Lee S, Yoon W. A comparative study of the ignition and burning characteristics of afterburning aluminum and magnesium particles[J]. Journal of Mechanical Science and Technology, 2014, 28(10): 4291-4300.

[386] Hu F F, Cheng Y F, Zhang B B, et al. Flame propagation and temperature distribution characteristics of magnesium dust clouds in an open space[J]. Powder Technology, 2022, 404: 117513.

[387] Blake A, Mazumder J. Control of magnesium loss during laser welding of Al-5083 using a plasma suppression technique[J]. Journal of Manufacturing Science & Engineering, 1985, 107(3): 275-280.

[388] Wang S, Corcoran A L, Dreizin E L. Combustion of magnesium powders in products of an air/acetylene flame[J]. Combustion and Flame, 2015, 162(4): 1316-1325.

[389] Julien P, Vickery J, Goroshin S, et al. Freely-propagating flames in aluminum dust clouds[J]. Combustion and Flame, 2015, 162(11): 4241-4253.

[390] Zhao J P, Tang G F, Wang Y C, et al. Explosive property and combustion kinetics of grain dust with different particle sizes[J]. Heliyon, 2020, 6(3): e03457.

[391] Tanguay V, Goroshin S, Higgins A, et al. Reaction of metal particles in gas-phase detonation products[C]. 20th Colloqium on the Dynamics of Explosions and Reactive Systems, 2005.

[392] Bozorg M V, Doranehgard M H, Hong K, et al. A numerical study on discrete combustion of polydisperse magnesium aero-suspensions[J]. Energy, 2020, 194: 116872.

[393] Fumagalli A, Derudi M, Rota R, et al. Estimation of the deflagration index K_{st} for dust explosions: a review[J]. Journal of Loss Prevention in the Process Industries, 2016, 44: 311-322.

[394] Dreizin E L, Berman C H, Vicenzi E P. Condensed-phase modifications in magnesium particle

combustion in air[J]. Combustion and Flame, 2000, 122(1-2): 30-42.

[395] Mordike B L, Ebert T. Magnesium: properties—applications—potential[J]. Materials Science and Engineering: A, 2001, 302(1): 37-45.

[396] Rai A, Lee D, Park K, et al. Importance of phase change of aluminum in oxidation of aluminum nanoparticles[J]. The Journal of Physical Chemistry B, 2004, 108(39): 14793-14795.

[397] Kennedy A R. The effect of TiH_2 heat treatment on gas release and foaming in Al-TiH_2 preforms [J]. Scripta Materialia, 2002, 47(11): 763-767.

[398] von Zeppelin F, Haluska M, Hirscher M. Thermal desorption spectroscopy as a quantitative tool to determine the hydrogen content in solids[J]. Thermochimica Acta, 2003, 400(1-2): 251-258.

[399] von Zeppelin F, Hirscher M, Stanzick H, et al. Desorption of hydrogen from blowing agents used for foaming metals[J]. Composites Science and Technology, 2003, 63(16): 2293-2300.

[400] Vennila R S, Durygin A, Merlini M, et al. Phase stability of TiH_2 under high pressure and temperatures[J]. International Journal of Hydrogen Energy, 2008, 33(22): 6667-6671.

[401] 洪艳, 曲涛, 沈化森, 等. 氢化脱氢法制备钛粉工艺研究[J]. 稀有金属, 2007, (3): 311-315.

[402] Cheng Y F, Meng X R, Feng C T, et al. The Effect of the Hydrogen Containing Material TiH_2 on the Detonation Characteristics of Emulsion Explosives [J]. Propellants, Explosives, Pyrotechnics, 2017, 42(6): 585-591.

[403] Xue B, Ma H, Shen Z, et al. Effect of TiH_2 particle size and content on the underwater explosion performance of RDX-based explosives[J]. Propellants, Explosives, Pyrotechnics, 2017, 42(7): 791-798.

[404] Comet M, Schwartz C, Schnell F, et al. New Detonating Compositions from Ammonium Dinitramide[J]. Propellants, Explosives, Pyrotechnics, 2021, 46(5): 742-750.

[405] Skjold T, Olsen K L, Castellanos D. A constant pressure dust explosion experiment[J]. Journal of Loss Prevention in the Process Industries, 2013, 26(3): 562-570.

[406] Julien P, Whiteley S, Goroshin S, et al. Flame structure and particle-combustion regimes in premixed methane-iron-air suspensions[J]. Proceedings of the Combustion Institute, 2015, 35 (2): 2431-2438.

[407] Slezak S E, Buckius R O, Krier H. A model of flame propagation in rich mixtures of coal dust in air[J]. Combust and Flame 1985, 59(3): 251-265.

[408] 刘文近, 程扬帆, 陆松来, 等. PVAc 弹性微球包覆的高能化学点火具的点火性能[J]. 含能材料, 2018, 26(6): 530-536.

[409] 宋诗祥. 悬浮 CaC_2 粉尘气固两相爆炸特性及抑爆机理研究[D]. 淮南: 安徽理工大学, 2021.

[410] Li Q Z, Lin B Q, Dai H M, et al. Explosion characteristics of H_2/CH_4/air and CH_4/coal dust/air mixtures[J]. Powder Technology 2012, 229: 222-228.

[411] Cheng Y F, Song S X, Ma H H, et al. Hybrid H_2/Ti dust explosion hazards during the production of metal hydride TiH_2 in a closed vessel[J]. International Journal of Hydrogen Energy 2019, 44: 11145-11152.

[412] Denkevits A, Hoess B. Hybrid H_2/Al dust explosions in Siwek sphere[J]. Journal of Loss Prevention in the Process Industries 2015, 36: 509-521.

[413] Kudiiarov V N, Syrtanov M S, Bordulev Y S, et al. The hydrogen sorption and desorption behavior in spherical powder of pure titanium used for additive manufacturing[J]. International Journal of Hydrogen Energy, 2017, 42(22): 15283-15289.

[414] Chen Y, Chen X, Xu M X, et al. Properties of dust clouds of novel hydrogen-containing alloys

[J]. Combustion, Explosion, and Shock Waves, 2015, 51(3): 313-318.

[415] 张洋，徐司雨，赵凤起，等. MgH₂对含能材料点火燃烧性能影响的实验研究[J]. 火炸药学报，2021，44(4):504-513.

[416] 董卓超，吴星亮，徐飞扬，等. 改性氢化镁基储氢材料的点火和爆炸特性[J].含能材料，2021，29(10):977-984.

[417] 张云，贾月，杨振欣，等. MgH₂粉尘火焰传播过程与热辐射特性[J].火炸药学报，2023，46(2):157-162.

[418] 张云，赵懿明，许张归，等. MgH₂粉尘爆炸的能量释放特性规律[J]. 火炸药学报，2022，45(6):898-904.

[419] Wang Z H, Cheng Y F, Mogi T, et al. Flame structures and particle-combustion mechanisms in nano and micron titanium dust explosions[J]. Journal of Loss Prevention in the Process Industries, 2022, 80: 104876.

[420] Song S X, Cheng Y F, Meng X R, et al. Hybrid CH₄/coal dust explosions in a 20-L spherical vessel[J]. Process Safety and Environmental Protection, 2019, 122: 281-287.

[421] Chalghoum F, Trache D, Benziane M, et al. Effect of micro-and nano-CuO on the thermal decomposition kinetics of high-performance aluminized composite solid propellants containing complex metal hydrides[J]. Fire Phys Chem, 2022, 2(1): 36-49.

[422] Qiao L. Transient flame propagation process and flame-speed oscillation phenomenon in a carbon dust cloud[J]. Combustion and Flame, 2012, 159(2): 673-685.

[423] Jiang H, Bi M, Li B, et al. Combustion behaviors and temperature characteristics in pulverized biowt. dust explosions[J]. Renewable Energy, 2018, 122: 45-54.

[424] Cheng Y F, Yao Y L, Wang Z H, et al. An improved two-colour pyrometer based method for measuring dynamic temperature mapping of hydrogen-air combustion[J]. International Journal of Hydrogen Energy, 2021, 46(69): 34463-34468.

[425] Zhao Y, Zhao F Q, Xu S Y, et al. Molecular dynamics insight into the evolution of AlH₃ nanoparticles in the thermal decomposition of insensitive energetic materials[J]. Journal of Materials Science, 2021, 56(15): 9209-9226.

[426] Liu J, Yuan J, Li H, et al. Thermal oxidation and heterogeneous combustion of AlH₃ and Al: A comparative study[J]. Acta Astronautica, 2021, 179: 636-645.

[427] Khalili I, Dufaud O, Poupeau M, et al. Ignition sensitivity of gas-vapor/dust hybrid mixtures[J]. Powder technology, 2012, 217: 199-206.

[428] 毕海普，谢小龙，雷伟刚，等. 激波卷扬三通管内铝粉致二次爆炸及抑爆研究[J]. 消防科学与技术，2019，38(5):607-610.

[449] 雷伟刚，毕海普，王凯全. 弯管内铝粉二次爆炸及抑爆试验研究[J]. 中国安全科学学报，2017，27(11):43-48.

[430] 张一博，谭迎新. 激波诱导铝粉二次爆炸的试验研究[J]. 中国安全科学学报，2012，22(10):61-64.

[431] 闫琪. 先导波诱导沉积粉尘的爆炸实验[J]. 南京工业大学学报（自然科学版），2021，43(2):170-176.

[432] Cheng Y F, Su J, Liu R, et al. Influential factors on the explosibility of unpremixed hydrogen/magnesium dust[J]. International Journal of Hydrogen Energy, 2020, 45(58): 34185-34192.

[433] 王文涛. 不同约束条件下乙炔/空气预混气体的燃爆机理研究[D]. 淮南:安徽理工大学，2022.

[434] 李媛，谭迎新，丁小勇，等. 管道直径对瓦斯爆炸压力的影响研究[J]. 中国安全科学学报，2013，

23(3)：68-72.

[435] Liu S H，Cheng Y F，Meng X R，et al. Influence of particle size polydispersity on coal dust explosibility[J]. Journal of Loss Prevention in the Process Industries，2018，56：444-450.

[436] Castellanos D，Carreto-Vazquez V H，Mashuga C V，et al. The effect of particle size polydispersity on the explosibility characteristics of aluminum dust[J]. Powder technology，2014，254：331-337.

[437] Trunov M A，Schoenitz M，Dreizin E L. Ignition of aluminum powders under different experimental conditions[J]. Propellants，Explosives，Pyrotechnics：An International Journal Dealing with Scientific and Technological Aspects of Energetic Materials，2005，30(1)：36-43.

[438] Tang F D，Higgins A J，Goroshin S. Effect of discreteness on heterogeneous flames：propagation limits in regular and random particle arrays[J]. Combustion Theory and Modelling，2009，13(2)：319-341.

[439] Huang Y，Risha G A，Yang V，et al. Combustion of bimodal nano/micron-sized aluminum particle dust in air[J]. Proceedings of the Combustion Institute，2007，31(2)：2001-2009.

[440] Ney C，Kohlmann H，Kickelbick G. Metal hydride synthesis through reactive milling of metals with solid acids in a planetary ball mill[J]. International Journal of Hydrogen Energy，2011，36(15)：9086-9090.

[441] Gao W，Mogi T，Yu J，et al. Flame propagation mechanisms in dust explosions[J]. Journal of loss prevention in the process industries，2015，36：186-194.

[442] Traoré M，Dufaud O，Perrin L，et al. Dust explosions：How should the influence of humidity be taken into account？[J]. Process Safety and Environmental Protection，2009，87(1)：14-20.

[443] Trunov M A，Schoenitz M，Zhu X，et al. Effect of polymorphic phase transformations in Al_2O_3 film on oxidation kinetics of aluminum powders[J]. Combustion and flame，2005，140(4)：310-318.

[444] Aoyagi H，Aoki K，Masumoto T. Effect of ball milling on hydrogen absorption properties of FeTi，Mg_2Ni and $LaNi_5$[J]. Journal of Alloys and compounds，1995，231(1-2)：804-809.

[445] Khalil Y F. Dust cloud combustion characterization of a mixture of $LiBH_4$ destabilized with MgH_2 for reversible H_2 storage in mobile applications[J]. International Journal of Hydrogen Energy，2014，39(29)：16347-16361.

[446] 姜海鹏. 固态抑爆剂抑制铝粉尘爆炸机理研究[D]. 大连：大连理工大学，2020.

[447] Li S Z，Cheng Y F，Wang R，et al. Suppression effects and mechanisms of three typical solid suppressants on titanium hydride dust explosions[J]. Process Safety and Environmental Protection，2023，177：688-698.

[448] Wang R，Cheng Y F，Li S Z，et al. Inhibitory effects of typical inert gases on the flame propagation and structures in TiH_2 dust clouds[J]. Powder Technology，2023，427：118795.

[449] Zhang S L，Bi M S，Jiang H P，et al. Suppression effect of inert gases on aluminum dust explosion[J]. Powder Technology，2021，388：90-99.

[450] Zhang Y S，Pan Z C，Yang J J，et al. Study on the suppression mechanism of $(NH_4)_2CO_3$ and SiC for polyethylene deflagration based on flame propagation and experimental analysis[J]. Powder Technology，2022，399：117193-117193.

[451] Lu K L，Chen X K，Luo Z M，et al. Inhibiting effects investigation of pulverized coal explosion using melamine cyanurate[J]. Powder Technology，2022，401：117300.

[452] Cheng Y F，Wu H B，Liu R，et al. Combustion behaviors and explosibility of suspended metal

hydride TiH₂ dust[J]. International Journal of Hydrogen Energy, 2020, 45(21): 12216-12224.

[453] Yang J, Yu Y, Li Y H, et al. Inerting effects of ammonium polyphosphate on explosion characteristics of polypropylene dust[J]. Chemical Engineering Research & Design, 2019, 130: 221-230.

[454] Wu W, Wei A, Huang W, et al. Experimental and theoretical study on the inhibition effect of CO_2/N_2 blends on the ignition behavior of carbonaceous dust clouds[J]. Process Safety and Environmental Protection, 2021, 153: 1-10.

[455] Wang D, Ji T, Jing Q, et al. Experimental study and mechanism model on the ignition sensitivity of typical organic dust clouds in O_2/N_2, O_2/Ar and O_2/CO_2 atmospheres [J]. Journal of Hazardous Materials, 2021, 412: 125108.

[456] Zhou S, Gao J, Luo Z, et al. Role of ferromagnetic metal velvet and DC magnetic field on the explosion of a C_3H_8/air mixture-effect on reaction mechanism[J]. Energy, 2022, 239: 122218.

[457] Wang J, Liang Y, Zhao Z. Effect of N_2 and CO_2 on explosion behavior of H_2-Liquefied petroleum gas-air mixtures in a confined space[J]. International Journal of Hydrogen Energy, 2022, 47(56): 23887-23897.

[458] Ushakov A V, Karpov I V, Lepeshev A A. Influence of the oxygen concentration on the formation of crystalline phases of TiO_2 during the low-pressure arc-discharge plasma synthesis[J]. Technical Physics, 2011, 61: 260-264.

[459] Fang D, He F, Xie J, et al. Calibration of binding energy positions with C1s for XPS results[J]. Journal of Wuhan University of Technology-Mater. Sci. Ed. , 2020, 35(4): 711-718.

[460] Liu X, Xu H, Grabstanowicz L R, et al. Ti^{3+} self-doped TiO_{2-x} anatase nanoparticles via oxidation of TiH_2 in H_2O_2[J]. Catalysis Today, 2014, 225: 80-89.

[461] Gu Y W, Yong M S, Tay B Y, et al. Synthesis and bioactivity of porous Ti alloy prepared by foaming with TiH_2[J]. Materials Science and Engineering: C, 2009, 29(5): 1515-1520.

[462] Abdallah I, Dupressoire C, Laffont L, et al. STEM-EELS identification of TiO_XN_Y, TiN, Ti_2N and O, N dissolution in the Ti2642S alloy oxidized in synthetic air at 650 C[J]. Corrosion Science, 2019, 153: 191-199.

[463] Kobayashi Y, Hernandez O, Tassel C, et al. New chemistry of transition metal oxyhydrides[J]. Science and Technology of Advanced Materials, 2017, 18(1): 905-918.

[464] 汪旭光. 乳化炸药[M]. 2版. 北京:冶金工业出版社, 2008: 3-11.

[465] 陈积松. 我国乳化炸药的新进展[J]. 金属矿山, 1996(1): 5-7.

[466] 张现亭, 杜华善, 王作鹏. 高威力乳化炸药研究[J]. 煤矿爆破, 2005(4): 6-9.

[467] 叶志文, 吕春绪. 新型高能乳化炸药的制备及性能[J]. 火炸药学报, 2011, 34(6): 41-44.

[468] 王平. 四种敏化方式对乳化炸药爆速的影响[J]. 煤矿爆破, 2002, 2: 6-10.

[469] 程扬帆, 马宏昊, 沈兆武. 氢化镁型储氢乳化炸药的爆炸特性研究[J]. 高压物理学报, 2013, 27(1): 1-6.

[470] 梅震华, 钱华, 刘大斌, 等. 军民两用乳化炸药的制备[J]. 火炸药学报, 2012, 35: 32-34.

[471] Biegańska J. Using nitrocellulose powder in emulsion explosives[J]. Combustion, Explosion, and Shock Waves, 2011, 47: 366-368.

[472] 马宏昊, 程扬帆, 沈兆武, 等. 氢化镁型储氢乳化炸药[P]. 安徽省:CN102432407B, 2013-07-10.

[473] 马宏昊, 程扬帆, 沈兆武, 等. 氢化钛型储氢乳化炸药[P]. 安徽省:CN102432408B, 2013-05-01.

[474] 黄寅生. 炸药理论[M]. 北京:兵器工业出版社, 2009: 10.

[475] Deribas A A, Medvedev A E, Reshetnyak A Y, et al. Detonation of emulsion explosives

containing hollow microspheres[J]. Dokl, Phys, 2003, 389: 163-165.

[476] Deribas, A A, Medvedev, A E, Fomin, V M, et al. Mechanism of detonation of emulsion explosives with hollow microballoons[C] // XII International Conference on the Methods of Aerophysical Research, Novosibirsk, Russia, 2004: 75-80.

[477] Sil'vestrov V V. Dependence of detonation velocity on density for high explosives of the second group[J]. Combust. Explosi. Shock Waves, 2006, 42: 472-479.

[478] 程扬帆, 马宏昊, 沈兆武. 氢化镁储氢型乳化炸药的爆炸特性研究[J]. 高压物理学报, 2013 (1): 45-50.

[479] Chaudhri M M, Field J E. The role of rapidly compressed gas pockets in the initiation of condensed explosives[J]. Proceedings of the Royal Society of London: A. Mathematical and Physical Sciences, 1974, 340(1620): 113-128.

[480] Mader C L. Numerical modeling of explosives and propellants[M]. Calabasas: CRC press, 2007.

[481] Khasainov B A, Borisov A A, Ermolaev B S, et al. Viscoplastic mechanism of hot-spot initiation in solid heterogeneous explosives[C] // Detonation, Proceedings of II All-Union Workshop on Detonation, Issue II, Chernogolovka, 1981: 19-22.

[482] Chick M C. The effect of interstitial gas on the shock sensitivity of low density explosive compacts [C] // Fourth Symposium (International) on Detonation, 1965: 349-358.

[483] Medvedev A E, Fomin V M, Reshetnyak A Y. Mechanism of detonation of emulsion explosives with microballoons[J]. Shock Waves, 2008, 18: 107-115.

[484] Zababakhin E I. Some Issues of Explosion Gas Dynamics[C]. Russian Federal Nuclear Center, Institute of Technical Physics, Snezhinsk, 1997.

[485] Eyring H, Powell R E, Duffy G H, et al. The Stability of Detonation[J]. Chem Rev, 1949, 45 (1): 69-181.

[486] Mitrofanov V V. Detonation Theory[M]. Novosibirsk: Novosib Gos Univ Izd, 1982.

[487] (苏)鲍姆 A, 等. 爆炸物理学[M]. 众智, 译. 北京: 科学出版社, 1963.

[488] Sedov L I. Mechanics of Continuous Media[M]. Singapore: World Scientific Publishing Co Pte Ltd, 2004.

[489] Kondrikov B N, Annikov V É, Kozak G D. A generalized dependence of the critical detonation diameter of porous substances on the density[J]. Combust Explos Shock Waves, 1997, 33(2): 219-229.

[490] Lee J, Persson P A. Detonation behavior of emulsion explosives[J]. Propellants, Explos Pyrotech, 1990, 15(5): 208-216.

[491] Lee J, Sandstrom, F W, Craig B G, et al. Detonation and shock initiation properties of emulsion explosives[C] // Proceedings of the 9th Symposium (International) on Detonation, Portland, Oregon, 1989: 263-271.

[492] Yao Y L, Cheng Y F, Zhang Q W, et al. Explosion temperature mapping of emulsion explosives containing TiH$_2$ powders with the two-color pyrometer technique[J]. Defence Technology, 2022, 18(10): 1834-1841.

[493] Cheng Y F, Wang Q, Liu F, et al. The effect of the energetic additive coated MgH$_2$ on the power of emulsion explosives sensitized by glass microballoons[J]. Central European Journal of Energetic Materials, 2016, 13(3): 705-713.

[494] 库尔. 水中爆炸[M]. 罗耀杰, 译. 北京: 国防工业出版社, 1965.

[495] 李金河, 赵继波, 谭多望, 等. 炸药水中爆炸的冲击波性能[J]. 爆炸与冲击, 2009, 29(2):

172-176.

[496] Bjarholt G. Explosive expansion works in underwater detonation［C］. Proceedings of 6th Symposium on Detonation,San Diego,1976：540-550.

[497] 池家春，马冰. TNT/RDX（40/60）炸药球水中爆炸波研究［J］. 高压物理学报，1999，13（3）：199-204.

[498] Cheng Y F，Ma H H，Shen Z W. Detonation characteristics of emulsion explosives sensitized by MgH_2［J］. Combustion，Explosion，and Shock Waves，2013，49：614-619.

[499] 程扬帆. 基于储氢材料的高能乳化炸药爆轰机理和爆炸性能研究［D］. 合肥：中国科学技术大学，2014.

[500] 王玮，王建灵，郭炜，等. 铝含量对 RDX 基含铝炸药爆压和爆速的影响［J］. 火炸药学报，2010，33（1）：15-18.

[501] 潮捷，黄文尧，吴红波，等. 铝粉对化学敏化水胶炸药性能影响的实验研究［J］. 工程爆破，2021，27（6）：110-115.

[502] 张虎，谢兴华，郭子如，等. 铝粉含量对乳化炸药性能影响［J］. 含能材料，2008，16（6）：738-740.

[503] 钱海，吴红波，邢化岛，等.铝粉含量和粒径对乳化炸药作功能力的影响［J］. 火炸药学报，2017，40（1）：40-44.

[504] 孟自力. 空心玻璃微珠在乳化炸药中的应用［J］. 爆破器材，1999（4）：16-18.

[505] 吴红波，颜事龙，刘锋. 敏化剂类型对乳化炸药减敏程度的影响［J］. 中国矿业，2007（7）：94-97.

[506] 刘磊力，李凤生，支春雷，等. MgH_2 的制备及对高氯酸铵热分解过程的影响［J］. 稀有金属材料与工程，2010，39（7）：1289-1292.

[507] 张静静. 高纯氢化镁的储氢性能及反应机理研究［J］. 科学技术创新，2023（5）：15-18.

[508] 程扬帆，马宏昊，沈兆武. MgH_2 对乳化炸药的压力减敏影响实验［J］. 爆炸与冲击，2014，34（4）：427-432.

[509] 张耀，李寿权，应窕，等. 球磨表面包覆对镁基贮氢合金电化学性能的影响［J］. 中国有色金属学报，2001（4）：582-586.

[510] 高元元. NTO 重结晶包覆 HMX 的钝感技术研究［D］. 南京：南京理工大学，2014.

[511] 安崇伟，宋小兰，王毅，等. 硝胺类炸药颗粒表面包覆的研究进展［J］. 含能材料，2007，15（2）：188-192.

[512] 胡庆贤，吕子剑. TATB、石蜡、石墨钝感作用的讨论［J］. 含能材料，2004（1）：26-29.

[513] 李丹，王晶禹，姜夏冰，等. 硬脂酸包覆超细 RDX 及其撞击感度［J］. 火炸药学报，2009，32（1）：40-43.

[514] 程扬帆，郭子如，汪泉，等. MgH_2 水解敏化乳化炸药的爆轰性能研究［C］//中国煤炭学会，中国工程院能源与矿业工程学部，中国金属学会，中国有色金属学会，中国化工学会. 第十届全国采矿学术会议论文集——专题二：安全技术及工程，2015：26-31.

[515] Liu Y，Wang C，Zhang Y，et al. Fractal process and particle size distribution in a TiH_2 powder milling system［J］. Powder Technology，2015，284：272-278.

[516] 刘文近. 含能中空微囊的制备及其敏化炸药爆轰性能研究［D］. 淮南：安徽理工大学，2019.

[517] 程扬帆，马宏昊，沈兆武. MgH_2 对乳化炸药压力减敏影响的实验研究［J］. 爆炸与冲击，2014，34（4）：427-432.

[518] 王尹军，吕庆山，汪旭光. 冲击波对含水炸药减敏作用的实验研究［J］. 爆炸与冲击，2004，24（6）：558-561.

[519] 贯荔. 乳化炸药的压力减敏作用［J］. 爆破器材，1994（2）：35-37.

[520] 杨民钢. 静压力对乳化炸药性能影响的试验研究［J］. 爆破器材，1994（2）：1-5.

[521] 陈东梁,颜事龙,刘义,等.动压作用下乳化炸药微结构变化的实验[J].煤炭学报,2006(3): 287-291.

[522] 吴红波,颜事龙,刘锋.动压作用下敏化剂对乳化炸药破乳程度的影响[J].含能材料,2008(3): 247-250.

[523] 颜事龙,王尹军.冲击波作用下乳化炸药压力减敏的表征方法[J].爆炸与冲击,2006(5): 441-447.

[524] 卢良民.乳化炸药在水下爆破中抗水抗压性能的实验与机理探讨[J].低碳世界,2016(16): 246-247.

[525] 程扬帆,程尧,周淑清,等.化学敏化的 MgH_2 型储氢乳化炸药抗动压和爆轰性能研究[J].中国矿业,2016,25(1):146-149.

[526] 王尹军,汪旭光.有关压力减敏两个概念的讨论[J].北京科技大学学报,2005(3):257-259.

[527] Cheng Y F, Ma H H, Liu R, et al. Explosion power and pressure desensitization resisting property of emulsion explosives sensitized by MgH_2[J]. Journal of Energetic Materials, 2014, 32 (3):207-218.

[528] Cheng Y F, Ma H H, Liu R, et al. Pressure desensitization influential factors and mechanism of magnesium hydride sensitized emulsion explosives[J]. Propellants, Explosives, Pyrotechnics, 2014, 39(2):267-274.

[529] Ysn S L, Wu G B. Influence of sensitizing agent on crystallization quantity of emulsion explosive under dynamic pressure[J]. Journal of China Coal Society, 2011, 36(11):1836-1839.

[530] 陈东梁,孙金华,颜事龙,等.动压下组分结构变化与乳化炸药减敏关系研究[J].含能材料, 2006,14(4):302-305.

[531] 王尹军,黄文尧,汪旭光.乳化炸药压力减敏作用与敏化气泡含量的关系[J].爆破器材,2005 (6):13-16.

[532] Al-Kukhun A, Hwang H T, Varma A. NbF_5 additive improves hydrogen release from magnesium borohydride[J]. International journal of hydrogen energy, 2012, 37(23):17671-17677.

[533] 薛艳,刘吉平,欧育湘,等.乳化炸药储存稳定性研究[J].火炸药学报,1999(3):43-45.

[534] 罗安平,王卫国.含 Cu^{2+} 乳化基质常温储存稳定性测试[J].中国科技信息,2019(11):93-94,14.

[535] 梁文平.乳状液科学与技术基础[M].北京:科学出版社,2001.

[536] 宋锦泉,汪旭光.乳化炸药的稳定性探讨[J].火炸药学报,2002(1):36-40.

[537] 杨仁树,胡坤伦.几种表征乳化炸药稳定性方法的实验研究[J].煤矿爆破,2007(2):1-4.

[538] 邵利.乳化炸药稳定性快速预测方法研讨[J].煤矿爆破,1995(4):13-17.

[539] Liu D Y, Zhao P, Chan S H Y, et al. Effects of nano-sized aluminum on detonation characteristics and metal acceleration for RDX-based aluminized explosive[J]. Defence Technology, 2021, 17(2):327-337.

[540] Courty L, Gillard P, Ehrhardt J, et al. Experimental determination of ignition and combustion characteristics of insensitive gun propellants based on RDX and nitrocellulose[J]. Combustion and Flame, 2021, 229:111402.

[541] Wang B B, Liao X, DeLuca L T, et al. Effects of particle size and content of RDX on burning stability of RDX-based propellants[J]. Defence Technology, 2022, 18(7):1247-1256.

[542] Cao W, Song Q G, Gao D Y, et al. Detonation characteristics of an aluminized explosive added with boron and magnesium hydride[J]. Propellants, Explosives, Pyrotechnics, 2019, 44(11): 1393-1399.

[543] Chen Y, Xu S, Wu D J, et al. Experimental study of the explosion of aluminized explosives in air [J]. Central European Journal of Energetic Materials, 2016, 13(1): 117-134.

[544] Lin M J, Ma H H, Shen Z W, et al. Effect of aluminum fiber content on the underwater explosion performance of RDX-based explosives[J]. Propellants, Explosives, Pyrotechnics, 2014, 39(2): 230-235.

[545] Huang L L, Ma H H, Shen Z W, et al. Influence of titanium powder on detonation characteristics and thermal stability of RDX-based composite explosive [J]. Propellants, Explosives, Pyrotechnics, 2022, 47(4): e202100236.

[546] Li X H, Pei H B, Zhang X, et al. Effect of aluminum particle size on the performance of aluminized explosives[J]. Propellants, Explosives, Pyrotechnics, 2020, 45(5): 807-813.

[547] Zhao Y, Zhao F, Xu S, Ju X. Thermal decomposition mechanism of nitroglycerin by nano-aluminum hydride (AlH$_3$): ReaxFF-lg molecular dynamics simulation[J]. Chemical Physics Letters, 2021, 770:138443.

[548] Selezenev A A, Lashkov V N, Lobanov V N, et al. Effect of Al/AlH$_3$ and Mg/MgH$_2$ components on detonation parameters of mixed explosives [C]. Proceedings of the 12th Detonation Symposium, 2002.

[549] Liu J, Yang W, Liu Y, Liu X. Mechanism and characteristics of thermal action of HMX explosive mixture containing high-efficiency fuel[J]. Science China Technological Sciences, 2019, 62(4): 578-586.

[550] Zhang J, Qu H, Yan S, Wu G, Yu X, Zhou D. Catalytic effect of nickel phthalocyanine on hydrogen storage properties of magnesium hydride: experimental and first-principles studies[J]. International Journal of Hydrogen Energy, 2017, 42(47):28485-28497.

[551] Zhu P, Fang H, Zhu Y, et al. Effects of magnesium hydride on the thermal decomposition and combustion properties of DAP-4[J]. Vacuum, 2023, 214: 112170.

[552] 靳丽美, 堵平, 王泽山. MgH$_2$对硝化棉燃烧性能的影响[C]//中国兵工学会, 南京理工大学, 中国兵器工业集团公司科技部, 云南省国防科技工业局. 第十六届中国科协年会第九分会场含能材料及绿色民爆产业发展论坛论文集. [出版者不详], 2014: 200-206.

[553] Ding X, Shu Y, Liu N, Wu M, Zhang J, Gou B, et al. Energetic characteristics of HMX-based explosives containing LiH[J]. Propellants, Explosives, Pyrotechnics. 2016, 41(6): 1079-1084.

[554] Sorensen D N, Quebral A P, Baroody E E, et al. Investigation of the thermal degradation of the aged pyrotechnic titanium hydride/potassium perchlorate[J]. Journal of Thermal Analysis and Calorimetry, 2006, 85(1): 151-156.

[555] Cudziło S, Trzciński W A, Paszula J, et al. Effect of titanium and zirconium hydrides on the detonation heat of RDX-based explosives-a comparison to aluminium[J]. Propellants, Explosives, Pyrotechnics, 2018: 43(3): 280-285.

[556] Cudziło S, Trzciński W A, Paszula J, et al. Effect of Titanium and Zirconium Hydrides on the parameters of confined explosions of RDX-based explosives-A Comparison to Aluminium[J]. Propellants, Explosives, Pyrotechnics, 2018, 43(10): 1048-1055.

[557] Ji D D, Wei X A, Du P, et al. Effect of Boron-Containing Hydrogen-Storage-Alloy (Mg(BH$_x$)$_y$) on thermal decomposition behavior and thermal hazards of nitrate explosives[J]. Propellants, Explosives, Pyrotechnics, 2018, 43(4): 413-419.

[558] Yue Y, Chen L, Peng J. Thermal behaviors and their correlations of Mg(BH$_4$)$_2$-contained explosives[J]. Journal of Energetic Materials, 2018, 36(1): 82-92.

[559] 魏新玉. Mg(BH₄)₂对几种 RDX 基混合炸药机械感度以及能量输出特性的影响[D]. 南京：南京理工大学，2019.

[560] 张冠永，魏晓安，堵平. 含硼储氢合金(Mg(BH$_x$)$_y$)对硝酸酯炸药能量的影响[J]. 含能材料，2016，24(12)：1205-1208.

[561] Mao X X, Jiang L F, Zhu C G, et al. Effects of aluminum powder on ignition performance of RDX, HMX, and CL-20 explosives[J]. Advances in Materials Science and Engineering, 2018, 2018：1-8.

[562] Yao Y L, Cheng Y F, Liu R, et al. Effects of Micro-encapsulation treatment on the thermal safety of high energy emulsion explosives with Boron powders[J]. Propellants, Explosives, Pyrotechnics, 2021, 46(3)：389-397.

[563] 封雪松，田轩，徐洪涛，等. 提高硼粉的爆炸反应性研究[J]. 火工品，2018(2)：44-47.

[564] 宋江伟，杨文进，张军旗，等. 铝基贮氢复合燃烧剂在水下炸药中的应用[J]. 含能材料，2022，31(1)：35-40.

[565] 吴星亮，徐飞扬，王旭，等. 含储氢材料的 RDX 基混合炸药能量输出特性[J]. 含能材料，2021，29(10)：964-970.

[566] Wang Y, Liu Y, Xu Q, et al. Effect of metal powders on explosion of fuel-air explosives with delayed secondary igniters[J]. Defence Technology, 2021, 17(3)：785-791.

[567] Zhang M H, Zhou B F, Chen Y F, et al. Mechanism and safety analysis of acetylene decomposition explosion：A combined ReaxFF MD with DFT study[J]. Fuel, 2022, 327：124996.

[568] Rao G N, Yao M, Peng J H. First-principles investigation of decomposition and adsorption properties of RDX on the surface of MgH₂[J]. Chemical Physics, 2017, 496：15-23.

[569] Yang Z, Zhao F Q, Xu S Y, et al. Investigation on adsorption and decomposition properties of CL-20/FOX-7 molecules on MgH₂ (110) surface by first-principles[J]. Molecules, 2020, 25(12)：2726.

[570] Li C F, Mei Z, Zhao F Q, et al. Molecular dynamic simulation for thermal decomposition of RDX with nano-AlH₃ particles[J]. Physical Chemistry Chemical Physics, 2018(20)：14192-14199.

[571] Zhao Y, Mei Z, Zhao F Q, et al. Thermal decomposition mechanism of 1,3,5,7-tetranitro-1,3,5,7-tetrazocane accelerated by nano-aluminum hydride(AlH₃)：ReaxFF-Lg molecular dynamics simulation[J]. ACS Omega, 2020, 5(36)：23193-23200.

[572] Mei Z, Li C, Zhao F, Xu S, Ju X. Reactive molecular dynamics simulation of thermal decomposition for nano-AlH₃/TNT and nano-AlH₃/CL-20 composites[J]. Journal of Materials Science, 2019, 54(9)：7016-7027.

[573] Zhang K, Feng X S, Zhao J, et al. Effect of aluminum powder content on air blast performance of RDX-based explosive grenade charge[J]. Advances in Materials Science and Engineering, 2022, 2022：1-7.

[574] Samal S, Cho S, Park D W, et al. Thermal characterization of titanium hydride in thermal oxidation process[J]. Thermochimica Acta, 2012, 542：46-51.

[575] Tao C, Cheng Y F, Fang H, et al. Fabrication and characterization of a novel underground mining emulsion explosive containing thickening microcapsules[J]. Propellants, Explosives, Pyrotechnics, 2020, 45(6)：932-941.

[576] Xue B, Ma H H, Shen Z W, et al. Effect of TiH₂ particle size and content on the underwater explosion performance of RDX-based explosives[J]. Propellants, Explosives, Pyrotechnics, 2017,

42(7)：791-798.

[577] Xue B, Ma H H, Shen Z W. Air explosion characteristics of a novel TiH$_2$/RDX composite explosive[J]. Combustion, Explosion, and Shock Waves, 2015, 51(4)：488-494.

[578] JiangF, Wang X F, Huang Y F, et al. Effect of particle gradation of aluminum on the explosion field pressure and temperature of RDX-based explosives in vacuum and air atmosphere[J]. Defence Technology, 2019, 15(6)：844-852.

[579] Maiz L, Trzciński W A, Paszula J. Investigation of fireball temperatures in confined thermobaric explosions[J]. Propellants, Explosives, Pyrotechnics, 2017, 42(2)：142-148.

[580] Stepura G, Rosenband V, Gany A. A model for the decomposition of titanium hydride and magnesium hydride[J]. Journal of Alloys and Compounds, 2012, 513：159-164.

[581] 张为鹏, 黄亚峰, 金朋刚, 等. 炸药摩擦感度研究进展和趋势[J]. 化学推进剂与高分子材料, 2022, 20(5)：9-16.

[582] 雷若奇. 复合固体推进剂低压撞击点火特性研究[D]. 西安：西安工业大学, 2023.

[583] 郭惠丽, 黄亚峰, 金朋刚, 等. 炸药撞击感度研究进展[J]. 化工新型材料, 2022, 50(5)：10-15.

[584] 姚淼. 金属氢化物对典型单质炸药安全性影响的研究[D]. 南京：南京理工大学, 2017.

[585] 岳越. 炸药添加金属氢化物后的热行为及其相关性研究[D]. 南京：南京理工大学, 2020.

[586] 何洪途, 朱朋哲, 刘睿, 等. 含能材料摩擦特性的研究进展与展望[J]. 摩擦学学报, 2023, 43(10)：1-22.

[587] 刘向前. ZrH$_2$-PETN混合炸药爆炸及热分解特性研究[D]. 绵阳：西南科技大学, 2021.

[588] Fang Z Q, Li S K, Liu J P, et al. Effect and mechanism of lithium aluminium hydride on the pyrolysis process of RDX[J]. Journal of Analytical and Applied Pyrolysis, 2022, 167：105690.

[589] Yao M, Chen L P, Peng J H. Effects of MgH$_2$/Mg(BH$_4$)$_2$ Powders on the Thermal Decomposition Behaviors of 2, 4, 6-Trinitrotoluene (TNT)[J]. Propellants, Explosives, Pyrotechnics, 2015, 40(2)：197-202.

[590] 薛冰. RDX基金属氢化物混合炸药爆炸及安全性能研究[D]. 合肥：中国科学技术大学, 2017.

[591] 张振奋. 镁基贮氢合金及其温压炸药长储性能退化规律研究[D]. 南京：南京理工大学, 2023.

[592] Yaman H, Çelik V, Değirmenci E. Experimental investigation of the factors affecting the burning rate of solid rocket propellants[J]. Fuel, 2014, 115：794-803.

[593] He W, Lyu J Y, Tang D, He G, Liu P, Yan Q. Control the combustion behavior of solid propellants by using core-shell Al-based composites[J]. Combustion and Flame, 2020, 221：441-452.

[594] Rodriguez D A, Dreizin E L, Shafirovich E. Hydrogen generation from ammonia borane and water through combustion reactions with mechanically alloyed Al · Mg powder[J]. Combustion and Flame, 2015, 162(4)：1498-1506.

[595] Yang Y, Zhao F, Xu H, et al. Hydrogen-enhanced combustion of a composite propellant with ZrH$_2$ as the fuel[J]. Combustion and Flame, 2018, 187：67-76.

[596] Young G, Risha G A, Connell Jr T L, et al. Combustion of HTPB based solid fuels containing metals and metal hydrides with nitrous oxide[J]. Propellants, Explosives, Pyrotechnics, 2019, 44(6)：744-750.

[597] Liu L, Li J, Zhang L, et al. Effects of magnesium-based hydrogen storage materials on the thermal decomposition, burning rate, and explosive heat of ammonium perchlorate-based composite solid propellant[J]. Journal of Hazardous Materials, 2018, 342：477-481.

[598] Yang Y, Zhao F, Huang X, et al. Reinforced combustion of the ZrH$_2$-HMX-CMDB propellant：

The critical role of hydrogen[J]. Chemical Engineering Journal, 2020, 402: 126275.

[599] Hashim S A, Karmakar S, Roy A. Effects of Ti and Mg particles on combustion characteristics of boron-HTPB-based solid fuels for hybrid gas generator in ducted rocket applications[J]. Acta Astronautica, 2019, 160: 125-137.

[600] Chen S, Tang Y, Yu H, et al. The rapid H_2 release from AlH_3 dehydrogenation forming porous layer in AlH_3/hydroxyl-terminated polybutadiene (HTPB) fuels during combustion[J]. Journal of Hazardous Materials, 2019, 371: 53-61.

[601] Pang W Q, Yetter R A, DeLuca L T, et al. Boron-based composite energetic materials (B-CEMs): Preparation, combustion and applications[J]. Progress in Energy and Combustion Science, 2022, 93: 101038.

[602] Lv X, Zha M, Ma Z, et al. Fabrication, characterization, and combustion performance of Al/HTPB composite particles[J]. Combustion Science and Technology, 2017, 189(2): 312-321.

[603] DeLuca L T, Galfetti L, Colombo G, et al. Microstructure effects in aluminized solid rocket propellants[J]. Journal of Propulsion and Power, 2010, 26(4): 724-732.

[604] Babuk V A, Vasilyev V A, Malakhov M S. Condensed combustion products at the burning surface of aluminized solid propellant[J]. Journal of Propulsion and Power, 1999, 15(6): 783-793.

[605] Liu T K. Experimental and model study of agglomeration of burning aluminized propellants[J]. Journal of Propulsion and Power, 2005, 21(5): 797-806.

[606] 于永志, 相升海, 李世鹏, 等. 铝粉含量对火箭发动机推力影响研究[J]. 兵器装备工程学报, 2016, 37(3): 35-38.

[607] Guo Y, Li J, Gong L, et al. Effect of organic fluoride on combustion performance of HTPB propellants with different aluminum content[J]. Combustion Science and Technology, 2021, 193 (4): 702-715.

[608] Ao W, Liu P, Liu H, et al. Tuning the agglomeration and combustion characteristics of aluminized propellants via a new functionalized fluoropolymer[J]. Chemical Engineering Journal, 2020, 382: 122987.

[609] Maggi F, Gariani G, Galfetti L, et al. Theoretical analysis of hydrides in solid and hybrid rocket propulsion[J]. International Journal of Hydrogen Energy, 2012, 37(2): 1760-1769.

[610] Liu H, Yuan J F, Liao X Q, et al. Effect of AlH_3 on the energy performance and combustion agglomeration characteristics of solid propellants[J]. Combustion and Flame, 2023, 256: 112873.

[611] Chaturvedi S, Dave P N, Patel N N. Thermal decomposition of AP/HTPB propellants in presence of Zn nanoalloys[J]. Applied Nanoscience, 2015, 5(1): 93-98.

[612] Trache D, Maggi F, Palmucci I, et al. Effect of amide-based compounds on the combustion characteristics of composite solid rocket propellants[J]. Arabian Journal of Chemistry, 2019, 12 (8): 3639-3651.

[613] DeLuca L T, Galfetti L, Severini F, et al. Physical and ballistic characterization of AlH3-based space propellants[J]. Aerospace Science and Technology, 2007, 11(1): 18-25.

[614] Shioya S, Kohga M, Naya T. Burning characteristics of ammonium perchlorate-based composite propellant supplemented with diatomaceous earth[J]. Combustion and flame, 2014, 161(2): 620-630.

[615] Yu M, Zhu Z, Li H P, et al. Advanced preparation and processing techniques for high energy fuel AlH_3[J]. Chemical Engineering Journal, 2021, 421: 129753.

[616] DeLuca L, Rossettini L, Kappenstein C, et al. Ballistic characterization of AlH_3-based

propellants for solid and hybrid rocket propulsion[C]//45th AIAA/ASME/SAE/ASEE Joint Propulsion Conference & Exhibit, 2009: 4874.

[617] Bazyn T, Eyer R, Krier H, et al. Combustion characteristics of aluminum hydride at elevated pressure and temperature[J]. Journal of Propulsion and Power, 2004, 20(3): 427-431.

[618] Fukuchi A B. Effect of aluminum particle size on agglomeration size and burning rate of composite propellant[J]. Journal of Thermal Science and Technology, 2022, 17(1): 21-00346-21-00346.

[619] Belkova N V, Epstein L M, Filippov O A, et al. Hydrogen and dihydrogen bonds in the reactions of metal hydrides[J]. Chemical Reviews, 2016, 116(15): 8545-8587.

[620] Wang X K, Zhao Y, Zhao F Q, et al. Atomic perspective revealing for combustion evolution of nitromethane/nano-aluminum hydride composite[J]. Journal of Molecular Graphics and Modelling, 2021, 108: 107987.

[621] Pal Y, Mahottamananda S N, Palateerdham S K, et al. Review on the regression rate-improvement techniques and mechanical performance of hybrid rocket fuels[J]. FirePhysChem, 2021, 1(4): 272-282.

[622] Fang H, Guo X, Shi L, et al. The effects of TiH_2 on the thermal decomposition performances of ammonium perchlorate-based molecular perovskite (DAP-4)[J]. Journal of Energetic Materials, 2023, 41(1): 86-98.

[623] Zhao X, Xia Z, Ma L, et al. Research progress on solid-fueled Scramjet[J]. Chinese Journal of Aeronautics, 2022, 35(1): 398-415.

[624] Veale K, Adali S, Pitot J, et al. A review of the performance and structural considerations of paraffin wax hybrid rocket fuels with additives[J]. Acta Astronautica, 2017, 141: 196-208.

[625] Fang H, Deng P, Liu R, et al. Energy-releasing properties of metal hydrides (MgH_2, TiH_2 and ZrH_2) with molecular perovskite energetic material DAP-4 as a novel oxidant[J]. Combustion and Flame, 2023, 247: 112482.

[626] Gunda H, Ghoroi C, Jasuja K. Layered magnesium diboride and its derivatives as potential catalytic and energetic additives for tuning the exothermicity of ammonium perchlorate[J]. Thermochimica Acta, 2020, 690: 178674.

[627] Fang H, Guo X, Wang W, et al. The thermal catalytic effects of CoFe-Layered double hydroxide derivative on the molecular perovskite energetic material (DAP-4)[J]. Vacuum, 2021, 193: 110503.

[628] Chen S L, Shang Y, He C T, et al. Optimizing the oxygen balance by changing the A-site cations in molecular perovskite high-energetic materials[J]. Cryst Eng Comm, 2018, 20(46): 7458-7463.

[629] Deng P, Wang H, Yang X, et al. Thermal decomposition and combustion performance of high-energy ammonium perchlorate-based molecular perovskite[J]. Journal of Alloys and Compounds, 2020, 827: 154257.

[630] Chen S L, Yang Z R, Wang B J, et al. Molecular perovskite high-energetic materials[J]. Science China Materials, 2018, 61(8): 1123-1128.

[631] Cheng M, Liu X, Luo Q, et al. Cocrystals of ammonium perchlorate with a series of crown ethers: preparation, structures, and properties[J]. Cryst Eng Comm, 2016, 18(43): 8487-8496.

[632] Shang Y, Huang R K, Chen S L, et al. Metal-free molecular perovskite high-energetic materials [J]. Crystal Growth & Design, 2020, 20(3): 1891-1897.

[633] Han K, Zhang X, Deng P, et al. Study of the thermal catalysis decomposition of ammonium

perchlorate-based molecular perovskite with titanium carbide MXene [J]. Vacuum, 2020, 180: 109572.

[634] Zaluska A, Zaluski L, Ström-Olsen J O. Nanocrystalline magnesium for hydrogen storage[J]. Journal of Alloys and Compounds, 1999, 288(1-2): 217-225.

[635] Orimo S, Fujii H. Materials science of Mg-Ni-based new hydrides[J]. Applied Physics A, 2001, 72: 167-186.

[636] Reily J J, Wiswall R H. The reaction of hydrogen with alloys of magnesium and nickel and the formation of Mg_2NiH_4[J]. Inorganic Chemical 7, 1968: 2254-2256.

[637] Cao W, Guo W, Ding T, et al. Laser ablation of aluminized RDX with added ammonium perchlorate or ammonium perchlorate/boron/magnesium hydride[J]. Combustion and Flame, 2020, 221: 194-200.

[638] Yao Y, Cheng Y, Liu R, et al. Effects of Micro-Encapsulation Treatment on the Thermal Safety of High Energy Emulsion Explosives with Boron Powders [J]. Propellants, Explosives, Pyrotechnics, 2021, 46(3): 389-397.

[639] Dong N, Wu D, Ge L, et al. Constructing a brand-new advanced oxidation process system composed of MgO_2 nanoparticles and MgNCN/MgO nanocomposites for organic pollutant degradation[J]. Environmental Science: Nano, 2022, 9(1): 335-348.

[640] Wang W, Zhang F, Zhang C, et al. TiO_2 composite nanotubes embedded with CdS and upconversion nanoparticles for near infrared light driven photocatalysis[J]. Chinese Journal of Catalysis, 2017, 38(11): 1851-1859.

[641] Mao Z L, Yang L, Wu J. Preparation of ZrO_2 in SiC coating via hydrothermal method and sintering process onto carbon/carbon composite[J]. Materials Express, 2021, 11(12): 1997-2003.

[642] Dzhevaga E V, Chebanenko M I, Martinson K D, et al. One-step combustion synthesis of undoped c-ZrO_2 for Cr(VI) removal from aqueous solutions[J]. Nanotechnology, 2022, 33 (41): 415601.

[643] Koch E C, Klapötke T M. Boron-Based High Explosives [J]. Propellants, Explosives, Pyrotechnics, 2012, 37(3): 335-344.

[644] Bellott B J, Noh W, Nuzzo R G, et al. Nanoenergetic materials: boron nanoparticles from the pyrolysis of decaborane and their functionalisation[J]. Chemical communications, 2009 (22): 3214-3215.

[645] Jain A, Anthonysamy S, Ananthasivan K, et al. Studies on the ignition behaviour of boron powder[J]. Thermochimica Acta, 2010, 500(1-2): 63-68.

[646] Young G, Sullivan K, Zachariah M R, et al. Combustion characteristics of boron nanoparticles [J]. Combustion and Flame, 2009, 156(2): 322-333.

[647] Jain A, Joseph K, Anthonysamy S, et al. Kinetics of oxidation of boron powder [J]. Thermochimica Acta, 2011, 514(1-2): 67-73.

[648] Acharya S, Karmakar S, Dooley K M. Ignition and combustion of boron nanoparticles in ethanol spray flame[J]. Journal of Propulsion and Power, 2012, 28(4): 707-718.

[649] Hussmann B, Pfitzner M. Extended combustion model for single boron particles-Part I: Theory [J]. Combustion and Flame, 2010, 157(4): 803-821.

[650] Xi J, Liu J, Wang Y, et al. Effect of metal hydrides on the burning characteristics of boron[J]. Thermochimica Acta, 2014, 597: 58-64.

[651] Mestwerdt R, Selzer H. Experimental investigation of boron/lithium combustion [J]. Aiaa

Journal, 1976, 14(1): 100-102.

[652] Yoshida T, Yuasa S. Effect of water vapor on ignition and combustion of boron lumps in an oxygen stream[J]. Proceedings of the Combustion Institute, 2000, 28(2): 2735-2741.

[653] Xi J, Liu J, Wang Y, et al. Metal oxides as catalysts for boron oxidation[J]. Journal of Propulsion and Power, 2014, 30(1): 47-53.

[654] Lempert D B, Brambilla M, DeLuca L T. Ballistic effectiveness of Zr-containing composite solid propellants as a function of binder nature and wt. fraction[J]. Progress in Propulsion Physics, 2013, 4: 15-32.

[635] Yang Y, Zhao F, Yuan Z, et al. On the combustion mechanisms of ZrH_2 in double-base propellant[J]. Physical Chemistry Chemical Physics, 2017, 19(48): 32597-32604.

[656] Shoji T, Inoue A. Hydrogen absorption and desorption behavior of Zr-based amorphous alloys with a large structurally relaxed amorphous region[J]. Journal of Alloys and Compounds, 1999, 292(1-2): 275-280.

[657] Yu L, Feng Y, Yang J, et al. Mechanical and thermal physical properties, and thermal shock behavior of $(ZrB_2 + SiC)$ reinforced $Zr_3[Al(Si)]_4C_6$ composite prepared by in situ hot-pressing [J]. Journal of Alloys and Compounds, 2015, 619: 338-344.

[658] Reid D L, Russo A E, Carro R V, et al. Nanoscale additives tailor energetic materials[J]. Nano Letters, 2007, 7(7): 2157-2161.

[659] Ju J, Liu J, Guan H. Burning and radiance properties of Si in AP/HTPB based compositions[J]. Infrared Physics & Technology, 2020, 110: 103446.

[660] Sobolev V, Bilan N, Dychkovskyi R, et al. Reasons for breaking of chemical bonds of gas molecules during movement of explosion products in cracks formed in rock wt.[J]. International Journal of Mining Science and Technology, 2020, 30(2): 265-269.

[661] Wang L, Jiang D, Jiang X, et al. Investigation on the impact of thermal-kernel effect of lithium hydride on the reactivity of nuclear propulsion particle bed reactor[J]. Annals of Nuclear Energy, 2019, 128: 24-32.

[662] Akhter M Z, Hassan M A. Characterisation of paraffin-based hybrid rocket fuels loaded with nano-additives[J]. Journal of Experimental Nanoscience, 2018, 13(S1): S31-S44.

[663] Paulose S, Raghavan R, George B K. Copper oxide alumina composite via template assisted sol-gel method for ammonium perchlorate decomposition[J]. Journal of Industrial and Engineering Chemistry, 2017, 53: 155-163.

[664] Tian X, Li H, Jiang D, et al. Preliminary feasibility analysis of Heat Pipe Cooled Bimodal Space Nuclear Reactor[J]. Progress in Nuclear Energy, 2021, 138: 103817.

[665] Chen B, Shan S, Liu J. Promotion mechanism analysis of metal hydride on the energy release characteristics of B/JP-10 suspension fuel[J]. Fuel, 2022, 316: 123409.

[666] Gaydon A. The spectroscopy of flames[M]. Berlin: Springer Science & Business Media, 2012.

[667] Feng M, Jiang X Z, Mao Q, et al. Initiation mechanisms of enhanced pyrolysis and oxidation of JP-10 (exo-tetrahydrodicyclopentadiene) on functionalized graphene sheets: Insights from ReaxFF molecular dynamics simulations[J]. Fuel, 2019, 254: 115643.

[668] Li S C, Williams F A. Ignition and combustion of boron in wet and dry atmospheres[C]// Symposium (International) on Combustion. Elsevier, 1991, 23(1): 1147-1154.

[669] Ren R, Ortiz A L, Markmaitree T, et al. Stability of lithium hydride in argon and air[J]. The Journal of Physical Chemistry B, 2006, 110(21): 10567-10575.

[670] Simone D, Bruno C. Preliminary investigation on lithium hydride as fuel for solid-fueled scramjet engines[J]. Journal of Propulsion and Power, 2009, 25(4): 875-884.

[671] Depci T. Synthesis and characterization of lithium triborate by different synthesis methods and their thermoluminescent properties[D]. Turkey: Middle East Technical University, 2009.

[672] Hsia H T. Air-augmented combustion of boron and boron-metal alloys[J]. United Technology Center Sunnyvale, CA, 1971.

[673] Andreasen A. Effect of Ti-doping on the dehydrogenation kinetic parameters of lithium aluminum hydride[J]. Journal of Alloys and Compounds, 2006, 419(1-2): 40-44.

[674] Huang X, Li S, Zheng X, et al. Combustion mechanism of a novel energetic fuel candidate based on amine metal borohydrides[J]. Energy & Fuels, 2016, 30(2): 1383-1389.

[675] Meethom S, Kaewsuwan D, Chanlek N, et al. Enhanced hydrogen sorption of $LiBH_4$-$LiAlH_4$ by quenching dehydrogenation, ball milling, and doping with MWCNTs[J]. Journal of Physics and Chemistry of Solids, 2020, 136: 109202.

[676] Oztan C, Coverstone V. Utilization of additive manufacturing in hybrid rocket technology: A review[J]. Acta astronautica, 2021, 180: 130-140.

[677] Yang Z, Fengqi Z, Siyu X U, et al. Combustion, thermal decomposition and application of metal hydride in energetic materials: An extensive literature survey[J]. Chinese Journal of Explosives & Propellants, 2021, 44(2).

[678] 李猛, 赵凤起, 徐司雨, 等. 含金属氢化物的复合推进剂能量特性[J]. 固体火箭技术, 2014, 37(1): 86-90.

[679] 刘厅, 陈昕, 韩爱军, 等. 活性金属氢化物的包覆及其在富燃料推进剂中的应用(英文)[J]. 含能材料, 2016, 24(9): 868-873.

[680] Jayaraman K, Sivakumar P M, Zarrabi A, et al. Combustion characteristics of nanoaluminium-based composite solid propellants: an overview[J]. Journal of Chemistry, 2021, 2021: 1-12.

[681] Thomas J C, Petersen E L, DeSain J D, et al. Enhancement of regression rates in hybrid rockets with HTPB fuel grains by metallic additives[C]//Proceedings of the 51st AIAA/SAE/ASEE Joint Propulsion Conference, Orlando, FL, USA, 2015: 27-29.

[682] Song L, Xu S Y, Zhao F Q, et al. Atomistic insight into dehydrogenation and oxidation of aluminum hydride nanoparticles (AHNPs) in reaction with gaseous oxides at high temperature[J]. International Journal of Hydrogen Energy, 2021, 46(11): 8091-8103.

[683] Zhang X, Fu C, Xia Y, et al. Atomistic origin of the complex morphological evolution of aluminum nanoparticles during oxidation: a chain-like oxide nucleation and growth mechanism[J]. ACS nano, 2019, 13(3): 3005-3014.

[684] Park M, Kim W, Kwon Y, et al. Wet synthesis of energetic aluminum hydride[J]. Propellants, Explosives, Pyrotechnics, 2019, 44(10): 1233-1241.

[685] Yan Q L, Zhao F Q, Kuo K K, et al. Catalytic effects of nano additives on decomposition and combustion of RDX-, HMX-, and AP-based energetic compositions[J]. Progress in Energy and Combustion Science, 2016, 57: 75-136.

[686] Ye J, Li J, Luo H, et al. Effect of micron-Ti particles on microstructure and mechanical properties of Mg-3Al-1Zn based composites[J]. Materials Science and Engineering: A, 2022, 833: 142526.

[687] Luo Y, Wang Q, Li J, et al. Enhanced hydrogen storage/sensing of metal hydrides by nanomodification[J]. Materials Today Nano, 2020, 9: 100071.

[688] 钱跃言,万建峰,邓红霞,等. MgH₂的制备技术及其用途[J].浙江化工,2012,43(12):33-36.

[689] Shoshin Y L, Mudryy R S, Dreizin E L. Preparation and characterization of energetic Al-Mg mechanical alloy powders[J]. Combustion and Flame,2002,128(3):259-269.

[690] 谈玲华,李勤华,杭祖圣,等. 纳米 NiO/MgO 的制备及其对 AP 热分解催化性能影响[J].固体火箭技术,2011,34(2):214-219.

[691] 谈玲华,李勤华,杭祖圣,等. 负载型纳米 NiO 催化高氯酸铵热分解的 DSC/TG-MS 研究[J].功能材料,2011,42(3):564-567.

[692] Wei W,Jiang X, Lu L, et al. Study on the catalytic effect of NiO nanoparticles on the thermal decomposition of TEGDN/NC propellant[J]. Journal of Hazardous Materials, 2009, 168(2-3):838-842.

[693] 窦燕蒙,罗运军,李国平,等. 储氢合金/AP/HTPB 推进剂的热分解性能[J].火炸药学报,2012,35(3):66-70.

[694] 陈支厦,郑邯勇,赵文忠,等. 三氢化铝在固体推进剂中的能量性能理论研究[J].化学推进剂与高分子材料,2014,12(6):89-92.

[695] 周晓杨,王艳萍,徐星星,等. AlH₃对固体推进剂安全性能及成药性能的影响[J].固体火箭技术,2019,42(4):462-465.

[696] 刘晶如,罗运军.贮氢合金燃烧剂与固体推进剂常用含能组分的相容性研究[J].兵工学报,2008(9):1133-1136.

[697] 窦燕蒙. 含储氢合金燃烧剂推进剂的燃烧性能研究[D]. 北京:北京理工大学,2014.

[698] 庞维强,薛云娜,樊学忠等. 十氢十硼酸双四乙基铵的热行为及其与推进剂主要组分的相容性[J]. 含能材料,2012,20(3):280-285.

[699] Ikeda K, Ohshita H, Kaneko N, et al. Structural and hydrogen desorption properties of aluminum hydride[J]. Materials Transactions, 2011, 52(4):598-601.

[700] 袁雪玲.α-AlH₃稳定贮存及在固体推进剂中应用的研究[D].杭州:浙江大学,2022.

[701] Liang D,Liu J, Xiao J, et al. Effect of metal additives on the composition and combustion characteristics of primary combustion products of B-based propellants[J]. Journal of Thermal Analysis and Calorimetiry, 2015, 122:497-508.

[702] 刘子如. 含能材料热分析[M]. 北京:国防工业出版社,2008.

[703] 曹鹏,王江宁,宋秀铎,等. 固体推进剂用含能胶粘剂的研究进展[J].中国胶粘剂,2013,22(11):45-50.

[704] 庞爱民,朱朝阳,徐星星. 三氢化铝合成及应用评价技术进展[J]. 含能材料,2019,27(4):317-325.

[705] Roberts C B. Stabilization of Aluminum Hydride[P]. US Patent 3821044, 1975.

[706] Petrie M A, Bottaro J C, Schmitt R J, et al. Preparation of aluminum hydride polymorphs, particularly stabilized α-AlH₃[P]. US Patent 6228338, 2001.

[707] Niles T E. Stabilization of Aluminum Hydride[P]. US Patent 3869544, 1975.

[708] 张志国,何伟国,赵传富,等. 三氢化铝制备工艺及稳定性研究进展[J].化学推进剂与高分子材料,2010,8(2):11-14,19.

[709] Chen R,Duan C L, Liu X, et al. Surface passivation of aluminum hydride particles via atomic layer deposition[J]. Journal of Vacuum Science & Technology A, 2017, 35(3):03E111-1-6.

[710] 蒋周峰,赵凤起,张明,等. 三氢化铝稳定化方法研究进展[J].火炸药学报,2020,43(2):107-115.

[711] Ardis A, Natoli F. Thermal stability of aluminum hydride through use of stabilizers[P]. US

Patent 3801707，1974.

[712] 邢校辉，夏宇，王建伟，等. 一种提高三氢化铝热稳定性的方法[P]. CN109019507B，2021.

[713] Cianciolo A D，Sabatine D J，Scruggs J A，et al. Process for the preparation of mercury-containing aluminum hydride compositions[P]. US Patent 3785890，1974.

[714] Matzek N E，Roehrs H C. Stabilization of Light Metal Hydride[P]，US Patent 3857922，1974.

[715] Petrie M A，Bottaro J C，Schmitt R J，et al. Stabilized Aluminum Hydride Polymorphs[P]. US Patent 06617064B2，2003.

[716] 秦明娜，张彦，唐望等. 硬脂酸包覆的 α-AlH$_3$：制备及其静电感度[J]. 含能材料，2017，25（1）：59-62.

[717] 商菲. 含能材料 α-AlH$_3$ 的稳定化及燃烧性能研究[D]. 哈尔滨：哈尔滨工业大学.

[718] Bhuiya MMH，Lee CY，Hwang T，et al. Experimentally tuned dual stage hydrogen compressor for improved compression ratio[J]. Int J Hydrogen Energy 2014；39（24）：12924e33.

[719] Kelly NA，Girdwood R. Evaluation of a thermally-driven metal-hydride-based hydrogen compressor[J]. Int J Hydrogen Energy，2012，37（14）：10898e916.

[720] Lototskyy M，Klochko Y，Linkov V. Thermally driven metal hydride hydrogen compressor for medium-scale applications[J]. Energy Procedia，2012，29：347-356.

[721] Bhuiya M M H，Kumar A，Kim K J. Metal hydrides in engineering systems，processes，and devices：a review of non-storage applications[J]. International Journal of Hydrogen Energy，2015，40（5）：2231-2247.

[722] Huiberts JN，Griessen R，Rector J H，et al. Yttrium and lanthanum hydride films with switchable optical propertie[J]. Nature，1996，380（6571）：231e4.

[723] Zhou Y，Fan F，Liu Y，et al. Unconventional smart windows：Materials，structures and designs[J]. Nano Energy，2021，90：106613.

[724] 徐放，金平实，罗宏杰，等. VO$_2$热致变色智能窗：现状、挑战及展望[J]. 无机材料学报，2021，36（10）：013-1021.

[725] Yoshimura K，Langhammer C，Dam B. Metal hydrides for smart window and sensor applications[J]. MRS Bulletin，2013，38（6）：495-503.

[726] Karazhanov S Z，Ulyashin A G，Vajeeston P，et al. Hydrides as materials for semiconductor electronics[J]. Philosophical Magazine，2008，88（16）：2461-2476.

[727] Karazhanov S Z，Ulyashin A G，Ravindran P，et al. Semiconducting hydrides[J]. Europhysics Letters，2008，82（1）：17006.

[728] Gan B，Liu S，He Z，et al. Research progress of metal-based shielding materials for neutron and gamma rays[J]. Acta Metallurgica Sinica，2021，34：1609-1617.

[729] Koki H，Kunihiro I，Kazuo I，et al. Core design of ma-transmutation fast reactor with zirconium hydride target[J]. Nuclear Engineering and Design，2021，379.

[730] Park C S，Jung K，Jeong S U，et al. Development of hydrogen storage reactor using composite of metal hydride materials with ENG[J]. International Journal of Hydrogen Energy，2020，45（51）：27434-27442.

[731] Wang S，Li Y，Li Y，et al. Exergy based parametric analysis of a cooling and power cogeneration system for the life support system of extravehicular spacesuits[J]. Renewable Energy，2018，115：1209-1219.

彩　　图

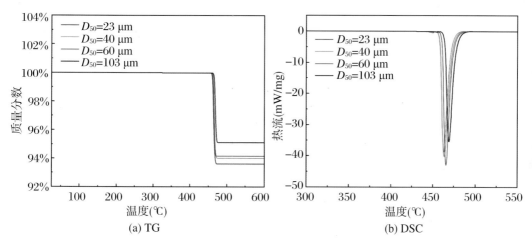

图 4-1　纯 **MgH₂** 在 **10 ℃/min** 升温速率下氩气氛围中的 **TG-DSC** 结果

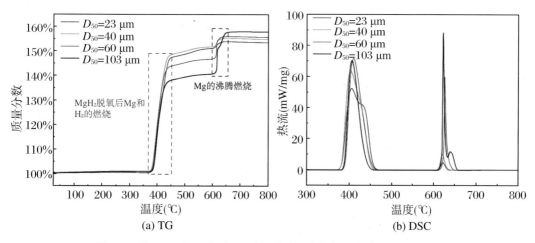

图 4-2　纯 **MgH₂** 在 **10 ℃/min** 升温速率下空气氛围中的 **TG-DSC** 结果

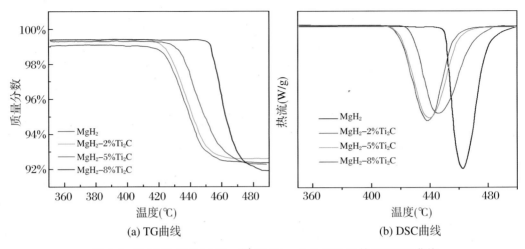

(a) TG曲线　　　　　　　　　　　　　(b) DSC曲线

图 4-6　纯 MgH₂ 以及 MgH₂-x% Ti₂C(x = 0、2、5 和 8)的 TG-DSC 曲线

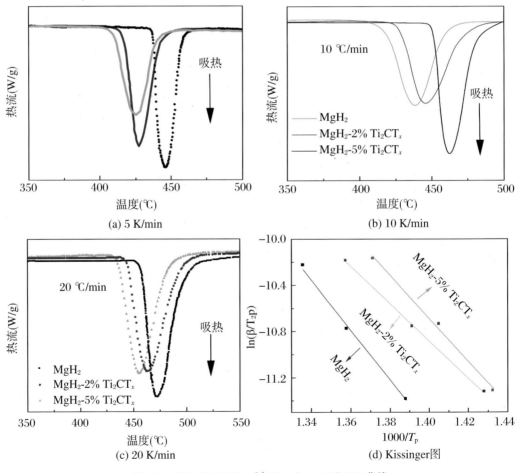

(a) 5 K/min　　　　　　　　　　　　　(b) 10 K/min

(c) 20 K/min　　　　　　　　　　　　　(d) Kissinger图

图 4-7　MgH₂ 和 MgH₂-x% Ti₂C (x = 2、5)DSC 曲线

彩　图

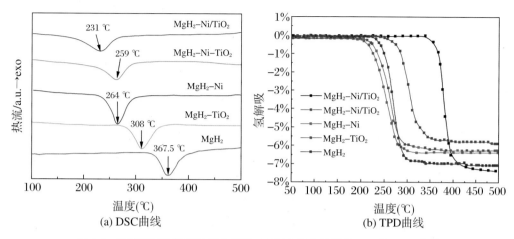

图 4-8　球磨 MgH₂ 和不同催化剂掺杂 MgH₂ 复合材料的 DSC 和 TPD 曲线

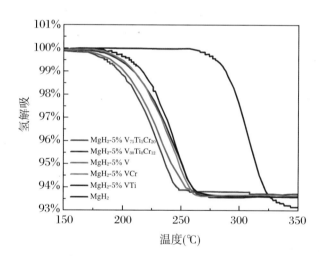

图 4-9　MgH₂ 以及添加了 V₇₅Ti₅Cr₂₀，V₈₀Ti₈Cr₁₂，V，VCr 以及 VTi 的 TGA 曲线

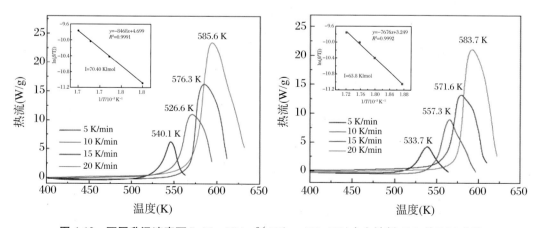

图 4-12　不同升温速率下 LaMg₁₁Ni + x% Ni(x = 100、200)合金铣削 40 h 的 DSC 曲线

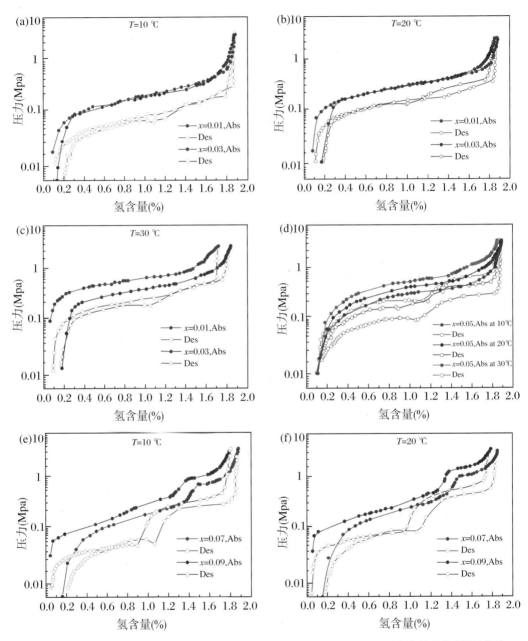

图 4-18　10 ℃、20 ℃ 以及 30 ℃ 条件下的 $TiFe_{0.86}Mn_{0.1}Y_{0.1-x}Cu_x(x=0.09)$ 合金的吸氢/解吸曲线

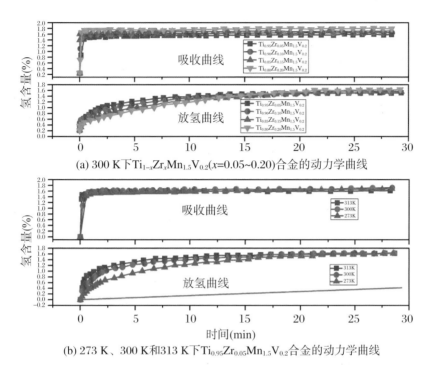

(a) 300 K下$Ti_{1-x}Zr_xMn_{1.5}V_{0.2}$($x$=0.05~0.20)合金的动力学曲线

(b) 273 K、300 K和313 K下$Ti_{0.95}Zr_{0.05}Mn_{1.5}V_{0.2}$合金的动力学曲线

图 4-19　不同条件下的合金动力学曲线

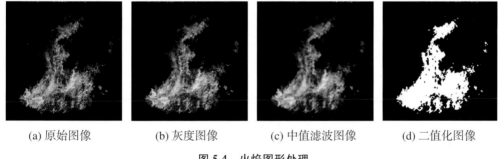

(a) 原始图像　　　(b) 灰度图像　　　(c) 中值滤波图像　　　(d) 二值化图像

图 5-4　火焰图形处理

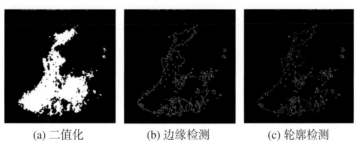

(a) 二值化　　　　(b) 边缘检测　　　　(c) 轮廓检测

图 5-5　火焰图形处理

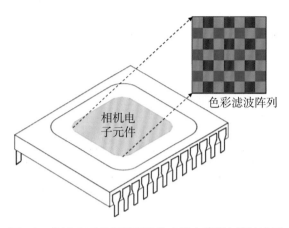

色彩滤波阵列

相机电子元件

图 5-8　位于 CMOS 相机图像传感器上的拜尔滤波阵列

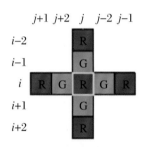

(a) 红色采样点处绿色
分量的插值

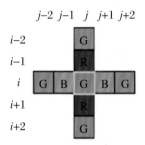

(b) 绿色采样点处红色
和蓝色分量的插值

(c) 红色采样点处蓝色
分量的插值

图 5-10　插值算法

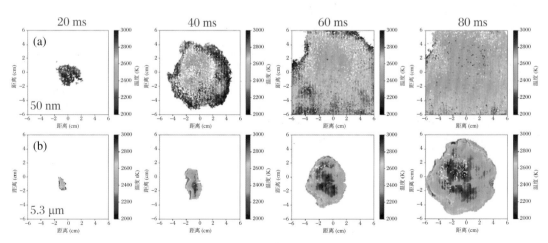

图 5-19　钛尘云爆炸温度场重建

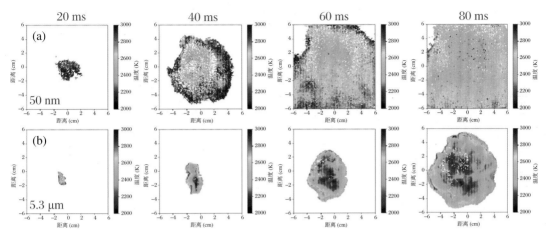

图 5-19　钛尘云爆炸温度场重建(续)

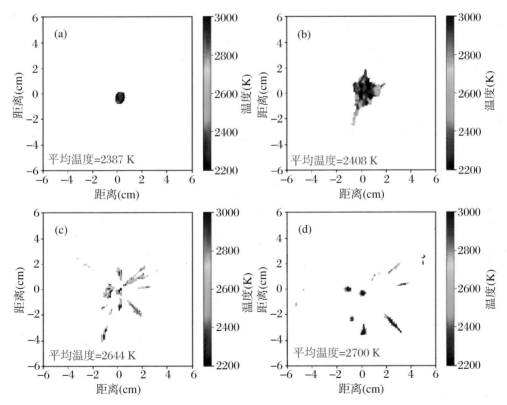

图 5-24　钛颗粒在微爆炸过程中的温度分布

(a) 0 ms；(b) 0.5 ms；(c) 1 ms；(d) 1.5 ms

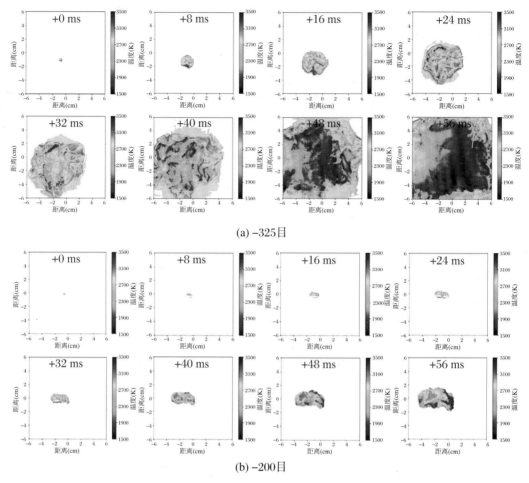

图 5-30 不同粒径镁粉粉尘云火焰传播温度图

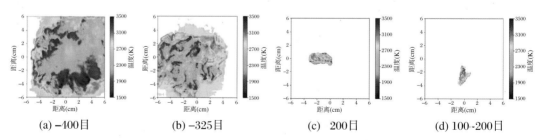

图 5-31 不同粒径镁粉粉尘云 40 ms 时刻火焰温度图

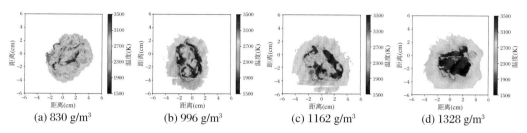

(a) 830 g/m³　　(b) 996 g/m³　　(c) 1162 g/m³　　(d) 1328 g/m³

图 5-33　20 ms 时刻不同浓度镁粉粉尘云火焰温度图

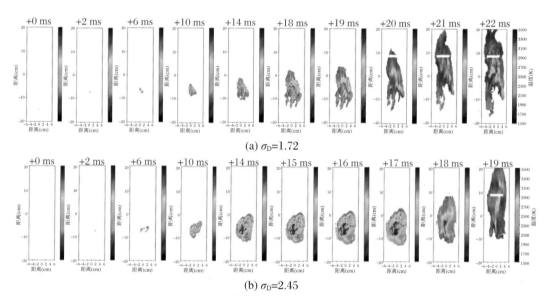

(a) $\sigma_D = 1.72$

(b) $\sigma_D = 2.45$

图 5-38　不同粒径分散度镁粉粉尘云火焰传播温度云图

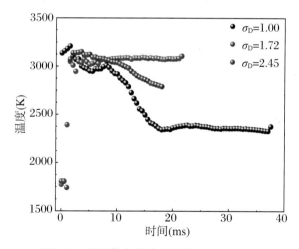

图 5-39　不同粒径分散度镁粉火焰平均温度

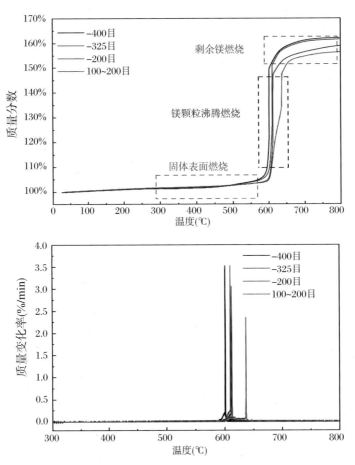

图 5-40　不同粒径镁粉在空气中以 5 ℃/min 的升温速率加热的 TG 和 DTG 结果

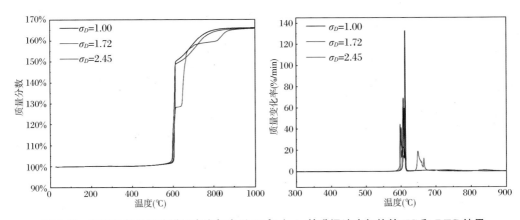

图 5-41　不同粒径分散度镁粉在空气中以 10 ℃/min 的升温速率加热的 TG 和 DTG 结果

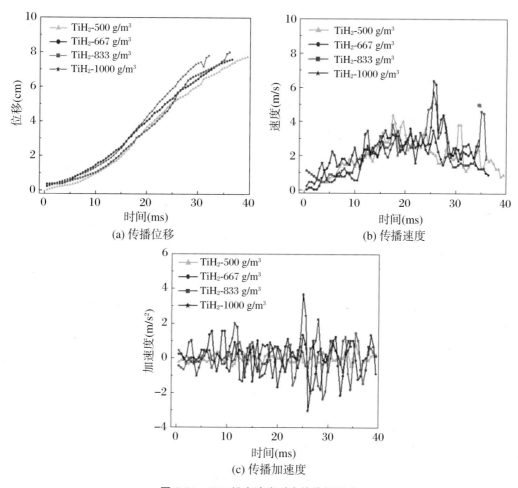

(a) 传播位移

(b) 传播速度

(c) 传播加速度

图 5-51　**TiH₂ 粉尘浓度对火焰传播影响**

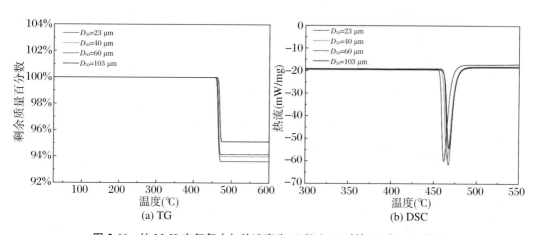

(a) TG

(b) DSC

图 5-66　**纯 MgH₂ 在氩气中加热速率为 10 ℃/min 时的 TG 和 DSC 结果**

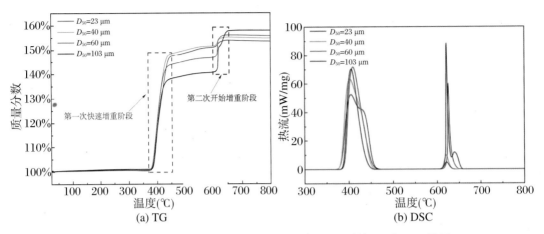

图 5-67　纯 MgH₂ 在空气中加热速率为 10 ℃/min 时的 TG 和 DSC 结果

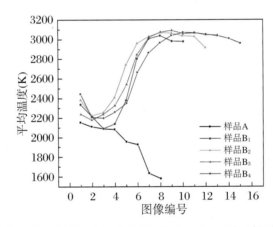

图 6-7　不同氢化钛含量的乳化炸药爆炸平均温度-时间曲线

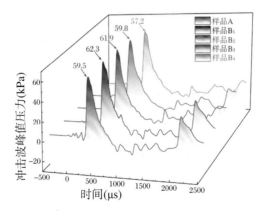

图 7-3　添加不同 TiH₂ 粒径的 RDX 混合炸药压力-时间曲线图

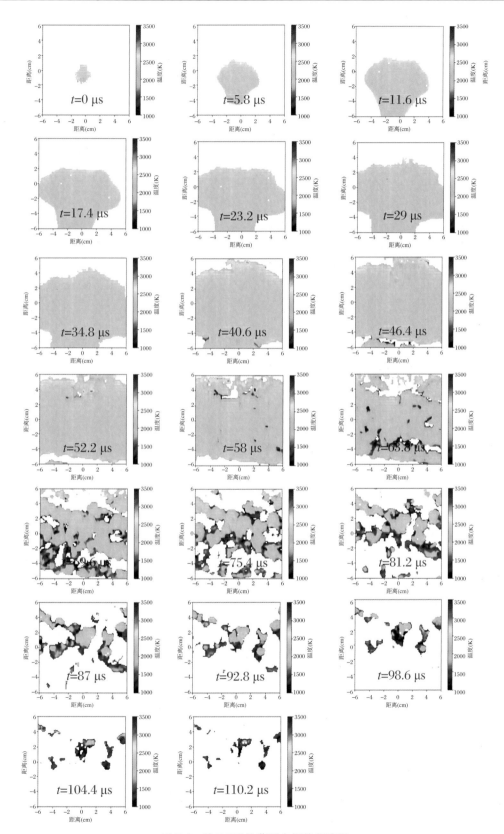

图 7-4　纯 RDX 炸药瞬态爆炸温度场

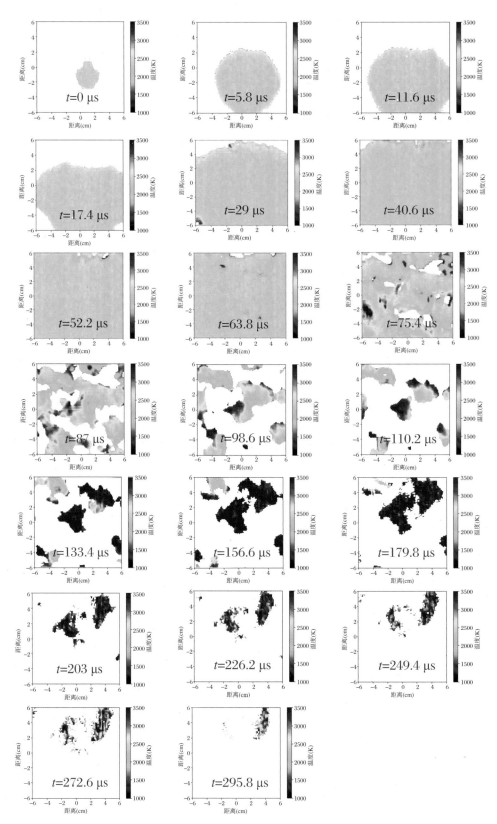

图 7-5　添加 5%TiH$_2$ 的 RDX 基混合炸药瞬态爆炸温度场

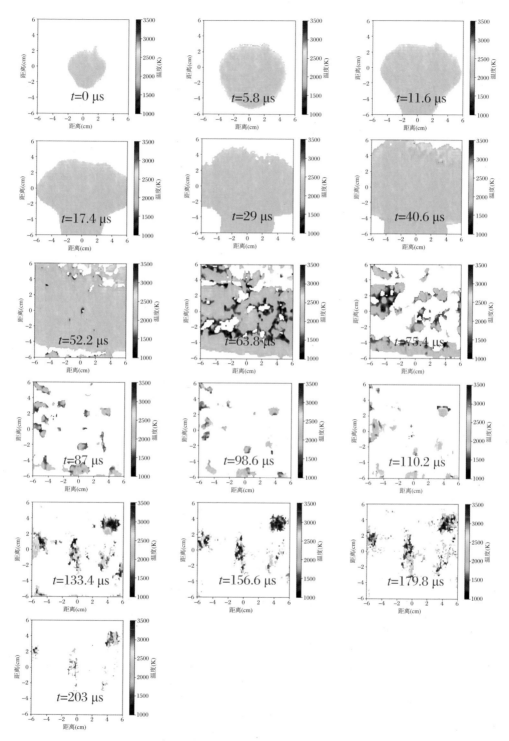

图 7-7　添加 5%、112.0 μm TiH$_2$ 的 RDX 基混合炸药瞬态爆炸温度场

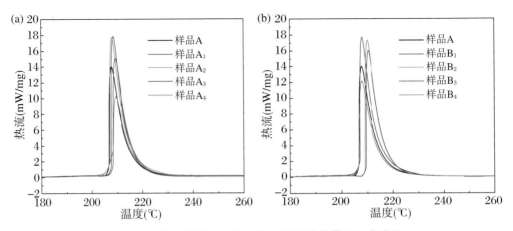

图 7-13　添加不同 TiH₂ 粉末的 RDX 混合炸药 C80 曲线图

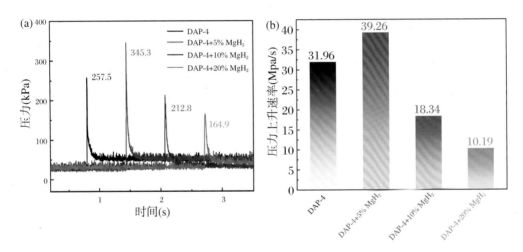

图 8-9　样品在大气压密闭环境下的燃烧特性

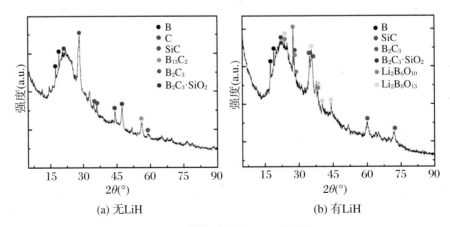

(a) 无 LiH　　　　　　　　　　　(b) 有 LiH

图 8-27　燃烧残渣的 XRD 分析图